Bird Resources and Illustrated Catalogue in Chongqing Jinfo Mountain National Nature Reserve

重庆金佛山国家级自然保护区鸟类资源及图录集

彭建军　王　霞　郑海峰　崔小娟　张敏强　等 著

重庆大学出版社

内容提要

《重庆金佛山国家级自然保护区鸟类资源及图录集》是历经十余年的系统调查与研究而形成的专著。它详细系统地记录了金佛山国家级自然保护区及其周边20千米范围内鸟类的种类、栖息环境、行为习性和种群动态，展示了金佛山国家级自然保护区鸟类的多样性。

项目组利用红外监测、历史记录和实地观察等多种方法，从2012年开始初步编制鸟类名录；2022年，进一步开展了集中的野外调查，核对名录，深入研究鸟类的生态分布、栖息环境、种群现状和结构特征、食物资源、行为生态等，并评估了人类活动对鸟类的影响。最终，本专著编录了393种鸟类，涉及18目66科，其中包括国家一级和二级重点保护野生动物物种，以及具有重要生态、科学或社会价值的鸟类。数据表明金佛山是鸟类多样性的重要栖息地，特别是候鸟迁徙期间的重要中转站。

本书不仅为生物多样性保护和科学研究提供了丰富的数据和深入的见解，而且通过高质量的影像资料，展现了金佛山鸟类的生态资源，是研究者、学者、保护工作者和公众了解和保护鸟类资源的重要参考资料。

图书在版编目（CIP）数据

重庆金佛山国家级自然保护区鸟类资源及图录集 / 彭建军等著. --重庆：重庆大学出版社，2024.4
ISBN 978-7-5689-4088-7

Ⅰ.①重… Ⅱ.①彭… Ⅲ.①金佛山－自然保护区－鸟类－图录 Ⅳ.①Q959.708-64

中国国家版本馆CIP数据核字（2024）第085130号

重庆金佛山国家级自然保护区鸟类资源及图录集
CHONGQING JINFOSHAN GUOJIAJI ZIRAN BAOHUQU NIAOLEI ZIYUAN JI TULU JI
彭建军　王　霞　郑海峰　崔小娟　张敏强　等 著
策划编辑：鲁　黎
责任编辑：陈　力　版式设计：鲁　黎
责任校对：邹　忌　责任印制：张　策
*
重庆大学出版社出版发行
出版人：陈晓阳
社址：重庆市沙坪坝区大学城西路21号
邮编：401331
电话：（023）88617190　88617185（中小学）
传真：（023）88617186　88617166
网址：http：//www.cqup.com.cn
邮箱：fxk@cqup.com.cn（营销中心）
全国新华书店经销
重庆亘鑫印务有限公司印刷
*
开本：889 mm×1194 mm　1/16　印张：26.25　字数：942千
2024年4月第1版　2024年4月第1次印刷
ISBN 978-7-5689-4088-7　定价：198.00元

编委会

主　编：彭建军　王　霞　郑海峰　崔小娟　张敏强　谭立军　张翼飞　刘　晴　田　帝　李梦霞　马　敏　舒　艳　杨承忠　王　维　罗　利　肖辉军　郭奇才　杨小萍　刘辉林　王辅莉　朱克瑶　钟理镇　周偲妮

副主编：陈丽霞　申　玲　钟　伟　张承伦　孙　容　袁旭东　周洪艳　邓博建　李　新　王晓霞　姚川杰　曾富华　张利军　张仁固

参　编：赖　刚　杨后宏　李留远　余文艺　王家华　刘　勇　陈运欣　韦　维　张体昶　张　冬　郑玉连　严海峰　张越洋　王泳鳗　马　琳　刘学涛　赵谌董

摄　影：郭奇才　杨小萍　曾富华　张利军

Foreword 前　言

野生动物不仅是重要的自然资源，也是重要的生态资源，在自然生态系统中发挥着不可替代的作用。保护好野生动物资源对改善生态环境、推进生态文明建设、确保重要产业的可持续发展、维护公众健康，具有十分重要的意义。

我们自1995年以来，持续对重庆金佛山国家级自然保护区（以下简称“金佛山保护区”）的动物资源进行了调查研究。尤其是自2012年以来，我们已对金佛山保护区内的兽类、爬行类资源进行了系统而详细的专项调查，对其种类、种群进行了动态监测并建立了资源档案，以探明兽类、爬行类资源的种群数量、分布概况及其生态环境、种群变动状况等，以期为有效保护兽类、爬行类资源提供科学依据，并作为对动物资源保护和监管的参考资料。

在前期友好合作研究的基础上，我们首先通过野外实地调查、定点或随机流动地拍摄、访问调查，并结合资料文献、历史记录等方法，对金佛山保护区及周边20千米范围内的鸟类本底资源及变化情况进行了深入调查和拍摄记录。然后，再对金佛山的鸟类资源进行分类编目，建立数据库，结合大量影像资料，最终形成此专著——《重庆金佛山国家级自然保护区鸟类资源及图录集》。

编者期望本专著能为金佛山保护区鸟类资源的研究、教学及观鸟宣传等提供重要的理论依据和指导；也期望能为保护濒危物种、生物多样性、保护区的建设和发展提供有力的科学依据，最终为重庆市的野生动物保护事业作出重要贡献！

编　者

2024年1月

Contents 目　录

附录

索引

参考文献

Overview 总　论

一、项目实施依据

1. 法律法规

（1）《中华人民共和国野生动物保护法》

（2）《中华人民共和国陆生野生动物保护实施条例》

（3）《中华人民共和国森林法》

（4）《中华人民共和国自然保护区条例》

（5）《中华人民共和国环境保护法》

（6）《中华人民共和国环境影响评价法》

2. 政策规定、规划文件

（1）《重庆市野生动物保护规定》

（2）《野生动物收容救护管理办法》

（3）《全国重要生态系统保护和修复重大工程总体规划（2021—2035年）》

（4）《“十四五”林业草原保护发展规划纲要》

（5）《重庆市生态环境保护“十四五”规划（2021—2025年）》

（6）《林业改革发展资金管理办法》

3. 技术规范

《全国第二次陆生野生动物资源调查技术规程》

4. 参考资料

（1）中华人民共和国生态环境部、中国科学院.《中国生物多样性红色名录——脊椎动物卷（2020）》

（2）《中国生物多样性保护战略与行动计划（2023—2030年）》

（3）邓洪平，王志坚. 重庆珍稀濒危代表物种保护现状和对策研究[M]. 重庆：西南师范大学出版社，2016.

（4）《国家重点保护野生动物名录》

（5）《濒危野生动植物种国际贸易公约》（CITES）附录

（6）《国家保护的有重要生态、科学、社会价值的陆生野生动物名录》

（7）《世界自然保护联盟濒危物种红色名录》

（8）《重庆市重点保护野生动物名录》

二、项目完成时间及进度

（1）野外鸟类资源综合调查研究

2012年7月—2022年3月：

资料及文献查询；结合历史记录、长期的定点红外监测记录及野外观鸟的记录和报道，综合分析，初步列出鸟类名录。

2022年4月—2022年7月：

①集中野外调查工作的准备。包括野外调查方法、时间、地点、样方、样线等的制定；调查工具的准备；调查人员的培训、组织和管理等。

②集中野外调查。根据初步列出的鸟类名录，进行野外调查和名录核对；深入野外调查研究野生鸟类的生态地理分布、栖息生态环境及栖境选择、野生种群数量及现状、种群分布及种群结构、食物资源及食谱构成、活动规律及季节变化、行为生态、人类经济活动和各种干扰破坏因素对野生种群的影响、致危因素、保护区物种多样性及生态系统的现状。

（2）内业综合研究及鸟类资源图录集的归纳、总结和撰写

2022年4月—2022年12月，与野外调查同步进行。

①在野外调查过程中，对所观测到的鸟类资源及信息进行记录采集、详细内容标注、保存和归类。

②在集中野外调查的基础上，再次结合历史记录、长期的定点红外监测记录及野外观鸟的记录和报道，综合分析，认真复核列出的鸟类名录及当地的鸟类新记录物种；在此基础上进行鸟类名录的增加或删减。

③根据需要，再次进行野外调查，以补充及更新信息和数据。

④对数据进行综合整理、统计和分析。

⑤论文及报告撰写、结题汇报。

三、项目成果及总结

（1）野外鸟类资源综合调查结果

根据资料文献、历史记录、长期的定点红外监测记录、野外调查记录及拍摄结果，统计如下：

共编录鸟类393种，隶属于18目66科；其中有：

①国家一级重点保护野生动物4种（中华秋沙鸭、金雕、黄胸鹀、白冠长尾雉）。

②国家二级重点保护野生动物59种。主要是隼形目、鹰形目、鸮形目过境迁徙的猛禽30种；另外，在国家2021年2月新公布的国家重点保护野生动物名录中，有17种在金佛山保护区有分布的雀形目鸟类被调升为国家二级重点保护野生动物。

③国家保护的有重要生态、科学或社会价值的陆生野生动物（简称"国家三有保护野生动物"）215种。

④在《重庆金佛山国家级自然保护区生物多样性》及重庆观鸟会的《重庆鸟类名录7.0》的基础上，对调查结果进行了核校、更正、删除及增录。《重庆金佛山国家级自然保护区生物多样性》一书中收录的金佛山鸟类名录

共268种鸟类，我们删除了此书收录的18种鸟类名录，因为这些被删除的鸟类在重庆观鸟会2022年11月发布的《重庆鸟类名录7.0》中没有记载，并且在我们的野外调查中也没有发现。这些被删除的鸟类名录分别是：赤颈鹏鹛、乌灰鸫、黑冠山雀、长尾雀、灰眉岩鹀、白尾地鸲、黑背燕尾、白颈鸫、红翅噪鹛、宝兴鹛雀、白眶雀鹛、丽色奇鹛、栗耳凤鹛、黄额鸦雀、黑喉鸦雀、黄腹柳莺、淡黄腰柳莺、金眶鹟莺。

（2）鸟类名录由《重庆金佛山国家级自然保护区生物多样性》记载的268种增至393种的动态变化原因

①根据资料及文献，《重庆金佛山国家级自然保护区生物多样性》是最早系统整理金佛山的鸟类名录的书籍之一，该书在附录中共记载了268种鸟类名录。因为该项目及编著不是针对金佛山的鸟类调查的专项，所以在资金有限的情况下，有些鸟类没有被观察或记录到。

②本项目是金佛山鸟类资源调查的专项，我们投入了大量的时间、精力、人力、物力等资源。我们在对金佛山鸟类10年的长期观察和记录的基础上，又专门安排了约50名野外调查人员、8名野生动物摄影师，进行长期定点或随机流动拍摄及访问调查，并采用与资料文献、历史记录相结合的方法，对金佛山保护区及周边20千米范围内的鸟类本底资源及变化情况进行了深入调查和拍摄记录。

③同时发动各层次的社会公众力量，对金佛山的鸟类进行无损伤、无公害地大量影像拍摄。在大量影像资料的基础上，对金佛山的鸟类资源进行编目、建立资源档案及数据库。

④重点对候鸟迁徙时的短暂集中的大规模迁徙期进行蹲点、定点野外调查、观察记录和拍摄。因为一旦错过此时期，就只能观察和记录当地的留鸟，造成种类数量记录减少。例如，国家二级重点保护野生动物记录了55种，其主要记录到了隼形目、鹰形目、鸮形目短暂集中的大规模迁徙物种，仅这些猛禽就达329种，若错过这短暂的集中时期，就很难在平时看到这些鸟类。另外，在国家出台的重点野生动物保护的新名录中，对雀形目许多种类的级别进行了调升。

⑤金佛山处于南北及东西方向的候鸟主要迁徙通道（三纵二横）、短暂停歇、中转、集中及汇合的地域，所以候鸟的物种数量占比极高（超过50%），若错过短暂的极佳观察期，就很难进行观察和记录。这就是以前记录较少的原因。

（3）金佛山鸟类资源及生物多样性极其丰富，在重庆市名列前茅

①金佛山地形复杂多样、动植物资源丰富多样，可为候鸟提供较佳的短暂停歇及能源补充的加油站，以及为留鸟提供较佳的栖居场所。

②濒危物种的种数约200种，占比超过50%，说明生物多样性资源相当丰富，是不可多得的鸟类的天堂。

③在短期内不断提升的数据说明，重庆的野生动物保护工作做得越来越好，例如保护工作及政策宣传加强、民众保护意识增强、自发及民间组织在政府引导下的护飞行动等。

金佛山鸟类种数见表1，金佛山国家级自然保护区的重点鸟类名录见表2，金佛山国家级自然保护区及周边区域的鸟类名录和保护级别见表3。

表1　金佛山鸟类种数

总数	目数	科数	雀形目	非雀形目
393	18	66	247	146
（约占全国鸟类的27.27%）			（占总数的62.85%）	（占总数的37.15%）

表2　金佛山国家级自然保护区的重点鸟类名录

类型	数目	种类
国家一级	4（占总数的1.02%）	中华秋沙鸭、金雕、黄胸鹀、白冠长尾雉
国家二级	59（占总数的15.01%）	黑颈䴙䴘、鸳鸯、红腹角雉、白鹇、红腹锦鸡、褐翅鸦鹃、小鸦鹃、草鸮、领角鸮、灰林鸮、黄腿渔鸮、红角鸮、雕鸮、领鸺鹠、斑头鸺鹠、短耳鸮、长耳鸮、红隼、红脚隼、灰背隼、燕隼、游隼、凤头蜂鹰、黑冠鹃隼、蛇雕、白腹隼雕、凤头鹰、赤腹鹰、日本松雀鹰、松雀鹰、雀鹰、苍鹰、鹊鹞、黑鸢、灰脸𫛭鹰、普通𫛭、蓝鹀、红交嘴雀、红胁绣眼鸟、红喉歌鸲、蓝喉歌鸲、金胸歌鸲、棕腹大仙鹟、白喉林鹟、白眶鸦雀、金胸雀鹛、棕噪鹛、橙翅噪鹛、红嘴相思鸟、眼纹噪鹛、斑背噪鹛、褐胸噪鹛、褐头鸫、红翅绿鸠、水雉、日本鹰鸮，红头咬鹃、画眉、红尾噪鹛

表3　金佛山国家级自然保护区及周边区域的鸟类名录和保护级别

中文名	学名	国家保护动物等级	IUCN 红色名录等级	区系	金佛山种群现状	参考文献
（一）䴙䴘目Podicipediformes						
䴙䴘科 Podicipedidae						
小䴙䴘	*Tachybaptus ruficollis*	—	LC	O	+++	[3][17][18] [23][33][34]
黑颈䴙䴘	*Podiceps nigricollis*	二级	LC	O	++	[20]
（二）鹈形目 Pelecaniformes						
鹭科 Ardeidae						
大麻鳽	*Botaurus stellaris*	—	LC	O	+++	[4][16][18]
黄苇鳽	*Ixobrychus sinensis*	—	LC	O	+++	[22]
栗苇鳽	*Ixobrychus cinnamomeus*	—	LC	O	+++	[4][16][17] [18][34]
黑苇鳽	*Ixobrychus flavicollis*	—	LC	O	+++	[4][16]
夜鹭	*Nycticorax nycticorax*	—	LC	O	+++	[4][16][18] [22][32][34]
绿鹭	*Butorides striata*	—	LC	O	+	[3][16][18]
池鹭	*Ardeola bacchus*	—	LC	W	++	[4][6][16] [17][18][22] [33][34]
牛背鹭	*Bubulcus coromandus*	—	—	W	++	[4][16][18] [22][32][33]
苍鹭	*Ardea cinerea*	—	LC	O	+++	[6][7][9][16] [17][18] [23][33][34]
草鹭	*Ardea purpurea*	—	LC	O	+++	[20]
大白鹭	*Ardea alba*	—	LC	O	+	[32]
中白鹭	*Ardea intermedia*	—	LC	O	++	[4][16][32]
白鹭	*Egretta garzetta*	—	LC	O	+++	[4][9][16] [17][18][22] [23] [32][33]

续表

中文名	学名	国家保护动物等级	IUCN 红色名录等级	区系	金佛山种群现状	参考文献
（三）雁形目Anseriformes						
鸭科 Anatidae						
翘鼻麻鸭	*Tadorna tadorna*	—	LC	O	+++	[20]
赤麻鸭	*Tadorna ferruginea*	—	LC	N	++	[3][6]
鸳鸯	*Aix galericulata*	二级	LC	N	++	[18]
赤膀鸭	*Anas strepera*	—	LC	O	+++	[20]
赤颈鸭	*Anas penelope*	—	LC	N	++	[18]
绿头鸭	*Anas platyrhynchos*	—	LC	O	+++	[3][17][18][32][33]
斑嘴鸭	*Anas zonorhyncha*	—	LC	W	++	[6][32]
琵嘴鸭	*Anas clypeata*	—	LC	O	+++	[20]
针尾鸭	*Anas acuta*	—	LC	N	+++	[18]
白眉鸭	*Anas querquedula*	—	LC	N	++	[20]
绿翅鸭	*Anas crecca*	—	LC	O	+++	[3][6][17][18][32]
赤嘴潜鸭	*Netta rufina*	—	LC	N	++	[7]
红头潜鸭	*Aythya ferina*	—	VU	N	++	[20]
白眼潜鸭	*Aythya nyroca*	—	NT	N	++	[4]
凤头潜鸭	*Aythya fuligula*	—	LC	O	++	[20]
普通秋沙鸭	*Mergus merganser*	—	LC	O	++	[20]
中华秋沙鸭	*Mergus squamatus*	一级	EN	N	+	[6][23]
（四）鸡形目Galliformes						
雉科Phasianidae						
鹌鹑	*Coturnix japonica*	—	NT	N	++	[20]
灰胸竹鸡	*Bambusicola thoracicus*	—	LC	W（R）	+++	[2][7][20]
红腹角雉	*Tragopan temminckii*	二级	LC	W	+++	[3][6][7][15][16]
白鹇	*Lophura nycthemera*	二级	LC	W	+++	[20]
白冠长尾雉	*Syrmaticus reevesii*	一级	VU	N（R）	+++	[3][4][6][15][16]
环颈雉	*Phasianus colchicus*	—	LC	N	+++	[4][6][7][15][18][23][32][33]
红腹锦鸡	*Chrysolophus pictus*	二级	LC	W（R）	+++	[1][7][15][16][32][33][34]
（五）鹤形目Gruiformes						
秧鸡科Rallidae						
蓝胸秧鸡	*Lewinia striata*	—	LC	W	+	[20]

续表

中文名	学名	国家保护动物等级	IUCN 红色名录等级	区系	金佛山种群现状	参考文献
普通秧鸡	*Rallus indicus*	—	LC	N	+++	[6][18][32]
白胸苦恶鸟	*Amaurornis phoenicurus*	—	LC	W	+++	[6][9][15][32][33]
红胸田鸡	*Zapornia fusca*	—	LC	W	+++	[32]
董鸡	*Gallicrex cinerea*	—	LC	W	+++	[3][4][9][15][16][17][34]
黑水鸡	*Gallinula chloropus*	—	LC	O	+++	[3][15]
骨顶鸡	*Fulica atra*	—	LC	O	+++	[15][18][34]
（六）鸻形目Charadriiformes						
反嘴鹬科Recurvirostridae						
黑翅长脚鹬	*Himantopus himantopus*	—	LC	O	+++	[20]
鸻科Charadriidae						
凤头麦鸡	*Vanellus vanellus*	—	NT	N	+++	[20]
灰头麦鸡	*Vanellus cinereus*	—	LC	O	++	[18]
金斑鸻	*Pluvialis fulva*	—	LC	O	+++	[20]
长嘴剑鸻	*Charadrius placidus*	—	LC	N	++	[18]
金眶鸻	*Charadrius dubius*	—	LC	O	+++	[6][18]
铁嘴沙鸻	*Charadrius leschenaultii*	—	LC	O	+++	[20]
东方鸻	*Charadrius veredus*	—	LC	O	++	[20]
彩鹬科Rostratulidae						
彩鹬	*Rostratula benghalensis*	—	LC	O	+++	[18]
水雉科Jacanidae						
水雉	*Hydrophasianus chirurgus*	二级	LC	W	+++	[20]
鹬科Scolopacidae						
丘鹬	*Scolopax rusticola*	—	LC	O	+++	[9][15][18]
孤沙锥	*Gallinago solitaria*	—	LC	O	+	[20]
针尾沙锥	*Gallinago stenura*	—	LC	O	+++	[18][32]
扇尾沙锥	*Gallinago gallinago*	—	LC	O	+++	[15][18][32]
中杓鹬	*Numenius phaeopus*	—	LC	O	+++	[20]
鹤鹬	*Tringa erythropus*	—	LC	O	+++	[20]
红脚鹬	*Tringa totanus*	—	LC	O	+++	[20]
泽鹬	*Tringa stagnatilis*	—	LC	O	+++	[20]
青脚鹬	*Tringa nebularia*	—	LC	O	+++	[20]
白腰草鹬	*Tringa ochropus*	—	LC	O	+++	[9][18][23]

续表

中文名	学名	国家保护动物等级	IUCN 红色名录等级	区系	金佛山种群现状	参考文献
林鹬	*Tringa glareola*	—	LC	O	+++	[6][15][17]
矶鹬	*Actitis hypoleucos*	—	LC	O	+++	[6][9][18]
红颈滨鹬	*Calidris ruficollis*	—	NT	O	+++	[20]
青脚滨鹬	*Calidris temminckii*	—	LC	O	+++	[20]
长趾滨鹬	*Calidris subminuta*	—	LC	O	++	[20]
弯嘴滨鹬	*Calidris ferruginea*	—	VU	O	+++	[20]
红颈瓣蹼鹬	*Phalaropus lobatus*	—	LC	N	++	[20]
鸥科Laridae						
红嘴鸥	*Larus ridibundus*	—	LC	O	+++	[20]
黑尾鸥	*Larus crassirostris*	—	LC	N	+++	[20]
西伯利亚银鸥	*Larus vegae*	—	—	N	+++	[20]
蒙古银鸥	*Larus mongolicus*	—	—	N	+++	[20]
白额燕鸥	*Sternula albifrons*	—	LC	O	+++	[20]
普通燕鸥	*Sterna hirundo*	—	LC	O	+++	[20]
须浮鸥	*Chlidonias hybrida*	—	LC	O	+++	[20]
（七）鸽形目Columbiformes						
鸠鸽科Columbidae						
红翅绿鸠	*Treron sieboldii*	二级	LC	O	++	[3][7][15]
珠颈斑鸠	*Spilopelia chinensis*	—	LC	O	+++	[3][7][15][18][24][32][33]
火斑鸠	*Streptopelia tranquebarica*	—	LC	W	+++	[6][18][24]
山斑鸠	*Streptopelia orientalis*	—	LC	O	+++	[3][15][17] [18][24][32][33][34]
（八）鹃形目Cuculiformes						
杜鹃科Cuculidae						
褐翅鸦鹃	*Centropus sinensis*	二级	LC	W	+++	[20]
小鸦鹃	*Centropus bengalensis*	二级	LC	W	+++	[20]
大杜鹃	*Cuculus canorus*	—	LC	O	+++	[3][6][7][9][15][18][32][33][34]
中杜鹃	*Cuculus saturatus*	—	LC	W	+++	[15]
四声杜鹃	*Cuculus micropterus*	—	LC	W	+++	[3][6][9][15][18][32]
小杜鹃	*Cuculus poliocephalus*	—	LC	N	++	[3][4][15] [16][33]
鹰鹃	*Hierococcyx sparverioides*	—	LC	W	+++	[4][6][7][9][15][16][32][33][34]

续表

中文名	学名	国家保护动物等级	IUCN 红色名录等级	区系	金佛山种群现状	参考文献
乌鹃	*Surniculus dicruroides*	—	LC	W	++	[3]
翠金鹃	*Chrysococcyx maculatus*	—	LC	W	++	[15]
噪鹃	*Eudynamys scolopaceus*	—	LC	W	+++	[3][15]
红翅凤头鹃	*Clamator coromandus*	—	LC	W	++	[3]
（九）鸮形目Strigiformes						
草鸮科Tytonidae						
草鸮	*Tyto longimembris*	二级	LC	O	++	[7][23]
鸱鸮科Strigidae						
领角鸮	*Otus lettia*	二级	LC	W	+++	[3][6][9][32]
红角鸮	*Otus sunia*	二级	LC	N	++	[20]
黄腿渔鸮	*Ketupa flavipes*	二级	LC	W	++	[8][15]
雕鸮	*Bubo bubo*	二级	LC	N	++	[20]
日本鹰鸮	*Ninox japonica*	二级	LC	W	+++	[18]
领鸺鹠	*Glaucidium brodiei*	二级	LC	O	++	[32]
斑头鸺鹠	*Glaucidium cuculoides*	二级	LC	W	++	[4][6][7][15][32][33][34]
灰林鸮	*Strix aluco*	二级	LC	N	+++	[3][32]
短耳鸮	*Asio flammeus*	二级	LC	O	++	[3][7][32] [33]
长耳鸮	*Asio otus*	二级	LC	O	++	[9][32]
（十）夜鹰目Caprimulgiformes						
夜鹰科Caprimulgidae						
普通夜鹰	*Caprimulgus jotaka*	—	LC	W	+++	[3][18][34]
雨燕科Apodidae						
短嘴金丝燕	*Aerodramus brevirostris*	—	LC	W	++	[3][7][15] [17]
白腰雨燕	*Apus pacificus*	—	LC	O	+++	[20]
小白腰雨燕	*Apus nipalensis*	—	LC	O	+++	[20]
白喉针尾雨燕	*Hirundapus caudacutus*	—	LC	O	+++	[20]
（十一）佛法僧目Coraciiformes						
佛法僧科Coraciidae						
三宝鸟	*Eurystomus orientalis*	—	LC	O	+++	[3][15]
翠鸟科Alcedinidae						
蓝翡翠	*Halcyon pileata*	—	VU	O	+++	[3][6][9][18][32]
普通翠鸟	*Alcedo atthis*	—	LC	O	+++	[3][6][7][9][15][18][32][33][34]

续表

中文名	学名	国家保护动物等级	IUCN 红色名录等级	区系	金佛山种群现状	参考文献
冠鱼狗	*Megaceryle lugubris*	—	LC	O	+++	[7][15][32]
（十二）啄木鸟目Piciformes						
拟䴕科Megalaimidae						
大拟啄木鸟	*Psilopogon virens*	—	LC	W	+	[16]
啄木鸟科Picidae						
蚁䴕	*Jynx torquilla*	—	LC	O	+++	[18]
斑姬啄木鸟	*Picumnus innominatus*	—	LC	O	++	[3][15]
棕腹啄木鸟	*Dendrocopos hyperythrus*	—	LC	W	+	[15][32]
星头啄木鸟	*Dendrocopos canicapillus*	—	LC	O	++	[7][9][15]
大斑啄木鸟	*Dendrocopos major*	—	LC	O	+++	[6][7][15] [23][32]
赤胸啄木鸟	*Dryobates cathpharius*	—	LC	O	+	[15]
灰头绿啄木鸟	*Picus canus*	—	LC	O	++	[6][15]
（十三）戴胜目Upupiformes						
戴胜科Upupidae						
戴胜	*Upupa epops*	—	LC	O	+++	[3][18][32] [34]
（十四）咬鹃目Trogoniformes						
咬鹃科Trogonidae						
红头咬鹃	*Harpactes erythrocephalus*	二级	LC	W	+	[20]
（十五）鲣鸟目Suliformes						
鸬鹚科Phalacrocoracidae						
普通鸬鹚	*Phalacrocorax carbo*	—	LC	O	+++	[3][9][17]
（十六）隼形目Falconiformes						
隼科Falconidae						
红隼	*Falco tinnunculus*	二级	LC	O	+++	[3][4][6][15] [18][23] [32] [33]
红脚隼	*Falco amurensis*	二级	LC	N	++	[3]
灰背隼	*Falco columbarius*	二级	LC	O	+++	[20]
燕隼	*Falco subbuteo*	二级	LC	O	+++	[20]
游隼	*Falco peregrinus*	二级	LC	O	+++	[7][15][32]
（十七）鹰形目 Accipitriformes						
鹰科Accipitridae						
凤头蜂鹰	*Pernis ptilorhynchus*	二级	LC	O	+++	[15]
黑冠鹃隼	*Aviceda leuphotes*	二级	LC	O	+++	[32]

续表

中文名	学名	国家保护动物等级	IUCN 红色名录等级	区系	金佛山种群现状	参考文献
蛇雕	*Spilornis cheela*	二级	LC	O	+++	[20]
金雕	*Aquila chrysaetos*	一级	LC	O	+++	[6][7][15]
白腹隼雕	*Aquila fasciata*	二级	LC	O	+++	[20]
凤头鹰	*Accipiter trivirgatus*	二级	LC	O	+++	[32]
赤腹鹰	*Accipiter soloensis*	二级	LC	O	+++	[15][17]
日本松雀鹰	*Accipiter gularis*	二级	LC	O	+++	[20]
松雀鹰	*Accipiter virgatus*	二级	LC	O	++	[3][16][23]
雀鹰	*Accipiter nisus*	二级	LC	O	+++	[3][4][6][9][16][18][23][33]
苍鹰	*Accipiter gentilis*	二级	LC	O	+++	[3][4][7][33]
鹊鹞	*Circus melanoleucos*	二级	LC	O	+++	[20]
黑鸢	*Milvus migrans*	二级	LC	O	++	[6][9][18][23][33][34]
灰脸鵟鹰	*Butastur indicus*	二级	LC	N	++	[20]
普通鵟	*Buteo japonicus*	二级	LC	W	+++	[4][6][15] [17][23][32]
（十八）雀形目Passeriformes						
山椒鸟科Campephagidae						
暗灰鹃鵙	*Coracina melaschistos*	—	LC	W	+++	[6][15][32]
小灰山椒鸟	*Pericrocotus cantonensis*	—	LC	N	+++	[3]
长尾山椒鸟	*Pericrocotus ethologus*	—	LC	W	+++	[6][9][33]
灰喉山椒鸟	*Pericrocotus solaris*	—	LC	O	+++	[15][16][28]
赤红山椒鸟	*Pericrocotus flammeus*	—	LC	W	+++	[6]
百灵科Alaudidae						
小云雀	*Alauda gulgula*	—	LC	O	+++	[7][15][18]
燕科Hirundinidae						
金腰燕	*Cecropis daurica*	—	LC	O	+++	[6][7][15] [17][18][32][33][34]
家燕	*Hirundo rustica*	—	LC	O	+++	[6][9][15] [18][32][33][34]
烟腹毛脚燕	*Delichon dasypus*	—	LC	O	+++	[7][15]
岩燕	*Ptyonoprogne rupestris*	—	LC	O	++	[6]
鹡鸰科Motacillidae						
山鹡鸰	*Dendronanthus indicus*	—	LC	O	+++	[6][15][17] [32][33][34]
黄鹡鸰	*Motacilla flava*	—	LC	O	+++	[18]
灰鹡鸰	*Motacilla cinerea*	—	LC	O	+++	[6][7][15] [17][18][33]

续表

中文名	学名	国家保护动物等级	IUCN 红色名录等级	区系	金佛山种群现状	参考文献
黄头鹡鸰	*Motacilla citreola*	—	LC	O	+++	[6][15]
白鹡鸰	*Motacilla alba*	—	LC	O	+++	[3][7][9][15][17][18][24][32][33]
山鹨	*Anthus sylvanus*	—	LC	W	++	[33]
水鹨	*Anthus spinoletta*	—	LC	N	++	[3][15][17]
黄腹鹨	*Anthus rubescens*	—	LC	O	+++	[20]
树鹨	*Anthus hodgsoni*	—	LC	O	+++	[3][6][7][15][17][18][32][33]
粉红胸鹨	*Anthus roseatus*	—	LC	N	+++	[17][23]
鹎科Pycnonotidae						
领雀嘴鹎	*Spizixos semitorques*	—	LC	W	+++	[3][6][15] [18][24][33]
黄臀鹎	*Pycnonotus xanthorrhous*	—	LC	W	+++	[3][6][7][15][17][18][24][33]
白头鹎	*Pycnonotus sinensis*	—	LC	W	+++	[3][9][15] [17][18][24][32][33]
黑短脚鹎	*Hypsipetes leucocephalus*	—	LC	O	+++	[3][15]
栗背短脚鹎	*Hemixos castanonotus*	—	LC	O	++	[20]
绿翅短脚鹎	*Ixos mcclellandii*	—	LC	W	+++	[6][7][15] [18][24][32]
叶鹎科Chloropseidae						
橙腹叶鹎	*Chloropsis hardwickii*	—	LC	W	+++	[20]
太平鸟科Bombycillidae						
小太平鸟	*Bombycilla japonica*	—	NT	N	++	[20]
伯劳科Laniidae						
虎纹伯劳	*Lanius tigrinus*	—	LC	N	+++	[6][9][17] [18][32][33][34]
牛头伯劳	*Lanius bucephalus*	—	LC	N	+++	[20]
楔尾伯劳	*Lanius sphenocercus*	—	LC	N	++	[20]
红尾伯劳	*Lanius cristatus*	—	LC	N	+++	[3][6][7][15][17][32][33]
棕背伯劳	*Lanius schach*	—	LC	O	+++	[3][7][9][15][17][18][32][33][34]
灰背伯劳	*Lanius tephronotus*	—	LC	N	+++	[6][15][18]
黄鹂科Oriolidae						
黑枕黄鹂	*Oriolus chinensis*	—	LC	W	+++	[3][6][7][9][15][17][32][33]

续表

中文名	学名	国家保护动物等级	IUCN 红色名录等级	区系	金佛山种群现状	参考文献
卷尾科Dicruridae						
黑卷尾	*Dicrurus macrocercus*	—	LC	O	+++	[6][9][15] [17][18][32][33]
灰卷尾	*Dicrurus leucophaeus*	—	LC	O	+++	[6][7][9][15]
发冠卷尾	*Dicrurus hottentottus*	—	LC	O	+++	[6][7][15] [18][33]
椋鸟科Sturnidae						
黑领椋鸟	*Gracupica nigricollis*	—	LC	W	++	[29]
北椋鸟	*Agropsar sturninus*	—	LC	N	+++	[20]
紫翅椋鸟	*Sturnus vulgaris*	—	LC	O	+++	[20]
丝光椋鸟	*Spodiopsar sericeus*	—	LC	W	++	[3][18]
灰椋鸟	*Spodiopsar cineraceus*	—	LC	N	++	[18][32]
八哥	*Acridotheres cristatellus*	—	LC	W	+++	[3][6][9][15][18][24][32][33]
鸦科Corvidae						
松鸦	*Garrulus glandarius*	—	LC	O	+++	[3][6][7][24][32][33]
红嘴蓝鹊	*Urocissa erythroryncha*	—	LC	W	+++	[3][7][15] [17][18][32][33]
灰喜鹊	*Cyanopica cyanus*	—	LC	N	+++	[32]
喜鹊	*Pica pica*	—	LC	N	+++	[3][6][7][9][15][17][18][24][32][33]
灰树鹊	*Dendrocitta formosae*	—	LC	W	+++	[15]
达乌里寒鸦	*Corvus dauuricus*	—	LC	N	+++	[7]
秃鼻乌鸦	*Corvus frugilegus*	—	LC	N	+++	[20]
大嘴乌鸦	*Corvus macrorhynchos*	—	LC	O	+++	[3][6][7][9][32][33]
小嘴乌鸦	*Corvus corone*	—	LC	N	+++	[15]
白颈鸦	*Corvus pectoralis*	—	VU	O	+++	[7][15][17] [32]
河乌科Cinclidae						
褐河乌	*Cinclus pallasii*	—	LC	N	+++	[3][6][7][15][32][33]
岩鹨科Prunellidae						
棕胸岩鹨	*Prunella strophiata*	—	LC	W	++	[20]
鸫科Turdidae						
长尾地鸫	*Zoothera dixoni*	—	LC	W	++	[20]
虎斑地鸫	*Zoothera dauma*	—	LC	W	+++	[20]
白眉地鸫	*Geokichla sibirica*	—	LC	N	++	[20]

续表

中文名	学名	国家保护动物等级	IUCN 红色名录等级	区系	金佛山种群现状	参考文献
灰背鸫	*Turdus hortulorum*	—	LC	N	+++	[20]
宝兴歌鸫	*Turdus mupinensis*	—	LC	N	++	[20]
黑胸鸫	*Turdus dissimilis*	—	LC	W	+++	[20]
红尾鸫	*Turdus naumanni*	—	LC	N	+++	[20]
乌灰鸫	*Turdus cardis*	—	LC	N	++	[3]
赤颈鸫	*Turdus ruficollis*	—	LC	N	+++	[20]
灰翅鸫	*Turdus boulboul*	—	LC	W	+	[20]
白腹鸫	*Turdus pallidus*	—	LC	N	+++	[20]
乌鸫	*Turdus merula*	—	LC	O	+++	[3][9][15] [17][18][24][32][33]
白眉鸫	*Turdus obscurus*	—	LC	N	+	[18]
灰头鸫	*Turdus rubrocanus*	—	LC	W	+++	[15][32][33]
褐头鸫	*Turdus feae*	二级	VU	N	+	[20]
斑鸫	*Turdus eunomus*	—	LC	N	+++	[3][15][17][32]
噪鹛科Leiothrichidae						
画眉	*Garrulax canorus*	二级	LC	W	+++	[3][6][15] [17][24][33][34]
灰翅噪鹛	*Garrulax cineraceus*	—	LC	W	+++	[7][15][24]
褐胸噪鹛	*Garrulax maesi*	二级	LC	W	++	[20]
斑背噪鹛	*Garrulax lunulatus*	二级	LC	N（R）	++	[20]
眼纹噪鹛	*Garrulax ocellatus*	二级	LC	W	+++	[20]
黑脸噪鹛	*Garrulax perspicillatus*	—	LC	W	+++	[9][32]
白喉噪鹛	*Garrulax albogularis*	—	LC	W	+++	[24][15][32]
黑领噪鹛	*Garrulax pectoralis*	—	LC	W	+++	[6][15]
棕噪鹛	*Garrulax berthemyi*	二级	LC	W（R）	+++	[6][7][33]
白颊噪鹛	*Garrulax sannio*	—	LC	W	+++	[3][7][15] [17][18][24][32][33]
矛纹草鹛	*Pterorhinus lanceolatus*	—	LC	W	+++	[3][6][7][15][32][33]
黑头奇鹛	*Heterophasia desgodinsi*	—	LC	W	++	[20]
红嘴相思鸟	*Leiothrix lutea*	二级	LC	W	+++	[6][7][15] [17][32][34]
火尾希鹛	*Minla ignotincta*	—	LC	W	++	[7]
蓝翅希鹛	*Siva cyanouroptera*	—	LC	W	+++	[7][17]
红尾噪鹛	*Trochalopteron milnei*	二级	LC	W	++	[7]
橙翅噪鹛	*Trochalopteron elliotii*	二级	LC	W（R）	++	[6][7][15] [32]

续表

中文名	学名	国家保护动物等级	IUCN 红色名录等级	区系	金佛山种群现状	参考文献
林鹛科Timaliidae						
斑胸钩嘴鹛	*Erythrogenys gravivox*	—	LC	W	+++	[33]
红头穗鹛	*Cyanoderma ruficeps*	—	LC	W	+++	[7][15]
棕颈钩嘴鹛	*Pomatorhinus ruficollis*	—	LC	W	+++	[3][6][15][17][33]
长尾鹩鹛	*Spelaeornis reptatus*	—	LC	W	+	[20]
斑翅鹩鹛	*Spelaeornis troglodytoides*	—	LC	W	+	[17]
鳞胸鹪鹛科Pnoepygidae						
小鳞胸鹪鹛	*Pnoepyga pusilla*	—	LC	O	+++	[20]
幽鹛科Pellorneidae						
灰眶雀鹛	*Alcippe morrisonia*	—	LC	W	+++	[6]
褐顶雀鹛	*Alcippe brunnea*	—	LC	W	+++	[6]
褐胁雀鹛	*Alcippe dubia*	—	LC	W	++	[20]
莺雀科Vireonidae						
红翅鵙鹛	*Pteruthius aeralatus*	—	LC	W	++	[24]
淡绿鵙鹛	*Pteruthius xanthochlorus*	—	LC	W	+++	[20]
莺鹛科Sylviidae						
点胸鸦雀	*Paradoxornis guttaticollis*	—	LC	W	+++	[20]
灰头鸦雀	*Paradoxornis gularis*	—	LC	W	+++	[20]
红嘴鸦雀	*Paradoxornis aemodium*	—	LC	W	++	[15]
金色鸦雀	*Suthora verreauxi*	—	LC	W	++	[20]
灰喉鸦雀	*Sinosuthora alphonsiana*	—	LC	W	++	[20]
棕头鸦雀	*Sinosuthora webbiana*	—	LC	N	+++	[18][24][32]
白眶鸦雀	*Sinosuthora conspicillata*	二级	LC	N	++	[20]
褐头雀鹛	*Fulvetta cinereiceps*	—	LC	W	++	[20]
棕头雀鹛	*Fulvetta ruficapilla*	—	LC	W	++	[20]
金胸雀鹛	*Lioparus chrysotis*	二级	LC	W	+	[20]
柳莺科Phylloscopidae						
栗头鹟莺	*Phylloscopus castaniceps*	—	LC	W	++	[7]
灰冠鹟莺	*Phylloscopus tephrocephalus*	—	LC	W	+++	[20]
比氏鹟莺	*Phylloscopus valentini*	—	LC	N	+++	[20]
烟柳莺	*Phylloscopus fuligiventer*	—	LC	N	++	[20]
褐柳莺	*Phylloscopus fuscatus*	—	LC	N	+++	[18]
华西柳莺	*Phylloscopus occisinensis*	—	—	N	+++	[20]

续表

中文名	学名	国家保护动物等级	IUCN 红色名录等级	区系	金佛山种群现状	参考文献
棕腹柳莺	*Phylloscopus subaffinis*	—	LC	W	++	[7][15]
棕眉柳莺	*Phylloscopus armandii*	—	LC	N	++	[20]
四川柳莺	*Phylloscopus forresti*	—	LC	W（R）	++	[15]
橙斑翅柳莺	*Phylloscopus pulcher*	—	LC	W	+++	[20]
黑眉柳莺	*Phylloscopus ricketti*	—	LC	W	++	[20]
灰喉柳莺	*Phylloscopus maculipennis*	—	LC	W	++	[20]
白斑尾柳莺	*Phylloscopus ogilviegranti*	—	LC	W	++	[7]
暗绿柳莺	*Phylloscopus trochiloides*	—	LC	N	+++	[15]
极北柳莺	*Phylloscopus borealis*	—	LC	N	+++	[6][18]
云南柳莺	*Phylloscopus yunnanensis*	—	LC	N	+++	[20]
冠纹柳莺	*Phylloscopus claudiae*	—	LC	W	+++	[7][15][32]
黄腰柳莺	*Phylloscopus proregulus*	—	LC	N	+++	[15]
冕柳莺	*Phylloscopus coronatus*	—	LC	N	+++	[20]
黄眉柳莺	*Phylloscopus inornatus*	—	LC	N	++	[6][15][18][32]
乌嘴柳莺	*Phylloscopus magnirostris*	—	LC	W	+	[20]
苇莺科Acrocephalidae						
钝翅苇莺	*Acrocephalus concinens*	—	LC	N	++	[20]
噪大苇莺	*Acrocephalus stentoreus*	—	LC	O	+++	[20]
东方大苇莺	*Acrocephalus orientalis*	—	LC	O	+++	[32]
蝗莺科Locustellidae						
矛斑蝗莺	*Locustella lanceolata*	—	LC	N	++	[20]
高山短翅莺	*Locustella mandelli*	—	LC	W	+++	[20]
棕褐短翅莺	*Locustella luteoventris*	—	LC	W	+++	[7]
斑胸短翅莺	*Locustella thoracica*	—	LC	W	+++	[20]
鹟莺科Scotocercidae						
棕脸鹟莺	*Abroscopus albogularis*	—	LC	W	+++	[23][32]
异色树莺	*Horornis flavolivaceus*	—	LC	W	+++	[20]
日本树莺	*Horornis diphone*	—	LC	N	+++	[15]
黄腹树莺	*Horornis acanthizoides*	—	LC	W	+++	[15][32][33]
强脚树莺	*Horornis fortipes*	—	LC	W	+++	[6][17][18] [32][33]
栗头地莺	*Cettia castaneocoronata*	—	LC	W	+++	[20]
扇尾莺科Cisticolidae						
棕扇尾莺	*Cisticola juncidis*	—	LC	O	+++	[20]

续表

中文名	学名	国家保护动物等级	IUCN 红色名录等级	区系	金佛山种群现状	参考文献
纯色山鹪莺	*Prinia inornata*	—	LC	O	+++	[24]
黄腹山鹪莺	*Prinia flaviventris*	—	LC	O	+++	[20]
灰胸山鹪莺	*Prinia hodgsonii*	—	LC	O	+++	[20]
山鹪莺	*Prinia crinigera*	—	LC	W	+++	[20]
鹟科Muscicapidae						
北灰鹟	*Muscicapa dauurica*	—	LC	O	+++	[20]
乌鹟	*Muscicapa sibirica*	—	LC	O	+++	[6][7][15] [32][33]
棕尾褐鹟	*Muscicapa ferruginea*	—	LC	W	++	[20]
棕腹仙鹟	*Niltava sundara*	—	LC	W	++	[15]
棕腹大仙鹟	*Niltava davidi*	二级	LC	W	+++	[15][32]
白眉姬鹟	*Ficedula zanthopygia*	—	LC	N	++	[3][15][32]
鸲姬鹟	*Ficedula mugimaki*	—	LC	N	++	[20]
灰蓝姬鹟	*Ficedula tricolor*	—	LC	W	+++	[15]
橙胸姬鹟	*Ficedula strophiata*	—	LC	W	+++	[32]
棕胸蓝姬鹟	*Ficedula hyperythra*	—	LC	W	+++	[24][28]
锈胸蓝姬鹟	*Ficedula erithacus*	—	LC	W	++	[20]
红喉姬鹟	*Ficedula albicilla*	—	LC	N	+++	[20]
铜蓝鹟	*Eumyias thalassinus*	—	LC	W	++	[7][15]
中华仙鹟	*Cyornis glaucicomans*	—	LC	W	++	[20]
白喉林鹟	*Cyornis brunneatus*	二级	VU	W	++	[20]
琉璃蓝鹟	*Cyanoptila cumatilis*	—	NT	N	++	[20]
黑喉石䳭	*Saxicola maurus*	—	—	N	+++	[15]
灰林䳭	*Saxicola ferreus*	—	LC	W	+++	[15][32]
寿带	*Terpsiphone paradisi*	—	LC	O	+++	[3][15][17] [32]
鹊鸲	*Copsychus saularis*	—	LC	O	+++	[3][9][15] [17][18][24] [32][33][34]
金胸歌鸲	*Calliope pectardens*	二级	NT	N	+	[20]
红喉歌鸲	*Calliope calliope*	二级	LC	O	+++	[32]
蓝歌鸲	*Larvivora cyane*	—	LC	N	+++	[20]
蓝喉歌鸲	*Luscinia svecica*	二级	LC	O	+++	[32]
白腹短翅鸲	*Luscinia phaenicuroides*	—	LC	W	+++	[20]
红胁蓝尾鸲	*Tarsiger cyanurus*	—	LC	N	+++	[6][17][23]
金色林鸲	*Tarsiger chrysaeus*	—	LC	W	+	

续表

中文名	学名	国家保护动物等级	IUCN 红色名录等级	区系	金佛山种群现状	参考文献
蓝额红尾鸲	*Phoenicurus frontalis*	—	LC	W	+++	[6][7][15]
赭红尾鸲	*Phoenicurus ochruros*	—	LC	O	+++	[20]
黑喉红尾鸲	*Phoenicurus hodgsoni*	—	LC	W	+++	[33]
北红尾鸲	*Phoenicurus auroreus*	—	LC	N	+++	[3][6][7][15][17][18][24][33]
白喉红尾鸲	*Phoenicurus schisticeps*	—	LC	N	++	[20]
白顶溪鸲	*Phoenicurus leucocephalus*	—	LC	N	+++	[3][17]
红尾水鸲	*Phoenicurus fuliginosus*	—	LC	W	+++	[3][6][7][15][17][18][32][34]
蓝大翅鸲	*Grandala coelicolor*	—	LC	W	++	[28]
白尾蓝地鸲	*Myiomela leucura*	—	LC	W	+++	[15]
灰背燕尾	*Enicurus schistaceus*	—	LC	W	++	[6][7]
白冠燕尾	*Enicurus leschenaulti*	—	LC	W	+++	[24]
小燕尾	*Enicurus scouleri*	—	LC	W	+++	[6][7][15]
斑背燕尾	*Enicurus maculatus*	—	LC	W	+++	[20]
蓝短翅鸫	*Brachypteryx montana*	—	LC	W	++	[20]
紫啸鸫	*Myophonus caeruleus*	—	LC	O	+++	[3][6][15] [17][18][32][33]
栗腹矶鸫	*Monticola rufiventris*	—	LC	W	+++	[32]
蓝矶鸫	*Monticola solitarius*	—	LC	O	+++	[3][6][7][9][15][34]
山雀科Paridae						
火冠雀	*Cephalopyrus flammiceps*	—	LC	W	++	[20]
绿背山雀	*Parus monticolus*	—	LC	O	+++	[6][7][15] [18][24]
大山雀	*Parus major*	—	LC	N	+++	[4][7][15] [32]
远东山雀	*Parus minor*	—	—	N	++	[20]
煤山雀	*Periparus ater*	—	LC	O	+++	[15]
黄腹山雀	*Pardaliparus venustulus*	—	LC	N（R）	+++	[6][7][15] [18][24][32]
黄眉林雀	*Sylviparus modestus*	—	LC	W	+++	[24]
长尾山雀科Aegithalidae						
银脸长尾山雀	*Aegithalos fuliginosus*	—	LC	N（R）	++	[15]
红头长尾山雀	*Aegithalos concinnus*	—	LC	W	+++	[3][17][18] [24][33]
银喉长尾山雀	*Aegithalos glaucogularis*	—	LC	N	+++	[20]

续表

中文名	学名	国家保护动物等级	IUCN 红色名录等级	区系	金佛山种群现状	参考文献
戴菊科Regulidae						
戴菊	*Regulus regulus*	—	LC	O	+++	[15]
䴓科Sittidae						
普通䴓	*Sitta europaea*	—	LC	O	+++	[20]
啄花鸟科Dicaeidae						
红胸啄花鸟	*Dicaeum ignipectus*	—	LC	W	++	[20]
纯色啄花鸟	*Dicaeum minullum*	—	LC	W	+++	[20]
绣眼鸟科Zosteropidae						
暗绿绣眼鸟	*Zosterops japonicus*	—	LC	N	+++	[3][7][9][15][17][18][32][33]
红胁绣眼鸟	*Zosterops erythropleurus*	二级	LC	N	+++	[20]
栗颈凤鹛	*Staphida torqueola*	—	LC	N	++	[20]
白领凤鹛	*Parayuhina diademata*	—	LC	W	+++	[15][32]
黑额凤鹛	*Yuhina nigrimenta*	—	LC	W	+++	[15]
雀科Passeridae						
山麻雀	*Passer cinnamomeus*	—	LC	O	+++	[3][6][7][9][15][32][33]
家麻雀	*Passer domesticus*	—	LC	O	+++	[15]
麻雀	*Passer montanus*	—	LC	O	+++	[3][6][7][9][15][17][18][24][32][34]
燕雀科Fringillidae						
燕雀	*Fringilla montifringilla*	—	LC	O	+++	[20]
暗胸朱雀	*Procarduelis nipalensis*	—	LC	W	+++	[20]
锡嘴雀	*Coccothraustes coccothraustes*	—	LC	O	+	[23]
普通朱雀	*Carpodacus erythrinus*	—	LC	O	+++	[3][7][15]
酒红朱雀	*Carpodacus vinaceus*	—	LC	W	+++	[7][15]
红眉松雀	*Carpodacus subhimachalus*	—	LC	N	++	[20]
黑尾蜡嘴雀	*Eophona migratoria*	—	LC	N	+++	[3][15][17] [24][32]
黑头蜡嘴雀	*Eophona personata*	—	LC	N	+++	[18][32]
褐灰雀	*Pyrrhula nipalensis*	—	LC	W	+++	[20]
灰头灰雀	*Pyrrhula erythaca*	—	LC	W	+++	[15][24]
金翅雀	*Chloris sinica*	—	LC	N	+++	[3][6][7][9][15][17][18][24][33]
黄雀	*Spinus spinus*	—	LC	O	+++	[6]
红交嘴雀	*Loxia curvirostra*	二级	LC	O	+++	[3]

续表

中文名	学名	国家保护动物等级	IUCN 红色名录等级	区系	金佛山种群现状	参考文献
鹀科Emberizidae						
黄胸鹀	*Emberiza aureola*	一级	CR	N	++	[20]
灰头鹀	*Emberiza spodocephala*	—	LC	O	+++	[6][15]
凤头鹀	*Emberiza lathami*	—	LC	W	+++	[7][15][32] [33]
黄眉鹀	*Emberiza chrysophrys*	—	LC	N	++	
蓝鹀	*Emberiza siemsseni*	二级	LC	N	+++	[7][15]
田鹀	*Emberiza rustica*	—	VU	N	+++	[20]
戈氏岩鹀	*Emberiza godlewskii*	—	LC	N	+++	[33]
黄喉鹀	*Emberiza elegans*	—	LC	N	+++	[6][15][17] [32]
三道眉草鹀	*Emberiza cioides*	—	LC	N	+++	[6][7][15] [17][18] [33]
小鹀	*Emberiza pusilla*	—	LC	O	+++	[6][7][15] [17][18] [33]
白眉鹀	*Emberiza tristrami*	—	LC	N	++	[33]
栗耳鹀	*Emberiza fucata*	—	LC	N	+++	[32]
梅花雀科Estrildidae						
斑文鸟	*Lonchura punctulata*	—	LC	O	++	[18][32][34]
白腰文鸟	*Lonchura striata*	—	LC	O	+++	[3][6][15] [17][18][24] [32][33]
太阳鸟科Nectariniidae						
蓝喉太阳鸟	*Aethopyga gouldiae*	—	LC	W	+++	[6][7][9][15]
叉尾太阳鸟	*Aethopyga christinae*	—	LC	W	++	[6][15][32]
火尾太阳鸟	*Aethopyga ignicauda*	—	LC	W	++	[20]
旋壁雀科Tichodromidae						
红翅旋壁雀	*Tichodroma muraria*	—	LC	N	++	[20]
鹪鹩科Troglodytidae						
鹪鹩	*Troglodytes troglodytes*	—	LC	N	+++	[3]

注:

Ⅰ. 国家重点保护动物等级：一级 、二级 、非重点保护动物（—）；

Ⅱ. IUCN红色名录等级 ：绝灭（EX）、野外绝灭（EW）、极危（CR）、濒危（EN）、易危（VU）、近危（NT）、低危（LC）、 数据缺乏（DD）、未评估（NE）；未收录（—）；

Ⅲ. 在区系划分中用不同字母表示：W：东洋界；N：古北界；O：广布种；R：中国特有；

Ⅳ. 珍稀保护种类现状：+表示种群数量稀少；++表示种群数量较少；+++表示种群数量相对较多。

重庆金佛山国家级自然保护区鸟类资源及图录集

Bird Resources and Illustrated Catalogue in Chongqing Jinfo Mountain National Nature Reserve

一、鸊鷉目
Podicipediformes

䴙䴘科 Podicipedidae

全球分布，小至中型的似鸭水禽。嘴尖，翼短，尾短，颈直，趾具瓣蹼，羽毛长而柔软如丝；善潜水，以鱼类及水生昆虫为食；营巢于水上的浮游植物。全球共1科6属20种，中国有5种，重庆有4种，南川区有2种。

1. 小䴙䴘 *Tachybaptus ruficollis*

英文学名

Little Grebe

别名

水葫芦、野鸳鸯

外形特征

体形小，外形如鸭，嘴侧扁直尖。脚特别靠体后，脚趾具瓣蹼。上体（包括头顶、后颈、两翅）黑褐色而有光泽，在繁殖期颈部有棕红栗色婚羽；眼先、颊、颏和上喉等均黑色；上胸黑褐色；下胸和腹部银白色；尾短。

大小量度

体重190～300 g，体长19～27 cm，嘴峰18～23 mm，尾4～9 mm，跗跖29～50 mm。

栖境习性

生境：江河湖海，水库，溪流等各种水域环境。食性：以小鱼小虾为主，偶食水生节肢动物等。习性：留鸟或冬候鸟。通常单独、成双或分散小群活动，繁殖期在水上相互追逐并发出响亮连续刺耳叫声。日行性，性怯懦，营巢、栖息藏匿在芦苇或水草中。

生长繁殖

繁殖期4—5月。在水面上的追逐戏水、求偶交配的舞蹈非常有趣，雌雄衔着水草共同在芦苇丛等隐蔽处营造浮巢。发现敌情，便将巢中的卵用杂草等盖住隐蔽。每窝产卵4～8枚，雌雄亲鸟轮流孵化。孵化期20～25天，早成雏，幼鸟跟随亲鸟活动或骑在父母背上。幼鸟头部具有鲜明的黑白色条纹，在学会潜水前主要依靠成鸟提供小鱼、水生昆虫等食物。

种群现状

分布广，种群数量较多且稳定，常见。

保护级别

列入《世界自然保护联盟濒危物种红色名录》（IUCN）低危（LC）、《国家保护的有重要生态、科学、社会价值的陆生野生动物名录》、《重庆市重点保护野生动物名录》。

2. 黑颈鸊鷉 *Podiceps nigricollis*

英文学名

Black-necked Grebe

别名

艄板儿

外形特征

中等体型。婚羽：具丝状松软的延伸至耳后的金黄色耳羽簇。头颈黑色，虹膜红色。嘴全深黑色，下嘴微向上翘。上体黑褐色，翅覆羽黑褐色，初级飞羽淡褐色，内侧初级飞羽尖端和内翈白色，逐渐过渡到内外翈全白色；外侧次级飞羽白色，内侧次级飞羽和肩羽黑褐色；胸、腹丝光白色，肛周灰褐色，胸侧和两胁栗红色，缀有褐色斑；翅下覆羽和腋羽白色。

大小量度

体重240～420 g，体长23～35 mm，嘴峰18～25 mm，尾29～42 mm，跗跖28～46 mm。

栖境习性

生境：繁殖期栖息于内陆的富有岸边植物的淡水湖泊、水塘、河流及沼泽地带。非繁殖期常栖息在沿海海面、河口及其附近的湖泊、池塘和沼泽地带。食性：主要食各种小鱼蛙、蝌蚪及水生无脊椎动物，偶食水生植物。习性：旅鸟或冬候鸟。昼行，常成对或小群活动在开阔水面。繁殖期则多在挺水植物丛中或附近水域中活动，遇人则躲入水草丛。

生长繁殖

繁殖期5—8月，营巢于有水生植物的湖泊与水塘中。常成对或小群营浮巢，较为简陋，呈圆台状，稍微内凹。每窝产卵4～6枚，卵白或绿白色，随着孵化逐渐变为污白色，大小约4 cm×3 cm。雌雄亲鸟轮流孵卵，孵化期约21天。早成雏。

种群现状

分布较少，数量稀少，并不常见。

保护级别

列入国家二级重点保护野生动物、《世界自然保护联盟濒危物种红色名录》（IUCN）低危（LC）。

二、鹈形目
Pelecaniformes

鹭科 Ardeidae

为大、中型涉禽，湿地生态系统中的重要指示物种。全世界共有17属62种，中国有9属20种，重庆有8属13种。这是一群很古老的鸟类，大约在5 500万年前就已在地球上活动。它们具有“三长”外形：侧扁的长嘴、优雅的长颈、裸露的长脚。繁殖期会在头、胸、背等部位出现丝状饰羽，繁殖期后饰羽逐渐消失。飞行时长颈会缩成S形（缩脖佬）、长腿伸直尾后、振翅缓慢，是野外的鉴别特征。

1. 大麻鳽 *Botaurus stellaris*

英文学名

Eurasian Bittern

别名

水骆驼、蒲鸡、水母鸡、大麻鹭

外形特征

体形大的涉禽。额、头顶和枕黑色，眉纹淡黄白色，颏及喉白具明显的黑色颊纹。头及颈侧棕黄色，在羽端稍具黑色杂斑及纵纹。前颈和胸侧皮黄色，具棕褐色纵纹，且羽毛分散成发丝状；后颈黑褐色，羽端具两道棕红白色横斑。背和肩主要为黑粗纵纹，羽缘有锯齿状皮黄色斑。翅、尾及其余上体部分的覆羽皮黄色，具黑褐色斑纹。腹皮黄色，具褐色纵纹，两胁和腋羽皮黄白色，具黑褐色横斑；肛和尾下覆羽乳白色，具黑色纵纹。虹膜黄色；嘴黄绿色；嘴峰暗褐色；脚趾黄绿色。幼鸟似成鸟，但头顶较褐，体羽较淡褐。

大小量度

体重400～1 400 g，体长59～78 cm，嘴峰6～8 cm，尾9～13 cm，跗跖8～11 cm。

栖境习性

生境：山地丘陵和山脚谷地平原地带的河流、湖泊、池塘边的植丛、沼泽和湿草地上。食性：以鱼、虾、蛙、蟹、螺、水生昆虫等动物性食物为食。习性：旅鸟或冬候鸟。常独栖，迁徙时集成小群。夜行性，白天多隐蔽在水边芦苇丛和草丛中；偶见白天在沼泽草地上活动，时而发出“hui～er，hui～er”的叫声，很远能听见。受惊时常在草丛或芦苇丛呆立不动，头、颈向上垂直伸直、嘴尖朝向天空，和四周枯草、芦苇融为一体，不注意很难辨别（生态学的保护色和拟态）。

生长繁殖

繁殖期5—7月，常成对单独营巢于沼泽和水边植丛中。巢简陋，呈盘状，大小为50～90 cm。每窝产卵4～6枚，卵为橄榄褐色，呈卵圆形，大小约50 mm×40 mm。产卵期不同步，主要由雌鸟承担孵卵，雄鸟偶尔参与孵卵。孵化期约26天。雌鸟孵卵时甚警觉，亦甚恋巢，只有当人走到很近时，才会弃巢而逃。晚成雏，雌雄共同育雏，幼雏45～60天才能飞翔和独立生活。

种群现状

分布较广，种群数量较丰富，较常见。

保护级别

列入《世界自然保护联盟濒危物种红色名录》（IUCN）低危（LC）、《国家保护的有重要生态、科学、社会价值的陆生野生动物名录》、《重庆市重点保护野生动物名录》。

2. 黄苇鳽 *Ixobrychus sinensis*

英文学名

Yellow Bittern

别名

黄斑苇鳽、小老等、黄小鹭

外形特征

小型涉禽。虹膜黄色；眼先裸露呈黄绿色；嘴峰黑褐色，两侧和下嘴黄褐色；跗跖和趾黄绿色。雄鸟：头部铅黑色，后颈棕黄褐色；背、肩淡黄褐色；翅端黑色，尾羽黑色。下体从颏喉至胸腹及尾下，淡黄白色。雌鸟：头顶为栗褐色，具黑色纵纹；上体淡棕褐色，具暗褐色纵纹，下体颏、喉部中央具黄白色纵纹，颈至胸有淡褐色纵斑。幼鸟：上体缀有黑褐色纵纹，下体黄白色，具褐色纵纹。

大小量度

体重45～110 g，体长27～39 cm，嘴峰45～55 mm，尾3～6 cm，跗跖38～54 mm。

栖境习性

生境：平原、低山丘陵富有水生植物的开阔水域、湿地或沼泽。食性：主要以小鱼、虾、蛙、水生昆虫等动物性食物为食。习性：夏候鸟或旅鸟。常单独或成对，多晨昏活动，偶在夜间和白天活动。常沿沼泽地芦苇塘飞翔或在水边浅水处慢步涉水觅食。性甚机警，遇有干扰，立刻伫立不动，向上伸长头颈观望。通常无声，飞行时发出略微刺耳的断续轻声“ka-kak”。

生长繁殖

繁殖期5—7月，营盘状巢于浅水处距水面不高的植丛中，较简陋，约16 cm×19 cm。每窝产卵4～7枚，白色，光滑无斑，卵圆形，大小约25 mm×33 mm，重8～10 g。孵化期约20天，晚成雏。

种群现状

分布较广，数量较多，较常见。

保护级别

列入《世界自然保护联盟濒危物种红色名录》（IUCN）低危（LC）、《国家保护的有重要生态、科学、社会价值的陆生野生动物名录》、《重庆市重点保护野生动物名录》。

3. 栗苇鳽 *Ixobrychus cinnamomeus*

英文学名

Cinnamon Bittern

别名

栗小鹭、独春鸟、小水骆驼

外形特征

小型鹭类。虹膜黄色，眼先裸出部绿黄色；嘴黄褐色，嘴峰黑褐色，脚黄绿色。雄鸟：上体棕栗色，头顶栗褐色；翅和尾羽呈淡栗红色；下体、两颊、颏、喉、前颈呈皮黄白色；颏喉和前颈中央有1条棕褐色纵纹，一直延伸至胸腹部；肛周和尾下覆羽棕白色。雌鸟：上体栗红色具细小白色斑点，头顶暗栗红色；下体棕黄色，从颈至胸有数条黑褐色纵纹。幼鸟：上体有更多的斑点和斑纹，呈褐色，下体有多条显著的暗褐色条纹。

大小量度

体重110～170 g，体长28～38 cm，嘴峰42～50 mm，尾36～48 mm，跗跖42～53 mm。

栖境习性

生境：沼泽、水塘、溪流和水稻田等湿地环境。食性：主要为小鱼、蛙、水生无脊椎动物等，偶食少量植物。习性：夏候鸟或旅鸟。多晨昏和夜间活动；白天在隐蔽阴暗的地方活动和觅食。性胆小机警，通常很少飞行，喜行走。

生长繁殖

营巢于沼泽、湖边、水塘、稻田边的植丛中，巢简陋呈碟状。巢大小约15 cm×17 cm，每窝产卵3～8枚，白色，椭圆形，大小约35 mm×26 mm，重约12 g。孵化期15～18天，育雏期25天。

种群现状

种群数量较丰富，较常见。

保护级别

列入《世界自然保护联盟濒危物种红色名录》（IUCN）低危（LC）、《国家保护的有重要生态、科学、社会价值的陆生野生动物名录》、《重庆市重点保护野生动物名录》。

4. 黑苇鳽 *Ixobrychus flavicollis*

英文学名

Black Bittern

别名

黑鳽、乌鹭、黑长脚鹭鸶、黄颈黑鹭

外形特征

中型涉禽。虹膜橙红色；嘴黑褐色，下嘴黄褐色；眼先裸露皮肤淡紫色；脚暗褐色。雄性：通体蓝黑色；颈侧具一道显著的橙黄色斜斑；前胸和腹部满布淡棕白色条纹。雌鸟：通体暗褐，无蓝色；颊和耳羽栗红色；颏、喉、前颈淡棕白色，中央纹呈栗红色点斑状；下喉及颈侧满布栗红色和淡皮黄色斑纹。

大小量度

体重200～360 g，体长46～60 cm，嘴峰73～84 mm，尾52～84 mm，跗跖62～76 mm。

栖境习性

生境：水塘、湖泊、沼泽、滩涂、红树林及林间溪流等湿地环境。食性：主要以小鱼、蛙、虾和水生无脊椎动物为食。习性：夏候鸟或旅鸟。单独或成对活动，性胆怯。多昼行性，在植丛茂密沼泽地觅食。

生长繁殖

繁殖期5—7月。通常营巢于水域岸边沼泽湿地的植丛中，甚至在民房附近的竹林和树上营巢。巢呈盘状，每窝产卵4～6枚，淡绿蓝色或蓝白色，卵圆形，大小约43 mm × 33 mm。

种群现状

分布范围广，种群数量较丰富，较常见。

保护级别

列入《世界自然保护联盟濒危物种红色名录》（IUCN）低危（LC）、《国家保护的有重要生态、科学、社会价值的陆生野生动物名录》、《重庆市重点保护野生动物名录》。

5. 夜鹭 *Nycticorax nycticorax*

英文学名

Black-crowned Night-heron

别名

水洼子、灰洼子、星鸦、苍鳽、夜游鹤

外形特征

中等体形。虹膜棕黄色，眼先绿色，嘴黑褐，脚黄色。雄鸟：头黑，背黑；两翼及尾灰色；颈及胸白，颈背具两条白色细长丝状羽。雌鸟：较小，脚及眼先在繁殖期呈红色。幼鸟：嘴基部黄绿、前端黑色；身体具褐色纵纹及斑点。

大小量度

体重450～800 g，体长44～60 cm，嘴峰55～75 mm，尾

8～12 cm，跗跖60～80 mm。

栖境习性

生境：平原和低山丘陵地区的水域湿地、沼泽等环境。食性：鱼、蛙、虾、水生无脊椎动物等。习性：夏候鸟或留鸟。多夜行性，分散成小群涉水觅食，或在树枝上静候水中猎物。白天结群隐藏于植丛僻静处，偶见单独活动和栖息的。若无干扰或威胁，一般不离开隐栖处，受惊扰时才突然冲出，边飞边单调粗犷地鸣叫。

生长繁殖

繁殖期4—7月，通常集群或与其他鹭类成混合群营巢于各种高大树上，群巢数目从几个至百个不等。雌雄共同营巢，也可利用旧巢；巢简单，呈盘状，30～52 cm。每窝产卵3～5枚，卵蓝绿色，圆形或椭圆形，大小约44 mm×35 mm，重22～27 g。雌雄共同孵卵和育雏，孵化期21～23天，晚成雏，30多天，即能飞翔和离巢。

种群现状

分布较广，数量较多，较常见。

保护级别

列入《世界自然保护联盟濒危物种红色名录》（IUCN）低危（LC）、《国家保护的有重要生态、科学、社会价值的陆生野生动物名录》。

6. 绿鹭 *Butorides striata*

英文学名

Green-backed Heron

别名

打鱼郎、绿背鹭、绿鹭鸶、绿蓑鹭

外形特征

小型涉禽。虹膜金黄色；眼先裸露皮肤黄绿色；嘴褐色；脚绿黄色。雄鸟：额、头顶、枕、羽冠和眼下纹，黑绿色；羽冠延伸到后枕下部，其中央一枚羽毛特长；后颈、颈侧及颊纹灰色；上体呈灰绿色，背、翅、尾有灰绿色金属光泽的矛状羽；下体两胁银灰色，颏、喉和胸、腹部中央有一道白色纵纹。幼鸟：背呈暗褐色，翅有白斑，下体皮黄白色，有黑褐色纵斑。

大小量度

体重250～320 g，体长38～50 cm，嘴峰57～72 mm，尾64～80 mm，跗跖49～59 mm。

栖境习性

生境：各种水域、沼泽和湿地富有植丛的环境。食性：主要以鱼、蛙、蟹、虾、水生昆虫、软体动物等水生无脊椎动物为食。习性：旅鸟。晨昏活动，偶尔白天觅食。常独栖静候于水边植丛隐蔽的枝杈上、灌丛中或荫蔽处的石头上，待水中猎物一现，即双脚往后伸直、略缩着脖子、低空疾飞而下迅猛扑猎。

生长繁殖

4—6月繁殖。通常营巢于水边的植丛或枝杈上，巢极简陋，浅碟状，直径约25 cm，每窝常产卵5枚，绿青色，椭圆形，大小约31 mm×41 mm，重18～21 g。雌雄轮流孵卵，不轻易弃巢。孵化期20～22天，晚成雏，雌雄共同育雏。

种群现状

数量稀少，偶见，需要加强保护。

保护级别

列入《世界自然保护联盟濒危物种红色名录》（IUCN）低危（LC）、《国家保护的有重要生态、科学、社会价值的陆生野生动物名录》、《重庆市重点保护野生动物名录》。

7. 池鹭 *Ardeola bacchus*

英文学名

Chinese Pond-heron

别名

红毛鹭、红头鹭鸶、沙鹭、花窖子、田螺鹭、穿背心

外形特征

小型涉禽，雌雄相似。虹膜黄色；嘴黄色，但基部蓝色，尖端黑色；脸和眼先的裸露皮肤，黄绿色；脚黄色。夏羽：头、颈和前胸呈栗红色婚羽；冠羽呈长丝状，一直延伸到背部；背、肩羽呈长披针形蓑羽，墨蓝色；尾短，圆形，白色；颏、喉至前颈的中央有1条白色细纵纹；下颈和前胸有栗褐色细长丝状蓑羽；腹、两胁、两翅及其他部位全为白色。冬羽：头顶白色，具细密的褐色条纹；颈、胸浅黄白色，具厚密的褐色条纹；背和肩暗黄褐色。

大小量度

体重150～320 g，体长37～54 cm，嘴峰52～68 mm，尾70～88 mm，跗跖52～57 mm。

栖境习性

生境：中低海拔的稻田、池塘、湖泊、水库和沼泽湿地等富有树林或竹林的水域环境。食性：以鱼、虾、螺、蛙、水生无脊椎动物性食物为主，兼食少量植物。习性：夏候鸟或留鸟。常单独或成小群活动，偶尔集几十只的大群，性较大胆，昼行或晨昏活动。常行走在浅水中，用嘴飞快地攫食。通常无声，受惊扰或争斗时发出低沉的“kuɑ-kuɑ”声。

生长繁殖

繁殖期3—7月，常群体营巢或与其他鹭类混合营巢于水域附近高大树木的树梢或竹林上，巢简陋，呈浅圆盘状，窝产卵2～5枚，蓝绿色，椭圆形，大小约39 mm×30 mm，重17～20 g，雌雄共孵，孵化期20～23天，晚成雏，育雏期30～31天。

种群现状

分布较广，种群数量较多而稳定，常见。

保护级别

列入《世界自然保护联盟濒危物种红色名录》（IUCN）低危（LC）、《国家保护的有重要生态、科学、社会价值的陆生野生动物名录》。

8. 牛背鹭 *Bubulcus coromandus*

英文学名

Eastern Cattle Egret

别名

黄头鹭、畜鹭、放牛郎

外形特征

小型涉禽，雌雄同色。虹膜黄色，眼先裸露部黄色；嘴黄色；脚暗黄；体形较粗壮，嘴较厚，颈较粗短。夏羽：头、颈、前胸及背部中央的蓑羽呈黄色丝状婚羽，嘴及脚黄中带红，身体其余纯白。冬羽：几乎

全白，仅额顶部略显橙黄。幼鸟：全身纯白。

大小量度

体重290～445 g，体长40～55 cm，嘴峰52～60 mm，尾74～93 mm，跗跖72～95 mm。

栖境习性

生境：山地平原草地、牧场、农田和沼泽湿地等富植丛环境。食性：昆虫、蜘蛛、蚂蟥、鱼和蛙等动物食物。习性：夏候鸟或留鸟。常单独、成对或小群活动。常安静骑在牛背上啄食翻耕出来的昆虫和牛背上的寄生虫，喜栖树梢上，颈缩成“S”形。性活跃而温驯，不怕人。通常缩脖低空直线飞行。

生长繁殖

4—7月繁殖，常成群营巢或与其他鹭类混合营巢。巢简陋，30～50 cm，窝产卵4～9枚，浅蓝色，光滑无斑，大小约47 mm×34 mm。雌雄轮流孵卵，孵化期21～24天，晚成雏。

种群现状

分布较广，种群数量不多，较常见。

保护级别

列入《国家保护的有重要生态、科学、社会价值的陆生野生动物名录》。

9. 苍鹭 *Ardea cinerea*

英文学名

Grey Heron

别名

长脖佬、灰鹳

外形特征

大型涉禽，雌雄相似，整体显苍灰色。虹膜黄色；嘴绿黄色；脚黄褐色。成鸟：过眼纹及头顶黑色，4枚细长辫状的冠羽位于头顶和枕部两侧；飞羽肩羽黑色；下体呈白色，颈的中央有两道黑色纵纹，胸腹两肋具黑斑。幼鸟：头、颈灰色，身上无黑色斑。

大小量度

体重850～1830 g，体长70～110 cm，嘴峰100～135 mm，尾13～19 cm，跗跖12～17 cm。

栖境习性

生境：各种水域、沼泽和湿地富有植丛的环境，常见岸边及浅水处。食性：以小鱼虾、蛙、蜥蜴和各种无脊椎动物

为食。习性：留鸟或夏候鸟。单独、成对或小群活动，迁徙和冬季集成大群，或与其他鹭类混群。多晨昏活动，涉水啄食，或长久在水边单脚静伫不动，颈常曲缩于两肩之间，另一脚缩于腹下。飞行时扇翼缓慢，颈缩成“S”形，两脚向后伸直。夜间多成群栖息于高大乔木上。

生长繁殖

繁殖期4—6月。常营群巢在水域附近的乔木或植丛中，雌雄共同营巢，巢圆柱状，50～90 cm；每窝产卵3～6枚，蓝绿色至蓝白色，椭圆形，大小约64 mm×44 mm，重51～ 69 g；雌雄共孵，孵化期24～26天；晚成雏，约40天才能飞翔和离巢。

种群现状

分布较广，种群数量较多，较常见。

保护级别

列入《世界自然保护联盟濒危物种红色名录》（IUCN）低危（LC）、《国家保护的有重要生态、科学、社会价值的陆生野生动物名录》。

10. 草鹭 *Ardea purpurea*

英文学名

Purple Heron

别名

花窖马、长脖佬、花洼子

外形特征

大型涉禽，整体呈花杂的灰栗色。虹膜黄色；嘴暗黄色，嘴峰褐色；眼先裸露部黄绿色；脚整体呈黄色，但跗跖前缘呈褐色。成鸟：额和头顶蓝黑色，枕部有两枚灰黑色长辫状冠羽；头和颈棕栗色，有一蓝黑色纵纹从嘴裂经后枕部向下延伸至后颈基部，并且颈侧还有1条黑色纵纹延伸至前胸；飞羽肩羽棕栗色；颏、喉、前颈银灰白色；胸腹

蓝黑色，胁灰色，腋羽及腿红棕色。幼鸟：额、头顶黑色，无羽冠；颈赤褐色，前颈密布暗褐色纵纹；上体暗褐色；胸黄褐色，具暗褐色纵纹。

大小量度

体重740～1 260 g，体长75～105 cm，嘴峰100～135 mm，尾11～14 cm，跗跖10～16 cm。

栖境习性

生境：开阔平原和低山丘陵地带的各种水域、沼泽和湿地富有植丛的浅水环境。食性：小鱼、蛙、蜥蜴、水生无脊椎动物等。习性：留鸟或夏候鸟。昼行或晨昏活动，常单独或成对在浅水处缓行涉水啄食，或长久在水边单脚伫立静候猎物出现，颈常曲缩于两肩之间，另一脚缩于腹下。飞行时扇翼缓慢，颈缩成“S”形，两脚向后伸直。鸣声“gua～gua”响亮而有些嘶哑。

生长繁殖

繁殖期5—7月，与其他鹭类混群栖息和营巢。常营群巢在水域附近的乔木或植丛中，雌雄共同营巢，88～95 cm；每窝产卵3～5枚，椭圆形，深蓝至灰蓝色；孵化期27～28天；晚成雏，育雏期41～43天。

种群现状

种群数量不多，不常见。

保护级别

列入《世界自然保护联盟濒危物种红色名录》（IUCN）低危（LC）、《国家保护的有重要生态、科学、社会价值的陆生野生动物名录》。

11. 大白鹭 *Ardea alba*

英文学名

Great White Egret

别名

白鹭鸶、大白鹤、白鹤鹭、白桩、白洼

外形特征

大型涉禽，雌雄相似，全身几乎纯白。嘴、颈、脚特别长；虹膜黄色；胫裸出部分蜡黄色，跗跖和趾黑色。夏羽：肩背部有3列细长丝状的蓑状婚羽延伸至尾后；嘴基黄色但前端大部黑色；眼先和眼周皮肤黑色。冬羽：似夏羽，但肩背部无蓑羽；嘴和眼先均黄色。

大小量度

体重630～1 100 g，体长82～100 cm，嘴峰90～118 mm，尾11～16 cm，跗跖13～17 cm。

栖境习性

生境：开阔平原和山地丘陵地区的各种水域、沼泽和湿地等环境。食性：小鱼、蛙、蝌蚪、蜥蜴和水生无脊椎等动物性食物。主要在水边浅水处涉水觅食，也常在水域附近草地上慢慢行走，边走边啄食。习性：留鸟或夏候鸟。昼行，常单独或小群活动，繁殖期可达百只大群，偶与其他鹭类混群。性极机警畏人。在浅水处缩脖缓行涉水啄食，或长久在水边单脚伫立静候猎物出现，颈常曲缩于两肩之间呈驼背状，另一脚缩于腹下。飞行时扇翼缓慢，颈缩至背部成“S”形，两脚向后伸直。

生长繁殖

繁殖期4—7月。多集群或与其他鹭类混群营巢于高大乔木或植丛中，雌雄共同营巢，巢较简陋；每窝产卵3～6枚，椭圆形或长椭圆形，大小约55 mm×37 mm，天蓝色，重29～31g；雌雄共同孵卵和育雏，孵化期25～26天；晚成雏，约1个月可飞翔和离巢。

种群现状

分布较广，种群数量较多，较常见。

保护级别

列入《世界自然保护联盟濒危物种红色名录》（IUCN）低危（LC）、《国家保护的有重要生态、科学、社会价值的陆生野生动物名录》。

12. 中白鹭 *Ardea intermedia*

英文学名

Intermediate Egret

别名

白鹭鸶、春锄

外形特征

中型涉禽，体形呈纺锤形，个体大小介于大白鹭和白鹭，雌雄同色，全身纯白。虹膜黄色；眼先裸露皮肤黄绿色；嘴黄色，仅嘴尖黑色；胫、脚和趾全黑色。夏羽：头顶有不太明显的冠羽；背部有一列细长丝状的蓑状婚羽延伸至尾后；胸部亦有一簇细长丝状的蓑状饰羽。冬羽：无蓑状饰羽和冠羽。

大小量度

体重440～740 g，体长60～70 cm，嘴峰6～8 cm，尾10～13 cm，跗跖9～12 cm。

栖境习性

生境：各种水域、沼泽和湿地等环境，常见于浅水处及滩涂上。食性：鱼、虾、蛙及小型无脊椎动物。习性：留鸟或夏候鸟。白昼或黄昏活动，常单独、成对或小群，有时亦与其他涉禽混群。性机警畏人。飞行时颈缩成“S”形，两脚直伸向后，两翅鼓动缓慢，呈直线飞行。

生长繁殖

繁殖期4—6月，多为群居营巢于植丛或地面上，巢浅圆盘

形，约34 cm × 18 cm；每窝产卵2～4枚，青绿色，长卵圆形，大小约48 mm × 32 mm，重25～29 g；雌雄共同孵卵，孵化期26～29天；晚成雏。

种群现状

分布较广，种群数量较少，不常见。

保护级别

列入《世界自然保护联盟濒危物种红色名录》（IUCN）低危（LC）、《国家保护的有重要生态、科学、社会价值的陆生野生动物名录》。

13. 白鹭 *Egretta garzetta*

英文学名

Little Egret

别名

小白鹭、白鹭鸶、白翎鸶、春锄

外形特征

中小型涉禽，雌雄相似，全身纯白。虹膜黄色；整个嘴黑色；胫、跗跖黑色，趾黄色。夏羽：后枕有两根狭长而软飘的辫状婚羽；肩、背和前颈均有蓑羽；眼先裸出部分，黄绿色。冬羽：后枕冠羽以及肩、背和前颈的蓑羽均明显消失；眼先裸出部分，粉红色。

大小量度

体重320～550 g，体长53～70 cm，嘴峰69～92 mm，尾77～105 mm，跗跖86～108 mm。

栖境习性

生境：平地至低海拔的各种水域、沼泽和湿地等环境，常见于浅水处及滩涂上。食性：小鱼、蛙、虾、水蛭、无脊椎动物等，也吃少量谷物等植物性食物。习性：留鸟或夏候鸟。昼行性，喜群栖，散成小群活动，常与其他涉禽混群，夜间在栖息地集成几十甚至几百只大群。性较大胆，不怕人。常飞至离栖息地数里至数十里的水域觅食，偶在牛背上啄食寄生虫或在草地上觅食。在浅水处缩脖、轻盈稳健地缓行用脚搅水啄食，或长久在水边单脚伫立静候猎物出现，颈常曲缩于两肩之间呈驼背状，另一脚缩于腹下。飞行时扇翼缓慢，颈缩至背部呈“S”形，两脚向后伸直。

生长繁殖

繁殖期3—7月。常结群营巢于高大乔木上或植丛中。雌雄共同营巢，雌鸟筑巢，雄鸟寻觅巢材；巢呈浅盘状，较简陋；每窝产卵3～6枚，卵圆形，大小约34 mm × 48 mm，灰蓝色或蓝绿色，重25～32 g。雌雄轮流孵卵，孵化期25天。晚成雏，雌雄共同育雏。

种群现状

分布广，种群数量多，常见。

保护级别

列入《世界自然保护联盟濒危物种红色名录》（IUCN）低危（LC）、《国家保护的有重要生态、科学、社会价值的陆生野生动物名录》。

三、雁形目
Anseriformes

鸭科 Anatidae

包括雁形目中绝大多数种类，是游禽类最大的一科，全球共44属156种，除南极外全球分布。此科的不同种类在外形、生态、习性、食性等分化和差异很大。大多数种类的雌雄异色，雄鸟羽色艳丽，而雌鸟羽色暗淡，如鸳鸯。

1. 翘鼻麻鸭 *Tadorna tadorna*

英文学名

Common Shelduck

别名

白鸭、冠鸭、掘穴鸭、翘鼻鸭

外形特征

中小型游禽，雌雄异色。虹膜棕褐色；嘴腊红色；跗跖、蹼肉红色，爪黑色。雄鸟：上嘴基部在繁殖季节有一上翘的皮质瘤突；头、上颈黑色，具黑绿色金属光泽；上体以白色为主，但上背至胸有一圈栗色环带，翅黑且有具绿色金属光泽的翼镜，翅末端具栗色斑块，尾羽具黑色端斑；下体也以白色为主，但从胸部栗色环带中间有1条黑褐色纵带向后一直延伸至肛周，尾下覆羽浅栗色。雌鸟：嘴基无皮质瘤突，羽色较浅，头颈不具绿色金属光泽，前额有白色小斑点，棕栗色胸带和腹部黑色纵带不显著。亚成体：褐色斑驳，脸侧有白斑。

大小量度

体重420～1 780 g，体长37～55 cm，尾9～14 cm，翅270～339 mm，跗跖4.4～6.5 cm。

栖境习性

生境：各种水域及附近的平阔草地、湿沼、滩涂、农田等各类生境。食性：水生无脊椎动物、陆生昆虫、蜥蜴、蛙、小鱼及卵，也吃各种植物性食物。习性：冬候鸟或旅鸟。喜集群，尤其冬迁常集成家族群或大群，主要沿海岸与河流迁徙，沿途短暂停息觅食。飞行疾速，扇翅较快；善游泳、潜水、行走，能轻快奔跑；性机警畏人，见敌即逃。

生长繁殖

繁殖期5—7月。营巢于湿沼滩涂地上、石隙或洞穴中，巢呈盘状。每窝产卵7～12枚，椭圆形，浅黄白色，大小为（62～72）mm×（42～52）mm，重68～80 g；雌鸟单独孵卵，雄鸟警戒，雌鸟离巢觅食时将卵覆盖；孵化期27～29天；早成雏，一个多月可飞翔；2年性成熟。

种群现状

分布不广，数量稀少，偶见。

保护级别

列入《世界自然保护联盟濒危物种红色名录》（IUCN）低危（LC）、《国家保护的有重要生态、科学、社会价值的陆生野生动物名录》。

2. 赤麻鸭 *Tadorna ferruginea*

英文学名

Ruddy Shelduck

别名

黄鸭、黄凫

外形特征

中型游禽。全身以赤黄色为主，虹膜暗褐色，嘴、跗跖黑色。雄鸟：头顶棕白色；脖颈中部在繁殖季节有一窄黑色颈环；腰羽棕褐色，具暗褐色虫蠹状斑；尾和尾上覆羽黑色；翅上覆羽棕白色，腋羽和翼下覆羽白色。雌鸟：与雄鸟相似，但体色稍淡，头顶和头侧白色，颈部无黑色领环。幼鸟：与雌鸟相似，稍暗些，头部和上体灰褐色。

大小量度

体重940～1 780 g，体长46～68 cm，嘴峰3.5～5 cm，尾10～17 cm，跗跖4.9～6.4 cm。

栖境习性

生境：各种淡水域、沼泽和湿地及附近的平阔地带、农田等各类生境，偶见于海边沙滩和咸水湖区。食性：主

要以水生植物、农作物为食，兼食各种水生动物。习性：冬候鸟或旅鸟。多晨昏集群活动；成家族群或集大群迁飞，多呈直线或横列飞行，常边飞边鸣，迁途不断停息和觅食。

生长繁殖

繁殖期4—6月。常营巢于各种洞穴和墓穴中；每窝产卵6～12枚，大小为（64～69）mm×（45～47）mm，重74～85 g，椭圆形，淡黄色；雌鸟单独孵卵，雄鸟警戒；孵化期27～30天；早成雏，孵出即会游泳和潜水。2年性成熟。

种群现状

分布广，数量较多，较常见。

保护级别

列入《世界自然保护联盟濒危物种红色名录》（IUCN）低危（LC）、《国家保护的有重要生态、科学、社会价值的陆生野生动物名录》。

3. 鸳鸯 *Aix galericulata*

英文学名

Mandarin Duck

别名

官鸭、匹鸟

外形特征

小型游禽。雌雄异色，虹膜褐色，跗跖及脚橙黄色。雄鸟：嘴赤红色；额和头顶具翠绿色金属光泽；枕部具铜赤色至暗紫绿色的羽冠；眼周白色，向后延伸为宽长的白色眉纹；眼先、脸颊及颈侧的长披针形翎羽棕栗色；背、腰、胁、尾褐色，具黑白相间的斑纹；翅内侧具蓝绿色翼镜，最后一枚三级飞羽扩大成鲜艳栗黄色的直立扇状帆羽；下体乳白色。雌鸟：嘴褐色；头和后颈灰褐色，无冠羽；眼周白色，向后延伸为细长的白色眉纹。上体、前胸、胁灰褐色，具白色斑点；无直立扇状帆羽。

大小量度

体重415～595 g，体长39～46 cm，嘴峰25～39 mm，尾7～13 cm，跗跖35～48 mm。

栖境习性

生境：各种水域、溪流、沼泽和湿地及农田等环境。食性：杂食性，食谱极广。习性：冬候鸟或旅

鸟。晨昏性，喜集群或混群活动，尤其集大群迁徙。善飞、游和潜水，也善陆地行走和觅食。善隐蔽，性机警畏人，在飞翔落地之前或集群栖息时，常有侦察警戒哨岗，发出尖细的“o～er”报警声。

生长繁殖

繁殖期4—6月。营巢于山地森林紧靠水边的天然树洞中，每窝产卵7～12枚，卵圆形，大小为（47～52）mm×（37～40）mm，重18～35 g，光滑无斑；雌鸟孵卵，雄鸟在此期间找隐蔽处换羽；孵化期28～30天；早成雏，孵出第二天，亲鸟先在洞中“cha～cha”地急促鸣叫，催促雏鸟从高高的树洞中跳下来，进入水中游泳、潜水和觅食。

种群现状

数量不多，不常见。

保护级别

列入国家二级重点保护野生动物、《世界自然保护联盟濒危物种红色名录》（IUCN）低危（LC）。

4. 赤膀鸭 *Anas strepera*

英文学名

Gadwall

别名

青边鸭子、漈凫

外形特征

中小型游禽。雌雄异色，虹膜均黑棕色，跗跖黄色，爪黑色。雄鸟：嘴黑色；繁殖期额及头顶棕色而杂有黑褐色斑纹；自嘴基经眼到耳后有1条黑褐色贯眼纹；颈部翎圈棕红色；上背及翅暗褐色具波状白色细斑，翅具黑白二色的翼镜；肩膀外边缘具棕红色斑，腋羽纯白色；下颈、前胸及胁青灰色；腰及尾黑色，但尾端白色；腹白色具褐色细斑。雌鸟：嘴褐黄色；上体黑褐色具浅棕色羽缘；翅灰褐色具浅黑白二色的翼镜；肩膀外边缘无棕红色斑；下颈、前胸、胁及下体具棕褐色斑。

大小量度

体重690～1 000 g，体长43～56 cm，嘴峰38～49 mm，尾7～11 cm，跗跖33～43 mm。

栖境习性

生境：多在内陆各种水域、沼泽、湿地、水塘等富有水生植物的开阔环境，偶见于海边沼泽地带。食性：以水生植物为主，也到陆地觅食青草、浆果和谷粒。习性：冬候鸟或旅鸟。多小群或混群晨昏活

动，白天栖于开阔水面。常呈家族群或小群迁徙。性怯机警畏人，遇危立刻从水草丛冲出，扇翅快而有力，飞速极快。

生长繁殖

繁殖期5—7月。常分散营巢于水边隐蔽植丛中，偶在荒僻小岛上密集营巢。每窝产卵8～12枚；雌鸟孵卵，雄鸟在孵化前期在巢边警戒，后期则到僻静地方换羽；孵化期约26天；早成雏；50～60天后能飞翔。

种群现状

数量稀少，偶见。

保护级别

列入《世界自然保护联盟濒危物种红色名录》（IUCN）低危（LC）、《国家保护的有重要生态、科学、社会价值的陆生野生动物名录》。

5. 赤颈鸭 *Anas penelope*

英文学名

Eurasian Wigeon

别名

赤颈凫、鹅子鸭、红鸭

外形特征

中型游禽。雌雄异色；虹膜棕褐色；嘴峰蓝灰色，嘴端黑色；跗跖铅蓝色，蹼和爪黑褐色。雄鸟：头颈棕红色；上体、肩、背、胁铅灰色，密杂白色虫蠹状细斑；前胸及胸侧具棕栗色斑；翅棕褐色具白色斑块，翼镜翠绿色而衬以黑边，三级飞羽延伸向后；尾羽黑褐色；腹白色，腋羽和翼下覆羽白色。雌鸟：头颈黑褐色具浅棕色细纹，头颈两侧棕色缀细小褐色斑点；上体深褐色，背具淡褐色羽缘，肩羽缘棕色，腰羽缘灰白色，尾外侧羽缘白色；翅淡褐色具白边，翼镜灰褐色而衬以白边；颏、喉污白色，密布褐色斑点；胸及两胁棕色具褐斑。

大小量度

体重500～905 g，体长41～52 cm，嘴峰30～38 mm，尾8～14 cm，跗跖33～39 mm。

栖境习性

生境：各种水域、口湾、沼泽、湿地及水塘的富有水生植物的开阔环境。食

性：以浅水植物为主，常上岸觅食青草和农作物，也吃少量动物性食物。习性：冬候鸟或旅鸟。常成群或混群活动，迁徙时结大群，常排成一条纵线飞行甚快。兴奋时常将尾翘起，头弯到胸部。善游泳和潜水，遇危时迅速从水中或地上冲飞，快而有力，雄鸟发出响亮清脆的“whee～oo”哨声，雌鸟发出短急的“ga～ga”鸭叫声。

生长繁殖

繁殖期5—7月。常营巢在水边富有水生植丛的环境，巢极简陋；每窝产卵7～11枚，白色、光滑无斑，大小为（50～60）mm×（32～42）mm，重41～47 g；雌鸟孵卵，孵化期22～25天；早成雏；40～45天可飞翔；1年性成熟。

种群现状

分布较少，数量少，不常见。

保护级别

列入《世界自然保护联盟濒危物种红色名录》（IUCN）低危（LC）、《国家保护的有重要生态、科学、社会价值的陆生野生动物名录》。

6. 绿头鸭 *Anas platyrhynchos*

英文学名

Mallard

别名

野鸭、大头绿鸭、原鸭

外形特征

中型游禽。雌雄异色，虹膜棕褐色。雄鸟：嘴黄绿色，端甲黑色；跗跖及蹼橙红色；头颈绿色具金属光泽，颈基有一白色翎环；上体棕褐色密杂灰白细斑；腰及尾黑色，中央两对尾羽黑色向上卷曲成钩状；翅灰褐色具金属紫蓝色的翼镜，翅外缘棕褐色；上胸棕褐色；腹胁灰白色，具细密的褐色波状纹。雌鸟：嘴褐色，端甲棕黄色；跗跖橙黄色；头枕棕黑色；贯眼纹黑褐色；全身以皮黄褐色为主，具棕褐色羽缘；尾羽黄褐色；两翅黄褐色具紫蓝色翼镜。幼鸟：似雌鸟，下体白色，具黑褐色斑纹。

大小量度

体重905～1 310 g，体长46～63 cm，嘴峰48～62 mm，尾6～13 cm，跗跖38～55 mm。

栖境习性

生境：各种水域、沼泽、湿地和水塘等富水生植物的开阔环境。食性：杂食性，食谱极广。习性：冬候鸟或旅鸟。常晨昏成群活动于水面、水边或岸上，迁徙时可集成百上千大群。性活泼好动，雄性发出嘶哑的“ha～ha”声，而雌性发出清脆响亮的“ga～ga”经典的鸭叫声。

生长繁殖

繁殖期4—6月。营巢于各种水域岸边的植丛、坑洞、树杈等多样环境；每窝产卵7～11枚，白色或绿灰色，大小约58 mm×42 mm，重48～59 g；雌鸟孵卵，孵化期24～27天；早成雏；1年性成熟。

种群现状

分布广，数量多，常见。

保护级别

列入《世界自然保护联盟濒危物种红色名录》（IUCN）低危（LC）、《国家保护的有重要生态、科学、社会价值的陆生野生动物名录》。

7. 斑嘴鸭 *Anas zonorhyncha*

英文学名

Chinese Spot-billed Duck

别名

花嘴鸭、谷鸭、黄嘴尖鸭

外形特征

中型游禽。雌雄异色；虹膜黄褐色；嘴蓝黑色，具橙黄色端斑，嘴甲尖端黑色；跗跖及蹼橙黄色，爪黑色。雄鸟：从额至头枕棕褐色；贯眼纹棕褐色；眉纹、脸颊、颈侧、颏喉、前胸皮黄色具黑褐色端斑；身体基本黑褐色具棕黄色或棕白色羽缘；翅具显著的蓝绿色金属光泽的翼镜，三级飞羽的外翈具宽阔显著的白缘；翼下覆羽和腋羽白色；尾下覆羽黑色。雌鸟：嘴端黄斑不明显；上体后部较浅褐，下体淡白色具黑褐端斑。幼鸟：似雌鸟，上嘴大部棕黄色；尾羽边缘及尾下覆羽棕白色。

大小量度

体重880～1 400 g，体长48～66 cm，嘴峰46～60 mm，翅23～30 cm，尾8～13 cm，雌雄跗跖46～49 mm。

栖境习性

生境：各种内陆水域、沼泽、湿地、水塘、沙洲等地带，迁徙时也见于沿海和农田。食性：以水生植物为主，兼食禾本科种子及水生无脊椎动物。习性：冬候鸟或旅鸟。常晨昏成小群或混群活动，集大群在岸边或漂浮水面将头反插于翅下栖息。善游泳、行走，但很少潜水。鸣声洪亮清脆。春季常呈小群北迁，而秋季集大群南迁。

生长繁殖

繁殖期5—7月。营巢于岸边植丛中或石隙间，巢极精致，25～30 cm；每窝产卵8～14枚，乳白色，光滑无斑，大小为（53～60）mm×（38～43）mm，重42～54 g；雌鸟孵卵，孵化期24天，早成雏。

种群现状

分布较少，数量不多，不常见。

保护级别

列入《世界自然保护联盟濒危物种红色名录》（IUCN）低危（LC）、《国家保护的有重要生态、科学、社会价值的陆生野生动物名录》。

8. 琵嘴鸭 *Anas clypeata*

英文学名

Northern Shoveler

别名

琵琶嘴鸭、铲土鸭

外形特征

小型游禽。雌雄异色，上嘴末端扩大成铲状，跗跖橙红色，爪蓝黑色。雄鸟：嘴黑色；虹膜金黄色；头及颈主要为黑褐色，但后颈具暗绿色金属光泽；上体以黑褐色为主，具淡棕色羽缘；上背两侧、翅外缘、腰两侧及尾羽末端，均白色；翅具绿色翼镜；下颈和胸白色；两胁和腹棕栗色，稍具褐色波状细斑。雌鸟：嘴黄褐色；虹膜淡褐色；上体暗褐色，头顶至后颈杂有浅棕色纵纹；背和腰有淡红色横斑和棕白色羽缘；翅多为蓝灰色，具淡棕色羽缘；绿色翼镜较小；下体淡棕色，具褐色斑纹。

大小量度

体重440～630 g，体长43～51 cm，嘴峰57～72 mm，尾7～11 cm，跗跖312～38 mm。

栖境习性

生境：各种水域、口湾、沼泽、湿地、水塘、农田等开阔环境。食性：以水生动物为主，兼食水生植物。习性：冬候鸟或旅鸟。成对或小群在浅水或沼泽用铲形嘴在淤泥中掘食，在岸边或浅水处行走笨拙而迟缓；游泳时后部高前面低，嘴常常触到水面，速度不快但很轻盈；集大群迁徙；极机警畏人，遇危立刻向远处游去或突然从水面起飞，飞速快而有力，但不远飞即落下。

生长繁殖

繁殖期5—6月。营巢于水边植丛凹坑中，巢较简陋；每窝产卵7～13枚，淡黄绿色，大小为（48～58）mm×（34～39）mm，重约40 g；雌鸟孵卵，雄鸟警戒；孵化期22～28天；早成雏。

种群现状

分布较少，数量稀少，偶见。

保护级别

列入《世界自然保护联盟濒危物种红色名录》（IUCN）低危（LC）、《国家保护的有重要生态、科学、社会价值的陆生野生动物名录》。

9. 针尾鸭 *Anas acuta*

英文学名

Northern Pintail

别名

尖尾鸭、长尾鸭、长尾凫

外形特征

中小型游禽。雌雄异色，虹膜褐色，嘴黑色，脚灰黑色。雄鸟：头黑褐色；后颈中部黑色；颈侧呈1条白色纵带向下与胸部白色相连；上体暗褐色具棕白色相间的波状横斑；肩羽黑色具棕灰色羽缘，翅大多灰褐色具铜绿色翼镜；尾羽黑褐色具白色羽缘，中央2枚尾羽黑色且具绿色金属光泽、并特别向后延长呈针状；两胁灰褐色；下体白色具浅褐色波状细斑。雌鸟：头棕色具黑色细纹；后颈暗褐色而缀有黑色小斑；上体黑褐色具棕褐色端斑；翅褐色具两道显著白色端斑横带；下体灰白色具褐色端斑。

大小量度

体重540～1 060 g，体长48～72 cm，嘴峰44～55 mm，尾长9～22 cm，跗跖34～42 mm。

栖境习性

生境：各种水域、口湾、沼泽、湿地、水塘等流速缓慢的开阔环境。食性：以水生植物、禾本科种子为主，繁殖期多以水生无脊椎动物为主。习性：冬候鸟或旅鸟。喜成群活动，迁徙时可集大群。常黄昏和夜晚在浅水处和开阔的沙滩沼泽觅食，偶尔到农田觅食。游泳轻快敏捷，飞翔快速有力，也善陆地行走。性胆怯机警畏人，白天多隐藏植丛中或远离岸边休息，稍有动静，立即飞离。

生长繁殖

繁殖期4—7月。营巢于岸边植丛中；每窝产卵6～11枚，乳黄色，大小为（52～58）mm×（37～39）mm，重40～51 g；雌鸟孵卵，雄鸟警戒；孵化期21～23天；早成雏；35～45天可飞翔；1年性成熟。

种群现状

分布较少，数量稀少，偶见。

保护级别

列入《世界自然保护联盟濒危物种红色名录》（IUCN）低危（LC）、《国家保护的有重要生态、科学、社会价值的陆生野生动物名录》。

10. 白眉鸭 *Anas querquedula*

英文学名

Garganey

别名

溪的鸭、巡凫、小石鸭

外形特征

小型游禽。雌雄异色，虹膜栗色，嘴黑色，脚蓝灰。雄鸟：头黑褐色，具宽阔的白色眉纹；颈、胸、背棕色，具

白色羽尖；胁、腹白色，具褐色波状细斑；翅蓝灰色，具闪亮绿色带白色边缘的翼镜。雌鸟：眉纹棕白色，贯眼纹黑色；颏、喉纯白色；头侧和颈侧棕白色而具细密的暗褐色纹；上体黑褐色具浅棕色羽缘；翅黑褐色具橄榄褐色而带白色羽缘的翼镜，腋羽白色；上胸棕色而具褐色细斑，下胸棕白色；腹和尾下覆羽灰白色，微具褐色斑点；两胁暗褐色，具淡棕色羽缘。幼鸟：似雌鸟，但胸和两胁具更多棕色，下体斑纹较多；虹膜黑褐色，嘴黑褐色，嘴甲黑色，跗跖灰黑色。

大小量度

体重245～410 g，体长32～42 cm，嘴峰34～42 mm，尾6～9 cm，跗跖25～35 mm。

栖境习性

生境：各种水域、口湾、沼泽、滩涂、池塘等开阔地带。食性：以水生植物为主，兼食农作物和水生无脊椎动物。习性：冬候鸟或旅鸟。夜行性，常成对或小群在浅水隐蔽处活动和觅食，从不潜水取食；迁徙时集大群。性胆怯机警畏人，如有声响，立刻从水中冲出，直升而起，飞行快捷，起飞和降落均灵活。

生长繁殖

繁殖期5—7月。营巢于水边隐蔽植丛中或地上凹坑和洞穴；每窝产卵8～12枚，黄褐色，长卵圆形，大小为（43～49）mm×（29～36）mm，重22～29 g；雌鸟孵卵，雄鸟最初警戒，孵化后期则雄鸟集群到隐蔽地换羽；孵化期21～24天；早成雏，40多天即可飞翔；1年性成熟。

种群现状

分布较少，数量稀少，偶见。

保护级别

列入《世界自然保护联盟濒危物种红色名录》（IUCN）低危（LC）、《国家保护的有重要生态、科学、社会价值的陆生野生动物名录》。

11. 绿翅鸭 *Anas crecca*

英文学名

Common Teal

别名

小凫、小水鸭、小麻鸭

外形特征

小型游禽。雌雄异色，虹膜淡褐色，嘴黑色，跗跖棕褐色。雄鸟：头颈棕栗色；自眼周向后延伸有一宽阔的具绿色金属光泽的眉纹；自嘴基向眼后延伸有一窄细的棕白色带纹；上背、肩、胁、胸及腹均为黑白相间的虫蠹状细斑；翅主要呈灰褐色带棕白色端斑，具显著金属绿色翼镜；下背和腰暗褐色；尾上覆羽黑褐色，具浅棕色羽缘。雌鸟：上体暗褐色具棕色羽缘；胸、胁及下体棕白色具褐色斑

点；翼镜绿色较雄鸟为小。

大小量度

体重225～415 g，体长30～48 cm，嘴峰30～39 mm，尾6～10 cm，跗跖25～39 mm。

栖境习性

生境：各种水域、口湾、湖沼、湿地、沙洲、水塘等开阔、隐蔽的富水生植物环境。食性：以水生植物为主，兼食农作物、螺蚬等水生无脊椎动物。习性：冬候鸟或旅鸟。喜集群，迁徙集成百上千只大群，头向前伸直，常排成直线或"V"形迁飞。性机警畏人，遇危即可迅速灵巧从水面冲飞而起。飞行疾速、敏捷有力、振翅呼呼作响，也善游泳，但行走笨拙。

生长繁殖

繁殖期5—7月。营巢于岸边隐蔽植丛或凹坑中，巢简陋。每窝产卵8～11枚，白色或淡黄白色，大小为（41～49）mm×（30～35）mm，重25～30 g；雌鸟孵卵，雄鸟在此期间到僻静处集群换羽；孵化期21～23天；早成雏；30多天即能飞翔；1～2年性成熟。

种群现状

分布较广，数量较多，较常见。

保护级别

列入《世界自然保护联盟濒危物种红色名录》（IUCN）低危（LC）、《国家保护的有重要生态、科学、社会价值的陆生野生动物名录》。

12. 赤嘴潜鸭 *Netta rufina*

英文学名

Red-crested Pochard

别名

红冠潜鸭、金冠潜鸭

外形特征

中型游禽，雌雄异色。雄鸟：嘴赤红色；虹膜棕红色；额棕栗色；头顶及冠羽棕黄色；颈至上背黑色，具淡棕色羽缘；下背褐色；腰、尾灰褐色；翅灰褐色具宽阔的白色翼镜，肩缘有显著白斑；两胁白色；胸腹及下体黑色；跗跖土黄色，盾状鳞。雌鸟：嘴灰褐色，嘴缘粉红色；虹膜棕褐色；额、头顶至后颈暗棕褐色，羽冠不明显；头及颈侧、颏和喉灰白色；上体淡棕褐色；翅具灰白色翼镜；胸腹及下体浅灰褐色；尾下覆羽污白色；跗跖淡黄褐色。幼鸟：绒羽有显著花纹。

大小量度

体重895～1 255 g，体长45～55 cm，嘴峰46～54 mm，尾5～7 cm，跗跖36～45 mm。

栖境习性

生境：各种水域、江河湖海、口湾、沙洲等富水生植物的开阔、流速较缓的深水环境。食性：以水生动植物为主，也到岸上觅食青草和禾本科种子。习性：冬候鸟或旅鸟。晨昏性，常成对或小群或混群活动，迁徙时集大群。主要潜水取食，也常尾朝上、头朝下在浅水觅食。性迟钝而不畏人；不善鸣叫，雌雄鸣声不同；飞行笨重而迟缓；配偶关系及家庭生活维持时间短。

生长繁殖

繁殖期4—6月。常集群营巢于隐蔽的岸边或水边植丛中或坑洼地。巢23~28 cm；每窝产卵6~12枚，灰绿色，大小为（55~61）mm×（40~44）mm；孵化期26~28天，主要由雌鸟孵卵，雄鸟轮替孵卵；早成雏；1年性成熟。

种群现状

分布较少，数量稀少，偶见。

保护级别

列入《世界自然保护联盟濒危物种红色名录》（IUCN）低危（LC）、《国家保护的有重要生态、科学、社会价值的陆生野生动物名录》。

13. 红头潜鸭 *Aythya ferina*

英文学名

Common Pochard

别名

红头鸭、普通潜鸭、矶凫

外形特征

中型游禽。雌雄异色；嘴蓝黑色，嘴基和先端黑色；跗跖和趾铅蓝色。雄鸟：虹膜棕黄色；头颈栗红色；上体及两胁灰白色具黑色波状羽缘；腰及尾上和尾下覆羽黑色，尾羽灰褐色；下颈和胸棕黑色；腹浅灰色具黑色细斑。雌鸟：虹膜褐色；头颈棕褐色；颏喉棕白色；上体、胁、尾灰褐色具灰白色羽缘；翼镜灰色；上胸黄褐色，下胸和腹灰褐色。

大小量度

体重590~1 130 g，体长40~52 cm，嘴峰42~50 mm，尾4~6 cm，跗跖32~46 mm。

栖境习性

生境：各种水域、口湾、沙洲、水塘等富水生植物的开阔、流速较缓的深水环境。食性：以水生动植物为主，也到岸上觅食青草和禾本科种子。习性：冬候鸟或旅鸟。常集小群或与其他鸭类混群活动，迁徙时集成大群。性胆怯机警畏人。善潜水，常潜水觅食或逃离。遇危能从水面直接起飞，飞行迅速，但行走较困难。

生长繁殖

繁殖期4—6月，常营巢于水边植丛中或隐蔽洼坑地。每窝产卵6~9枚，淡蓝绿至橄榄褐色，大小为（50~64）mm×（40~49）mm，重59~69 g；雌鸟独自孵卵和育雏，雄鸟在雌鸟开始孵卵后即离开；孵化期24~26天；晚成雏；1~2

年性成熟。

种群现状

分布较少，数量稀少，偶见。

保护级别

列入《世界自然保护联盟濒危物种红色名录》（IUCN）易危（VU）、《国家保护的有重要生态、科学、社会价值的陆生野生动物名录》。

14. 白眼潜鸭 *Aythya nyroca*

英文学名

Ferruginous Duck

别名

白眼凫、白眼鸭

外形特征

中小型游禽。雌雄异色，嘴黑色或黑灰色，颏部有白斑，跗跖黑色或银灰色。雄鸟：虹膜显著白色；头颈胸棕栗色；颈基有黑褐色领环；上体黑褐色具棕色虫蠹状羽缘；翅具宽阔的白色翼镜；腰和尾上覆羽黑色；两胁栗褐色；上腹白色，下腹淡棕褐色；尾下覆羽白色。雌鸟：虹膜灰褐色；头颈胸棕褐色；上体黑褐色具棕褐色羽缘；翅亦具宽阔的白色翼镜；两胁褐色；上腹灰白色，下腹褐色具白色羽缘；尾下覆羽白色。幼鸟：似雌鸟，但头侧和前颈呈皮黄色；两胁和上体具浅色羽缘。

大小量度

体重480～760 g，体长33～44 cm，嘴峰35～41 mm，尾3～4 cm，跗跖45～65 mm。

栖境习性

生境：各种水域、口湾、江河湖沼、水塘等开阔地区富有水生植物的缓水环境。食性：杂食性。习性：冬候鸟或旅鸟。晨昏性，常成对或成小群活动，在繁殖后的换羽期和迁徙期才集成较大的群体。常潜伏在富植丛和水草的浅水区域，极善潜水觅食，但在水下停留时间不长。性胆小机警。

生长繁殖

繁殖期4—6月。常营浮巢于浅水处植丛中，也营巢于水边草地或坑洼地上。每窝产卵7～11枚，卵淡绿白色至淡褐色，大小为（45～48）mm×（35～37）mm；雌鸟孵卵，雄鸟在雌鸟开始孵卵后即离开在隐蔽处集群换羽；孵化期25～28天；早成雏；50～60天即能飞翔；1～2年性成熟。

种群现状

分布较少，数量稀少，偶见。

保护级别

列入《世界自然保护联盟濒危物种红色名录》（IUCN）近危（NT）、《国家保护的有重要生态、科学、社会价值的陆生野生动物名录》。

15. 凤头潜鸭 *Aythya fuligula*

英文学名

Tufted Duck

别名

泽凫、凤头鸭子、黑头鸭

外形特征

中小型游禽。雌雄异色，虹膜金黄色，嘴蓝灰色或铅灰色，嘴甲黑色，跗跖铅灰色，蹼黑色。雄鸟：头颈黑色具紫色光泽，头顶具较长的黑色冠羽；上体至尾上和尾下以及胸均为深黑色；翅具白色翼镜；腹和两胁白色。雌鸟：头颈、上体至尾上和尾下以及胸均为黑褐色；羽冠黑褐色，短而无光泽；额基有白斑；腹和两胁灰褐色。幼鸟：似雌鸟，但头颈和上体淡褐色具皮黄色羽缘。

大小量度

体重500～880 g，体长34～53 cm，嘴峰35～46 mm，尾4～8 cm，跗跖29～40 mm。

栖境习性

生境：各种水域、江河湖沼、口湾、水塘等富植丛的开阔环境。食性：水生动物为主，兼食少量水生植物。习性：冬候鸟或旅鸟。昼行性，喜集群活动，迁徙集大群。善游泳和潜水，常在清澈深水区域潜水觅食，可潜入水下2～3 m，有时也在沼泽或浅水处涉水取食。游泳时尾向下垂于水面，起飞时两翅急速拍打水面，在水上飞奔一段距离才能飞起，起飞后则飞行快而有力。

生长繁殖

繁殖期5—7月。营巢于水边隐蔽植丛或凹坑中。每窝产卵6～13枚，灰绿色，大小为（53～66）mm×（68～77）mm，重52～61 g；雌鸟孵卵；孵化期23～25天；早成雏；40～50天即能飞翔；1～2年性成熟。

种群现状

分布较少，数量稀少，偶见。

保护级别

列入《世界自然保护联盟濒危物种红色名录》（IUCN）低危（LC）、《国家保护的有重要生态、科学、社会价值的陆生野生动物名录》。

16. 普通秋沙鸭 *Mergus merganser*

英文学名

Goosander

别名

川秋沙鸭

外形特征

中型游禽。雌雄异色；虹膜褐色；嘴红棕色，喙似尖嘴钳，细而直尖，喙前端呈钩状，喙具尖利的锯状齿以适应捕鱼；跗跖红色；跗跖盾状鳞。雄鸟：头颈黑褐色具绿色金属光泽，具短厚的黑褐色冠羽；上背黑褐色，下背灰褐色，腰和尾灰色；翅内侧黑褐色，外侧白色，并具较大的白色翼镜；下体从下颈、胸、胁至尾下均为白色。雌鸟：头颈棕褐色；上体以灰色至灰褐色为主；下体从颏喉至尾下为白色，胁灰白色。幼鸟：似雌鸟，具显著花纹。

大小量度

体重645～1 930 g，体长53～69 cm，嘴峰42～60 mm，尾10～14 cm，跗跖42～54 mm。

栖境习性

生境：主要在内陆森林及林缘的江河湖溪、水库、河口等开阔淡水水域，偶到沿海地带。食性：杂食性，以小型鱼类及水生动物为主。习性：冬候鸟或旅鸟。昼行性，常成小群活动，迁徙时集大群，常沿河流贴水面迁飞。善游泳和潜水觅食，游泳时颈伸得很直；飞行快而直，常发出清晰的振翅声，但起飞时显得很笨拙，需要在水面急速拍打和助跑。也可在地上行走，有时出现在城市公园湖泊中，机警但不畏人。雌雄鸣声各异；配偶关系及家庭生活维持时间短。

生长繁殖

繁殖期5—7月。常于水边的天然树洞、岩缝、洼坑、植丛中营巢；每窝产卵8～13枚，乳白色，光滑无斑，大小为（54～75）mm×（37～51）mm，重75～98 g；雌鸟孵卵，雄鸟在雌鸟开始孵卵后即离开到僻静处集群换羽；孵化期32～35天；早成雏；1～2年性成熟。

种群现状

分布较少，数量稀少，罕见。

保护级别

列入《世界自然保护联盟濒危物种红色名录》（IUCN）低危（LC）、《国家保护的有重要生态、科学、社会价值的陆生野生动物名录》。

17. 中华秋沙鸭 *Mergus squamatus*

英文学名

Scaly-sided Merganser

别名

鳞胁秋沙鸭

外形特征

中型游禽。雌雄异色；虹膜褐色；嘴橘红色，鼻孔位于嘴峰中部，喙似尖嘴钳，细而直尖，喙前端呈钩状，喙具尖利的锯状齿以适应捕鱼；跗跖橘红色；两胁白色而具特征显著的黑色鳞纹；脑后有两簇细长而显著的冠羽。雄鸟：头、上背及肩羽黑色，翅翼镜白色；下背、腰和尾上覆羽白色，杂以黑色斑纹；尾羽灰色；胸及下体白色。雌鸟：头颈棕栗色；上背褐色；下背、腰和尾上覆羽由褐色至灰色，杂以白色横斑；尾羽黑褐色。

大小量度

体重780～1 190 g，体长48～64 cm，嘴峰44～59 mm，尾9～15 cm，跗跖40～64 mm。

栖境习性

生境：多在林区内的缓流深水的江河溪流以及开阔湖泊。食性：主食鱼类以及水生昆虫等。习性：冬候鸟或旅鸟。多昼行性，常成对、家族小群或与其他游禽混群，在迁徙时集大群。很少鸣叫。身体具很好的流线形，因此飞行速度和潜水捕食能力要强于其他鸭类。性机警畏人，稍有惊动就迅速躲避。多在缓流深水处，通常先抬胸侧头、然后再潜入水中捕食。

生长繁殖

繁殖期4—5月。常营巢于水边的高大乔木树洞里；每窝产卵8～14枚，大小约63 mm×46 mm，重约62 g，长椭圆形，浅灰蓝色具不规则的锈斑；雌鸟除清晨和中午约花1小时短暂离巢觅食之外，其余时间几乎都在孵卵，孵化期28～35天；早成雏；约2年性成熟。

种群现状

分布较少，数量稀少，罕见。中华秋沙鸭是第三纪冰川期孑遗物种，主要为中国特产珍稀鸟类，越冬分布点零散，且多为小群或零星个体。目前估计全球5 000只左右；最近每年在重庆越冬数量为40～50只，尤其是广阳岛最近连续几年为主要的越冬地。

保护级别

列入国家一级重点保护野生动物、《濒危野生动植物种国际贸易公约》（CITES）附录Ⅰ、《世界自然保护联盟濒危物种红色名录》（IUCN）濒危（EN）、《中国濒危动物红皮书》稀有。

四、鸡形目
Galliformes

雉科 Phasianidae

全球有44属、168种，为鸡形目最大的科。头顶常具羽冠或肉冠；嘴粗短强壮，上嘴稍向下弯曲，但不具钩；鼻孔裸露；翅稍短圆；尾长短不一，尾羽或呈平扁状，或呈侧扁状；跗跖裸出，雄性常具距，趾完全裸出，后趾位置较高于其他趾。雌雄同色或异色；若异色时，雄性羽色艳丽。可分为鹑和雉两大类，其中雉包括雉族、眼斑雉族和孔雀族。中国雉科有21属49种，尤以西南地区为多，其中约1/3是中国的特产种，超过一半的种类是国家重点保护野生动物。

1. 鹌鹑 *Coturnix japonica*

英文学名

Japanese Quail

别名

赤喉鹑、红面鹌鹑、鹑鸟、奔鹑

外形特征

小型鸡类，酷似雏鸡。雌雄相似；虹膜红褐色，嘴蓝色，跗跖淡黄色。雄鸟：头顶中央具1条狭窄的白色冠纹；眉纹白色；脸颊、喉、前颈红褐色；上体黑褐色而杂以黄白色羽干纹及黄褐色波浪状横斑；两胁栗褐色而杂以白色羽干纹；胸腹黄白色至灰白色。雌鸟：脸颊、喉、前颈黄白色；后颈浅灰黄色具黑色端斑；上胸黄褐色具黑色纵斑。

大小量度

体重50～115 g，体长14～21 cm，嘴峰9～14 mm，尾28～44 mm，跗跖23～34 mm。

栖境习性

生境：草地、山地丘陵、树林、灌丛、农地。食性：植食性为主，兼食昆虫及其幼虫等小型无脊椎动物。习性：冬候鸟或留鸟。昼行性，常小群隐匿在植丛中活动。不善飞，常贴地面低空短距离飞行，但两翅扇动较快，飞行直而迅速。鸣声似哨音声“gu～ku～kr～r”。

生长繁殖

繁殖期5—7月。雄鸟好斗，一雄多雌。营巢于植丛中的天然凹坑或雌鸟随地刨扒浅坑即成，巢10～15 cm；每窝产卵7～14枚，卵黄褐、黄白或灰白色，具黑褐、黄褐或红褐色斑点，大小为（21～24）mm×（28～30）mm；卵重5～7 g；雌鸟在孵卵期间恋巢性很强；孵化期约17天；早成雏；1年性成熟。

种群现状

分布较广，数量较多，常见。

保护级别

列入《世界自然保护联盟濒危物种红色名录》（IUCN）近危（NT）、《国家保护的有重要生态、科学、社会价值的陆生野生动物名录》。

2. 灰胸竹鸡 *Bambusicola thoracicus*

英文学名

Chinese Bamboo-partridge

别名

中华竹鸡、普通竹鸡、竹鸡、竹鹧鸪、山菌子

外形特征

中小型鸡类。雌雄相似；虹膜棕褐色；嘴黑色；跗跖和趾绿黄褐色；额与眉纹灰色，向后一直延伸至上背；前胸有大块显著灰色斑，向上延伸至两肩和上背；头顶和后颈棕褐色；颊、喉及颈侧栗棕色；上体棕褐色具黑色、栗红色和白色虫蠹状斑；下体棕黄色，两胁缀黑褐色斑。雌鸟较雄鸟稍小，跗跖无距。

大小量度

体重200～360 g，体长21～38 cm，嘴峰16～21 mm，尾8～12 cm，跗跖33～52 mm。

栖境习性

生境：低山丘陵、山谷、平原及农耕地带的竹灌草丛中。食性：杂食性，食谱极广。习性：留鸟。昼行性，常成群在林间灌草丛中活动，繁殖季节分散活动，冬季结大群。每群的领域性较强，有相对固定的觅食和栖息区域。夜间常群栖于竹林或树上，天冷时互相紧靠，天热时稍微散开。受干扰时藏匿植丛中不动，天敌迫近时才迅即奔散四方；一般很少起飞，贴地低空短飞，两翅扇动较快，飞行迅速，落至附近的植丛或偶尔飞至树上。有短距离的季节垂直迁徙现象，夏季迁上山腰或山顶，冬季则下到山谷沟地。

生长繁殖

繁殖期4—7月。雌雄鸟发出响亮的求偶叫声“li～i～zo～guai”。营巢于植丛地面凹坑或隐蔽处。每窝产卵5～12枚，卵淡黄色或淡褐色具棕黄褐色或淡灰色斑，椭圆形，大小为（30～35）mm×（25～28）mm，重12～14 g；孵化期17～18天；早成雏，几天后就能飞行；1年性成熟。

种群现状

分布广，数量多，常见。

保护级别

列入《世界自然保护联盟濒危物种红色名录》（IUCN）低危（LC）、《国家保护的有重要生态、科学、社会价值的陆生野生动物名录》、《重庆市重点保护野生动物名录》。

3. 红腹角雉 *Tragopan temminckii*

英文学名

Temminck's Tragopan

别名

寿鸡、秀鸡、崖脚鸡、娃娃鸡、红鸡、灰斑角雉

外形特征

中型鸡类，体形大小同家鸡；雌雄异色，虹膜褐色，嘴黑褐色。雄鸟：羽色艳丽，冠羽亮黑色，颈圈橘黄色；脸颊蓝色，裸露无羽；繁殖期，头侧各具一蓝色的肉质角，颈下有一色彩绚秀、图案奇特的蓝色肉垂，肉垂的两侧对称镶缀8块红斑，酷似草书的“寿”字；上体深栗红色杂以细小黑斑，尾羽棕黄色；上胸橙红，下胸及腹部红色具灰色鳞斑；跗跖粉红色。雌鸟：体较小；上体褐色，杂以白点和黄褐斑；下体皮黄色，满布黑斑和白点；跗跖灰褐色。

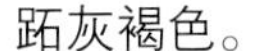

大小量度

体重690～1800 g，体长40～68 cm，嘴峰12～18 mm，尾11～25 cm，跗跖49～82 mm。

栖境习性

生境：中高海拔各种原始植被类型，尤喜溪沟和潮湿悬崖下的常绿和针阔叶混交林。食性：食谱极广，以植食为主，兼食少量动物性食物。习性：留鸟。昼行性，常单独或成对活动，冬季集小群活动。善地栖奔走，也可上树觅食。性胆怯机警，雌雄择异木而夜栖。鸣声似小孩啼哭。

生长繁殖

繁殖期3—5月，营巢树上。求偶炫耀时，雄鸟的肉质角及肉裙充血膨胀，展开飘逸胸前而不断颤动，微张双翅，尾羽展开如扇，交替踏着舞步缓缓移动，同时发出低沉“gu～gu”声。每窝产卵3～5枚；雌鸟孵卵，孵化期28～30天；早成雏，翅羽较其他雉类幼雏的显著长些；雌鸟的护雏性很强；1年性成熟。

种群现状

分布较广，数量不多，不常见。

保护级别

列入国家二级重点保护野生动物、《世界自然保护联盟濒危物种红色名录》（IUCN）低危（LC）。

4. 白鹇 *Lophura nycthemera*

英文学名

Silver Pheasant

别名

银鸡、银雉、白雉

外形特征

大中型鸡类。雌雄异色，虹膜橙黄或红褐色，嘴黄绿色，跗跖红色。雄鸟：脸大部裸露，赤红色；长丝状的羽冠及下体蓝黑色；上体、两翅及长尾均白色具细黑纹，黑纹随亚种不同而有变化。雌鸟：体较小；全身基本呈橄榄褐色；冠羽较短，黑褐色；脸裸出较小，赤红色；飞羽及中央尾羽棕褐色，外侧尾羽黑褐色具白色波状斑。

大小量度

体重1 000～2 000 g，体长65～115 cm，嘴峰28～35 mm，雄尾52～69 cm、雌尾28～32 cm，跗跖8～10 cm。

栖境习性

生境：亚热带常绿阔叶林、山地沟谷树林、针阔混交林和竹林等。食性：杂食性，食谱极广，以植食为主，兼食动物性食物。习性：留鸟。晨昏活动，常成对或由一只主雄领导的家族小群，夜栖高大乔木树杈；冬季亦可集大群。群内有严格的等级序位，繁殖期有激烈争斗。多在巢域内按固定路线活动，性机警畏人，善奔逃；活动时较安静，遇危时雄鸟发出尖利的“ji～guo～guo～go”警戒声。

生长繁殖

繁殖期3—5月，一雄多雌，雄鸟之间常激烈争斗，从侧面围绕雌鸟转圈表现复杂多变的求偶炫耀行为。营巢于林下灌草丛地面凹处，巢较简陋，巢约34 cm×22 cm。每窝产卵4～8枚，浅棕褐色具白斑，大小为（46～55）mm×（36～40）mm，重31～42 g；孵化期24～25天；早成雏；1年性成熟。

种群现状

分布较少，数量稀少，偶见。

保护级别

列入国家二级重点保护野生动物、《世界自然保护联盟濒危物种红色名录》（IUCN）低危（LC）。

5. 白冠长尾雉 *Syrmaticus reevesii*

英文学名

Reeves's Pheasant

别名

地鸡、长尾鸡、山雉

外形特征

大中型。雌雄异色；虹膜浅褐色，嘴峰绿褐色；脚灰褐色，雄鸟的距长而弯尖。雄鸟：头顶、颏、喉和颈白色，其余均黑色；眼周裸出部红色；颈部有一不完整的黑领；背呈金黄色或棕黄色，具黑色鳞状羽缘；翅上覆羽白色，具栗色羽端；尾羽20枚，中央2对最长（可长达1～1.6 m，为其头体长的2～3倍），呈银白色具黑色和栗色横斑；胸胁呈栗棕色，微具白斑和黑斑；腹中部黑色，尾下覆羽黑褐色。雌鸟：体较小；头顶及后颈大部棕褐色；额、眉、头侧、颏、喉棕黄色；背肩黑色，具白斑和棕褐色端斑；尾羽亦较长，具黄褐色横斑和白色羽端；胸胁棕栗色，具白斑；腹黄白色；尾下覆羽棕黄色，具浅栗色横斑和细纹。

大小量度

体重690～1740 g，体长54～78 cm，嘴峰28～38 mm，雄尾100～170 cm、雌尾20～40 cm，跗跖58～84 mm。

栖境习性

生境：地形复杂、地势不平、多沟谷悬崖、峭壁陡坡和林木茂密的山地阔叶林或混交林。食性：植食为主，也喜偷食农作物，兼食昆虫、蜗牛等动物性食物。习性：留鸟。晨昏活动，常集群在较为空旷的沟谷和林下空地；性机警畏人；善奔跑，亦善飞，用长尾控制飞行方向和急行降落，在林中穿行自如灵活。

生长繁殖

繁殖期3—6月。常一雄一雌，偶见一雄多雌。雄鸟领域性极强，常有激烈争斗；求偶时，一侧翅膀微伸下垂，颈羽蓬松，不断点头啄地，发出"gu～gu～gu"低声鸣叫。常营巢于灌草丛地上的浅窝，隐蔽而简陋，巢（18～28）cm ×（18～28）cm。每窝产卵6～12枚；卵有青灰、橄榄褐、青黄等多种色彩，具稀疏的淡蓝色或灰褐色斑或无斑，大小为（42～51）mm×（33～42）mm；重26～35 g；雌鸟孵卵，雌鸟护巢行为极强，敢与天敌殊死搏斗；孵化期24～25天；早成雏；1年性成熟。

种群现状

中国特有种。分布极狭窄，数量极稀有，极罕见。濒临灭绝。

保护级别

列入国家一级重点保护野生动物、《濒危野生动植物种国际贸易公约》（CITES）附录Ⅱ、《世界自然保护联盟濒危物种红色名录》（IUCN）易危（VU）、《中国濒危动物红皮书》濒危。

6. 环颈雉 *Phasianus colchicus*

英文学名

Common Pheasant

别名

雉鸡、野鸡、野山鸡、七彩山鸡

外形特征

中型鸡类，雌雄异色。雄鸟：嘴灰白色，基部灰色；虹膜棕红色；头颈侧黑色，耳羽簇黑色，眼周裸露鲜红色；具显著白色颈环；胸腹及背，以棕栗色为主，闪耀着金属光泽，点缀着灰白色杂斑；两翼灰色；两胁黄色具黑斑；尾长而尖，棕褐色具黑色横纹；跗跖黄绿色，有短距。雌鸟：体较小；嘴绿黄色，基部灰褐色；虹膜浅红褐色；全身以麻灰色为主，具棕褐色斑纹；跗跖红绿色，无距。

大小量度

体重860～1750 g，体长56～88 cm，嘴峰28～37 mm，雄尾42～54 cm、雌尾21～30 cm，跗跖5～8 cm。

栖境习性

生境：低山及亚高山的丘陵、林缘灌草丛、农田地边、沼泽草地等。食性：杂食性。随地域和季节而不同，春秋冬季以植食为主，夏季以无脊椎动物为主。习性：留鸟。集家族小群活动。脚健、善奔跑与藏匿；遇危才疾飞，发出“ge-ge-ge”叫声，但飞行距离短，常呈抛物线，滑翔落地之后，迅即奔跑和藏匿于灌草丛中蛰伏。

生长繁殖

繁殖期3—7月。一雄多雌制家族群活动，有较强的领域行为。繁殖期，雄鸟像家养公鸡一样常在清晨发出清脆响亮的鸣叫，雄性之间会殊死争配；求偶交配行为似家鸡，为典型的侧面炫耀型。营巢于隐蔽植丛或农地浅坑中，呈简陋碗状或盘状，约23 cm×21 cm。每窝产卵4～10枚，以黄褐、青灰、灰白色为主，大小为（38～48）mm×（28～38）mm；重23～33 g；雌鸟孵卵，雌鸟护巢行为极强，敢与天敌殊死搏斗；孵化期21～22天；早成雏；1年性成熟。

种群现状

分布广，数量多，常见。

保护级别

列入《世界自然保护联盟濒危物种红色名录》（IUCN）低危（LC）、《国家保护的有重要生态、科学、社会价值的陆生野生动物名录》。

7. 红腹锦鸡 *Chrysolophus pictus*

英文学名

Golden Pheasant

别名

金鸡、彩鸡

外形特征

中小型鸡类。雌雄异色，嘴、跗跖黄色。雄鸟：虹膜黄色；眼下裸出部具一淡黄色小肉垂；额和头顶具丝状金黄色羽冠；后颈为橙棕色扇状羽，具蓝黑色羽端；上背蓝绿色，具黑色羽缘；下背、腰和尾上覆羽金黄色；中央尾羽极长，黑白斑竣缀以黄色斑点；肩羽及整个下体均为棕红色。雌鸟：体稍小；虹膜褐色；除了腹部浅棕黄色无斑外，其余全身呈浅棕黄至棕红色，满缀显著黑褐色横斑。

大小量度

体重530～760 g，体长58～109 cm，嘴峰17～31 mm，雄尾51～79 cm、雌尾29～43 cm，跗跖60～96 mm。

栖境习性

生境：阔叶林、针阔混交林、林缘灌草丛和竹丛、农地等地带。食性：植食性为主，包括农作物；兼食昆虫等动物性食物。习性：留鸟。昼行性，尤喜晨昏活动，中午多蛰伏，分散夜栖于高大乔木树冠隐蔽处。常在地面集群活动，但繁殖期常见独栖、成对或一雄多雌。性机警，胆怯怕人。遇危，善疾奔和藏匿；情急时亦可飞至树上或滑翔逃匿，飞翔甚快而灵巧，在林中飞行自如。

生长繁殖

繁殖期3—6月。一雄多雌制，雄鸟间激烈争斗，并占领领域而高亢啼鸣，尤其清晨常发出单音节“cha”声。常营巢于林下灌草丛或地面隐蔽坑洼处，巢简陋，（15～24）cm×（15～18）cm。每窝产卵5～10枚，椭圆形，浅黄褐色，光滑无斑，大小为（40～52）mm×（29～38）mm，重23～32 g；雌鸟孵卵，孵化期22～23天；早成雏；1年性成熟。

种群现状

中国特有种。分布较广，数量较多，常见。

保护级别

列入国家二级重点保护野生动物、《世界自然保护联盟濒危物种红色名录》（IUCN）低危（LC）、《中国濒危动物红皮书》稀有。

五、鹤形目
Gruiformes

秧鸡科 Rallidae

中小型涉禽。全球有34属148种，中国有9属20种，重庆有7属7种。全球分布，是种类最多、分布最广的涉禽之一。头小、颈不长，少数种类的前额具有与喙相连的角质额板或额甲；大多种类的嘴侧扁、尖直细长或略向下弯曲，腿和趾亦细长，或具瓣蹼；体形侧扁，翅短圆，善涉、不善飞，遇危疾奔藏匿蛰伏；通常上体羽色单一，两胁常具横斑或条纹；尾短、方形或圆形，尾下覆羽色彩鲜明，常摇摆或翘起尾羽以示信号警戒；常栖息、筑巢及活动于沼泽草丛、农田秧丛中；性机警畏人，夜行性，以植物及小型水生动物为食。绝大多数为留鸟。早成雏，绒羽为黑色或深褐色。

1. 蓝胸秧鸡 *Lewinia striata*

英文学名

Slaty-breasted Rail

别名

灰胸秧鸡、灰胸水鸡

外形特征

小型涉禽，雌雄异色。雄鸟：嘴棕红色；虹膜棕红色；额、头顶和后颈棕栗色；上体及两胁褐色，具白色细波状横斑；颏、喉白色；眼先、颈侧至胸，蓝灰色；脚蓝灰色。雌鸟：嘴橙褐色；虹膜橙黄色；上体及两胁橄榄褐色，具白色细斑；脚橄榄褐色。

大小量度

体重85～165 g，体长21～29 cm，嘴峰33～43 mm，尾3～5 cm，跗跖35～51 mm。

栖境习性

生境：各种水域、农田及林缘沼泽地带的灌草丛中。食性：小型水生动物为主，兼植食。习性：夏候鸟。常晨昏单独或家族群活动。善疾奔、游泳和潜水；机警畏人，步履轻盈、尾随步摇摆。不善飞，短飞落地即藏匿草丛中。

生长繁殖

营巢于水边灌草丛或沼泽地上，呈盘状，较简陋。每窝产卵5～10枚，宽卵圆形，乳白色具红紫褐斑，大小为（31～37）mm×（24～30）mm；重12～16 g；孵化期19～20天；雌雄共同孵卵，以雌鸟为主；早成雏；1年性成熟。

种群现状

分布较少，数量不多，不常见。

保护级别

列入《世界自然保护联盟濒危物种红色名录》（IUCN）低危（LC）、《国家保护的有重要生态、科学、社会价值的陆生野生动物名录》。

2. 普通秧鸡 *Rallus indicus*

英文学名

Eastern Water Rail

别名

棕颊秧鸡、秧鸡、水鸡

外形特征

小型涉禽，雌雄相似。雄鸟：嘴红褐色，嘴峰褐色；虹膜红褐色；额、头顶至后颈黑褐色；上体橄榄褐色，具黑色纵纹；脸颊棕褐色，眉纹灰白色；颏喉至前胸灰白色；两胁和尾下覆羽白色，具黑褐横纹；脚黄褐色。雌鸟：嘴黄褐色；体色较暗；脚橄榄褐色。幼鸟：头顶有黑褐色条纹；两胁至尾下皮黄色，有黑暗褐色条纹。

大小量度

体重75～155 g，体长22～32 cm，嘴峰34～45 mm，尾50～72 mm，跗跖35～45 mm。

栖境习性

生境：低山丘陵和山脚平阔地带的各种水域、农田及林缘沼泽地带的灌草丛中。食性：杂食性，食性极广，包括各种水生动植物，甚至也吃腐烂的小型脊椎动物。习性：夏候鸟。常单独或小群在夜间或晨昏活动，在开阔空旷的沼泽泥地灌草丛中涉水或游泳觅食；白天蛰伏隐蔽处。善疾奔、游泳和潜水；机警畏人，见人即逃匿。不常飞，遇危则贴地快捷短飞，飞行时两脚悬垂，落地即藏匿草丛中。

生长繁殖

繁殖期5—7月，一雄一雌制。常营巢于水边隐蔽灌草丛或沼泽地上，呈盘状，（16～26）cm×（13～20）cm，较简陋。每窝产卵5～10枚，卵圆形，浅棕色具红褐斑，大小为（31～40）mm×（23～28）mm；重12～16 g；孵化期19～20天；雌雄共同孵卵，以雌鸟为主；早成雏；1年性成熟。

种群现状

分布广，种群数量较多，常见。

保护级别

列入《世界自然保护联盟濒危物种红色名录》（IUCN）低危（LC）、《国家保护的有重要生态、科学、社会价值的陆生野生动物名录》。

3. 白胸苦恶鸟 *Amaurornis phoenicurus*

英文学名

White-breasted Waterhen

别名

白胸秧鸡、白胸水鸡、白面鸡

外形特征

中小型涉禽。雌雄相似；虹膜棕红色；嘴黄绿色，上嘴基部橘红色；腿脚黄褐色。雄鸟：上体黑褐色；两颊、喉至胸腹均白色，与上体黑白分明；下腹和尾下覆羽栗红色。雌鸟：体型稍小；上体灰褐色；下腹和尾下覆羽黄褐色。

大小量度

体重160～270 g，体长26～35 cm，嘴峰31～43 mm，尾60～ 86 mm，跗跖45～64 mm。

栖境习性

生境：各种水域、农田及林缘沼泽地带的灌草丛、农作物丛中。食性：杂食性，食性极广，包括各种小型动植物、作物。习性：夏候鸟或留鸟。常单独或成对、偶尔集小群，在夜间或晨昏活动，在沼泽泥地灌草丛中觅食，行走时头颈前后伸缩点动、尾上下摆动，发出清脆重复单调的“ku～e”鸣声；白天蛰伏隐蔽处。善轻快敏捷行走、游泳；隐蔽机警畏人，见人疾奔逃匿。极少飞行，遇危则笨拙贴地短飞，飞行时头颈伸直、两脚悬垂，落地即藏匿草丛中。

生长繁殖

繁殖期4—7月。一雄一雌制，有显著领域性。筑陋巢于水域附近隐蔽灌草丛、农田或沼泽地上，呈浅盘状或杯状，24～28 cm。每窝产卵4～10枚，椭圆形，淡黄褐色密布深黄褐色或紫色斑点，钝端较密集，大小为（40～44） mm×（36～40） mm；重22～25 g；孵化期16～20天；雌雄共同孵卵和育雏，以雌鸟为主；早成雏，全身黑色；1年性成熟。

种群现状

分布广，种群数量较多而稳定，常见。

保护级别

列入《世界自然保护联盟濒危物种红色名录》（IUCN）低危（LC）、《国家保护的有重要生态、科学、社会价值的陆生野生动物名录》。

4. 红胸田鸡 *Zapornia fusca*

英文学名

Ruddy-breasted Crake

别名

红胸秧鸡、红胸水鸡

外形特征

小型涉禽。雌雄相似；嘴黑褐色；虹膜红色；跗跖及趾橘红色，爪褐色。雄鸟：额、头顶、头侧和胸栗红色；上体橄榄褐色；下腹及尾下覆羽灰褐色至黑褐色，具白色横斑。雌鸟：胸部栗红色较淡，喉白。幼鸟：上体黑褐；头

侧、胸和上腹栗红但缀灰白色斑；虹膜褐色。

大小量度

体重63～88 g，体长19～24 cm，嘴峰17～23 mm，尾，42～54 mm，跗跖31～38 mm。

栖境习性

生境：低山丘陵、林缘、农田地带的各种水域沼泽泥地及附近灌草丛。食性：杂食性，各种水生动植物及作物。习性：夏候鸟或留鸟。常单独或成对、偶尔集小群，在夜间或晨昏活动，在沼泽泥地灌草丛中觅食；白天蛰伏隐蔽处。善轻快敏捷奔跑和隐匿、游泳；隐蔽胆怯畏人，见人疾奔逃匿。极少飞行，但遇危则轻快直接贴地或水面短飞，飞行时两脚悬垂，落地即藏匿草丛中。

生长繁殖

繁殖期3—7月，一雄一雌制。筑陋巢于水域附近隐蔽灌草丛、农田或沼泽地上，呈浅盘状，21～26 cm。每窝产卵5～9枚，卵圆形，淡粉红或乳白色缀红褐色斑点，大小为（29～33）mm×（21～25）mm；重12～15 g；孵化期19～20天；雌雄共同孵卵和育雏；早成雏，全身黑褐色；1年性成熟。

种群现状

分布较少，数量少，不常见。

保护级别

列入《世界自然保护联盟濒危物种红色名录》（IUCN）低危（LC）、《国家保护的有重要生态、科学、社会价值的陆生野生动物名录》、《重庆市重点保护野生动物名录》。

5. 董鸡 *Gallicrex cinerea*

英文学名

Watercock

别名

凫翁、水公鸡

外形特征

中型涉禽，雌雄异色。雄鸟：嘴绿黄色；虹膜红色；头顶具鸡冠似的红色额板尖锐突起；全体呈灰黑色；肩翅黑褐色，向尾后至褐色，具棕黄色羽缘；腹中央色较浅，缀以灰白色横纹；尾下覆羽棕黄色，具黑褐色横斑；脚和趾绿

黄色。雌鸟：体形较小；嘴黄绿色；虹膜褐色；额甲小而不突，黄褐色；上体橄榄褐色，具棕黄色羽缘；头侧、颈侧至下体浅棕黄色，具黑褐色细波纹；脚和趾黄绿色。幼鸟：似成鸟，头侧、颏、喉棕白色，杂以灰黑斑纹。

大小量度

体重205～555 g，体长30～53 cm，嘴峰31～40 mm，尾64～88 mm，跗跖59～79 mm。

栖境习性

生境：稻田、池塘、沼泽、湖畔等水生植丛中。食性：杂食性，食性极广，包括各种小型动植物、作物，尤喜农业害虫。习性：夏候鸟。常单独或成对，在夜间或晨昏活动，在稻田沼泽泥地灌草丛中涉水觅食，站姿挺拔；白天蛰伏隐蔽处。善涉行、游泳，行走时尾翘起、一步　点头；性机警、隐蔽胆怯畏人，见人疾奔逃匿。极少飞行，但遇危则贴地或水面短飞，飞行时颈部伸直、两脚悬垂，落地即藏匿草丛中。常晨昏鸣叫似击鼓，单调低沉，声传较远，似“ge～e～dong”。

生长繁殖

繁殖期5—9月，一雄一雌制。领域性强，雄鸟激烈争斗。筑陋巢于稻田、沼泽的隐蔽灌草丛上，呈碗状，38～56 cm。每窝产卵3～8枚，椭圆形，淡粉红或乳黄色缀红褐或紫色斑点，大小为（38～48）mm×（27～34）mm；重21～28 g；孵化期19～20天；雌雄共同孵卵和育雏；早成雏，全身黑色；1年性成熟。

种群现状

分布广，种群数量多而稳定，常见。

保护级别

列入《世界自然保护联盟濒危物种红色名录》（IUCN）低危（LC）、《国家保护的有重要生态、科学、社会价值的陆生野生动物名录》、《重庆市重点保护野生动物名录》。

6. 黑水鸡 *Gallinula chloropus*

英文学名

Common Moorhen

别名

红冠水鸡、红骨顶、江鸡

外形特征

中小型涉禽；雌雄相似，雌鸟稍小。雄鸟：嘴尖绿黄色，嘴基至额甲鲜红色、但圆钝不突起；虹膜红色；头、颈及下体灰黑色；下背、肩翅至尾上覆羽为黑褐色，具白色羽端；两胁具显著白色纵纹；尾下覆羽中央黑色，两侧白色；裸露的胫上部为红色，跗跖及脚黄绿色，爪黄褐色。幼鸟：上体棕褐；头侧、颈侧、前胸棕黄褐色；颏喉、后胸及腹灰白色。

大小量度

体重140～345 g，体长21～35 cm，嘴峰20～33 mm，尾50～81 mm，跗跖32～55 mm。

栖境习性

生境：富隐蔽植丛的淡水江河、湖沼湿地、苇塘、水渠和稻田等。食性：杂食性，以小型动物为主。习性：夏候鸟或留鸟。昼行性，常成对或集小群活动，在江河湖沼、渠塘稻田泥地灌草丛中活动觅食。善游泳、潜水或涉行，游泳时尾常垂直翘起、左右摆动；性机警、隐蔽胆怯畏人，见人即游走或潜水逃匿，或藏身水下而仅露鼻孔于水面。极少飞行，但遇危则贴水面缓慢短飞，落水即藏匿水草丛中。

生长繁殖

繁殖期4—7月，一雄一雌制。筑巢于浅水、稻田、沼泽的隐蔽灌草丛中、地面或树上，呈碗状，20～30 cm。年产1～2窝，每窝产卵4～12枚，长卵圆形，乳白色或浅褐色缀红褐色斑点，大小为（28～32）mm×（39～46）mm；重15～20 g；孵化期19～22天；雌雄共同孵卵和育雏；早成雏，全身黑色，嘴尖白色；1年性成熟。

种群现状

分布较广，种群数量较多而稳定，常见。

保护级别

列入《世界自然保护联盟濒危物种红色名录》（IUCN）低危（LC）、《国家保护的有重要生态、科学、社会价值的陆生野生动物名录》、《重庆市重点保护野生动物名录》。

7. 骨顶鸡 *Fulica atra*

英文学名

Common Coot

别名

白骨顶、白冠黑鸡、白冠水鸡、瓣蹼鸡

外形特征

中型游禽；雌雄相似，雌鸟稍小。嘴浅粉白色；虹膜红褐色；额甲白色，但圆钝不突起；体形短而侧扁，全身灰黑色或黑色；翅宽而短圆，内侧飞羽羽端白色，形成明显的白色翼斑；尾短而方圆，尾下覆羽白色；跗跖短，但趾细长，趾具瓣蹼，腿脚、趾及瓣蹼均橄榄绿色，爪黑褐色。幼鸟：头侧、颏喉及前颈灰白色，缀有小黑斑；头顶黑褐色，缀有白色细纹。

大小量度

体重420～840 g，体长34～44 cm，嘴峰26～38 mm，尾46～81 mm，跗跖46～76 mm。

栖境习性

生境：低山丘陵和平原草地的各类富植丛的水域、江河湖沼、农田水塘中。食性：杂食性，食性极广，包括各种动植物、作物。习性：冬候鸟。常成群或与其他游禽混群活动，迁徙时可集上百只大群，在湿沼灌草丛间或开阔水面游泳觅食。善游泳和潜水；游泳时晃动身子、频频点头，并常摇摆或翘起尾羽以示警戒信号色；性机警，见人即游走或潜水逃匿。极少飞行，但遇危则迅即在水面助跑、贴水面快速呼呼扇翅短飞，落水即藏匿水草丛中。鸣声短促、单调而嘈杂，似“ka～ka”。

生长繁殖

繁殖期4—7月，一雄一雌制。雌雄共同筑陋巢于开阔水域的隐蔽灌草丛上，呈圆台状，26～47 cm。每窝产卵5～12枚，尖卵圆形或梨形，青灰色或灰黄色缀棕褐色斑点，大小为（45～59）mm×（30～40 mm），重29～46 g；孵化期22～24天；雌雄共同孵卵和育雏；早成雏，全身黑色，头橘黄色，跗跖黑色，嘴和额红色；1年性成熟。

种群现状

分布较广，种群数量较多而稳定，较常见。

保护级别

列入《世界自然保护联盟濒危物种红色名录》（IUCN）低危（LC）。

六、鸻形目
Charadriiformes

（一）反嘴鹬科 Recurvirostridae

大中型涉禽，均腿长、嘴长。广布于温、热带淡水域，全球有3～4属7～11种（其中黑翅长脚鹬的几个亚种有时被分成不同的种），我国有3属3种，重庆2属2种。

黑翅长脚鹬 *Himantopus himantopus*

英文学名

Black-winged Stilt

别名

红腿长脚鹬、黑翅红腿长脚鹬、长脚鸻

外形特征

中型涉禽。雌雄相似；嘴黑色，细长而尖，略向上弯曲；虹膜红色；脚红色，细长。雄鸟：头顶至后颈黑色；上背、肩及翅黑色，带绿色金属光泽；额、颏喉、颈侧、颈背及下体均白色。雌鸟：整个头、颈全为白色；上背、肩及翅黑褐色。幼鸟：头顶至后颈为灰黑色；上体褐色，具皮黄色羽缘。

大小量度

体重145～215 g，体长29～42 cm，嘴峰58～72 mm，尾72～90 mm，跗跖98～135 mm。

栖境习性

生境：江河湖海及沼泽的开阔浅水滩涂地带，农田和水塘等地。食性：主要以小型水生动物为食。习性：旅鸟或冬候鸟。5—7月繁殖。常单独、成对或集小群在浅水滩涂地带活动；在迁徙时集大群。涉水行走缓慢轻盈、行姿优美；在地面或水面啄食，或疾奔追捕猎物，或将嘴插入泥中或水中探觅食物。性胆小而机警畏人，遇危先不断点头示威，不敌则迅速轻快飞逃。

生长繁殖

繁殖期5—7月。群体营巢于开阔的湖沼浅滩或草地浅坑，或混群营巢；巢呈碟状，20～25 cm。每窝产卵3～4枚，黄绿色或橄榄褐色，具黑褐色斑点，梨形或卵圆形，大小为（40～48）mm×（28～34） mm，重21～23 g；雌雄轮流孵卵，孵化期16～18天；早成雏；1年性成熟。

种群现状

分布较少，种群数量稀有，不常见。

保护级别

列入《世界自然保护联盟濒危物种红色名录》（IUCN）低危（LC）、《国家保护的有重要生态、科学、社会价值的陆生野生动物名录》。

（二）鸻科 Charadriidae

中小型涉禽；嘴形细小而侧扁；鼻孔直裂，有鼻沟；趾不具瓣蹼；中爪不具栉缘。全球有11属67种，大多迁徙，遍布全球。喜集群，全天活动，以动物性食物为主。在沼泽灌草丛的凹地营巢，雌雄共同孵卵和育雏；早成雏。

1. 凤头麦鸡 *Vanellus vanellus*

英文学名

Northern Lapwing

别名

田凫、北方麦鸡

外形特征

中小型涉禽。雌雄较似；嘴黑色；虹膜黑褐色；脚红色或橙棕色。雄鸟：额、头顶黑褐色，具黑色反卷的细长冠羽；眼先、颈侧及后颈白色；颏喉及前胸黑色；上背和肩黑绿色具棕褐色金属光泽的羽缘；尾上覆羽棕色；下胸及腹、腋及翼下纯白色；尾下覆羽棕黄色。雌鸟：冠羽稍短，颏喉有白斑，上体具黄褐色羽缘。幼鸟：冠羽较短，上体具皮黄色羽缘。

大小量度

体重175～280 g，体长29～35 cm，嘴峰22～30 mm，尾9～13 cm，跗跖42～57 mm。

栖境习性

生境：山脚开阔地带的湖溪沼泽、水塘、农田地带。食性：主要以小型无脊椎动物为食，兼食禾本科草种及植物嫩叶。习性：冬候鸟或旅鸟。常集群活动，冬季迁徙时可集数百只的大群。善飞，常低空缓翅上下翻飞；亦善在水边的灌草丛中奔行藏匿，遇危即飞。

生长繁殖

繁殖期5—7月。一雄一雌制，常成对或小群营陋巢于湖沼草泽的凹地上。每窝产卵3～5枚；梨形或尖卵圆形；灰绿色具黑褐斑点；雌雄轮流孵卵，孵化期25～28天；早成雏。

种群现状

分布较广，种群数量较多而稳定，较常见。

保护级别

列入《世界自然保护联盟濒危物种红色名录》（IUCN）近危（NT）。

2. 灰头麦鸡 *Vanellus cinereus*

英文学名

Grey-headed Lapwing

别名

麦鸡

外形特征

中小型涉禽。雌雄相似；嘴黄色，嘴尖黑色；虹膜红色，眼周黄色；脚黄色，爪黑色。成鸟：头颈灰褐色，无冠羽；上体褐色；尾端黑色；颏喉及上胸灰色；下胸围以半圆弧形黑斑；下体纯白。幼鸟：似成鸟；上体皮黄色，下胸弧形黑斑不明显。

大小量度

体重155～260 g，体长24～31 cm，嘴峰19～27 mm，尾8～12 cm，跗跖39～54 mm。

栖境习性

生境：平阔地带的溪湖河泽、水塘以及农田周边。食性：主要捕食小型无脊椎动物，兼食禾本科草种及植物嫩叶。习性：冬候鸟或旅鸟。常成对或小群活动，冬季可集数百只的大群迁徙。善飞，常低空缓翅上下翻飞；亦善在水边的灌草丛中奔行藏匿，遇危即飞。

生长繁殖

繁殖期5—7月，一雄一雌制。成对营陋巢于湖沼水域附近的草地凹坑里；巢盘状，18～20 cm；每窝产卵3～5枚，梨形或尖卵圆形，灰黄绿色或土黄色，缀黑褐斑点，大小为（31～35）mm×（40～47）mm；重21～25 g；雌雄轮流孵卵，孵化期27～30天；早成雏；1年性成熟。

种群现状

分布较少，种群数量稀少，不常见。

保护级别

列入《世界自然保护联盟濒危物种红色名录》（IUCN）低危（LC）、《国家保护的有重要生态、科学、社会价值的陆生野生动物名录》。

3. 金斑鸻 *Pluvialis fulva*

英文学名

Pacific Golden Plover

别名

太平洋金斑鸻

外形特征

中型涉禽。雌雄相似；嘴黑色，较短厚；虹膜褐色；脚灰色。成鸟冬羽：头侧及脸颊金黄色；上体浅棕褐色，满缀金黄色斑点；下体白色，缀黑

斑。夏羽：头侧、脸、喉、胸腹均为黑色。幼鸟：似成鸟冬羽；但上体黑褐色，缀白色或淡黄色斑点；具显著细长白色眉纹。

大小量度

体重170～250 g，体长22～32 cm，嘴峰24～30 mm，尾73～85 mm，跗跖43～55 mm。

栖境习性

生境：江河湖海岸边的沼泽、草地或滩涂，水塘、农田附近。食性：主要以水生小型无脊椎动物为食。习性：冬候鸟或旅鸟。常单独或小群活动。性机警畏人，遇危即边鸣边迅速飞离。

生长繁殖

繁殖期6—7月，一雄一雌制。营陋巢于苔原沼泽地的浅坑。每窝产卵4～5枚，黄色或棕黄色，缀黑褐斑点，大小为（42～53）mm×（29～36）mm；雌雄轮流孵卵；孵化期26～28天；早成雏；2年性成熟。

种群现状

分布较少，种群数量稀少，不常见。

保护级别

列入《世界自然保护联盟濒危物种红色名录》（IUCN）低危（LC）。

4. 长嘴剑鸻 *Charadrius placidus*

英文学名

Long-billed Plover

外形特征

小型涉禽。雌雄相似；嘴黑色，较剑鸻的嘴峰要长，体形也大些；虹膜黑色；脚土黄色，爪黑色。成鸟夏羽：前额白色；头顶具黑色宽横斑，后枕灰褐色；贯眼纹黑褐色并延伸至枕后；颏喉白色与白色领环相连；紧接其后围以细黑色领环；上体、肩翅至腰尾均灰褐色；下体均纯白色。成鸟冬羽：羽色的黑色部分较夏羽浅淡。幼鸟：似成鸟冬羽，无黑色头斑。

大小量度

体重50～85 g，体长18～24 cm，嘴峰19～23 mm，尾72～88 mm，跗跖30～34 mm。

栖境习性

生境：喜活动于内陆水域附近的沼泽、河滩、田埂上。食性：以无脊椎动物为主，兼食植物碎片和细根等。习性：冬候鸟或旅鸟。多单个或3～5只结群活动。

生长繁殖

繁殖期5—7月。营巢于海岸、湖泊、河流等水域岸边沙石地上或河漫滩上。雌雄成对繁殖。通常置巢于卵石地上凹坑内，无任何内垫物。每窝产卵3～4枚，卵梨形，黄色沾红或灰色、绿灰色，被有细小的黑色或红褐色斑点。每天产卵1枚，卵产齐后即开始孵卵，孵卵由雌雄亲鸟共同承担。孵化期25～27天。

种群现状

分布较少，种群数量稀少，偶见。

保护级别

列入《世界自然保护联盟濒危物种红色名录》（IUCN）低危（LC）、《国家保护的有重要生态、科学、社会价值的陆生野生动物名录》。

5. 金眶鸻 *Charadrius dubius*

英文学名

Little Ringed Plover

别名

黑领鸻

外形特征

金眶鸻是小型涉禽，夏羽前额和眉纹白色，额基和头顶前部绒黑色，头顶后部和枕灰褐色，眼先、眼周和眼后耳区黑色，并与额基和头顶前部黑色相连。眼睑四周金黄色。后颈具1白色环带，向下与颏、喉部白色相连，紧接此白环之后有一黑领围绕着上背和上胸，其余上体灰褐色或沙褐色。初级飞羽黑褐色，第1枚初级飞羽羽轴白色，中央尾羽灰褐色，末端黑褐色，外侧1对尾羽白色，内翈具黑褐色斑块。下体除黑色胸带外全为白色。冬羽额顶和额基黑色全被褐色取代，额呈棕白色或皮黄白色，头顶至上体沙褐色，眼先、眼后至耳覆羽以及胸带暗褐色。虹膜暗褐色，眼睑金黄色，嘴黑色，脚和趾橙黄色。

大小量度

体重28～48 g，体长15～18 cm，嘴峰11～14 mm，尾53～69 mm，跗跖22～26 mm。

栖境习性

生境：栖息于开阔平原和低山丘陵地带的湖泊、河流岸边以及附近的沼泽、草地和农田地带，也出现于沿海海滨、河口沙洲以及附近盐田和沼泽地带。食性：主要吃鳞翅目、鞘翅目及其他昆虫、蠕虫、蜘蛛、甲壳类、软体动物等小型水生无脊椎动物。习性：冬候鸟或旅鸟。春季于3月末4月初即见有个体迁到中国东北繁殖地，秋季于9月末10月初迁离中国东北繁殖地往南迁徙。常单只或成对活动，偶尔也集成小群，特别是在迁徙季节和冬季，常活动在水边沙滩或沙石地上，活动时行走速度甚快，常边走边觅食，并伴随着一种单调而细弱的叫声。通常急速奔走一段距离后稍微停停，然后再向前走。

生长繁殖

繁殖期5—7月。营巢于河流、湖泊岸边或河心小岛及沙洲上，也见在海滨沙石地上或水稻田间地上营巢。巢多置于水边沙地或沙石地上，甚简陋，通常由亲鸟在沙地上刨一个圆形凹坑即成，或利用自然凹窝。巢内无任何内垫物，或垫有少许枯草。5月中下旬开始产卵，年产1窝，每天产卵1枚，每窝产卵3～5枚，其中以3～4枚居多。卵为梨形，沙黄色或鸭蛋绿色、被有褐色斑点，尤以钝端较多，大小为（28.5～33.5）mm×（21～24）mm，重7～9 g。卵产齐后即开始孵卵雌鸟承担，雄鸟在巢附近警戒，孵化期24～26天。雏鸟早成性，出壳后不久即能行走，不到1个月即能随亲鸟飞行。

种群现状

分布较少，种群数量不多，不常见。

保护级别

列入《世界自然保护联盟濒危物种红色名录》（IUCN）低危（LC）、《国家保护的有重要生态、科学、社会价值的陆生野生动物名录》。

6. 铁嘴沙鸻 *Charadrius leschenaultii*

英文学名

Greater Sand Plover

别名

铁嘴鸻

外形特征

与蒙古沙鸻非常相似，但体形较蒙古沙鸻大，嘴亦较其厚而长。成鸟（冬羽）：前头和眉斑白色；头顶和后头灰褐色，羽轴黑褐色，边缘浅灰。上体余部灰褐色，羽干黑褐色，羽缘浅灰。尾上覆羽灰色较浅，羽缘白色；尾羽暗褐末端白色，外侧尾羽全白。飞羽黑褐色，羽干白色，内侧初级飞羽外翈多少有些白斑。三级飞羽同上体；大覆羽黑褐色，边缘白色。眼先、眼下、耳羽和上胸两侧灰褐色；下体余部白色。雄性成鸟（夏羽）：眼先和前头上方黑色，黑色向后延伸至头侧。胸带棕栗色，头上、头后和颈侧略沾染棕色。雌性成鸟（夏羽）：头部缺少黑色；胸部的棕栗色也淡些，胸带有时不完整（中部断开）。成鸟：如同成鸟的冬羽。但上体与翼面覆羽灰褐色，具黄色的羽缘。眉斑淡黄色。胸斑狭窄或断开，泛黄色。虹膜暗褐色；嘴黑色。腿和脚灰色，或常带有肉色或淡绿色。

大小量度

体重55～86 g，体长19～23 cm，嘴峰21～25 mm，尾49～62 mm，跗跖33～40 mm。

栖境习性

生境：栖息于海滨、河口、内陆湖畔、江岸、滩地、水田、沼泽及其附近的荒漠草地、砾石戈壁和盐碱滩。食性：以软体动物、小虾、昆虫、淡水螺类、杂草等为食。习性：冬候鸟或旅鸟。喜沿海泥滩及沙滩，与其他涉禽尤其是蒙古沙鸻混群。常成2～3只的小群活动，偶尔也集成大群。多喜欢在水边沙滩或泥泞地上边跑边觅食，特别喜欢海岸沙滩，有时也出现在荒漠和盐碱草原地区以及山脚岩石平原一带。喜欢在地上奔跑，且奔跑迅速，常常跑跑停停，行动极为谨慎小心。

生长繁殖

繁殖期4—7月。营巢于有稀疏植物的沙地或沙石地上。巢甚简单，主要在沙地上扒一凹坑，四周垫以贝壳、小卵石或盐碱土，内垫少许细草茎和干苔藓。每窝产卵3～4枚，常为3枚。卵的颜色为赭色或灰褐色，被有大的黑褐色斑点，大小为（35.2～40.3）mm×（26.5～29.3）mm。

种群现状

分布很少，种群数量稀少，罕见。

保护级别

列入《世界自然保护联盟濒危物种红色名录》（IUCN）低危（LC）、《国家保护的有重要生态、科学、社会价值的陆生野生动物名录》。

7. 东方鸻 *Charadrius veredus*

英文学名

Oriental Plover

外形特征

成鸟（繁殖羽）：雄鸟的额、眉纹、面颊、喉、颏、颈白色；头顶、枕部及上体灰褐色。飞羽、初级覆羽黑褐色。尾羽褐色，向端部逐渐变深；外侧尾羽外翈白色，所有尾羽末梢亦为白色。颈下的淡黄褐色过渡至胸部为栗红色宽带；其下缘具有明显的1条黑色环斑带。腋羽褐色，具狭细的白色羽缘；翼下覆羽烟褐色。腹部白色。雌鸟的面颊污棕色，眉纹不显；胸带沾染黄褐色，其下沿或无黑带。成鸟（非繁殖羽）：头顶、眼先、耳羽褐色微沾黄色。额、眉纹、喉、颊淡黄色。上体包括后颈和翼上覆羽灰褐色，多灰白色或米黄色羽缘，呈现鳞状斑。外侧初级飞羽羽干白色。下体除胸带为黄褐色，余部白色。亚成鸟：似成鸟的非繁殖羽。但是上体与翼上覆羽的羽缘沾更宽阔的灰白色或黄色。胸部黄色，具灰褐斑。虹膜褐色。嘴黑色。腿黄色或橙黄色。

大小量度

体重80 g，体长220～255 mm，嘴峰20～25 mm，尾59～70 mm，跗跖43～49 mm。

栖境习性

生境：栖息于河口、海滩，远离水源的岩石山谷、干旱草原、耕地和砾石平原。食性：主要以昆虫及其幼虫为食。习性：冬候鸟或旅鸟。常单独或成小群活动，迁徙和冬季期间也常集成大群。多在水边浅水处和沙滩来回奔跑和觅食。奔跑速度甚快。飞行也很有力。通常飞行快而高。飞行时常常突然转变方向，性甚机警，警觉时常常上下晃动头。有时一只脚在站立时稍微弯曲或抬起，仅用一只脚站立。

生长繁殖

繁殖期4—5月，返回的迁移地，开始形成对。鸟巢建在地面上，筑成一个浅浅的杯形，通常在牛蹄凹印中营巢产卵，十分简陋，巢内充满了植物和植物碎片。每窝约产2枚卵，夜间由雌鸟独自孵蛋。

种群现状

分布极少，种群数量极稀少，极罕见。

保护级别

列入《世界自然保护联盟濒危物种红色名录》（IUCN）低危（LC）、《国家保护的有重要生态、科学、社会价值的陆生野生动物名录》。

（三）彩鹬科 Rostratulidae

在繁殖上属于罕见的一雌多雄制。彩鹬有2属2种，我国1属1种。栖于沼泽型草地及稻田，行走时尾上下摇动，飞行时双腿下悬。

彩鹬 *Rostratula benghalensis*

英文学名

Greater Painted-snipe

外形特征

雄鸟眼先、头顶至枕黑褐色，头顶中央具黄色中央冠纹。背至尾上覆羽和尾羽灰色。眼周围一圈黄白色或黄色纹，并向眼后延伸形成一柄。雌鸟头顶暗褐色，头顶中央具皮黄色或红棕色中央冠纹；眼周具1白色圈环。头侧栗红色，上背橄榄褐色，下背、腰和尾上覆羽蓝灰色。虹膜褐色，嘴黄褐色或红褐色，基部绿褐色，脚橄榄绿褐色或灰绿色。

大小量度

体重103～180 g，体长224～278 mm，嘴峰41～52 mm，尾35～52 mm，跗跖38～46 mmm。

栖境习性

生境：栖息于平原、丘陵和山地中的芦苇水塘、沼泽、河渠、河滩草地和水稻田中。食性：主要以软体动物、昆虫、蚯蚓、蟹、虾等小型无脊椎动物和植物性食物为食。习性：夏候鸟或旅鸟。性隐秘而胆小，多在晨昏和夜间活动，白天多隐藏在草丛中，受惊时也一动不动地隐伏着，当人走至跟前，突然飞起，边飞边叫。飞行速度较慢，飞行时两脚下垂，飞行距离较短。在开阔地区可快速奔跑。也能游泳和潜水，通常单独或呈松散的小群活动和觅食。

生长繁殖

繁殖期5—7月。营巢于芦苇丛或水草丛中，也在水稻田中营巢。巢主要由枯草构成，通常置巢于芦苇或水草或稻秧间浅水处的草堆上或土台上。每窝产卵3～6枚。卵圆形或梨形，棕黄色或黄色，被有红褐色等各色斑点，大小为（32～40）mm×（22～26）mm，平均36 mm×26 mm。一雌多雄制，一只雌鸟与数只雄鸟交配并产数窝卵，分别由不同雄鸟孵化，孵化期约19天。

种群现状

分布较少，种群数量极稀少，偶见。

保护级别

列入《世界自然保护联盟濒危物种红色名录》（IUCN）低危（LC）、《国家保护的有重要生态、科学、社会价值的陆生野生动物名录》、《重庆市重点保护野生动物名录》。

（四）水雉科 Jacanidae

包括6属8种，广泛分布于热带、亚热带淡水水域。中小型涉禽。脚趾特别长，可在荷叶上行走，有的种类如水雉有长的中央尾羽。雌鸟体形比雄鸟大。以昆虫和其他无脊椎动物为食。我国2属2种，重庆1属1种。

水雉 *Hydrophasianus chirurgus*

英文学名

Pheasant-tailed Jacana

别名

大脚水雉、水凤凰、菱角鸟、凌波仙子

外形特征

夏羽头、颏、喉和前颈白色，后颈金黄色，枕黑色，背、肩棕褐色，具紫色光泽；腰、尾上覆羽和尾黑色；翅上覆羽白色，下体棕褐色；4枚中央尾羽特形延长且向下弯曲。虹膜褐色，嘴蓝灰色，尖端缀有绿色，跗跖和趾淡绿色。冬羽头顶和后颈黑褐色，具白色眉纹，颈侧具黄色纵带；下体白色，尾短；上体较夏羽为淡，呈绿褐色或灰褐色。虹膜淡黄色，嘴黄色，尖端褐色，脚、趾暗绿色至暗铅色。幼鸟似非繁殖期成鸟，但颈无黄色纵纹。

大小量度

体长31～58 cm，嘴峰26～30 mm，尾20～38 cm（夏）、11～12 cm（冬），跗跖45～59 mm。

栖境习性

生境：栖息于富有挺水植物和漂浮植物的淡水湖泊、池塘和沼泽地带。食性：以昆虫、软体动物、甲壳类等小型无脊椎动物和水生植物为食。习性：夏候鸟或旅鸟。单独或成小群活动。性活泼，善行走，亦善游泳和潜水。常在小型池塘及湖泊的浮游植物上行走并挑挑拣拣地觅食，间或短距离跃飞到新的觅食点。鸣叫似猫的“喵喵”声。夏候鸟披上繁殖羽，繁殖后换上黄褐色冬羽，换羽时飞羽一次全部脱落。

生长繁殖

繁殖期4—9月。一雌多雄制，雌鸟常为争偶尔殴斗。通常营巢于莲叶等挺水植物以及大型浮草上。巢主要由干草叶和草茎构成，较小而薄，呈盘状。通常每窝产卵4枚，梨形，颜色变化较大，极富光泽，大小为（33～40）mm×（26～29）mm，平均36 mm×27 mm。一个繁殖季节雌鸟可产卵10窝以上，分别由不同的雄鸟孵化，卵化期26天。雏鸟为早成鸟。

种群现状

分布极少，种群数量极稀有，极罕见。

保护级别

列入国家二级重点保护野生动物、《世界自然保护联盟濒危物种红色名录》（IUCN）低危（LC）。

（五）鹬科 Scolopacidae

多为涉禽，有细长的嘴和腿，体羽多暗淡或斑驳，不少种类形态相似难以区分，鹬常见于海滨地区，是各地湿地最重要的涉禽之一，也有一些种类生活于森林地区甚至内陆的高山地区。鹬科成员多在北半球高纬度地区繁殖，有些种类迁徙的距离非常遥远。

1. 丘鹬 *Scolopax rusticola*

英文学名

Eurasian Woodcock

别名

大水行、山沙锥、山鹬

外形特征

丘鹬前额灰褐色。头顶和枕绒黑色，具3～4条不甚规则的灰白色或棕白色横斑，并缀有棕红色；后颈多呈灰褐色，有窄的黑褐色横斑；上体锈红色，上背和肩具大型黑色斑块。飞羽、覆羽黑褐色；尾羽黑褐色。头两侧灰白色或淡黄白色，下体、腋羽灰白色。幼鸟和成鸟大体相似。虹膜深褐色。嘴蜡黄色，尖端黑褐色，脚灰黄色或蜡黄色。

大小量度

体重205～336 g，体长32～42 cm，嘴峰72～80 mm，尾78～97 mm，跗跖35～44 mm。

栖境习性

生境：主要栖息于阔叶林和混交林中。迁徙和冬季也见于开阔平原和低山丘陵地带。食性：主要以小型无脊椎动物为食，有时也食植物。习性：冬候鸟或旅鸟。白天隐伏不出，夜晚和黄昏到附近的湖畔、河边、稻田和沼泽地上觅食。仅繁殖期的黄昏在森林上空求偶飞行。遇到危险时从地下惊起，常常只飞很短距离就又落入地上草丛或灌丛中隐伏不出。飞行时嘴朝下，飞行快而灵巧。性孤独，单独生活，不喜集群，也少鸣叫。

生长繁殖

繁殖期5—7月。营巢于阔叶林和针阔叶混交林中，多在林下灌木或草本植物发达、或有小块沼泽湿地和有灌木覆盖的潮湿悬崖边上筑巢。巢较简陋，以枯枝落叶作巢基，扒成一圆形小坑，垫以干草和树叶即成。通常每窝产卵4枚，梨形或卵圆形，赭色或暗沙粉红色，被有锈色或暗棕红色斑点，大小为（42～44）mm×（31～34）mm。雌鸟孵卵。孵化期22～24天。

种群现状

分布较广，种群数量较多而稳定，常见。

保护级别

列入《世界自然保护联盟濒危物种红色名录》（IUCN）低危（LC）、《国家保护的有重要生态、科学、社会价值的陆生野生动物名录》。

2. 孤沙锥 *Gallinago solitaria*

英文学名

Solitary Snipe

外形特征

头顶黑褐色，具1条白色中央冠纹。头侧和颈侧白色。从嘴基到眼有1条黑褐色纵纹；眉纹白色，后颈栗色，肩外缘白色，尾上覆羽淡栗色。尾较圆，由18枚尾羽组成，3对中央尾羽黑色，外侧尾羽窄而短。翅上覆羽栗色，初级覆羽和飞羽深灰褐色。颏、喉白色。前颈和上胸栗褐色，下胸具淡色横斑。两胁具黑褐色横斑；其余下体白色。

大小量度

体重126 ~ 160 g，体长26 ~ 32 cm，嘴峰69 ~ 76 mm，尾70 ~ 75 mm，跗跖31 ~ 35 mm。

栖境习性

生境：栖息于森林中的河流与水塘岸边及沼泽地上。迁徙期和冬季出现在不冻的区域。食性：主要以昆虫及幼虫、蠕虫、软体动物、甲壳类等为食，也吃部分植物种子。习性：冬候鸟或旅鸟。常单独活动，不与其他鹬类和其他沙锥为伍。受干扰时常常蹲伏于地上，危急时也起飞，飞行慢而笨重，常常飞不多远又急速落下。多黄昏和晚上活动。可沿溪流活动到海拔1 800 m的森林上缘地区。

牛长繁殖

繁殖期5—7月。雄鸟在繁殖初期常作空中求偶飞行。飞行姿态、路线反复多变并伴随尖厉的叫声。营巢于山区溪流、湖泊、水塘岸边草地上和沼泽地上，巢较简陋，多为地面的凹坑，或由亲鸟在落叶地上挖掘而成，内无任何内垫物。通常每窝产卵4枚，梨形，黄褐色或乳黄色，被有大的褐色斑点；大小为（40 ~ 45）mm ×（28 ~ 33）mm。

种群现状

分布较少，种群数量稀少，偶见。

保护级别

列入《世界自然保护联盟濒危物种红色名录》（IUCN）低危（LC）、《国家保护的有重要生态、科学、社会价值的陆生野生动物名录》。

3. 针尾沙锥 *Gallinago stenura*

英文学名

Pin-tailed Snipe

别名

针尾鹬、中沙锥、针尾水

外形特征

头绒黑色，从头顶中央到枕部有1条白色或棕白色中央纹；两侧有黄棕白色眉纹。眼先白色。后颈、背、肩羽、黑色或黑褐色。翅上外测覆羽和飞羽黑褐色；尾上覆羽淡栗红色。尾羽24 ~ 28枚。中央5对尾羽绒黑色，外侧7 ~ 9对尾羽特别窄而硬挺并较短小，最外侧尾羽实际仅为一羽轴。颏、喉灰白色，下体余部污白色。幼鸟和成鸟大致相似。

大小量度

体重92 ~ 135 g，体长21 ~ 29 cm，嘴峰53 ~ 71 mm，尾45 ~ 57 mm，跗跖30 ~ 39 mm。

栖境习性

生境：繁殖期栖息于森林的沼泽湿地，非繁殖期栖息于丘陵和平原的河边等水域湿地。食性：主要以昆虫及幼虫、甲壳类、软体动物为食。有时也吃部分农作物种子和草籽。习性：冬江过境旅鸟。常单独或成松散的小群活动。

早晨和黄昏在开阔的水边、沼泽、湿草地和水稻田中漫步觅食。白天借保护色多潜伏在沟渠或草丛中。危险临近时被迫飞出，并发出“嘎”的一声鸣叫；飞行速度甚快，方向变换不定，每次飞行距离不大；落地后常静立并机警地观察四周，见无动静后跳跃式地疾行几步又停一会，或钻入草丛中。

生长繁殖

繁殖期5—7月。雄鸟常在高空作求偶飞行，忽而急剧下降，尾呈扇形散开并发出一种特殊的声音。通常营巢于山地苔原草地和沼泽地上；巢甚简陋，在松软的地上刨出一个近似碗状的圆形凹坑，内垫以枯草、松针和落叶即成。通常每窝产卵4枚，梨形，灰白色、黄色或绿色，被有大的褐色或赭色斑点，大小为（37～44.5）mm×（27～31.5）mm。

种群现状

分布较广，种群数量较多，冬迁旅经常见。

保护级别

列入《世界自然保护联盟濒危物种红色名录》（IUCN）低危（LC）、《国家保护的有重要生态、科学、社会价值的陆生野生动物名录》。

4. 扇尾沙锥 *Gallinago gallinago*

英文学名

Common Snipe

别名

普通沙锥、田鹬

外形特征

头顶黑褐色。头顶中央有1棕红色或淡皮黄色中央冠纹，两侧有白色或淡黄白色眉纹，眼先淡黄白色或白色。背、肩黑色，背部有四道宽阔的纵带。翅上具相互平行的白色翅带和翅后缘。尾上覆羽基部灰黑色，端部淡棕红色。尾羽12～18枚，黑色。最外侧两枚尾羽外翈白色。颏灰白色，前颈和胸棕黄色或皮黄褐色；下胸和腹纯白色。

大小量度

体重75～189 g，体长24～29 cm，嘴峰61～70 mm，尾50～75 mm，跗跖28～35 mm。

栖境习性

生境：繁殖期栖于冻原和开阔平原的沼泽地带。非繁殖期主要栖于河边等水域生境。食性：主要昆虫及幼虫、蠕虫、蜘蛛、蚯蚓和软体动物为食，偶尔也吃小鱼和杂草种子。习性：冬迁过境旅鸟。常单独或成3～5只小群活动。迁徙期间有时也集成40多只的大群。多在晚上和黎明与黄昏时活动，白天多隐藏在植物丛中。有时白天也活动，有干扰时就地蹲下不动，或疾速跑至附近草丛中隐蔽，头颈紧缩，长嘴紧贴胸前，直到危险临近时才突然冲出，并伴随“嘎～”的一声鸣叫而飞逃，飞行敏捷而疾速，飞行方向多变。

生长繁殖

繁殖期5—7月。营巢于苔原和平原地带湖泊、水塘、溪流岸边和沼泽地的隐蔽处。巢甚简陋，为地面的凹坑，内垫以枯草茎和草叶。通常每窝产卵约4枚，梨形，黄绿色或橄榄褐色，被有褐色或紫色斑点，大小为（35～43）mm×（26～31）mm。雌鸟孵卵。孵化期19～20天。早成雏。

种群现状

分布较广，种群数量较多而稳定，迁徙过境时较常见。

保护级别

列入《世界自然保护联盟濒危物种红色名录》（IUCN）低危（LC）、《国家保护的有重要生态、科学、社会价值的陆生野生动物名录》。

5. 中杓鹬 *Numenius phaeopus*

英文学名

Whimbrel

别名

中勺鹬

外形特征

头顶暗褐色；中央冠纹和眉纹白色；贯眼纹黑褐色；上背、肩、背暗褐色；下背和腰白色；尾上覆羽和尾灰色，具黑色横斑；飞羽黑色，初级飞羽内侧具锯齿状白色横斑；颏、喉白色；颈和胸灰白色；身体两侧和尾下覆羽白色；腹中部白色。幼鸟和成鸟相似，但胸更多皮黄色，微具细窄纵纹。虹膜黑褐色。嘴黑褐色，脚蓝灰色或青灰色。

大小量度

体重315～475 g，体长38～45 cm，嘴峰76～88 mm，尾85～125 mm，跗跖53～64 mm。

栖境习性

生境：夏季栖息于北极和近北极苔原森林和泰加林地带。繁殖期则出现在沿海沙滩、海滨岩石，内陆草原、湿地、湖泊、沼泽、水塘、河流、农田等各类生境中。食性：主要以昆虫及幼虫、蟹、螺、甲壳类和软体动物等小型无脊椎动物为食。习性：冬迁过境旅鸟。单独或成小群活动和觅食，但在迁徙时和在栖息地则集成大群。行走时步履轻盈，步伐大而缓慢，也常在树上栖息。常将朝下弯曲的嘴插入泥地探觅食物。飞行时两翅扇动较快，飞行有力。喜分散单独觅食，个体间有保卫觅食地的行为。

生长繁殖

繁殖期5—7月。繁殖于北极冻原森林带和泰加林地带，有时也繁殖于无树平原。通常营巢于湖泊、河流岸边及其附近沼泽湿地上。巢甚简陋，主要为地上的浅坑，再垫以苔藓、草茎和树叶即成。每窝产卵3～5枚，长卵圆形，蓝绿色或橄榄褐色，被有黑褐色或灰色斑点，大小为（52～65）mm×（36～44）mm，平均59 mm×41 mm。雌雄亲鸟轮流孵卵，孵化期24天。

种群现状

分布极少，种群数量极稀有，偶见。

保护级别

列入《世界自然保护联盟濒危物种红色名录》（IUCN）低危（LC）、《国家保护的有重要生态、科学、社会价值的陆生野生动物名录》。

6. 鹤鹬 *Tringa erythropus*

英文学名

Spotted Redshank

别名

点斑红脚鹬

外形特征

夏羽头、颈和下体黑色，眼圈白色；胸侧、两胁和腹具白色羽缘；背、肩、翅上覆羽和三级飞羽黑色；飞羽黑色具白色横斑；下背和上腰白色；尾暗灰色，具白色横斑。冬羽前额、头顶至后颈、上背灰褐色；颏、喉和下体白

色；眉纹白色；幼鸟上体似冬羽，但较褐。颏、喉白色，其余下体淡灰色。嘴细长、直而尖，下嘴基部红色，余为黑色。脚鲜红色。

大小量度

体重11 ~ 205 g，体长26 ~ 33 cm，嘴峰53 ~ 58 mm，尾64 ~ 82 mm，跗跖54 ~ 60 mm。

栖境习性

生境：繁殖期栖息于北极冻原和冻原森林，非繁殖期栖息于湖泊、河流、洲滨附近。食性：主要以甲壳类、软体动物、蠕形动物、水生昆虫及幼虫为食。习性：冬迁过境旅鸟。常单独或成分散的小群活动，多在水边沙滩、泥地、浅水处和海边潮涧地带边走边啄食，有时进入水深到腹部的深水中，从水底啄取食物。

生长繁殖

繁殖期5—8月。主要繁殖于北极苔原和有稀疏树木的苔原森林地带。营巢于湖边草地上，或苔原和沼泽地带高的土丘上，也在岩石下、倒木下或树下营巢。巢甚简陋，多是在松软的苔原地上压出的凹坑；内垫以枯草和树叶。通常每窝产卵4枚，梨形，淡绿色或黄绿色，被有黑褐色或红褐色斑点，大小为（42 ~ 51.5） mm ×（30 ~ 34）mm。雌雄轮流孵卵，但以雄鸟为主。

种群现状

分布较少，种群数量稀有，罕见。

保护级别

列入《世界自然保护联盟濒危物种红色名录》（IUCN）低危（LC）、《国家保护的有重要生态、科学、社会价值的陆生野生动物名录》。

7. 红脚鹬 *Tringa totanus*

英文学名

Common Redshank

别名

普通红脚鹬、赤足鹬、东方红腿

外形特征

夏羽头及上体灰褐色，具黑褐色羽干纹；下背、腰、尾上覆羽和尾白色；初级飞羽黑色，次级飞羽白色；冬羽头与上体灰褐色，黑色羽干纹消失，下体白色，其余似夏羽。幼鸟似冬羽，但上体具皮黄色斑或羽缘，胸沾有皮黄褐色；中央尾羽缀桂红色。虹膜黑褐色，嘴长直而尖，基部橙红色，尖端黑褐色。脚较细长，亮橙红色。

大小量度

体重97 ~ 145 g，体长25 ~ 29 cm，嘴峰38 ~ 46 mm，尾58 ~ 68 mm，跗跖45 ~ 51 mm。

栖境习性

生境：栖息于沼泽、草地、河流、湖泊、水塘、海滨、河口沙洲等水域或水域附近湿地。食性：主要以螺、甲壳类、软体动物、环节动物、昆虫及幼虫等各种无脊椎动物为食。习性：冬候鸟或过境旅鸟。非繁殖期主要在沙滩和沼泽地带活动，少量在内陆湖泊、河流和沼泽与湿草地上活动和觅食。常单独或成小群活动，休息时则成群。性机警，飞翔力强，受惊后立刻冲起，从低至高成弧状飞行，边飞边叫。个体间有占领和保卫觅食领域行为。

生长繁殖

繁殖期5—7月。初期常呈小群活动，以后逐渐分散，大多成对进入各自的繁殖地。雄鸟有求偶行为。营巢于海岸、湖边、河岸和沼泽地上。巢较为隐蔽，多利用地面凹坑，或在地上扒一圆形浅坑，内再垫以枯草和树叶即成。每窝产卵3～5枚，梨形，淡绿色或淡赭色，被有黑褐色斑点，大小为（41～49）mm×（28～32）mm。雌雄轮流孵卵，但以雌鸟为主。孵化期23～25天。

种群现状

分布极少，种群数量极稀少，极罕见。

保护级别

列入《世界自然保护联盟濒危物种红色名录》（IUCN）低危（LC）、《国家保护的有重要生态、科学、社会价值的陆生野生动物名录》。

8. 泽鹬 *Tringa stagnatilis*

英文学名

Marsh Sandpiper

外形特征

夏羽头顶、后颈淡灰白色。下背和腰纯白色，尾上覆羽白色，具黑褐色横斑；飞羽淡黑褐色；中央尾羽灰褐色。眼先、颊、眼后和颈侧灰白色，贯眼纹暗褐色；下体白色。虹膜暗褐色，嘴长、纤细、直而尖，黑色。脚细长，暗灰绿色或黄绿色。冬羽头顶和上体淡灰褐色，额、眼先和眉纹白色，其余似夏羽。幼鸟似冬羽，但上体较褐，缀有皮黄色斑或羽缘。

大小量度

体重55～120 g，体长19～25 cm，嘴峰36～43 mm，尾53～66 mm，跗跖43～55 mm。

栖境习性

生境：湖泊、河流、芦苇沼泽、水塘、河口和沿海沼泽与邻近水塘和水田地带。食性：主要以水生昆虫及幼虫、蠕虫、软体动物和甲壳类为食，也吃小鱼和鱼苗。习性：冬迁过境旅鸟。常单独或成小群在水边沙滩、泥地和浅水处活动和觅食，也常进到较深的水中活动。常边走边将它细长的嘴插入水边沙地或泥中探觅和啄取食物，有时也用它强而长的嘴在水中前后不停地摆动搜觅食物。性胆小而机警。声音尖细，似“唧～唧”声。

生长繁殖

繁殖期5—7月。通常在到达繁殖地后不久即开始成对。雄鸟有求偶飞行活动。营巢于开阔平原和平原森林地带的湖泊、河流、水塘岸边及其附近沼泽与湿草地上。巢为地上的一浅坑，内垫以枯草即成。通常每窝产卵4枚，乳白色或淡黄色和绿色，被有褐色或红褐色斑点；大小为（35～41）mm×（25～28）mm。雌雄轮流孵卵。

种群现状

分布较少，种群数量稀少，罕见。

保护级别

列入《世界自然保护联盟濒危物种红色名录》（IUCN）低危（LC）、《国家保护的有重要生态、科学、社会价值的陆生野生动物名录》。

9. 青脚鹬 *Tringa nebularia*

英文学名

Common Greenshank

别名

普通青脚鹬

外形特征

夏羽头顶至后颈灰褐色，羽缘白色；背、肩灰褐或黑褐色；眼先、颊、颈侧、上胸、下体和尾白色；大覆羽和三级飞羽具白色锯齿状斑。初级飞羽黑色，次级飞羽和三级飞羽黑褐色。冬羽头、颈白色；上体淡褐灰色，其余似夏羽。幼鸟似冬羽，但较褐。虹膜黑褐色，嘴较长微上翘，基部蓝灰色或绿灰色，尖端黑色。脚淡灰绿色、草绿色或青绿色。

大小量度

体重128～350 g，体长29～34 cm，嘴峰50～59 mm，尾72～98 mm，跗跖55～65 mm。

栖境习性

生境：栖息于亚高山林地的湖泊、河流、水塘和沼泽地带。食性：主要以虾、蟹、螺、小鱼、水生昆虫及幼虫为食。习性：冬迁过境旅鸟。多喜欢在河口沙洲、沿海沙滩和平坦的泥泞地和潮间地带活动和觅食。常单独、成对或成小群活动。多在水边或浅水处走走停停，步履矫健、轻盈，也能在地上急速奔跑和突然停止。

生长繁殖

繁殖期5—7月。雄鸟提前到达繁殖地，站在枯树顶端或枝丫上发出求偶叫声。营巢于林中或林缘的湖泊、溪流岸边和沼泽地上，尤其是有稀疏树木的森林沼泽和湖泊地带。巢系地上一凹坑，内放少许苔藓和枯草。通常每窝产卵4枚，灰色、淡皮黄色或赭红色，被有黑褐色斑点，大小为（46～54）mm×（31～36）mm。雌雄轮流孵卵，但以雌鸟为主，孵化期24～25天。早成雏。

种群现状

分布较少，种群数量稀少，罕见。

保护级别

列入《世界自然保护联盟濒危物种红色名录》（IUCN）低危（LC）、《国家保护的有重要生态、科学、社会价值的陆生野生动物名录》。

10. 白腰草鹬 *Tringa ochropus*

英文学名

Green Sandpiper

外形特征

夏季前额、头顶、后颈黑褐色具白色纵纹，上体黑褐色具白色斑点。腰和尾白色，尾具黑色横斑。下体白色，胸具黑褐色纵纹。眼先具白色眉纹，与白色眼周相连。冬季颜色较灰，胸部纵纹不明显，为淡褐色。飞翔时翅上翅下均为黑色，腰和腹白色。虹膜暗褐色，嘴灰褐色或暗绿色，尖端黑色，脚橄榄绿色或灰绿色。

大小量度

体重60～107 g，体长20～26 cm，嘴峰31～38 mm，尾50～67 mm，跗跖30～42 mm。

栖境习性

生境：繁殖季节主要栖息于山地或平原森林中的湖泊、河流、沼泽和水塘附近。食性：主要以蠕虫、虾、蜘蛛、

小蚌、田螺、昆虫等为食。习性：冬候鸟或过境旅鸟。常单独或成对活动，多活动在水边浅水处、砾石河岸、泥地、沙滩、水田和沼泽地上。常上下晃动尾部，边走边觅食。遇有干扰亦少起飞；若干扰者继续靠近，则突然冲起，并伴随着“啾哩～啾哩”的鸣叫而飞。飞翔疾速，两翅扇动甚快，常发出“呼呼”声响。

生长繁殖

繁殖期5—7月。通常营巢于森林中的河流、湖泊岸边或林间沼泽地带，也在林缘河边沼泽地及河边小岛上的草丛中或疏林中营巢。巢多置于草丛中地上或树下树根间。一般不筑巢，而是利用鸫、鸽等鸟类废弃的旧巢。每窝产卵3～4枚，梨形，桂红色、污白色、灰色或灰绿色，被有红褐色斑点，大小为（34～42）mm×（25～30）mm。雌雄轮流孵卵，孵化期20～23天。

种群现状

分布较多，种群数量较多，冬迁过境常见。

保护级别

列入《世界自然保护联盟濒危物种红色名录》（IUCN）低危（LC）、《国家保护的有重要生态、科学、社会价值的陆生野生动物名录》。

11. 林鹬 *Tringa glareola*

英文学名

Wood Sandpiper

别名

林札子

外形特征

夏羽头和后颈黑褐色、具细的白色纵纹；背、肩黑褐色，具白色或棕黄白色斑点；下背和腰暗褐色，具白色羽缘；尾上覆羽白色；颏、喉白色。前颈和上胸灰白色而杂以黑褐色纵纹。其余下体白色。冬羽和夏羽相似，但上体更灰褐，具白色斑点。虹膜暗褐色，嘴较短而直。尖端黑色，基部橄榄绿色或黄绿色，幼鸟较褐。脚橄榄绿色、黄褐色、暗黄色和绿黑色。

大小量度

体重48～84 g，体长19～23 cm，嘴峰25～31 mm，尾41～57 mm，跗跖32～41 mm。

栖境习性

生境：繁殖期栖息于林中或林缘开阔沼泽、湖泊、水塘与溪流岸边。非繁殖期栖息于各种淡水和盐水湖泊、水塘、水库、沼泽和水田地带。食性：以直翅目和鳞翅目昆虫、蠕虫、虾、蜘蛛、软体动物和甲壳类为食。习性：冬迁过境旅鸟。常单独或成小群活动。迁徙期也集成大群。常出入于水边浅滩和沙石地上。活动时常沿水边边走边觅食，时而在水边疾走，时而站立于水边不动，或缓步边觅食边前进。性胆怯而机警。遇到危险立即起飞，边飞边叫。叫声似"皮啼～皮啼"。

生长繁殖

繁殖期5—7月。雄性有求偶行为。营巢于森林河流两岸、湖泊、沼泽、草地和冻原地带。巢甚简陋，为地上的小浅坑，或在苔藓地上扒出一个小坑，内垫以苔藓、枯草和树叶。通常每窝产卵4枚，梨形，淡绿色或皮黄色，被有褐色或红褐色斑点。大小为（37～42）mm×（26～28）mm。雌雄轮流孵卵。

种群现状

分布较广，种群数量较多，冬迁过境常见。

保护级别

列入《世界自然保护联盟濒危物种红色名录》（IUCN）低危（LC）、《国家保护的有重要生态、科学、社会价值的陆生野生动物名录》。

12. 矶鹬 *Actitis hypoleucos*

英文学名

Common Sandpiper

外形特征

头、颈、背、翅覆羽和肩羽橄榄绿褐色具绿灰色光泽；各羽均具细而闪亮的黑褐色羽干纹和端斑；飞羽黑褐色；眉纹白色，眼先黑褐色；颏、喉白色，颈和胸侧灰褐色，下体余部纯白色；翼下具两道显著的暗色横带。冬羽和夏羽相似，但上体较淡。幼鸟似成鸟非繁殖羽，但羽缘多缀有皮黄色。虹膜褐色，嘴短而直、黑褐色，跗跖和趾灰绿色，爪黑色。

大小量度

体重40～61 g，体长16～22 cm，嘴峰24～26 mm，尾50～76 mm，跗跖18～29 mm。

栖境习性

生境：栖息于低山丘陵和山脚平原一带的江河沿岸、湖泊、水库、水塘岸边。食性：主要以鞘翅目、直翅目、夜蛾、蝼蛄、甲虫等昆虫为食，也吃螺、蠕虫等。习性：冬候鸟或冬迁过境旅鸟。常单独或成对活动，非繁殖期亦成小

群。常活动在多沙石的浅水河滩和水中沙滩或江心小岛上，停息时栖于水边岩石、河中石头和其他突出物上，且尾不断上下摆动。性机警，行走时步履缓慢轻盈。受惊后立刻起飞，飞行时两翅朝下扇动，身体呈弓形。也能滑翔，特别是下落时。常边飞边叫，叫声似“矶～矶～矶～”声。

生长繁殖

繁殖期5—7月。营巢于江河岸边沙滩草丛中地上，也有在江心或湖心小岛和河漫滩营巢的，巢距水边较近。雌雄共同营巢，巢甚简陋，通常利用河边凹坑，或由亲鸟在地上扒一小坑，内垫有少许草茎和草叶即成。每窝产卵4～5枚，梨形，肉红色或土红色，被暗红褐色斑点，大小为（33～36.5） mm×（25.5～27.7） mm。雌鸟孵卵，孵化期20～22大。

种群现状

分布较广，种群数量较多，冬迁过境常见。

保护级别

列入《世界自然保护联盟濒危物种红色名录》（IUCN）低危（LC）、《国家保护的有重要生态、科学、社会价值的陆生野生动物名录》。

13. 红颈滨鹬 *Calidris ruficollis*

英文学名

Red-necked Stint

外形特征

夏羽头、颈、背、肩红褐色；头顶和后颈具黑褐色细纵纹；眉纹、脸、颊、颈和上胸红褐色；嘴基和颏白色；下胸至尾下覆羽白色。冬羽上体灰褐色，下体白色，眉纹白色。幼鸟头顶淡灰皮黄色；眉纹白色；后颈淡灰色；下体白色。虹膜暗褐色，嘴、脚黑色。

大小量度

体重20～41 g，体长14～17 cm，嘴峰16～19 mm，尾42～50 mm，跗跖18～21 mm。

栖境习性

生境：繁殖期主要栖息于冻原地带芦苇沼泽、海岸、湖滨和苔原地带。食性：主要以昆虫、蠕虫、甲壳类和软体动物为食。习性：冬迁过境旅鸟。常成群活动。喜欢在水边浅水处和海边潮间地带活动和觅食。行动敏捷迅速。常边走边啄食。

生长繁殖

繁殖期6—8月。营巢于苔原草本植物丛中。通常每窝产卵4枚，偶尔3枚，赭色或黄色，被有小的砖红色或棕红色斑点，尤以钝端较密，大小约为28 mm×20 mm。

种群现状

分布较少，种群数量稀少，罕见。

保护级别

列入《世界自然保护联盟濒危物种红色名录》（IUCN）近危（NT）、《国家保护的有重要生态、科学、社会价值的陆生野生动物名录》。

14. 青脚滨鹬 *Calidris temminckii*

英文学名

Temminck's Stint

别名

乌脚滨鹬

外形特征

上体全暗灰色，下体胸灰色；头顶至颈后灰褐色，有暗色条纹。眼先暗褐色，眉纹不明显。多数羽毛有栗色羽缘和黑色纤细羽干纹；翼上大覆羽具白色端斑，形成白色翼斑。腰部暗灰褐色；中央尾羽暗褐色，外侧尾羽灰白色，外侧2～3对尾羽纯白色；颈、上胸淡褐色，有暗色斑纹。颏、喉白色。腋羽、翼下覆羽白色。虹膜褐色，嘴黑色；脚偏绿或近黄。

大小量度

体重44～102 g，体长19～23 cm，嘴峰32～41 mm，尾47～57 mm，跗跖24～33 mm。

栖境习性

生境：栖息于内陆淡水湖泊浅滩、水田、河流附近的沼泽地和沙洲。食性：主要以昆虫、小甲壳动物、蠕虫为食。习性：冬迁过境旅鸟。迁徙时多结群栖息于内陆淡水湖泊浅滩、水田、河流附近的沼泽地和沙洲，在浅水中或草地上觅食。同其他滨鹬，喜沿海滩涂及沼泽地带，成小或大群。主要为淡水鸟，也光顾潮间港湾。被赶时猛地跃起，飞行快速，紧密成群作盘旋飞行，站姿较平。

生长繁殖

青脚滨鹬繁殖地在北极苔原地区，古北界北部；冬季至非洲、中东、东南亚等。大多在北回归线与赤道附近越冬。

种群现状

分布较少，种群数量稀少，罕见。

保护级别

列入《世界自然保护联盟濒危物种红色名录》（IUCN）低危（LC）、《国家保护的有重要生态、科学、社会价值的陆生野生动物名录》。

15. 长趾滨鹬 *Calidris subminuta*

英文学名

Long-toed Stint

外形特征

夏羽头顶棕色，具黑褐色纵纹；眉纹白色；有暗色贯眼纹；后颈淡褐色；翕、背、肩羽中央黑色；翅上覆羽褐色，飞羽灰褐色；腰和尾中央黑褐色，尾的两侧为灰色。下体白色。胸缀灰皮黄色。冬羽上体暗灰褐色，下体白色。幼鸟头顶暗褐色，具亮棕色纵纹和宽的白色眉纹，下体白色。脚和趾褐黄色、黄绿色或绿色，趾较长，中趾的长度常常明显超过嘴长。

大小量度

体重24～37 g，体长14～17 cm，嘴峰17～19 mm，尾34～40 mm，跗跖19～21 mm，中趾包括爪在内21～26 mm。

栖境习性

生境：主要栖息于沿海或内陆淡水与盐水湖泊、河流、水塘和泽沼地带。食性：主要以昆虫、软体动物等为食。有时也吃小鱼和部分植物种子。习性：冬迁过境旅鸟。常单独或成小群活动。喜欢在富有岸边植物的水边泥地和沙滩，以及浅水处活动和觅食。性较胆小而机警，当有惊动时，常站立不动，伸颈观察四周动静，然后飞走。飞行快而敏捷。飞行中也能转弯变换方向。有时它也蹲伏于地，或很快走到附近草丛中藏匿，直至危险临近时，它才突然从草丛中冲出，然后几乎垂直向上升高。

生长繁殖

繁殖期6—8月。营巢于水域附近植物丛中，沼泽地中的土丘上和地势较高的干燥地上。巢多置于芦苇或草丛掩护的地面凹坑内。通常每窝产卵4枚，灰绿色，被有淡褐色斑点，大小为（29～31）mm×（22～23）mm。

种群现状

分布较少，种群数量稀少，罕见。

保护级别

列入《世界自然保护联盟濒危物种红色名录》（IUCN）低危（LC）、《国家保护的有重要生态、科学、社会价值的陆生野生动物名录》。

16. 弯嘴滨鹬 *Calidris ferruginea*

英文学名

Curlew Sandpiper

外形特征

夏羽：通体深棕色，颏白；头顶黑褐色；肩、上背暗褐色；翼上覆羽灰褐色；飞羽黑色，有白色翼带；背至上腰黑褐色，下腰、尾上覆羽白色；尾羽灰褐色；下体深栗红色；头、颈、胸、腹部有白色斑纹，至尾下转为白色。腋羽、翼下覆羽白色。冬羽：眉纹白色，头至上体灰色，各羽具狭窄的暗色羽干纹；下体白色。虹膜褐色；嘴黑色，较长、略下弯；脚黑色。

大小量度

体重44～102 g，体长19～23 cm，嘴峰32～40 mm，尾47～57 mm，跗跖24～33 mm。

栖境习性

生境：繁殖期主要栖息于西伯利亚北部海岸冻原地带。食性：主要以甲壳类、软体动物、蠕虫和水生昆虫为食。习性：冬迁过境旅鸟。常成群在水边沙滩、泥地和浅水处活动和觅食。也常与其他鹬混群。飞行快速，飞行时常集成紧密的群，成群飞行，彼此飞行甚为协调。常成松散的小群在浅水中或水边泥地和沙滩上活动和觅食。在食物特别丰富的地方，有时也集成数百甚至上千只的大群，很少单只活动和觅食。有时也进入更深的水中觅食。

生长繁殖

繁殖期6—7月。营巢于苔藓冻原和冻原沼泽地带，通常置巢于较为干燥的土丘和小山坡上的草丛中。巢甚简陋，由亲鸟在地上挖掘一个圆形小坑，或利用往年的旧坑，内垫以干草、干苔藓、地衣和柳叶。通常每窝产卵4枚，卵圆形或梨形，橄榄绿色或淡橄榄色，被有褐色或黑褐色斑点，大小为（33～40）mm×（25～26）mm。雌雄亲鸟轮流孵卵。

种群现状

分布较少，种群数量稀少，罕见。

保护级别

列入《世界自然保护联盟濒危物种红色名录》（IUCN）近危（VU）、《国家保护的有重要生态、科学、社会价值的陆生野生动物名录》。

17. 红颈瓣蹼鹬 *Phalaropus lobatus*

英文学名

Red-necked Phalarope

别名

红领瓣足鹬

外形特征

雄鸟夏羽脸、头顶和胸暗灰褐色，眼上白斑较雌鸟大；上体淡褐色；前颈带斑呈锈褐色或棕红色。雌鸟夏羽头和颈暗灰色，眼上有1白斑；颏和喉白色；前颈有栗红色环带；胸和两胁灰色，胸以下腹、尾下覆羽、翅下覆羽白色；翅上大覆羽尖端白色，形成显著的白色翅带；下背和腰中间暗灰色，腰两侧白色，尾暗灰色。冬羽：头主要为白色，有显著黑斑。后颈和上体灰色；下体白色。幼鸟头顶、后枕、后颈和上体暗褐色，翕部有橙皮黄色纵带。虹膜褐色。嘴细尖，黑色；脚短，蓝灰色或黑灰色，趾具瓣蹼。

大小量度

体重25～46 g，体长18～21 cm，嘴峰19～24 mm，尾43～54 mm，跗跖19～22 mm。

栖境习性

生境：海洋性鹬类，非繁殖期在近海的浅水处栖息和活动。繁殖期则栖息于北极苔原和森林苔原地带的内陆淡水湖泊和水塘岸边及沼泽地上。食性：主要以水生昆虫、甲壳类和软体动物等无脊椎动物为食。习性：冬迁过境旅鸟。喜成群，特别是迁徙和越冬期间，集群多达数万只或数十万只。善游泳。几乎总是见到在水面上游泳不息。由于下体羽毛厚密，不透水，其间充满空气，因此使它们能很好地漂浮在水面上，身体露出水面部分较多，常在浅水处水面不断地旋转打圈，捕食被激起的浮游生物和昆虫。

生长繁殖

繁殖期6—8月。通常一雌一雄，也有一雌多雄。繁殖于北极苔原和森林苔原地带的淡水湖泊、水塘岸边以及沼泽地上。雌雄亲鸟共同营巢，巢甚简陋，主要由亲鸟在地上踩踏成一深窝，内垫以干草和柳树叶。通常每窝产卵4枚，淡黄褐色或赭橄榄色，被有褐色或黑褐色斑点，大小为（27～35） mm×（17～22） mm。雄鸟负责孵卵和照护幼鸟。孵化期18～20天。

种群现状

分布较少，种群数量稀少，罕见。

保护级别

列入《世界自然保护联盟濒危物种红色名录》（IUCN）低危（LC）、《国家保护的有重要生态、科学、社会价值的陆生野生动物名录》。

（六）鸥科 Laridae

世界共22属约101种，中国16属36种，重庆3属9种。鸥科鸟类在沿海和内陆水域活动，分布遍及全球，有些种类如北极燕鸥每年都往返与南北两极之间，是迁徙距离最长的动物。鸥和燕鸥均翅长，极善于飞行，飞行姿态优雅，脚上有蹼，雌雄同色，以灰、褐为主，腹部多为白色，有些种类不易区分。鸥和燕鸥之间的区别也很明显，鸥嘴端具钩而燕鸥不具；鸥尾常为圆形，燕鸥尾常为叉形似燕；鸥体形通常比燕鸥要大；鸥擅长在水面游泳而不能潜水，燕鸥擅长俯冲潜水，但多不常游泳。

1. 红嘴鸥 *Larus ridibundus*

英文学名

Black-headed Gull或Common Black-headed Gull

别名

笑鸥、钓鱼郎

外形特征

夏羽：身体大部分白色，头至颈上部咖啡褐色，羽缘微沾黑，眼后缘呈一星月形白斑。下背、腰及翅上覆羽淡灰色。嘴暗红色，先端黑色。冬羽：头白色，头顶、后头沾灰，眼前缘及耳区具灰黑色斑，深巧克力褐色的头罩延伸至顶后；翼前缘白色，尖端黑色。虹膜褐色，脚和趾赤红色，冬时转为橙黄色；爪黑色。

大小量度

体重205～374 g，体长35～43 cm，嘴峰32～39 mm，尾100～135 mm，跗跖40～46 mm。

栖境习性

生境：一般栖息于江河、湖泊、水库、海湾。有时也出现于城市公园湖泊。食性：主要以鱼、虾、昆虫、水生植物和人类丢弃的食物残渣为食。习性：冬候鸟或旅鸟。常3～5只成群活动。在海上时浮于水上或立于漂浮物或固定物上，或与其他海洋鸟类混群，在鱼群上作燕鸥样盘旋飞行。于陆地时，停栖于水面或地上。

生长繁殖

繁殖期4—6月。营巢于湖泊、水塘、河流等水域岸边或水中小岛上。巢多置于岸边草丛或芦苇丛中，主要由枯草构成，每窝3枚，绿褐色，淡蓝橄榄色或灰褐色，被有黑褐色斑，平均为42 mm×29.9 mm。雌雄轮流孵卵。孵化期20～26天。

种群现状

分布较少，种群数量稀少，罕见。

保护级别

列入《世界自然保护联盟濒危物种红色名录》（IUCN）低危（LC）、《国家保护的有重要生态、科学、社会价值的陆生野生动物名录》。

2. 黑尾鸥 *Larus crassirostris*

英文学名

Black-tailed Gull

别名

猫鸥、海猫。会发出似猫叫声。

外形特征

夏羽两性相似。头、颈、腰和尾上覆羽以及整个下体全为白色；背和两翅暗灰色。翅上初级覆羽黑色，其余覆羽暗灰色，大覆羽具灰白色先端。外侧初级飞羽黑色，内侧初级飞羽灰黑色，次级飞羽暗灰色。尾基部白色，端部黑色，并具白色端缘。冬羽和夏羽相似，但头顶至后颈有灰褐色斑。虹膜淡黄色，嘴黄色，先端红色，脚绿黄色，爪黑色。

大小量度

体重400～675 g，体长433～510 mm，嘴峰42～51 mm，尾125～150 mm，跗跖47～59 mm。

栖境习性

生境：主要栖息于沿海海岸沙滩、悬崖、草地以及邻近的湖泊、河流和沼泽地带。食性：主要以海面上上层鱼类为食，也吃虾、软体动物和水生昆虫等。习性：冬迁过境旅鸟。常成群活动。成天在海面上空飞翔或伴随船只觅食。也常群集于沿海渔场活动和觅食。有时也到河口、江河下游和附近水库与沼泽地带。

生长繁殖

繁殖期4—7月。小群集群或数十对营巢。通常营巢于人迹罕至的海岸悬崖峭壁的岩石平台上。巢由枯草构成，呈浅碟状。通常每窝产卵2枚，卵圆形或梨形，蓝灰色、灰褐色或赭绿色，被大小不一的黑褐色斑点，大小为（56～74）mm×（39～49）mm，57～68 g。雌雄轮流孵卵。孵化期为25～27天。

种群现状

分布极少，数量极稀少，极罕见。

保护级别

列入《世界自然保护联盟濒危物种红色名录》（IUCN）低危（LC）、《国家保护的有重要生态、科学、社会价值的陆生野生动物名录》。

3. 西伯利亚银鸥 *Larus vegae*

英文学名

Vega Gull

别名

织女银鸥、休氏银鸥

外形特征

头及颈背具深色纵纹，并及胸部；上体体羽变化由浅灰至深灰；通常三级飞羽及肩部具白色的宽月牙形斑。合拢的翼上可见多至5枚大小相等的突出白色翼尖。飞行时第十枚初级飞羽上可见中等大小的白色翼镜，第九枚具较小翼镜。浅色的初级飞羽及次级飞羽内边与白色翼下覆羽对比不明显。虹膜浅黄至偏褐；嘴黄色，上具红点；腿脚粉红。

大小量度

体重775～1775 g，体长55～67 cm，嘴峰45～65 mm，尾150～213 mm，跗跖58～75 mm。

栖境习性

生境：夏季栖息于河流、湖泊、沼泽及海岸与海岛上，冬季主要栖息于海岸及河口地区。食性：主要以鱼和水生无脊椎动物为食，有时也喜跟随船只捡拾人类丢弃的食物残渣。习性：迁徙过境旅鸟或冬候鸟。常成对或成小群活动。飞翔轻快敏捷，常轻扇翅膀，也能利用热气流在空中翱翔和滑翔。飞翔时脚向后伸直或悬垂于下。亦善游泳和地上行走。休息时多栖于悬崖或地上。在繁殖地驱赶其他入侵者时会发出愤怒的“ping”声。

生长繁殖

繁殖期4—7月。成群在一起或成对分散营巢。营巢于海岸和海岛陡峻的悬崖上。由枯草构成，有时巢内垫有少许羽毛。外径50～70 cm，内径20～25 cm。每窝2～3枚，淡绿褐色、橄榄褐色或蓝色，被有暗色斑点，大小为（55～79）mm×（45～53）mm。雌雄轮流孵卵，孵化期25～27天。

种群现状

分布较少，种群数量稀少，罕见。

保护级别

列入《国家保护的有重要生态、科学、社会价值的陆生野生动物名录》。

4. 蒙古银鸥 *Larus mongolicus*

英文学名

Caspian Gull

别名

里海鸥、黄脚银鸥

外形特征

上体浅灰至中灰，腿黄色。冬鸟头及颈背无褐色纵纹；三级飞羽及肩羽具白色的宽月牙形斑；翼合拢时通常可见3个大小相同的白色羽尖；飞行时初级飞羽外侧具大翼镜。虹膜黄色；嘴黄色，上具红点；脚粉红至黄色。

大小量度

体重775～1775 g，体长55～68 cm，嘴峰45～65 mm，尾150～213 mm，跗跖58～75 mm。

栖境习性

生境：夏季栖息于河流、湖泊、沼泽及海岸与海岛上，冬季栖息于水岸及河口地区。食性：主要以鱼和水生无脊椎动物为食，有时也跟随船只捡拾人类丢弃的食物残渣。习性：冬候鸟或迁徙过境旅鸟。常成对或成小群活动在水面上，或不断地在水面上空飞翔。飞翔极为轻快敏捷，有时也能利用热气流在空中翱翔和滑翔。飞翔时脚向后伸直或悬垂于下。亦善游泳和陆地行走。休息时多栖于悬崖或地上。

生长繁殖

繁殖期4—7月。成群在一起或成对分散营巢。营巢于海岸和海岛陡峻的悬崖上。由枯草构成，有时巢内垫有少许羽毛。外径50～70 cm，内径20～25 cm。每窝产卵2～3枚，淡绿褐色、橄榄褐色或蓝色，被有暗色斑点，大小为（55～79）mm×（45～53）mm。雌雄轮流孵卵，孵化期25～27天。

种群现状

分布较少，种群数量稀少，罕见。

保护级别

无。

5. 白额燕鸥 *Sternula albifrons*

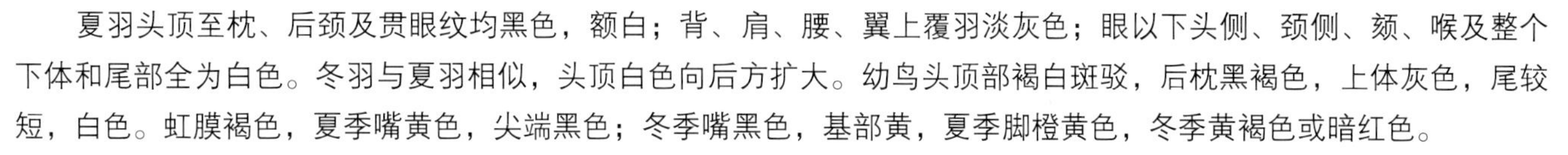

英文学名

Little Tern

别名

小海鸥、小海燕

外形特征

夏羽头顶至枕、后颈及贯眼纹均黑色，额白；背、肩、腰、翼上覆羽淡灰色；眼以下头侧、颈侧、颏、喉及整个下体和尾部全为白色。冬羽与夏羽相似，头顶白色向后方扩大。幼鸟头顶部褐白斑驳，后枕黑褐色，上体灰色，尾较短，白色。虹膜褐色，夏季嘴黄色，尖端黑色；冬季嘴黑色，基部黄，夏季脚橙黄色，冬季黄褐色或暗红色。

大小量度

体重40～108 g，体长230～283 mm，嘴峰25～33 mm，尾81～123 mm，跗跖15～18 mm。

栖境习性

生境：栖居于海边沙滩及湖泊、河流、水库、水塘、沼泽等内陆水域附近。食性：以鱼虾、水生昆虫、水生无脊椎动物为主食。习性：迁徙过境旅鸟。成群结队与其他燕鸥混群，振翼快速，徘徊飞行，搜觅水中食物。飞翔时嘴垂直朝下，头不断地左右摆动。发现猎物时，停于原位频繁鼓动两翼，找准机会立刻垂直下到水面捕捉，或潜入水中追捕，直至捕到鱼类后，才从水中垂直上升至空中。

生长繁殖

繁殖期5—7月。成对或成小群繁殖。营巢于海岸、岛屿、河流与湖泊岸边裸露的沙地、沙石地或河漫滩上。巢甚简陋。每窝产卵2～3枚，梨形，赭色或淡石色，被有小的黑色或紫褐色斑点，大小为（30～34）mm×（23～26）mm，卵重为8～11 g。雌雄亲鸟轮流孵卵。孵化期20～22天。

种群现状

分布极少，数量极稀少，极罕见。

保护级别

列入《世界自然保护联盟濒危物种红色名录》（IUCN）低危（LC）、《国家保护的有重要生态、科学、社会价值的陆生野生动物名录》。

6. 普通燕鸥 *Sterna hirundo*

英文学名

Common Tern

外形特征

夏羽头顶部黑色，背、肩和翅上覆羽鼠灰色或蓝灰色。眼以下的颊部、嘴基、颈侧、颏、喉及颈、腰、尾上覆羽和尾白色；胸、腹沾葡萄灰褐色；初级飞羽暗灰色；次级飞羽灰色；外侧尾羽延长，尾呈深叉状。冬羽和夏羽相似，但前额白色。头顶前部白色而具黑色纵纹。幼鸟和冬羽相似，但翅和上体具白色羽缘和黑色亚端斑。下嘴基部红色。

大小量度

体重92～122 g，体长31～38 cm，嘴峰28～36 mm；尾111～164 mm，跗跖8～20 mm。

栖境习性

生境：栖息于海边沙滩，平原、草地、荒漠中的湖泊、河流、水塘和沼泽地带。食性：主要以小鱼、虾、甲壳类、昆虫等小型动物为食。习性：夏候鸟或迁徙过境旅鸟。常呈小群活动。频繁飞翔于水域和沼泽上空。飞行轻快而敏捷，两翅扇动缓慢而轻微，并不时在空中翱翔和滑翔，窥视水中猎物，如发现猎物，则急冲直下，捕获后又返回空中。有时也漂浮于水面。

生长繁殖

繁殖期5—7月。成群营巢繁殖。营巢于湖泊、河流和岛屿岸边以及沼泽地与草地上。巢甚简陋。年产1窝，每窝产卵2～5枚，赭褐色、灰绿色或橄榄绿色，被有大小不等的褐色或黑色斑点和斑纹，大小为（37～44）mm×（28～33）mm，16～20 g。雌雄轮流孵卵。孵化期20～24天。早成雏。

种群现状

分布较少，种群数量稀少，罕见。

保护级别

列入《世界自然保护联盟濒危物种红色名录》（IUCN）低危（LC）、《濒危野生动植物种国际贸易公约》CITES附录Ⅱ、《国家保护的有重要生态、科学、社会价值的陆生野生动物名录》《重庆市重点保护野生动物名录》。

7. 须浮鸥 *Chlidonias hybrida*

英文学名

Whiskered Tern

外形特征

夏羽头顶黑色；肩灰黑色；背、腰、尾上覆羽和尾灰色；尾叉状；翅上覆羽淡灰色，飞羽灰黑色；喉和眼下缘的整颊白色。前颈和上胸暗灰色，下胸、腹和两胁黑色，尾下覆羽白色。腋羽和翼下覆羽灰白色。冬羽前额白色，头顶至后颈黑色，半环状黑斑。其余上体灰色，下体白色。幼鸟似冬羽，但具褐色杂斑。虹膜红褐色。嘴和脚淡紫红色。爪黑色。

大小量度

体重79～98 g，体长23～27 cm，嘴峰26～33 mm，尾75～93 mm，跗跖17～24 mm。

栖境习性

生境：主要栖息于开阔平原湖泊、水库、河口、海岸和附近沼泽地带。食性：主要以小鱼、虾、水生昆虫等水生动物为食。有时也吃部分水生植物。习性：冬迁过境旅鸟。常成群活动。频繁在水面上空振翅飞翔。飞行轻快而有力，有时能保持在一定地方振翅飞翔而不动地方。结小群活动，偶成大群，常至离海20千米左右的内陆，在漫水地和

稻田上空觅食，取食时扎入浅水或低掠水面。

生长繁殖

繁殖期5—7月。数十上百只一起营群巢。营巢于开阔的浅水湖泊和附近芦苇沼泽地上。为浮巢，状呈下宽上窄的圆台状。数十至上百个巢集中在一起。通常每窝产卵3枚，梨形，绿色、天蓝色或浅土黄色，被有浅褐至深褐色斑点，大小为（26～29）mm×（36～41）mm，12～15 g。雌雄轮流孵卵。

种群现状

分布较少，种群数量稀少，罕见。

保护级别

列入《世界自然保护联盟濒危物种红色名录》（IUCN）低危（LC）。

七、鸽形目

Columbiformes

鸠鸽科 Columbidae

体形大小不一，但一般与家鸽差不多，雄鸟和雌鸟的羽色大体相似。鸠鸽科大都在树上栖息，少数栖息于地面上或岩石间，善于飞行，迁徙性强。常成群活动，有的成群繁殖。主要以植物的种子、果实、芽、叶等为食，也吃昆虫和小型无脊椎动物，分布于全球的热带和温带地区。目前鸠鸽科全球共有50属351种，几千年来人们利用野生的原鸽培育出家鸽经多年发展，已有1500多个家鸽品种。家鸽主要分为食用鸽、观赏鸽、信鸽等三大类。

嘴爪平直或稍弯曲，嘴基部柔软，被以蜡膜，嘴端膨大而具角质；颈和脚均较短，胫全被羽。栖息于多树或多岩石的山区和农村。在岩缝、峭壁或树木枝条上营巢。食物多是杂草种子、农作物种子和各类植物果实。为热带森林中羽色鲜艳食果鸟类，其他则为温热带地区的食种子鸟类。鸠鸽科鸟类为晚成性，亲鸟会分泌鸽乳哺育雏鸟，这在鸟类中也是独特的。鸠鸽科鸟类分布广泛，除南北极外几乎都能见到，有些可生活于大洋中的荒岛上，比如分布于东南亚一带岛屿上的尼科巴鸠。

1. 红翅绿鸠 *Treron sieboldii*

英文学名

White-bellied Green-pigeon

别名

白腹楔尾鸠、白腹楔尾绿鸠

外形特征

雄鸟前额和眼先为亮橄榄黄色，头顶橄榄色；头侧和后颈为灰黄绿色，其余上体和翅膀的内侧为橄榄绿色。飞羽和大覆羽黑色，并有大块的紫红栗色斑；中央1对尾羽为橄榄绿色，其余两侧尾羽由灰绿色至灰黑色。额部、喉部为亮黄色。雌鸟的羽色与雄鸟相似。虹膜的外圈为紫红色，内圈为蓝色，嘴为灰蓝色，端部较暗，脚为淡紫红色。

大小量度

体重200～340 g，体长21～32 cm，嘴峰18～22 mm，尾102～155 mm，跗跖18～25 mm。

栖境习性

生境：栖息于海拔2 000 m以下的山地针叶林和针阔叶混交林中。食性：主要以山樱桃、草莓等浆果为食，也吃其他植物的果实与种子。习性：留鸟。常成小群或单独活动。飞行快而直，能在飞行中突然改变方向，飞行时两翅扇动快而有力，常可听到“呼呼”的振翅声。鸣叫声很像小孩的啼哭声。

生长繁殖

繁殖期5—6月。营巢于山沟或河谷边的树上。巢呈平盆状，甚为简陋，主要由枯枝堆集而成，通常每窝产卵2枚，白色，光滑无斑。

种群现状

分布较少，种群数量较少，不常见。

保护级别

列入国家二级重点保护野生动物、《世界自然保护联盟濒危物种红色名录》（IUCN）低危（LC）、《中国濒危动物红皮书》稀有。

2. 珠颈斑鸠 *Spilopelia chinensis*

英文学名

Eastern Spotted Dove

别名

鸪鸟、花斑鸠、花脖斑鸠、珍珠鸠、斑颈鸠、珠颈鸽

外形特征

头为铅灰色，上体大多褐色，下体粉红色，后颈有宽阔的黑色，其上满布以白色细小斑点形成的领斑，像许许多多的“珍珠”散落在颈部。尾甚长，外侧尾羽黑褐色。嘴暗褐色，脚红色。雌鸟羽色和雄鸟相似，但不如雄鸟辉亮。虹膜褐色，嘴深褐色，细长而柔软，脚和趾紫红色，爪角褐色。幼鸟没有“珍珠”且颜色也没有成鸟那样鲜艳。

大小量度

体重120～205 g，体长27～34 cm，嘴峰15～19 mm，尾123～165 mm，跗跖20～26 mm。

栖境习性

生境：栖息于有稀疏树木生长的平原、草地、低山丘陵和农田地带、房屋附近。食性：主食是颗粒状植物种子。有时也吃蝇蛆、蜗牛等软体动物。习性：留鸟。常成小群活动，栖息场地较为固定。早晨天刚亮即外出觅食，食饱后喜栖在高压电线或离地面较高的横树干上休息。可快速起飞，飞行时伴有快速扇动翅膀的“噗噗”声响。向雌性求爱时发出短促而连贯的“gugu～gu”，并像鸡啄米一样边叫边点头。

生长繁殖

繁殖期4—10月。雄鸟有求偶行为，一雌一雄，用小树枝在树杈上筑巢。巢甚简陋。每窝产卵2～3枚，白色，椭圆形，光滑无斑，大小为（26～29）mm×（20～22）mm。雌雄轮流孵卵，孵化期18天。珠颈斑鸠每年至少可以繁殖3次，幼鸟孵出后，亲鸟以鸽乳育雏。

种群现状

分布广，种群数量多，常见。

保护级别

列入《世界自然保护联盟濒危物种红色名录》（IUCN）低危（LC）、《国家保护的有重要生态、科学、社会价值的陆生野生动物名录》。

3. 火斑鸠 *Streptopelia tranquebarica*

英文学名

Red Collared-dove

别名

红鸠、红斑鸠

外形特征

雄鸟额、头顶至后颈蓝灰色，后颈有黑色领环。颏和喉上部白色或蓝灰白色；背、肩、翅上覆羽和三级飞羽葡萄红色，腰、尾上覆羽和中央尾羽暗蓝灰色；飞羽暗褐色；喉至腹部淡葡萄红色。雌鸟额和头顶淡褐而沾灰，后颈黑色领环较细窄。上体深土褐色，下体浅土褐色。颏和喉白色。虹膜暗褐色，嘴黑色，基部较浅淡，脚褐红色，爪黑褐色。

大小量度

体长23～33 cm，体重110～190 g，嘴峰13～17 mm，尾110～160 mm，跗跖18～25 mm。

栖境习性

生境：主要栖息于开阔的平原、田野、村庄、果园和山麓疏林及宅旁竹林地带。食性：主要以植物浆果、种子和果实为食，也吃农作物种子和白蚁等动物性食物。习性：留鸟。常成对或成群活动，有时亦与山斑鸿和珠颈斑鸠混群活动。喜欢栖息于电线上或高大的枯枝上。飞行甚快，常发出“呼呼”的振翅声。

生长繁殖

繁殖期2—8月。成对营巢繁殖，通常营巢于低山或山脚丛林和疏林中乔木树上，巢多置于隐蔽较好的低枝上。巢呈盘状，结构较为简单、粗糙，主要由少许枯树枝交错堆集而成。通常每窝产卵2枚，卵圆形，白色，大小为（23～29.5）mm×（20～22.7）mm，平均26.9 mm×20.9 mm。

种群现状

分布不广，种群数量不多，少见。

保护级别

列入《世界自然保护联盟濒危物种红色名录》（IUCN）低危（LC）、《国家保护的有重要生态、科学、社会价值的陆生野生动物名录》。

4. 山斑鸠 *Streptopelia orientalis*

英文学名

Oriental Turtle-dove或Rufous Turtle Dove

别名

斑鸠、金背斑鸠、麒麟斑鸠

外形特征

雌雄相似。前额和头顶前部蓝灰色，头顶后部至后颈转为沾栗的棕灰色，颈基两侧各有一块显著黑灰色颈斑。上背、尾上覆羽和尾褐色，下背和腰蓝灰色；肩和内侧飞羽黑褐色，具红褐色羽缘；下体为葡萄酒红褐色，颏、喉棕色沾染粉红色，胸沾灰，腹淡灰色，两胁、腹羽及尾下覆羽蓝灰色。虹膜金黄色或橙色，嘴铅蓝色，脚浅红色，爪角褐色。

大小量度

体重175～323 g，体长260～359 mm，嘴峰16～20 mm，尾114～148 mm，跗跖20～29 mm。

栖境习性

生境：丘陵、平原的阔叶林、混交林、次生林、果园和农田耕地及宅旁竹林和树上。食性：主要以各种植物的果实、种子、嫩叶、幼芽为食，也吃农作物和鳞翅目幼虫等。习性：留鸟。成对或成小群活动，成对栖息于树上或一起飞行、觅食。如伤其雌鸟，雄鸟惊飞折回鸣叫。在地面活动时十分活跃，边走边觅食，头前后摆动。飞翔时两翅鼓动频繁，直而迅速。鸣声低沉，其声似“ku～ku～ku”。

生长繁殖

繁殖期4—7月。营巢于森林中树上、宅旁竹林、孤树或灌木丛中营巢。巢甚简陋。通常每窝产卵2枚，白色，椭圆形，光滑无斑，大小为（28～37）mm×（21～27）mm，7～12 g。雌雄亲鸟轮流孵卵，孵卵期间亲鸟甚为恋巢，孵卵期18～19天。晚成雏。

种群现状

分布广，种群数量多，常见。

保护级别

列入《世界自然保护联盟濒危物种红色名录》（IUCN）低危（LC）、《国家保护的有重要生态、科学、社会价值的陆生野生动物名录》。

八、鹃形目
Cuculiformes

杜鹃科 Cuculidae

世界共28属136种，中国9属18种，重庆7属11种。

羽色有些似鹰，以毒蛾、松毛虫等害虫为食，是重要的农林益鸟。会将虫毛纤维挤压成食茧吐出；偶尔也捕食小型脊椎动物，如小型鸟类、蜥蜴、蛇等；少数种类为植食性。只有杜鹃亚科和部分鸡鹃亚科的种类有巢寄生的习性。独居，多数为树栖性，少数为地栖性。体型虽大但行踪隐秘，经常闻其声而不见其影。其行动谨慎的习性有助于觅食、躲避天敌和窥探寄主的行踪。少数地栖性种类在地面行动敏捷，可快速奔跑。羽毛不防雨水，常在枝头或电线上展开双翼及尾羽晾晒。停栖时常前倾、双翼下垂、翘尾，姿态独特。许多种类的幼鸟在巢中遭侵犯时会自泄殖腔喷射具恶臭的黑色液体以吓走敌人。善鸣且鸣声独特，繁殖期常在晨昏鸣叫。大多种类羽色相似，但鸣声不同，是其种间识别和物种隔离的重要行为因素。

1. 褐翅鸦鹃 *Centropus sinensis*

英文学名

Greater Coucal

别名

大毛鸡、毛鸡、红毛鸡、红鹁、黄蜂、绿结鸡、落谷

外形特征

夏羽两翅、肩和肩内侧栗色，其余体羽，包括翼下覆羽和尾羽全为黑色。头至胸有紫蓝色光泽和亮黑色的羽干纹，胸至腹具绿色光泽，尾羽有铜绿色光泽。初级飞羽和外侧次级飞羽具暗色羽端。冬羽上体羽干色淡，下体具横斑。幼鸟上体暗褐色而具红褐色横斑，下体暗褐色；尾黑褐色。虹膜赤红色或灰蓝至暗褐色，嘴、脚黑色。

大小量度

体重250～392 g，体长40～52 cm，嘴峰34～41 mm，尾24～29 cm，跗跖53～59 mm。

栖境习性

生境：栖息于低山丘陵和平原的林缘灌丛、稀树草坡、河谷灌丛、草丛和芦苇丛中。食性：主要以昆虫为食，也吃其他无脊椎动物、脊椎动物和一些植物性食物。习性：留鸟或夏候鸟。喜欢单个或成对活动。多在地面活动，栖息于小树枝丫。善隐蔽，地面行走，跳跃取食，行动迅速，常把尾、翅展成扇形，上下急扭。飞行时急扑双翅，尾羽张开，上下摆动，飞不多远又降落在矮树上。鸣声连续，从单调低沉到响亮，其声似远处狗吠。

生长繁殖

3月雄鸟开始求偶。营巢于草丛、灌木丛、芦苇、竹林以及攀缘植物等处。巢由细枝、草茎、草叶等构成，有时只用其中的一种材料。巢较为粗糙，球形。每窝产卵3～5枚。白色，有时有淡黄色的光泽，但在孵化时很快消退。雄鸟和雌鸟轮流孵卵，晚成雏。

种群现状

分布较少，种群数量稀少，罕见。

保护级别

列入国家二级重点保护野生动物、《世界自然保护联盟濒危物种红色名录》（IUCN）低危（LC）、《中国濒危动物红皮书》易危。

2. 小鸦鹃 *Centropus bengalensis*

英文学名

Lesser Coucal

别名

小毛鸡、小乌鸦雉、小雉喀咕、小黄蜂

外形特征

头、颈、上背及下体黑色，具深蓝色光泽和亮黑色羽干纹。下背和尾上覆羽淡黑色，具蓝色光泽；尾黑色，具绿色金属光泽和窄的白色尖端；肩、肩内侧和两翅栗色。幼鸟头、颈和上背暗褐色；尾淡黑色；下体淡棕白色；两翅栗色。虹膜深红色，幼鸟：黄褐色；嘴黑色，幼鸟角黄色，仅嘴基和尖端较黑；脚铅黑色。

大小量度

体重85～167 g，体长30～39 cm，嘴峰22～30 mm，尾16～22 cm，跗跖37～47 mm。

栖境习性

生境：栖息于低山丘陵和开阔山脚平原地带的灌丛、草丛、果园和次生林中。食性：主要以昆虫和其他小型动物为食，也吃少量植物果实与种子。习性：留鸟或夏候鸟。常单独或成对活动。性机智而隐蔽，稍有惊动，立即奔入稠茂的灌木丛或草丛中。

生长繁殖

繁殖期3—8月。营巢于茂密的灌木丛、矮竹丛和其他植物丛中。巢主要由菖蒲、芒草和其他干草构成，形状为球形或椭圆形。通常置巢于灌木或小树枝杈上，距离地面的高度大约为1 m。每窝产卵3～5枚，卵圆形，白色无斑，大小为（25～34）mm×（21～25）mm。

种群现状

分布极少，种群数量极稀有，偶见。

保护级别

列入国家二级重点保护野生动物、《世界自然保护联盟濒危物种红色名录》（IUCN）低危（LC）、《中国濒危动物红皮书》易危（NT）。

3. 大杜鹃 *Cuculus canorus*

英文学名

Common Cuckoo

别名

喀咕、布谷、郭公、获谷

外形特征

虹膜黄色，嘴黑褐色，下嘴基部近黄色；脚棕黄色；额浅灰褐色，头顶、枕至后颈暗银灰色；背暗灰色，腰及尾上覆羽蓝灰色，尾羽黑褐色。两翅内侧覆羽暗灰色，外侧覆羽和飞羽暗褐色；下体颏至胸淡灰色，其余下体白色带黑色波状细横纹。幼鸟：头颈、背及翅黑褐色；腰及尾上覆羽暗灰褐色；尾羽黑色；颏、喉、头侧及上胸黑褐色，其余下体白色。

大小量度

体重91～153 g，体长26～35 cm，嘴峰18～23 mm，尾14～19 cm，跗

距19～26 mm。

栖境习性

生境：山地、丘陵和平原地带的森林中，农田和居民点附近高大乔木或电线上。食性：主要以松毛虫、毒蛾、松针枯叶蛾及其他鳞翅目幼虫为食。也吃其他昆虫。习性：留鸟或夏候鸟。性孤独，单独活动。飞行快速而有力，常循直线前进。飞行时两翅震动幅度较大无声响。繁殖期喜鸣叫，站在乔木顶枝上鸣叫不息。晚上也鸣叫，叫声凄厉洪亮，很远便能听到它"布谷"的声音，约每分钟20次。

生长繁殖

繁殖期5—7月。有求偶行为。大杜鹃无固定配偶，也不自己营巢和孵卵，而是将卵产于大苇莺、麻雀、灰喜鹊、伯劳、棕头鸦雀、北红尾鸲、棕扇尾莺等雀形目鸟类巢中，由这些鸟替它代孵代育。晚成雏。

种群现状

分布广，种群数量多，常见。

保护级别

列入《世界自然保护联盟濒危物种红色名录》（IUCN）低危（LC）、《国家保护的有重要生态、科学、社会价值的陆生野生动物名录》。

4. 中杜鹃 *Cuculus saturatus*

英文学名

Oriental Cuckoo 或 Himalayan Cuckoo

别名

筒鸟、中喀咕、蓬蓬鸟、山郭公

外形特征

额、头顶至后颈灰褐色；背、腰至尾上覆羽蓝灰褐色；翅暗褐色，翅上小覆羽略沾蓝色。初级飞羽内侧具白色横斑。中央尾羽黑褐色，外侧尾羽褐色；下体颏至上胸银灰色，其余下体白色带黑褐色细横纹。幼鸟：头、颈、背褐色；颏、喉灰色；胸、腹较褐。虹膜黄色，嘴铅灰色，下嘴灰白色，嘴角黄绿色，脚橘黄色，爪黄褐色。

大小量度

体重70～129 g，体长27～34 cm，嘴蜂19～25 mm，尾14～18 cm；跗跖18～24 mm。

栖境习性

生境：主要栖息于山地针叶林、针阔叶混交林和阔叶林等茂密的森林中。食性：主要以昆虫为食。尤其喜食鳞翅目的毒蛾毛虫和鞘翅目昆虫。习性：留鸟。常单独活动，多站在高大而茂密的树上不断鸣叫。有时也边飞边叫和在夜间鸣叫。鸣声低沉，单调，为二音节一度，其声似"嘣～嘣"。性较隐匿，常仅闻其声。

生长繁殖

繁殖期5—7月。繁殖期鸣声频繁。无固定配偶，也不自己营巢和孵卵。常将卵产于雀形目鸟类巢中，并由这些鸟代孵代育。卵的颜色也常随寄主卵色而变化。但大小明显不同，孵化期较寄主卵短，大小为（19～25） mm×（12～16） mm。

种群现状

分布较少，种群数量稀少，罕见。

保护级别

列入《世界自然保护联盟濒危物种红色名录》（IUCN）低危（LC）、《国家保护的有重要生态、科学、社会价值的陆生野生动物名录》。

5. 四声杜鹃 *Cuculus micropterus*

英文学名

Indian Cuckoo

别名

豌豆包谷、快快割麦、光棍好过、豌豆八哥、关公好哭、伯伯插田

外形特征

额灰棕，眼先淡灰色，头顶至枕暗灰色，头侧灰色显褐。后颈、背、腰、翅上覆羽和次级、三级飞羽浓褐色；初级飞羽浅黑褐色；翼缘白色；中央尾羽棕褐色，其余尾羽褐色具黄白色横斑；颏喉、前颈和上胸淡灰色，具棕褐色半圆形胸环；下体白色，带黑色粗宽横纹。

大小量度

体重90～146 g，体长30～34 cm，嘴峰23～28 mm，尾14～18 cm，跗跖18～29 mm。

栖境习性

生境：主要栖息于山地森林和山麓平原地带的森林中。有时也出现于农田地边树上。食性：主要以松毛虫，树粉蝶幼虫等鳞翅目幼虫为食，也吃其他昆虫和植物种子等。习性：留鸟。游动性较大。性机警。飞行速度较快，飞行距离较远，出没于平原以至高山的大森林中，隐蔽时往往只听到树丛中发出的鸣叫声而看不见鸟。鸣声洪亮，四声一度，每度反复相隔2～3秒，从早到晚，尤以天亮时为甚。

生长繁殖

繁殖期5—7月。自己不营巢，通常将卵产于大苇莺、灰喜鹊、黑卷尾、黑喉石鹛等雀形目鸟类的鸟巢中。卵呈淡粉红色而接近白色，钝端有锈红色云状斑，大小与大杜鹃卵相仿。由义亲代孵代育。晚成雏。

种群现状

分布较广，种群数量较多，常见。

保护级别

列入《世界自然保护联盟濒危物种红色名录》（IUCN）低危（LC）、《国家保护的有重要生态、科学、社会价值的陆生野生动物名录》、《重庆市重点保护野生动物名录》。

6. 小杜鹃 *Cuculus poliocephalus*

英文学名

Lesser Cuckoo

别名

小郭公

外形特征

虹膜褐色或灰褐色；上嘴黑色，基部及下嘴黄色；脚黄色。雄鸟额、头顶、后颈至上背暗灰色，下背和翅上小覆羽灰沾蓝褐色，腰至尾上覆羽蓝灰色，飞羽黑褐色；尾羽黑色；头两侧淡灰色，颏灰白色，喉和下颈浅银灰色，上胸浅灰沾棕，其余下体白色带稀疏的黑褐色细横纹。雌鸟额、头顶至枕褐色，后颈、颈侧棕色，上胸两侧棕色。幼鸟背、翅上覆羽和三级飞羽褐色；初级飞羽黑褐色；腰及尾上覆羽黑色至灰黑色；下体白色，尾黑色。

大小量度

体重50～70 g，体长23～28 cm，嘴峰18～22 mm，尾12～15 cm，跗跖15～22 mm。

栖境习性

生境：小杜鹃主要栖息于低山丘陵、林缘地边及河谷次生林和阔叶林中。食性：主要以粉蝶幼虫、春蛾幼虫等鳞翅目幼虫为食，也吃其他昆虫和植物种子等。习性：夏候鸟或留鸟。常独栖，常躲藏在茂密的枝叶丛中鸣叫。尤以清晨和黄昏鸣叫频繁，有时夜间也鸣叫，每次鸣叫由6个音节组成，似“hu”，重复3次，鸣声清脆有力。飞行迅速，常低飞，每次飞翔距离较远。无固定栖息地，常在一个地方栖息几天又迁至他处。

生长繁殖

繁殖期5—7月。自己不营巢和孵卵，通常将卵产于鹪鹩、白腹蓝鹟，柳莺和画眉亚科等鸟类巢中，卵白色或粉白色。由义亲代孵代育。晚成雏。

种群现状

分布广，种群数量多而稳定，常见。

保护级别

列入《世界自然保护联盟濒危物种红色名录》（IUCN）低危（LC）、《国家保护的有重要生态、科学或社会价值的野生动物名录》、《重庆市重点保护野生动物名录》。

7. 鹰鹃 *Hierococcyx sparverioides*

英文学名

Large Hawk Cuckoo

别名

大鹰鹃、鹰头杜鹃、贵贵杨

外形特征

头和颈侧灰色，眼先近白色，上体和两翅表面淡灰褐；尾灰褐，具五道暗褐和三道淡灰棕带斑；初级飞羽内侧具多道白色横斑。颏暗灰色至近黑色；其余下体白色。喉、胸具栗色和暗灰色纵纹，下胸及腹具较宽的暗褐色横斑。幼鸟上体褐色，下体除颏为黑色外全为淡棕黄色。虹膜黄色至橙色，幼褐色；嘴暗褐，上喙黑而下喙黄绿色，脚浅黄色。

大小量度

体重130～168 g，体长35～42 cm，嘴峰22～28 mm，尾19～25 cm，跗跖23～27 mm。

栖境习性

生境：多见于山林中，隐蔽于树木叶簇中鸣叫，白天或夜间都可听到。食性：主要以鳞翅目幼虫、蝗虫、蚂蚁和鞘翅目昆虫为食。习性：夏候鸟或留鸟。常单独活动，隐藏于树顶部枝叶间鸣叫。或穿梭于树干间，由一棵树飞到另一棵树上。飞行时先是快速拍翅飞翔，然后又滑翔。飞行姿势甚像雀鹰。鸣声清脆响亮，为三音节，其声似“gui～gui～yang”。繁殖期间几乎整天大声鸣叫。

生长繁殖

繁殖期4—7月，自己不营巢。常将卵产于钩嘴鹛、喜鹊等鸟巢中。每窝产卵1～2枚，橄榄灰色，密布褐色细斑，大小约为19 mm×26 mm，约4.6 g。义亲代孵代育。晚成雏。

种群现状

分布广，种群数量多而稳定，常见。

保护级别

列入《世界自然保护联盟濒危物种红色名录》（IUCN）低危（LC）、《国家保护的有重要生态、科学、社会价值的陆生野生动物名录》。

8. 乌鹃 *Surniculus dicruroides*

英文学名

Fork-tailed Drongo-cuckoo

别名

卷尾鹃、乌喀咕

外形特征

通体大致黑色而具蓝色光泽；尾浅叉状，最外侧一对尾羽及尾下覆羽具白色横斑；初级飞羽第一枚内侧有1白斑，第三枚以内有1斜向的白色横斑；翼缘缀有白色；下体黑色，微带蓝色或辉绿色。虹膜褐色或绯红色，嘴黑色，脚灰蓝色。幼鸟体色较淡，头、背、翅上覆羽和胸部具白色点斑和端斑。尾羽和尾下覆羽更多白色。

大小量度

体重25～55 g，体长23～28 cm，嘴峰21～23 mm，尾11～15 cm，跗跖16～19 mm。

栖境习性

生境：主要栖息于山地和平原茂密的森林中。食性：主要以毛虫等鳞翅目昆虫为食，也吃其他昆虫和植物果实、种子。习性：夏候鸟或留鸟。单个或成对活动，停息在乔木中上层鸣叫，也活动于竹林中，主要在树上栖息和活动。飞行时无声无息，波浪式飞行也能快速地直线飞行。站立时姿势较垂直。鸣声为6音节，似口哨声，音阶渐次升高。有时亦发出“wee～whip”的双音节声。

生长繁殖

繁殖期3—5月，自己不营巢孵卵，通常将卵产于卷尾、燕尾、山椒鸟、白喉红臀鹎、沼泽大尾莺等鸟的巢中，卵呈短椭圆形，淡黄而有淡红色的点斑散布其上。由义亲替它孵卵和育雏。晚成雏。

种群现状

分布较广，种群数量较多而稳定，较常见。

保护级别

列入《世界自然保护联盟濒危物种红色名录》（IUCN）低危（LC）、《国家保护的有重要生态、科学、社会价值的陆生野生动物名录》、《重庆市重点保护野生动物名录》。

9. 翠金鹃 *Chrysococcyx maculatus*

英文学名

Asian Emerald Cuckoo

别名

翠鹃、金翠鹃

外形特征

雄鸟上体辉绿色，具金铜色反光；翅羽被遮叠部分淡黑色；尾羽绿而杂以蓝色；下体自胸以次白色而具辉铜绿色横斑，尾下覆羽浓辉绿色。雌鸟头顶及项棕栗色；上体余部及翅辉铜绿色；外侧一对尾羽具3道白色和黑色横斑；下体白色，颏、喉处具狭形黑色横斑。幼鸟似雌成鸟。虹膜淡红褐至绯红色；嘴亮橙黄色，尖端黑色；脚暗褐绿色。

大小量度

体重21～37 g，体长15～18 cm，嘴峰13～17 mm，尾6～8 cm，跗跖13～16 mm。

栖境习性

生境：栖息于低山和平原茂密的森林中，繁殖期可到海拔近2 000 m的高山灌丛地带。食性：主要以鳞翅目幼虫昆虫为食。也吃其他昆虫和少量植物果实、种子。习性：夏候鸟或留鸟。多单个或成对活动，偶尔也见2～3对觅食于高大乔木顶部茂密的枝叶间，不易发现，飞行快速而有力。鸣声三声一度，似吹口哨声，由低而高。

生长繁殖

繁殖期3—6月。自己不营巢和孵卵。通常将卵产于太阳鸟、扇尾莺、棕腹柳莺等雀形目鸟类巢中，由义亲替它代孵代育。

种群现状

分布较少，种群数量不多，不常见。

保护级别

列入《世界自然保护联盟濒危物种红色名录》（IUCN）低危（LC）、《国家保护的有重要生态、科学、社会价值的陆生野生动物名录》、《重庆市重点保护野生动物名录》。

10. 噪鹃 *Eudynamys scolopaceus*

英文学名

Asian Koel

别名

嫂鸟、鬼郭公、哥好雀、婆好

外形特征

雄鸟通体蓝黑色，具蓝色光泽，下体沾绿，尾长。雌鸟上体暗褐色，略具金属绿色光泽，并满布整齐的白色小斑点，头部白色小斑点略沾皮黄色。背、翅上覆羽及飞羽、尾羽常呈横斑状排列。颏至上胸黑色，下体具黑色横斑。虹膜深红色，鸟喙白至土黄色或浅绿色，基部较灰暗；脚蓝灰。

大小量度

体重175～242 g，体长37～43 cm，嘴峰26～35 mm，尾17～22 cm，跗跖30～35 mm。

栖境习性

生境：只栖息于海拔1 000 m以下的山地、丘陵、山脚平原地带茂盛林木中。食性：主要以榕树、芭蕉和无花果等植物果实、种子为食，也吃昆虫及幼虫。习性：夏候鸟或留鸟。独栖，隐蔽于大树顶层茂盛的枝叶丛中，听声不见鸟，不鸣很难发现。鸣声嘈杂，清脆而响亮，通常越叫越高越快，鸣声似“eo～el”哀号声，双音节，常反复鸣叫，雌鸟发出类似“kuil”声。若有干扰，立刻飞走至另一棵树上再叫。

生长繁殖

繁殖期3—8月，自己不营巢和孵卵，通常将卵产在黑领椋鸟、喜鹊和红嘴蓝鹊等鸟巢中，由义亲代孵代育。

种群现状

分布较广，种群数量较多，较常见。

保护级别

列入《世界自然保护联盟濒危物种红色名录》（IUCN）低危（LC）、《国家保护的有重要生态、科学、社会价值的陆生野生动物名录》、《重庆市重点保护野生动物名录》。

11. 红翅凤头鹃 *Clamator coromandus*

英文学名

Red-winged Crested Cuckoo

别名

冠郭公、红翅凤头郭公

外形特征

嘴侧扁，头上有长的黑色羽冠；头顶、头侧及枕部也为黑色而具蓝色光泽，颈圈白色；背、肩、翼上覆羽、最内侧次级飞羽黑色而具金属绿色光彩；腰和尾黑色；尾长，凸尾；两翅栗色；颏、喉和上胸淡红褐色；下胸和腹白色。幼鸟上体褐色，具棕色端缘，下体白色。虹膜淡红色。嘴黑色，下嘴基部近淡土黄色，嘴角肉红色，脚铅褐色。

大小量度

体重67～114 g，体长35～42 cm，嘴峰23～27 mm，雄尾22～24 cm、雌尾16～22 cm，跗跖25～27 mm。

栖境习性

生境：栖息于低山丘陵和平原等开阔地带的疏林和灌木林中，也见于园林和宅旁树上。食性：主要以白蚁、毛虫、甲虫等昆虫为食。偶尔也吃植物果实。习性：夏候鸟或留鸟。常单独或成对活动。常活跃于高而暴露的树枝间，不似一般杜鹃那样喜欢藏匿于浓密的枝叶丛中。飞行快速，但不持久。鸣声清脆，似“ku～kuk～ku”声，不断呈三或二声之反复鸣叫。

生长繁殖

繁殖期5—7月。4月即见有求偶活动。求偶时雄鸟尾羽略张开，两翅也半张开向两侧耸起，围绕雌鸟碎步追逐。不自己营巢，通常将卵产于画眉、黑脸噪鹛和鹊鸲等雀形目鸟类的鸟巢中。卵近圆形，蓝色，大小为（25～30） mm×（20～24） mm。由义亲代为孵卵和育雏。雏鸟晚成性。

种群现状

分布较广，种群数量不多，不常见。

保护级别

列入《世界自然保护联盟濒危物种红色名录》（IUCN）低危（LC）、《国家保护的有重要生态、科学、社会价值的陆生野生动物名录》、《重庆市重点保护野生动物名录》。

九、鸮形目
Strigiformes

（一）草鸮科 Tytonidae

世界有16种，中国有3种，重庆1种。眼周的羽毛呈辐射状，细羽的排列形成脸盘，面形似猫，因此得名猫头鹰。它们属于夜行性的猛禽，外貌奇特，充满杀气，尤其是那萦回于黑夜的叫声更令人恐怖。栖于山麓草地，觅食小型鼠类、鸟类、蛇、蛙和昆虫等。卵产于平地长草间。猫头鹰完全依靠捕捉活的动物为食，因嗜食鼠类和害虫而为农林益鸟，也有少数捕食鱼类及其他动物。食物中不能消化的部分，如骨头、毛发、羽毛等，会压缩成小球反刍出来，可用于分析其食谱构成。大多营巢于树洞、岩隙、地洞或其他植物空洞中，也有时占据乌鸦、喜鹊的巢。蛋均为白色；雌性或两性孵化，孵化期约1个月；晚成雏，全身被白色绒羽，1年性成熟。

草鸮 *Tyto longimembris*

英文学名

Australasian Grass Owl或Eastern Grass-owl

别名

猴面鹰、猴子鹰、白胸草鸮

外形特征

中型猛禽。体长32 cm，翼展116 cm，体重450 g。上体暗褐，具棕黄色斑纹，近羽端处有白色小斑点。似仓鸮，面盘灰棕色，呈心脏形，有暗栗色边缘。飞羽黄褐色，有暗褐色横斑；尾羽浅黄栗色，有四道暗褐色横斑；下体淡棕白色，具褐色斑点。嘴黄褐色。爪黑褐色。虹膜褐色；嘴米黄色；脚略白。

大小量度

体重约450 g，体长约32 cm，翼展约116 cm。

栖境习性

生境：栖息于山麓草灌丛中，常活动于茂密的热带草原、沼泽地、树枝上等。食性：以鼠类、蛙、蛇、鸟卵等为食。习性：迁徙过境旅鸟。叫声响亮刺耳，夜间非常活跃，性格凶猛、残暴。其身体结构和功能都适应于黑夜捕捉老鼠：眼睛内的视锥细胞密度是人眼的8倍，瞳孔很大，感光能力强；具听力极强的大耳朵；头部可以自由地旋转270°；全身羽毛柔软蓬松，飞行时无声无息，能悄而捕杀。

生长繁殖

可在一年中的任何时间繁殖。澳大利亚北部沿海地区的草鸮，会选择在3—6月产卵。覆巢放置在地面上，隐蔽在密密的草丛或芦苇中，每窝产卵3～8枚，约40 mm×30 mm，孵化约42天。雏鸟白色的羽绒先变成金黄色，再变成成鸟。雏鸟两个月后离巢自营生活。

种群现状

分布较广，种群数量不多，不常见。

保护级别

列入国家二级重点保护野生动物、《濒危野生动植物种国际贸易公约》（CITES）附录Ⅱ、《世界自然保护联盟濒危物种红色名录》（IUCN）低危（LC）。

（二）鸱鸮科 Strigidae

全球广布，有25属189种，中国有11属23种，重庆7属11种。大多为晨昏或夜行猛禽。头骨宽大，腿较短，面盘圆形似猫，常被称为“猫头鹰”，部分种类有耳羽，有助于夜间分辨声响与夜间定位；有些种类面盘不显著或缺失，看上去似鹰。种类较多，体形大小不一，习性也较多样化，有些以鱼为食，有些则为昼行性。喙坚强而钩曲，嘴基蜡膜为硬须掩盖。尾短圆，尾羽10～12枚；尾脂腺裸出。脚强健锐利，常全部被羽，第四趾能向后反转，以利攀缘。多数夜间或晨昏时活动，白天隐匿于树洞、岩穴或稠密的枝叶之间，但也有少数在白昼活动。食物以鼠类为主，也吃昆虫、小鸟、蜥蜴、鱼等动物。它们都有吐“食丸”的习性，即其素囊具有消化能力，食物常常整吞下去，并将食物中不能消化的骨骼、羽毛、毛发、几丁质等残物渣滓集成块状，形成小团经过食道和口腔吐出，故称为食丸，可用于分析其食谱构成。

1. 领角鸮 *Otus lettia*

英文学名

Collared Scops Owl

别名

西领角鸮

外形特征

小型鸮类。外形和红角鸮非常相似，但它后颈基部有一显著的翎领。上体通常为灰褐色或沙褐色，并杂有暗色虫蠹状斑和黑色羽干纹；下体白色或皮黄色，缀有淡褐色波状横斑和黑色羽干纹，前额和眉纹皮黄白色或灰白色。尾灰褐色，横贯以6道棕色而杂有黑色斑点的横斑。有的亚种跗跖被羽到趾，有的趾裸出。虹膜黄色。

大小量度

体重110～205 g，体长19～28 cm，嘴峰15～25 mm，尾7～10 m，跗跖31～42 mm。

栖境习性

生境：主要栖息于山地阔叶林和混交林中，也出现于山麓林缘和村寨附近树林内。食性：主要以鼠类、甲虫、蝗虫、鞘翅目昆虫为食。习性：迁徙过境旅鸟。除繁殖期成对活动外，通常单独活动。夜行性，白天多躲藏在树上浓密的枝叶丛间，晚上才开始活动和鸣叫。鸣声低沉。为“不、不、不、不”或“bo～bo～bo”的单音，常连续重复4～5次。飞行轻快无声。

生长繁殖

繁殖期3—6月。通常营巢于天然树洞内，或利用啄木鸟废弃的旧树洞，偶尔也见利用喜鹊的旧巢，巢距地面1.2～5 m。通常不筑巢，洞内无任何内垫物。每窝产卵2～6枚，多为3～4枚。卵白色，呈卵圆形，光滑无斑，平均为36 mm × 31 mm，重18 g。雌雄亲鸟轮流孵卵。

种群现状

分布较广，数量不多，不常见。

保护级别

列入国家二级重点保护野生动物、《濒危野生动植物种国际贸易公约》（CITES）附录Ⅱ、《世界自然保护联盟濒危物种红色名录》（IUCN）低危（LC）。

2. 红角鸮 *Otus sunia*

英文学名

Oriental Scopsowl

别名

普通角鸮、东方猫头鹰

外形特征

小型猛禽。上体灰褐色或棕栗色，有黑褐色虫蠹状细纹。面盘灰褐色，密布纤细黑纹；领圈淡棕色；耳羽基部棕色；头顶至背和翅覆羽杂以棕白色斑。飞羽大部黑褐色，尾羽灰褐，尾下覆羽白色。下体大部红褐至灰褐色，有暗褐色纤细横斑和黑褐色羽干纹。嘴暗绿色，先端近黄色。爪灰褐色。

大小量度

体重48～105 g，体长166～195 mm，嘴峰12～20 mm，尾55～71 mm，跗跖24～28 mm。

栖境习性

生境：主要栖息于山地阔叶林和混交林等有树丛的开阔原野。食性：主要以鼠类、甲虫、蝗虫、鞘翅目昆虫为食。习性：迁徙过境旅鸟。除繁殖期成对活动外，通常单独活动。夜行性，白天多躲藏在树上浓密的枝叶丛间，晚上才开始活动和鸣叫。鸣声为深沉单调的“chook”声，约3秒钟重复1次，声似蟾鸣。雌鸟叫声较雄鸟略高。

生长繁殖

繁殖期5—8月。营巢于树洞或岩石缝隙和人工巢箱中。巢由枯草和枯叶构成，内垫苔鲜和少许羽毛。每窝产卵3～6枚，卵呈卵圆形，白色，光滑无斑，平均为31 mm×27 mm，重12 g。雌鸟孵卵，孵化期24～25天。雏鸟晚成性。

种群现状

分布较少，数量稀有，罕见。

保护级别

列入国家二级重点保护野生动物、《濒危野生动植物种国际贸易公约》（CITES）附录Ⅱ、《世界自然保护联盟濒危物种红色名录》（IUCN）低危（LC）。

3. 黄腿渔鸮 *Ketupa flavipes*

英文学名

Tawny Fish-owl

别名

黄脚鸮、毛脚鱼鸮

外形特征

大型鸮类，上体较多橙棕色，具宽阔的黑褐色羽干纹，除后颈和上背外，各羽两翈还具淡棕色块斑；眼先白色，羽轴末端黑色，喉羽基白色，形成1大型白斑。两翼黑褐色，飞羽和尾羽具橙棕色横斑和端斑。下体及腿黄棕色，具暗褐色羽干纹，下腹和尾下覆羽黑色羽干纹不明显或缺失。跗跖上部被羽。虹膜鲜黄色，嘴角黑色。

大小量度

体重约2 000 g，体长60～70 cm，嘴峰42～48 mm，尾210～242 mm，跗跖75～85 mm。

栖境习性

生境：栖息于溪流、河谷等水域附近的阔叶林和林缘次生林中。食性：主要以鱼类为食，也兼食鼠类、昆虫、蛇、蛙、蜥蜴、蟹和鸟类。习性：迁徙过境旅鸟。常单独活动，主要在下午和黄昏外出捕食，有时白天也活动和猎食。特别是阴天，捕食时常栖于河边高高的树枝上，俯视水面，见有食物，则猛扑下来，用爪抓捕食物。受到惊扰时不轻易飞走，鸣声似“whoo ~ hoo”。

生长繁殖

繁殖期11—次年2月。喜欢利用鹰类旧巢，通常并不修理即产卵，也产卵于地洞或岩洞中。繁殖期间雌雄成对生活。通常每窝产卵2枚，大小为（56 ~ 59）mm ×（45 ~ 48）mm。

种群现状

分布极少，数量极稀有，偶见。

保护级别

列入国家二级重点保护野生动物、《濒危野生动植物种国际贸易公约》（CITES）附录Ⅱ、《世界自然保护联盟濒危物种红色名录》（IUCN）低危（LC）。

4. 雕鸮 *Bubo bubo*

英文学名

Eurasian Eagle Owl

别名

鹫兔、怪鸱、角鸱、雕枭、恨狐、老兔

外形特征

全身大致为棕色，具粗阔的黑色羽干纹及横斑；眼先和眼前缘密被白色刚毛状羽杂黑斑；眼上方有一大形黑斑。皱领及头顶黑褐色，羽缘棕白色，并杂以黑色波状细斑；耳羽特别发达，显著突出于头顶两侧，外黑内棕。颏白色，喉除皱领外亦白。下腹中央及腋羽几纯棕白色，覆腿羽和尾下覆羽微杂褐色细横斑。虹膜金黄色。

大小量度

体重1 025 ~ 3 959 g，体长555 ~ 710 mm，嘴峰40 ~ 50 mm，尾225 ~ 300 mm，跗跖66 ~ 99 mm。

栖境习性

生境：栖息于山地森林、平原、荒野、林缘灌丛以及裸露的高山和峭壁等生境。食性：以各种鼠类为主。也吃兔类、蛙、刺猬、昆虫、雉鸡和其他鸟类等。习性：留鸟或迁徙过境旅鸟。常远离人群。除繁殖期外均单独活动。昼伏夜出。它的听觉敏锐。飞行慢而无声，通常贴地低空飞行。听觉和视觉在夜间异常敏锐。雕鸮在夜间常发出“狠、呼，狠、呼”叫声互相联络，感到不安时会发出响亮的“嗒、嗒”声威胁对方。

生长繁殖

中国东北地区繁殖期4—7月，四川地区繁殖期从12月开始。常营巢于树洞、悬崖峭壁下的凹处或直接产卵于地上，巢的大小视环境而定，每窝产卵2 ~ 5枚，3枚较常见。卵白色，卵呈椭圆形，大小为（55 ~ 58）mm ×（44 ~ 47.2）mm，重50 ~ 60 g。孵卵由雌鸟承担，孵化期35天。

种群现状

分布极少，数量稀有，罕见。

保护级别

列入国家二级重点保护野生动物、《濒危野生动植物种国际贸易公约》（CITES）附录Ⅱ、《世界自然保护联盟濒危物种红色名录》（IUCN）低危（LC）、《中国濒危动物红皮书》稀有。

5. 日本鹰鸮 *Ninox japonica*

英文学名

Northern Boobook

别名

北方鹰鸮、北鹰鸮

外形特征

鹰鸮属中型猛禽，外形似鹰，上体为暗棕褐色。前额为白色，肩部有白色斑，喉部和前颈为皮黄色而具有褐色的条纹。其余下体为白色，有水滴状的红褐色斑点，尾羽上具有黑色横斑和端斑。虹膜黄色，嘴灰黑色，嘴端黑褐色，跗跖被羽，趾裸出，为肉红色，具稀疏的浅黄色刚毛，爪黑色。

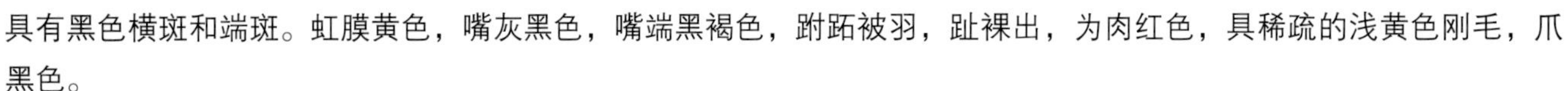

大小量度

体重212～230 g，体长280～313 mm，嘴峰12～20 mm，尾121～140 mm，跗跖27～33 mm。

栖境习性

生境：栖息于海拔2 000 m以下的针阔叶混交林和阔叶林中。食性：主要以鼠类、小鸟和昆虫等为食。追捕猎物有时会闯入居民住室中。习性：迁徙过境旅鸟。白天大多在树冠层栖息，黄昏和晚上活动，有时白天也活动。除繁殖期成对活动外，其他季节大多单独活动，雏鸟离巢后至迁徙期间则大多呈家族群活动。飞行迅速而敏捷且没有声响，在向入侵者攻击时飞行速度更快更有力。

生长繁殖

繁殖期5—7月。营巢于大青杨、春榆等树木的天然洞穴中。营巢的树洞阔度和深浅变化比较大，洞口的直径9～30 cm，洞深18～64 cm，洞内直径10～43 cm。每年繁殖1窝，每窝约产卵3枚。卵近球形，乳白色，光滑无斑。孵卵期25～26天，雏鸟至30日龄时陆续离巢。

种群现状

分布较少，数量稀有，罕见。

保护级别

列入国家二级重点保护野生动物、《濒危野生动植物种国际贸易公约》（CITES）附录Ⅱ、《世界自然保护联盟濒危物种红色名录》（IUCN）低危（LC）。

6. 领鸺鹠 *Glaucidium brodiei*

英文学名

Collared Owlet

别名

小鸺鹠

外形特征

上体灰褐色，遍被狭长的浅橙黄色横斑。头部较灰，眼先及眉纹白色，眼先羽干末端呈黑色须状羽，无耳簇羽，面盘不显著。颏、喉白色，喉部具一道细的栗褐色横带，其余下体白色，体侧有大型褐色末端斑，形成褐色纵纹。尾下覆羽白色，先端杂有褐色斑点。虹膜鲜黄色，嘴和趾黄绿色，爪角褐色。

大小量度

体重40~64 g，体长132~175 mm，嘴峰10~12 mm，尾52~66 mm，跗跖17~22 mm。

栖境习性

生境：栖息于山地森林和林缘灌丛地带。食性：主要以昆虫和鼠类为食，也吃小鸟和其他小型动物。习性：留鸟或迁徙过境旅鸟。除繁殖期外都是单独活动。主要在白天活动。飞行时鼓翼飞翔、滑翔交替进行。黄昏时活动也较频繁，晚上喜欢鸣叫，几乎整夜不停，鸣声单调，大多呈4音节的哨声，反复鸣叫。休息时多栖息于高大的乔木上，并常常左右摆动着尾羽。

生长繁殖

在喜马拉雅山西北部和印度北部阿萨姆邦，繁殖期3—7月，但多数4—5月产卵。通常营巢于树洞和天然洞穴中，也利用啄木鸟的巢。每窝产卵2~6枚，多为4枚。卵为白色，呈卵圆形，大小为（28~31.5）mm×（23~25）mm。

种群现状

分布较少，数量稀有，罕见。

保护级别

列入国家二级重点保护野生动物、《濒危野生动植物种国际贸易公约》（CITES）附录Ⅱ、《世界自然保护联盟濒危物种红色名录》（IUCN）低危（LC）。

7. 斑头鸺鹠 *Glaucidium cuculoides*

英文学名

Asian Barred Owlet

别名

横纹小鸺、猫王鸟、训狐、流离

外形特征

头、颈和整个上体包括两翅表面暗褐色，密被细狭的棕白色横斑，头顶横斑特别细小而密。眉纹白色，较短狭。部分肩羽和大覆羽外翈有大的白斑，飞羽黑褐色，外翈缀以棕或棕白三角形羽缘斑，内翈有同色横斑；尾羽黑褐，具6道显著的白横斑和羽端斑。斑头鸺鹠的虹膜黄色，嘴黄绿色，基部较暗，蜡膜暗褐色，趾黄绿色，具刚毛状羽，爪近黑色。

大小量度

体重150~260 g，体长241~260 mm，嘴峰14~18 mm，尾91~103 mm，跗跖26~33 mm。

栖境习性

生境：平原、低山丘陵及海拔 2 000 m左右的中山地带的阔叶林、混交林等林中。食性：主要以蝗虫、甲虫毛虫等各种昆虫和幼虫为食，也吃鼠类、鸟、蚯蚓等动物。习性：留鸟或过境旅鸟。单独或成对活动。多昼行性，少部分夜行性，像鹰一样在空中捕捉小鸟和大型昆虫。鸣声嘹亮，不同于其他鸮类，晨昏时发出快速颤音，调降而音量增；另发出一种似犬叫的双哨音，音量增高且速度加快，反复至全音响，由近至远。

生长繁殖

繁殖期3—6月。通常营巢于树洞或天然洞穴中。每窝产卵3～5枚，多为4枚，偶尔多至8～9枚和少至3枚，大小为（33～39）mm×（29～32）mm。卵为白色。孵卵由雌鸟承担，孵化期为28～29天。晚成雏。

种群现状

分布较广，数量较多，较常见。

保护级别

列入国家二级重点保护野生动物、《濒危野生动植物种国际贸易公约》（CITES）附录Ⅱ、《世界自然保护联盟濒危物种红色名录》（IUCN）低危（LC）。

8. 灰林鸮 *Strix aluco*

英文学名

Tawny Owl

外形特征

头圆，无耳簇羽，面盘明显。橙棕色或黑褐色，上体暗灰色，呈棕色与褐色斑杂状，外侧翅上覆羽外翈棕白色，在翅上形成显著的棕白色翅斑。下体白色或皮黄白色。胸具细密条纹和虫蠹状斑。

大小量度

体重322～909 g，体长370～486 mm，嘴峰29～36 mm，尾160～198 mm，跗跖50～65 mm。

栖境习性

生境：主要栖息于山地阔叶林和混交林中，尤其喜欢河岸和沟谷森林地带。食性：主要以啮齿类为食，也吃小

鸟、蛙、小型兽类和昆虫类。习性：留鸟或迁徙过境旅鸟。成对或单独活动。昼伏夜出。等候在树枝头，当猎物出现时，从高处俯冲下来捉住猎物。一般会吞下整只猎物，并吐出不能消化的部分，包括毛及骨头等，并用之筑巢。

生长繁殖

繁殖期1—4月。营巢于树洞中，也在岩石下面的地上或利用鸦类巢。每窝产卵1～8枚，通常为2～4枚，大小为（46～49）mm×（39～42）mm。雌鸟孵卵，孵化期28～30天。晚成雏，经过亲鸟29～37天的喂养才能飞翔。寿命一般约为5年。

种群现状

分布较广，数量不多，不常见。

保护级别

列入国家二级重点保护野生动物、《濒危野生动植物种国际贸易公约》（CITES）附录Ⅱ、《世界自然保护联盟濒危物种红色名录》（IUCN）低危（LC）。

9. 短耳鸮 *Asio flammeus*

英文学名

Short-eared Owl

别名

夜猫子、猫头鹰、田猫王、短耳猫头鹰、小耳木兔

外形特征

耳短小不外露，面盘显著，眼周黑色，余部棕黄而杂以黑色羽干纹；翅、尾棕黄色，缀黑褐羽干纹；肩及三级飞羽纵纹粗，有横斑；中、大覆羽黑褐；初级飞羽棕色具褐斑；次级飞羽黑褐杂以棕黄横斑；腰尾覆羽几纯棕黄色；尾羽具横斑和端斑。下体棕白、颏白色。胸部多棕色，布以黑褐纵纹，下腹中央和尾下覆羽及覆腿羽无斑杂。跗跖和趾被羽，棕黄色。虹膜金黄色，嘴和爪黑色。

大小量度

体重251～450 g，体长344～398 mm，嘴峰24～29 mm，尾140～167 mm，跗跖38～46 mm。

栖境习性

生境：栖息于低山、丘陵、苔原、荒漠、平原、沼泽、湖岸和草地等各类生境中。食性：主要以鼠类为食，也吃小鸟、蜥蜴和昆虫，偶尔也吃植物果实和种子。习性：留鸟或迁徙过境旅鸟。黄昏和晚上活动和猎食，也常在白天活动，多栖息地上或潜伏于草丛中，少栖于树上。贴地飞行。常在一阵鼓翼飞翔后又伴随着一阵滑翔，二者常常交替进行。繁殖期间常一边飞翔一边鸣叫，其声似"不～不～不～"，重复多次。

生长繁殖

繁殖期4—6月。通常以枯草营巢于沼泽附近地上草丛和次生阔叶林内朽木洞中。每窝产卵3～8枚，偶尔10～14枚，一般为4～6枚。卵白色，卵呈卵圆形，大小为（38～42）mm×（31～33）mm。雌鸟孵卵，孵化期24～28天。雏鸟晚成性，孵出后经亲鸟喂养24～27天即可飞翔。

种群现状

分布较广，数量不多，不常见。

保护级别

列入国家二级重点保护野生动物、《濒危野生动植物种国际贸易公约》（CITES）附录Ⅱ、列入《世界自然保护联盟濒危物种红色名录》（IUCN）低危（LC）。

10. 长耳鸮 *Asio otus*

英文学名

Northern Long-eared Owl

别名

长耳木兔、彪木兔、长耳猫头鹰、夜猫子

外形特征

面盘显著，前额为白色与褐色相杂状。眼缘具黑斑。耳羽发达显著突出状如两耳。上体棕黄，具黑褐色羽干纹，上背淡棕色，往后渐变浓，肩羽同背。初级覆羽及初级飞羽黑褐色杂以棕褐斑；次级飞羽灰褐色密杂黑褐斑。尾覆羽及尾羽棕黄或灰褐色，均具黑褐斑；颏白色，其余下体棕黄色，胸具黑褐色羽干纹，羽端缀白斑。跗跖和趾被棕黄色羽。尾下覆羽多棕白色。虹膜橙红色，嘴和爪暗铅色，尖端黑色。

大小量度

体重208～326 g，体长327～393 mm，嘴峰25～26 mm，尾143～161 mm，跗跖36～45 mm。

栖境习性

生境：针叶林、针阔混交林和阔叶林中，也出现于林缘疏林、居民点附近林地中。食性：以鼠类等啮齿动物为食，也吃小型鸟类、哺乳类和昆虫。习性：冬迁过境旅鸟。昼伏夜出，垂直栖息在树干近旁侧枝上或林中空地上草丛中。单独或成对活动，迁徙和冬季常结成10～20只甚至多达30只。雄鸟发出含糊的“ooh”叫声，雌鸟似鼻音“paah”。告警叫声为“kwek”。雏鸟乞食时发出悠长“peee”声。繁殖期夜间鸣叫，低沉而长，似不断重复的“hu～hu～”声。

生长繁殖

繁殖期4—6月，喜鸣叫。大多在夜间求偶炫耀，做一些近距离简单表演。营巢于森林之中常利用其他鸟类旧巢，也在树洞中营巢。每窝产卵3～8枚。卵白色卵圆形，大小为（39～45）mm×（32～35）mm；约19.6 g。雌鸟孵卵，孵化期27～29天。晚成雏，孵出45～50天后离巢。

种群现状

分布较广，数量不多，不常见。

保护级别

列入国家二级重点保护野生动物、《濒危野生动植物种国际贸易公约》（CITES）附录Ⅱ、列入《世界自然保护联盟濒危物种红色名录》（IUCN）低危（LC）。

十、夜鹰目
Caprimulgiformes

（一）夜鹰科 Caprimulgidae

夜鹰科（Caprimulgidae）在动物分类学上是鸟纲中的夜鹰目中的一个科。夜鹰腿短，口裂宽，口须长且多，擅长在空中捕食昆虫。夜鹰广布于全球，有18属78种，我国2属7种，重庆1属1种。夜鹰中最奇特的一种当属非洲的缨翅夜鹰，翅上有根极长的羽毛，大小几乎和两翼相当，有四翅鸟的别称。

普通夜鹰 *Caprimulgus jotaka*

英文学名

Jungle Nightjar或Gray Nightjar

别名

蚊母鸟、贴树皮、鬼鸟、夜燕

外形特征

通体几乎全为暗褐斑杂状，喉具白斑。上体灰褐色，密杂以黑褐色和灰白色虫蠹斑；额、头顶、枕具宽阔的绒黑色中央纹；背、肩羽羽端具绒黑色块斑和细的棕色斑点；两翅覆羽和飞羽黑褐色；其上有锈红色横斑和眼状斑。虹膜褐色；嘴偏黑；脚巧克力色。

大小量度

体重79～110 g，体长257～280 mm，嘴峰11～14 mm，尾120～135 mm，跗跖14～19 mm。

栖境习性

生境：栖息于中低海拔森林、林缘疏林、灌丛和农田地区竹林和丛林内。食性：主要以天牛、金龟子等鞘翅目昆虫为食。通常黄昏时在飞行中捕食。习性：留鸟或迁徙过境旅鸟。单独或成对活动。昼伏夜出，体色和树干很相似，很难发现，故名“贴树皮”。黄昏时最为活跃，空中回旋飞行捕食。飞行快速无声，在鼓翼飞翔后伴随滑翔。繁殖期在晚上和黄昏鸣叫不息，其声似不断快速重复的“chuck”或“tuck”。

生长繁殖

繁殖期5—8月，在长白山地区为6—7月。通常营巢于林中树下或灌木旁边地上。巢甚简陋，甚至直接产卵于地面苔藓上。通常每窝产卵2枚，卵白色或灰白色卵圆形，被有不规则褐斑，大小为（27～33）mm×（20～24）mm，重约6.5 g。雌雄亲鸟孵卵。孵化期16～17天。

种群现状

分布较少，数量稀少，罕见。

保护级别

列入《世界自然保护联盟濒危物种红色名录》（IUCN）低危（LC）、《国家保护的有重要生态、科学、社会价值的陆生野生动物名录》、《重庆市重点保护野生动物名录》。

（二）雨燕科 Apodidae

全球广布，有19属109种，我国4属9种，重庆3属4种。有些种类在高纬度地区繁殖而到热带地区越冬，是著名的候鸟，有些则是热带地区的留鸟。有些种类如楼燕分布广泛，比较常见，甚至在北京这样的大城市中也常能见到。有些种类的雨燕的巢含有很高的蛋白质，即常说的燕窝，可用来熬汤。雨燕科鸟类的外形接近燕科。喙短但喙裂较宽，大部分时间都在飞翔。由于翼尖长，雨燕科鸟类具有很强的飞翔力，但足短，不善行走，通常在飞行中捕食昆虫；善攀岩，并大多筑巢于悬崖峭壁的缝隙中，或较深的屋檐和树洞中。

1. 短嘴金丝燕 *Aerodramus brevirostris*

英文学名

Himalayan Swiftlet

外形特征

上体烟灰色，头顶、翕、翅和尾黑褐色，有时并缀有辉蓝色，腰部灰褐色，并具褐色或黑色羽干纹；尾呈叉状，但叉不太深。翅甚长，折合时明显突出于尾端。下体灰褐色或褐色，胸以下具褐色或黑色羽干纹。虹膜褐色或暗褐色，嘴黑色，爪黑褐色。

大小量度

体重13～21 g，体长126～35 mm，嘴峰4～5 mm，尾56～73 mm，跗跖8～11 mm。

栖境习性

生境：主要栖息于海拔500～4 000 m的山坡石灰岩溶洞中。食性：主要以蛾类和飞行昆虫为食，觅食在空中，通过边飞翔边捕食。习性：留鸟或夏候鸟。白天常成群在栖息地上空飞翔猎食。飞行时常发出“di～di～di～di”的叫声，边飞边鸣，鸣声单调而急促，显得较为嘈杂。3月末4月初出现于南川境内，9月末开始往南迁徙。

生长繁殖

繁殖期5—7月。通常营巢于岩壁洞中岩壁上，巢呈浅盘形，主要由苔藓和涎液构成。并用涎液将这些营巢材料紧紧胶结在一起并固定在岩壁上，通常每窝产卵2枚，大小约为22 mm×15 mm。

种群现状

分布较广，数量较多，较常见。

保护级别

列入《世界自然保护联盟濒危物种红色名录》（IUCN）低危（LC）、《国家保护的有重要生态、科学、社会价值的陆生野生动物名录》。

2. 白腰雨燕 *Apus pacificus*

英文学名

Pacific Swift

别名

白尾根麻燕、大白腰野燕

外形特征

上体包括两翼和尾大都黑褐色，头顶至上背具淡色羽缘、下背、两翅表面和尾上覆羽微具光泽，亦具近白色羽缘，腰白色，具细的暗褐色羽干纹，颏、喉白色，具细的黑褐色羽干纹；其余下体黑褐色，羽端白色。虹膜棕褐色。嘴黑色，脚和爪紫黑色。

大小量度

体重35～51 g，体长171～195 mm，嘴峰6～9 mm，尾78～89 mm，跗跖10～14 mm。

栖境习性

生境：主要栖息于陡峻的山坡、悬崖，尤其喜欢靠近水源附近的悬崖峭壁。食性：以各种昆虫为食，在飞行中捕食。习性：留鸟。成群在栖息地上空来回飞翔。早晨成群飞翔于岩壁附近，相互追逐，不时往返于巢间，上午9—10时以后，飞离岩壁向高空或森林和苔原上空飞翔。阴天低空飞翔，天气晴朗时高空飞翔。飞行速度快，边飞边叫，声音尖细单音节，音似“矶”。

生长繁殖

繁殖期5—7月。成群营巢于邻近河边和悬崖峭壁裂缝中，营巢活动以雌鸟为主。巢较为坚固，形状是圆杯状或碟状，巢沿一般都有一凹陷处，是亲鸟尾放置处。每窝产卵2～3枚，卵白色，光滑无斑，形状为长椭圆形。孵化期20～23天，雌雄亲鸟共同育雏。

种群现状

分布较广，数量较多，较常见。

保护级别

列入《世界自然保护联盟濒危物种红色名录》（IUCN）低危（LC）、《国家保护的有重要生态、科学、社会价值的陆生野生动物名录》。

3. 小白腰雨燕 *Apus nipalensis*

英文学名

Little Swift或House Swift

别名

小雨燕、台燕、家雨燕

外形特征

体形较白腰雨燕小，头部、颈和肩灰褐色，颏、喉灰白色，颊淡褐色，背和尾黑褐色，微带蓝绿色光泽，腰白色，羽轴褐色，尾上覆羽暗褐色，具铜色光泽。翼稍较宽阔，呈烟灰褐色。平尾，中间微凹。其余下体暗灰褐色。虹膜暗褐色，嘴黑色；脚和趾黑褐色。

大小量度

体重25～31 g，体长110～140 mm；嘴峰6～7 mm，尾49～54 mm，跗跖9～11 mm。

栖境习性

生境：主要栖息于开阔的林区、城镇、悬崖和岩石海岛等各类生境中。食性：以捕捉蚊等膜翅目昆虫为食。习性：留鸟。成群栖息和活动。飞翔快速，常在快速振翅飞行一阵之后又伴随着一阵滑翔，二者常交替进行。在傍晚至午夜和清晨会发出比较尖的鸣叫声。雨后多见集群在溶洞地区上空穿梭飞翔。配偶期间，雌雄彼此追逐，鸣声嘹亮，发出“吡～吡～吡”的叫声。

生长繁殖

繁殖期3—5月。雌雄共同营巢，巢筑于峭壁、洞穴或建筑物的房屋墙壁、天花板上。巢体球状或椭圆状，柔软而发亮，稍带黏性。巢的形状有碟状、杯状、球状等类型，视营巢环境而变化。每窝产卵2～4枚，雌雄轮流孵卵。

种群现状

分布较广，数量较多，较常见。

保护级别

列入《世界自然保护联盟濒危物种红色名录》（IUCN）低危（LC）、《国家保护的有重要生态、科学、社会价值的陆生野生动物名录》。

4. 白喉针尾雨燕 *Hirundapus caudacutus*

英文学名

White-throated Needletail

外形特征

额灰白色；头顶至后颈黑褐色，具蓝绿色金属光泽；背、肩、腰丝光褐色，尾上覆羽和尾羽黑色，也具蓝绿色金属光泽，尾羽羽轴末端延长呈针状。翼覆羽和飞羽黑色，具紫蓝色和绿色金属光彩。颏、喉白色；胸、腹烟棕色或灰褐色，两胁和尾下覆羽白色。虹膜褐色，嘴黑色，跗跖和趾肉色。

大小量度

体重110～150 g，体长192～205 mm，嘴峰8～11 mm，尾47～73 mm，跗跖14～23 mm。

栖境习性

生境：主要栖息于山地森林、河谷等开阔地带。食性：主要以飞行性昆虫为食。习性：夏候鸟或迁徙过境旅鸟。常成群在开阔的林中河谷地带或森林上空飞翔，有时亦见单只或成对飞翔。飞翔快速，时而冲向高空，时而急剧直下，发出“嗖嗖”声响，是鸟类中飞行速度最快的种类之一。

生长繁殖

繁殖期5—7月。营巢于悬崖石缝和树洞中。每窝产卵2～6枚。卵白色，大小为（27.5～32.2） mm×（17.5～19.5）mm。

种群现状

分布较少，数量稀少，罕见。

保护级别

列入《世界自然保护联盟濒危物种红色名录》（IUCN）低危（LC）、《国家保护的有重要生态、科学、社会价值的陆生野生动物名录》。

十一、佛法僧目
Coraciiformes

（一）佛法僧科 Coraciidae

佛法僧是羽色鲜艳的中型攀禽，食昆虫，爬行类，小哺乳动物和小鸟。佛法僧广布于旧大陆的温热带地区，但以热带和亚热带地区最丰富。有2亚科5属16种，中国有2属3种，重庆1属1种。

三宝鸟 *Eurystomus orientalis*

英文学名

Broad-billed Roller或Oriental Dollarbird

别名

老鸹翠、宽嘴佛法僧、东方宽嘴转鸟、佛法僧、阔嘴鸟

外形特征

中等体型的深色佛法僧。具宽阔的红嘴（亚成鸟为黑色）。整体色彩为暗蓝灰色，但喉部为亮丽蓝色。飞行时两翼中心有对称的亮蓝色圆圈状斑块。虹膜褐色；嘴珊瑚红色，端黑；脚橘黄色/红色。

大小量度

体重107～194 g，体长241～290 mm，嘴峰21～31 mm，尾88～113 mm，跗跖16～23 mm。

栖境习性

生境：三宝鸟主要栖息于针阔叶混交林和阔叶林林缘路边及河谷两岸高大的乔木树上。食性：三宝鸟喜欢吃绿色金龟子等甲虫，也吃蝗虫等昆虫。习性：留鸟或冬候鸟。栖于近林开阔地的枯树上纹丝不动，有人走近时立刻飞去，偶尔起飞追捕过往昆虫。飞行姿势似夜鹰，怪异、笨重，时而飞行缓慢，长长的双翼均匀而有节奏地上下摆动；时而又急驱直上或者急转直下，胡乱盘旋或拍打双翅，并不断发出单调而粗粝的“嘎嘎”声。飞行或停于枝头时作粗声粗气的“kreck”叫声。

生长繁殖

繁殖期5—8月。营巢于栖息地，也利用啄木鸟废弃的洞穴作巢。洞中常垫有木屑和苔藓，有的还垫有干树枝和干树叶。1年繁殖1窝，每窝产卵3～4枚，卵白色，卵圆形，光滑无斑，平均大小34.9 mm×27.9 mm，平均重13.9 g。雌雄轮流孵卵，晚成雏。

种群现状

分布较少，数量稀少，罕见。

保护级别

列入《世界自然保护联盟濒危物种红色名录》（IUCN）低危（LC）、《国家保护的有重要生态、科学、社会价值的陆生野生动物名录》。

（二）翠鸟科 Alcedinidae

翠鸟科有18属、94种，中国有5属11种，重庆有3属3种。是一类颜色艳丽、体形小巧的食鱼鸟类，但也有一些体形较大，种类颜色暗淡。该科鸟类头大颈短，翼短圆，尾亦大都短小；嘴形长大而尖，嘴峰圆钝，脚甚短，趾细弱，第4趾与第3趾大部分并连，与第2趾仅基部并连。大多肉食性鸟类，吃鱼、蟹、蛙类、昆虫和其他水生动物。性孤独，平时常独栖在近水边的树枝上或岩石上，伺机猎食。筑巢于河岸的土堤壁上，在岸旁洞穴中或在沙洲打洞，或在距地面一定高度的树上钻洞为巢。

1. 蓝翡翠 *Halcyon pileata*

英文学名

Black-capped Kingfisher

别名

黑顶翠鸟、黑帽鱼狗、蓝翠毛、蓝袍鱼狗、蓝鱼狗、秦椒嘴、喜鹊翠、鱼腥

外形特征

头部黑色，后颈白色，喉胸部白色。眼下有一白色斑。背、腰、尾和尾上覆羽钴蓝色，羽轴黑色。翅上覆羽黑色。初级飞羽黑褐色，外侧基部白色。次级飞羽内侧黑褐色，外侧钴蓝色。颏、喉、颈侧、颊和上胸白色，胸以下包括腋羽和翼下覆羽橙棕色。幼鸟后颈白领沾棕，喉和胸部羽毛具淡褐色端缘。虹膜暗褐色。嘴珊瑚红色，脚和趾红色，爪褐色。

大小量度

体重64～115 g，体长250～310 mm，嘴峰56～66 mm，尾75～90 mm，跗跖13～19 mm。

栖境习性

生境：主要栖息于林中溪流以及山脚与平原地带的河流、水塘和沼泽地带。食性：主要以小鱼、虾、蟹和水生昆虫等水栖动物为食。习性：留鸟。常单独活动，停息在河边树桩和岩石上。长时间一动不动地注视着水面，一见水中鱼虾，就会极为迅速地以凶猛的姿势扎入水中用嘴捕取。常将猎物带回栖息地，在树枝上或石头上摔打猎物，待猎物死后再整条吞食。沿水面低空直线快速飞行，常边飞边叫。

生长繁殖

繁殖期5—7月。营巢于土崖壁上或河流的堤坝上，用嘴挖掘隧道式的洞穴作巢，双方共同挖隧道，可达60 cm

深，末端扩大为巢室。卵直接产在巢穴地上。每窝产卵4～6枚。平均大小27.3 mm×2.5 mm。雌雄孵化。晚成雏。孵化期19～21天。亲鸟抚育23～30天即可离巢飞翔。

种群现状

分布较少，数量不多，不常见。

保护级别

列入《世界自然保护联盟濒危物种红色名录》（IUCN）易危（VU）、《国家保护的有重要生态、科学、社会价值的陆生野生动物名录》、《重庆市重点保护野生动物名录》。

2. 普通翠鸟 *Alcedo atthis*

英文学名

Common Kingfisher或Kingfisher或European Kingfisher

别名

鱼虎、鱼狗、钓鱼翁、金鸟仔、大翠鸟、蓝翡翠、秦椒嘴

外形特征

普通翠鸟是体小、具亮蓝色及棕色的翠鸟。上体金属浅蓝绿色，颈侧具白色点斑；下体橙棕色，颏白。雌雄鸟嘴的颜色不一样。幼鸟：色黯淡，具深色胸带。虹膜褐色；嘴黑色（雄鸟），下嘴橘黄色（雌鸟）；脚红色。

大小量度

体重23～36 g，体长153～175 mm，嘴峰32～41 mm，尾30～37 mm，跗跖 8～12 mm。

栖境习性

生境：主要栖息于林区溪流、平原河谷、水库、水塘，甚至水田岸边。食性：以鱼为食，也吃虾、螃蟹和各种昆虫。习性：留鸟。常单独活动，停息在河边树桩和岩石上。长时间一动不动地注视着水面，一见水中鱼虾，就会极为迅速地以凶猛的姿势扎入水中用嘴捕取。常将猎物带回栖息地，在树枝上或石头上摔打猎物，待猎物死后再整条吞食。沿水面低空直线快速飞行，常边飞边叫。

生长繁殖

繁殖期5—8月。通常营巢于水域岸边或附近陡直的土岩或砂岩壁上，掘洞为巢，圆形隧道状，洞口直径为5～

8 cm，洞深50～70 cm。1年繁殖1窝，每窝产卵5～7枚，卵近圆形或椭圆形，白色光滑无斑，大小为（20～21）mm×（17～19）mm，重3.2～4.0 g。雌雄孵化，孵化期19～21天。晚成雏，亲鸟抚育23～30天即可离巢飞翔。

种群现状

分布较少，数量不多，不常见。

保护级别

列入《世界自然保护联盟濒危物种红色名录》（IUCN）低危（LC）、《国家保护的有重要生态、科学、社会价值的陆生野生动物名录》。

3. 冠鱼狗 *Megaceryle lugubris*

英文学名

Crested Kingfisher

别名

花斑钓鱼郎

外形特征

体形大。冠羽发达，上体青黑并多具白色横斑和点斑，蓬起的冠羽也如是。大块的白斑由颊区延至颈侧，下有黑色髭纹。下体白色，具黑色的胸部斑纹，两胁具皮黄色横斑。雄鸟翼线白色，雌鸟黄棕色。虹膜褐色；嘴黑色；脚黑色。飞行时作尖厉刺耳的“aeek”叫声。

大小量度

体重244～500 g，体长372～425 mm，嘴峰57～78 mm，尾114～130 mm，跗跖12～16 mm。

栖境习性

生境：栖息于林中溪流、水清澈而缓流的小河、溪涧、湖泊以及灌溉渠等水域。食性：食物以小鱼为主，兼吃甲壳类和多种水生昆虫及其幼虫。习性：留鸟。多沿溪流中央飞行，一旦发现食物迅速俯冲，动作利落。平时常独栖在

近水边的树枝顶上、电线杆顶或岩石上，伺机猎食。常将捕获物放到栖木上摆弄，如将鱼抛起从头把鱼吞下。其扎入水中后能保持极佳的视力，因为入水后，其眼睛能迅速调整视角反差。

生长繁殖

繁殖期2—8月，多在5—6月繁殖。巢筑在陡岸、断崖、田坎头或田野和小溪的堤坝上。用嘴挖掘，巢洞呈圆形，较小。不加铺垫物。卵直接产在巢穴地上。卵椭圆形，纯白辉亮，稍具斑点，大小为（37～40）mm×（30～35）mm，每年1～2窝；孵化期21天，雌雄孵卵，雌鸟喂雏。

种群现状

分布较少，数量稀少，罕见。

保护级别

列入《世界自然保护联盟濒危物种红色名录》（IUCN）低危（LC）、《国家保护的有重要生态、科学、社会价值的陆生野生动物名录》。

十二、啄木鸟目
Piciformes

（一）拟䴕科 Megalaimidae

热带广布，全球共13属76种，我国有1属8种，重庆1属1种。体形短而胖，颜色鲜艳，不擅飞行。以果子和昆虫为主食，会自行啄树洞为巢，但嘴巴不像啄木鸟般坚硬，只能找枯树或木质较软的树种。喜栖低海拔的阔叶林，有较多枯木的树林，以方便其筑巢。不是很怕人，能适应人类环境，近年在市区的公园或校园内已有繁殖。常静立于枯枝上，或是停在乔木枝叶间。因为拥有良好的保护色，若不鸣叫就很难发现它们的身影。常发出单调浑厚的“咯、咯、咯……”叫声，像极了和尚敲打木鱼的声音，加上头部掺杂红、黄、蓝、绿、黑五色，所以又被称为“森林里的花和尚”。

大拟啄木鸟 *Psilopogon virens*

英文学名

Great Barbet

外形特征

体长30～34 cm。嘴大而粗厚，象牙色或淡黄色；头、颈和喉暗蓝或紫蓝色，上胸暗褐色，下胸和腹淡黄色，具绿色或蓝绿色宽纵纹；尾下覆羽红色。背、肩暗绿褐色，其余上体草绿色。下背、腰、尾上覆羽和尾羽亮草绿色。尾羽羽干黑褐色；腋羽和翅下覆羽黄白色。虹膜褐色或棕褐色。跗跖和趾铅褐色或绿褐色，爪角褐色。

大小量度

体重150～230 g，体长300～335 mm，嘴峰37～44 mm，尾，跗跖30～35 mm。

栖境习性

生境：栖息于海拔1 500 m以下的阔叶林或针阔叶混交林，最高海拔可达2 500 m。食性：主食马桑、五加科等植物的花、果实和种子，在繁殖期间也吃各种昆虫。习性：留鸟。常单独或成对活动，在食物丰富的地方有时也成小群。常栖于高树顶部，能站在树枝上像鹦鹉一样左右移动。叫声单调而洪亮，为不断重复地“go～o，go～o”鸣叫。

生长繁殖

繁殖期4—8月。成对营巢繁殖。通常营巢在海拔300～2 500 m的山地森林中树上凿洞为巢，有时也利用天然树洞。洞口距地面3～18 m，洞口直径7 cm，洞深17 cm。每窝产卵2～5枚，多为3～4枚。卵白色呈卵圆形，大小为（30～39）mm×（22～29）mm，雌雄孵卵。晚成雏。

种群现状

分布较少，数量稀少，罕见。

保护级别

列入《世界自然保护联盟濒危物种红色名录》（IUCN）低危（LC）、《国家保护的有重要生态、科学、社会价值的陆生野生动物名录》、《重庆市重点保护野生动物名录》。

（二）啄木鸟科 Picidae

头大，颈较长；嘴强硬而直尖，呈凿形适于在树上凿孔；舌细长而能伸缩，表面布满黏液，先端列生短钩倒刺，适宜钩出隐藏在树干内部的害虫，被称为“森林医生”；脚稍短，具3或4趾，异趾型；尾呈平尾或楔状，羽干坚硬富有弹性，以支撑身体，在树干上螺旋式地攀缘搜寻昆虫。多留鸟，少迁徙。雄鸟求偶时，用嘴在空心树干上有节奏地进行敲木鱼式敲打。共约34属221种，中国9属29种，重庆2属8种。

1. 蚁䴕 *Jynx torquilla*

英文学名

Eurasian wryneck

别名

欧亚蚁䴕

外形特征

体羽斑驳杂乱，下体具小横斑。嘴相对较短，呈圆锥形。脚较短，同其他啄木鸟类一样，为对趾型：两趾向前，两趾向后。虹膜淡褐；嘴角质色；脚褐色。因其体色与地面枯草或沙土相似，容易隐蔽，常闻声不见踪，有“地表鸟”之称。

大小量度

体重28～47 g，体长16～19.7 cm，嘴峰10～16 mm，尾65～78 mm，跗跖18～25 mm。

栖境习性

生境：栖息于低山和平原开阔的疏林地带，尤喜阔叶林和针阔叶混交林。食性：捕捉地面或树洞里的蚂蚁。习性：冬候鸟或旅鸟。除繁殖期成对常单独活动。多在地面觅食，行走成跳跃前进。飞行迅速敏捷，行动诡秘。头灵活，受到惊吓时能向各个方向扭转，有“歪脖”之名。繁殖期间鸣叫频繁，鸣声短促而尖锐，其声似“嘎～嘎～嘎”。

生长繁殖

繁殖期5—7月。营巢于啄木鸟废弃洞中、腐朽的树木和树桩上的自然洞穴、建筑物墙壁和空心水泥电柱顶端营巢。每窝产卵5～14枚，多为7～12枚。卵白色，卵圆形或长卵圆形，大小为（22～24）mm×（15～17）mm，3～4 g。雌雄孵卵，孵化期12～14天。晚成雏，雌雄共育，经19～21天的喂养，雏鸟即可离巢飞翔。

种群现状

分布较少，数量稀少，罕见。

保护级别

列入《世界自然保护联盟濒危物种红色名录》（IUCN）低危（LC）、《国家保护的有重要生态、科学、社会价值的陆生野生动物名录》。

2. 斑姬啄木鸟 *Picumnus innominatus*

英文学名

Speckled Piculet

外形特征

雄鸟额至后颈栗色或烟褐色，头顶前部缀以橙红色。背至尾上覆羽橄榄绿色，两翅暗褐色，外缘沾黄绿色，翼缘近白色，翅上覆羽和内侧飞羽表面同背。胸和上腹以及两胁布满大的圆形黑色斑点，腹中部黑色斑点不明显或没有黑色斑点；尾羽黑色。雌鸟和雄鸟相似，但头顶前部为单一的栗色或烟褐色。虹膜褐色或红褐色，嘴和脚铅褐色或灰黑色。

大小量度

体重10～16 g，体长96～110 mm，嘴峰10～12 mm，尾30～36 mm，跗跖11～14 mm。

栖境习性

生境：栖息于海拔2 000 m以下的低山丘陵和山脚平原常绿或落叶阔叶林中。食性：以蚂蚁、甲虫和其他昆虫为食。习性：留鸟或迁徙过境旅鸟。常单独活动，多在地上或树枝上觅食，较少在树干觅食。

生长繁殖

繁殖期4—7月。营巢于树洞中，每窝产卵3～4枚。卵白色，形状为卵圆形或近圆形，大小为（13～16）mm×（11～13）mm，平均15 mm×12 mm。雌雄轮流孵卵。

种群现状

分布较少，数量稀少，罕见。

保护级别

列入《世界自然保护联盟濒危物种红色名录》（IUCN）低危（LC）、《国家保护的有重要生态、科学、社会价值的陆生野生动物名录》。

3. 棕腹啄木鸟 *Dendrocopos hyperythrus*

英文学名

Rufous-bellied Woodpecker

外形特征

头顶及项深红色，背、两翼及尾黑，上具成排的白点；头侧及下体浓赤褐色为本种识别特征；臀红色。雄鸟顶冠及枕红色。雌鸟顶冠黑而具白点。西藏亚种枕部红色延至耳羽后；指名亚种较其他两亚种下体多黄棕色。虹膜暗褐色，雌鸟酒红色；上嘴黑，下嘴淡黄色，且稍沾绿色；跗跖和趾暗铅色，爪暗褐色。

大小量度

体重41～65 g，体长184～238 mm，嘴峰23～29 mm，尾79～95 mm，跗跖19～23 mm。

栖境习性

生境：多栖息在次生阔叶林、针阔叶混交林及冷杉苔藓林中。喜针叶林或混交林。食性：嗜吃昆虫，尤其是蚂蚁，也吃蛴象、象甲、鳞翅目幼虫，步行虫。习性：留鸟。嘴强直如凿。舌细长，能伸缩自如，先端并列生短钩。攀木觅食时以嘴叩树。头骨十分坚固，大脑周围有一层绵状骨骼，内含液体，对外力能起缓冲和消震作用；能把喙尖和头部始终保持在一条直线上。叫声断音节“kii～i～i～i～i～i～i”连叫，越来越弱至结束。

生长繁殖

繁殖期4—6月。巢营于腐朽或半腐朽的树干洞里，距地3～5 m。凿洞有时耗费它长达1个月时间。其洞孔稍呈椭圆形，而不似其他啄木鸟的洞孔之圆形。通常每窝产卵3枚，罕见仅2枚或多至4枚。大小约为22.2 mm×16.5 mm。雌雄轮流孵卵，晚成雏。

种群现状

分布较少，数量稀少，罕见。

保护级别

列入《世界自然保护联盟濒危物种红色名录》（IUCN）低危（LC）、《国家保护的有重要生态、科学、社会价值的陆生野生动物名录》。

4. 星头啄木鸟 *Dendrocopos canicapillus*

英文学名

Grey-capped Woodpecker

别名

小啄木

外形特征

额至头顶灰色或灰褐色，具1宽阔的白色眉纹自眼后延伸至颈侧。雄鸟在枕部两侧各有1深红色斑，上体黑色，下背至腰和两翅呈黑白斑杂状，下体具粗著的黑色纵纹。雌鸟和雄鸟相似，但枕侧无红色。星头啄木鸟虹膜棕红色或红褐色，嘴铅灰色或铅褐色，脚灰黑色或淡绿褐色。

大小量度

体重20～30 g，体长140～175 mm，嘴峰16～21 mm，尾55～69 mm，跗跖15～18 mm。

栖境习性

生境：栖息于山地和平原阔叶林、针阔叶混交林和针叶林中，也出现于杂木林和次生林。食性：主要以昆虫为食，偶尔也吃植物果实和种子。习性：留鸟。常单独或成对活动，仅巢后带雏期间出现家族群。多在树中上部活动和取食，偶尔也到地面倒木和树桩上取食。飞行迅速，成波浪式前进。

生长繁殖

繁殖期4—6月。3月中下旬成对嬉闹。营巢于心材腐朽的树干上，巢位距地3～15 m。雌雄共同啄巢洞。洞口圆形，直径4.2～4.5 cm，洞内径11～12 cm，洞内无内垫物。每窝产卵4～5枚，卵白色，卵圆形，大小为（18～21）mm×（13～15）mm，雌雄孵卵，孵化期12～13天。晚成雏。

种群现状

分布较广，数量较多，较常见。

保护级别

列入《世界自然保护联盟濒危物种红色名录》（IUCN）低危（LC）、《国家保护的有重要生态、科学、社会价值的陆生野生动物名录》。

5. 大斑啄木鸟 *Dendrocopos major*

英文学名

Great Spotted Woodpecker

别名

赤䴕、臭奔得儿木、花奔得儿木、花啄木、白花啄木鸟、啄木冠、叼木冠

外形特征

上体主要为黑色，额、颊和耳羽白色，肩和翅上各有一块大的白斑。尾黑色，外侧尾羽具黑白相间横斑，飞羽亦具黑白相间的横斑。下体污白色，无斑；下腹和尾下覆羽鲜红色。雄鸟枕部红色。虹膜暗红色，嘴铅黑或蓝黑色，跗跖和趾褐色。

大小量度

体重62～79 g，体长201～250 mm，嘴峰21～28 mm，尾79～98 mm，跗跖21～26 mm。

栖境习性

生境：栖息于山地和平原针叶林、针阔叶混交林和阔叶林中。食性：主要以各种昆虫及其幼虫为食，偶尔也吃植物性食物。习性：留鸟。常单独或成对活动，繁殖后期则为松散的家族群活动。多在树干和粗枝上觅食，搜索完一棵树后再飞向另一棵树，飞翔时两翅一开一闭，呈大波浪式前进，有时也在地上倒木和枝叶间取食。叫声为“jen～jen～”。

生长繁殖

繁殖期4—7月。在繁殖季节经常可以听到雄鸟连续而急促地敲击树干的声音，这是它们宣示领域和招引异性的行为。每窝产卵4～5枚，卵白色，雌雄轮流孵卵，孵化期13～16天，育雏期20～30天，雏鸟即可离巢和飞翔。

种群现状

分布较广，数量较多，较常见。

保护级别

列入《世界自然保护联盟濒危物种红色名录》（IUCN）低危（LC）、《国家保护的有重要生态、科学、社会价值的陆生野生动物名录》。

6. 赤胸啄木鸟 *Dryobates cathpharius*

英文学名

Crimson-breasted Woodpecker

外形特征

上体黑色，具大块白色翅斑；雄鸟头顶后部和枕红色，雌鸟黑色；额、脸、喉和颈侧污白色，颚纹黑色，沿喉侧向下与胸侧黑色相连；胸中部和尾下覆羽红色，其余下体皮黄色，具黑色纵纹。虹膜褐色或红色，嘴淡铅色，脚和趾暗铅色或绿褐色，爪角褐色。

大小量度

体重30～45 g，体长165～185 mm，嘴峰19～20 mm，尾73～75 mm，跗跖15～17 mm。

栖境习性

生境：栖息于中海拔的山地常绿或落叶阔叶林和针阔叶混交林中。食性：食花蜜及昆虫。习性：留鸟。除繁殖期成对外，平常多单独活动。主要以各种昆虫为食。捕食用嘴敲击树干，发出“笃，笃”的声音，一般要把整株树的小囊虫彻底消灭才转移到另一棵树上。

生长繁殖

繁殖期4—5月，营巢于海拔1 200 m以上的阔叶林和混交林中。巢洞多选择在枯立木上或活树上，巢洞由雌雄鸟共同啄凿，洞口多为椭圆形。每窝产卵2～4枚，卵白色，大小为（19.5～25）mm×（15～18）mm。雌雄轮流孵卵。雏鸟晚成性。

种群现状

分布极少，数量极稀少，极罕见。

保护级别

列入《世界自然保护联盟濒危物种红色名录》（IUCN）低危（LC）、《国家保护的有重要生态、科学、社会价值的陆生野生动物名录》。

7. 灰头绿啄木鸟 *Picus canus*

英文学名

Grey-faced Woodpecker

别名

山啄木、火老鸦、绿奔得儿木、香奔得儿木、黄啄木、绿啄木、黑枕绿啄木鸟

外形特征

雄鸟上体背部绿色，腰部和尾上覆羽黄绿色，额部和顶部红色，枕部灰色并有黑纹。颊部和颏喉部灰色，髭纹黑色。初级飞羽黑色具有白色横条纹。尾大部为黑色。下体灰绿色。雌雄相似但雌鸟头顶和额部非红色。嘴、脚铅灰色。鼻孔被粗的羽毛所掩盖。嘴峰稍弯；脚具4趾，外前趾较外后趾长。强凸尾，最外侧尾羽较尾下覆羽为短。虹膜红色，嘴灰黑色，脚和趾灰绿色或褐绿色。

大小量度

体重105～159 g，体长265～321 mm，嘴峰29～40 mm，尾90～123 mm，跗跖24～32 mm。

栖境习性

生境：主要栖息于低山阔叶林和混交林，也出现于次生林和林缘地带。食性：主要以昆虫为食。偶尔也吃植物果实和种子。习性：留鸟。单独或成对活动很少成群。飞行波浪式迅速前进。在树干中下部取食，也在地面取食，尤其是地上倒木和蚁冢上活动。平时少鸣叫，叫声单音节，“ga～ga～”声。但繁殖期间鸣叫却甚频繁而洪亮，声调亦较长而多变，其声似“gao～gao～gao～”。

生长繁殖

1年1窝，5月初开始产卵。每窝产卵多为9～10枚。卵乳白色光滑无斑，为卵圆形，大小为（28.5～30.7）mm×（21～22.9）mm，平均重6.5 g。卵产齐后开始孵卵，雌雄孵化，孵化期12～13天。晚成雏，雌雄亲鸟共同育雏。初期暖雏时间多，喂雏次数少，且多入巢喂雏。23～24天育雏期。

种群现状

分布较少，数量不多，不常见。

保护级别

列入《世界自然保护联盟濒危物种红色名录》（IUCN）低危（LC）、《国家保护的有重要生态、科学、社会价值的陆生野生动物名录》。

十三、戴胜目
Upupiformes

戴胜科 Upupidae

具凤冠状羽冠；嘴形细长，自基处起稍向下弯；翅形短圆，初级飞羽10枚；尾长度适中而近方形，尾羽10片；跗跖短而不弱，前后缘均具盾状鳞；趾基合并不完全，中趾与外趾仅并连于基部，内趾则游离。两性羽色相似。以前，戴胜属于佛法僧目中的一科，后来根据DNA测序结果，部分学者将戴胜科从佛法僧目中独立分列为戴胜目，也有学者将戴胜目并入犀鸟目（Bucerotiformes）。全球仅1种。

戴胜 *Upupa epops*

英文学名

Eurasian Hoopoe 或 Common Hoopoe

别名

胡哱哱，花蒲扇，山和尚，鸡冠鸟，臭姑鸪

外形特征

头、颈、胸淡棕栗色。羽冠色略深且各羽具黑端并带白斑。上背和肩棕褐色；下背黑褐色而杂以棕白色宽阔横斑；腰白色；尾羽黑色而中部向两侧至近端部有一白色横斑。翼覆羽黑色而杂有棕白色横斑，腹及两胁由淡葡萄棕转为白色，并杂有褐色纵纹。虹膜暗褐色；嘴黑色，基部呈淡铅紫色；脚铅黑色。幼鸟上体色较苍淡、下体较呈褐色。

大小量度

体重53～90 g，体长245～312 mm，嘴峰43～59 mm，尾90～124 mm，跗跖18～27 mm。

栖境习性

生境：栖息于山区或平原的开阔地、耕地、果园等地域，尤其林缘耕地生境较为常见。食性：主要以昆虫和幼虫为食，也吃蠕虫等其他小型无脊椎动物。习性：留鸟。单独或成对活动。在地面上边走边觅食，受惊时飞上树枝或飞一段距离后落地，飞行时两翅扇动缓慢波浪式前进。性情较温驯，不太怕人。鸣声似“gu～gu～gu”，粗壮而低沉，冠羽随鸣叫时一起一伏，而喉颈部伸长而鼓起，头前伸，边走边点头。常将恶臭的粪便拉在巢里，用刺激的恶臭驱避天敌。

生长繁殖

繁殖期4—6月。通常成对营巢于天然树洞或啄木鸟的弃洞中，有时也建窝在岩壁缝隙中，亦见争雌现象。1年1窝，每窝产卵6～8枚，浅鸭蛋青色或淡灰褐色。雌鸟孵化18天。晚成雏。雏鸟刚孵出仅3.5 g，体长45 mm，全身肉红色带白色绒羽。雌雄共同育雏26～29天。

种群现状

分布较广，数量较多，较常见。

保护级别

列入《世界自然保护联盟濒危物种红色名录》（IUCN）低危（LC）。

十四、咬鹃目
Trogoniformes

咬鹃科 Trogonidae

热带森林中的树栖攀禽，不善走、跳，飞行能力不强，不远飞，不迁徙。以果实或昆虫为食，多在枯朽树木的树洞中营巢，雏鸟晚成。脚趾为异趾型。通常有闪烁着金属光泽的鲜艳羽毛。共6属38种，中国1属3种，重庆1属1种。

红头咬鹃 *Harpactes erythrocephalus*

英文学名

Red-headed Trogon

外形特征

雄性成鸟头、颈暗赤红色；背及两肩棕褐色，腰及尾上覆羽棕栗色。尾羽中央1对栗色，具黑色羽端；两翅黑色，内侧飞羽密布白色虫蠹状细横纹，初级覆羽灰黑色，外侧具白色羽缘。颏淡黑色；红色胸部上具半月形白环；雌性成鸟头、颈和胸纯为橄榄褐色；腹部为比雄鸟略淡的红色；翼上的白色虫蠹状纹转为淡棕色。虹膜淡黄色；嘴黑色。

大小量度

体重95～125 g，体长350～365 mm，嘴峰17～18 mm，尾210～230 mm，跗跖15～17 mm。

栖境习性

生境：栖息于热带雨林，特别是次生密林，高至海拔2 400 m。食性：主要以昆虫幼虫为食，也吃植物果实。常通过飞行在空中捕食。习性：留鸟。单个或成对活动，树栖性。飞行力较差，虽快而不远，呈波浪式。叫声像支离的猫叫声，一般似“shiu”的3声断续，冲击捕虫时或惊恐时也常发出似“krak”的单噪声。但平时甚静，性胆怯而孤僻，常一动不动垂直地站在树冠层低枝上或藤条上。

生长繁殖

繁殖期4—7月。通常营巢于天然树洞中或啄木鸟废弃的巢洞中，有时也在枯朽的树洞中营巢。洞内无垫物，卵直接产于洞中，每窝产卵3～4枚，卵为钝卵圆形或卵圆形。颜色为淡皮黄色或咖啡色，大小约29 mm×24 mm；雌雄参与孵卵和育雏。雏鸟为晚成性。

种群现状

分布较少，数量稀少，罕见。

保护级别

列入国家二级重点保护野生动物、《世界自然保护联盟濒危物种红色名录》（IUCN）低危（LC）。

十五、鲣鸟目
Suliformes

鸬鹚科 Phalacrocoracidae

鸬鹚科大多为候鸟或旅鸟。特征为足部4趾相连均向前，全蹼足；大型的食鱼游禽，嘴强而长，上嘴两侧有沟，嘴端有钩，适于捕鱼；下嘴基部有喉囊；鼻孔小，善于游泳和潜水，羽毛湿透后，张开双翅晒干后才能飞翔；飞行力强，飞行时直线前进，脚与头均伸直。全球广布，共39种，中国5种，重庆1种。

普通鸬鹚 *Phalacrocorax carbo*

英文学名

Great Cormorant

别名

黑鱼郎、水老鸦、鱼鹰

外形特征

通体黑色，头颈具紫绿色金属光泽，生殖期雄鸟头颈杂有白色丝状细羽；尾羽基部灰白色；颊、颏和上喉白色呈半环状；下胁具白色块斑。生殖时期腰肢两侧各有一个三角形白斑。虹膜翠绿色，上嘴黑色，先端具锐钩，嘴缘和下嘴灰白色，喉囊橙黄色。具全蹼。幼鸟似成鸟冬羽，但色较淡，上体多呈暗茶褐色，头无冠羽。

大小量度

体重1340～2300 g，体长716～870 mm，嘴峰61～75 mm，尾160～220 mm，跗跖61～90 mm。

栖境习性

生境：栖息于河流、湖泊、池塘、水库、河口及其沼泽地带。食性：以各种鱼类为食。主要通过潜水捕食。习性：迁徙过境旅鸟或留鸟。成小群活动。善游泳和潜水常在水中间活动。飞行力很强头颈向前伸直，掠水面而过。休息时站在水边岩石上或树上呈垂直坐立姿势。性不甚畏人。除迁徙期外，一般不离开水域。脚蹼和翅膀游水。听觉敏锐。繁殖期或群栖发生纠纷时会发出带喉音的咕哝声，其他时候无声。

生长繁殖

繁殖期4—6月。成群营巢于水域岸边的树上、草丛中或岩壁上。巢由枯枝和水草构成亦喜欢利用旧巢。每窝产卵3～5枚，淡蓝或淡绿，大小约65 mm×41 mm，重约46 g。雌雄孵化，孵化28～30天。晚成雏。雌雄共育60天，约3年性成熟。雏鸟啄食亲鸟口腔中半消化的食物，亲鸟直接将水喷注入雏鸟嘴里。

种群现状

分布较少，数量稀少，罕见。

保护级别

列入《世界自然保护联盟濒危物种红色名录》（IUCN）低危（LC）、《国家保护的有重要生态、科学、社会价值的陆生野生动物名录》、《重庆市重点保护野生动物名录》。

十六、隼形目
Falconiformes

隼科 Falconidae

猛禽。大多是迁徙候鸟，通常在高大乔木或峭壁上筑巢；飞翔技术高超，常常在空中捕食，捕猎技术高超，常被人们饲养用于狩猎。全球广布，共10属58种，中国2属12种，重庆1属6种。

1. 红隼 *Falco tinnunculus*

英文学名

Kestrel 或 Eurasian Kestrel

别名

茶隼，红鹰，黄鹰，雀鹰

外形特征

小型猛禽，雄鸟上体砖红色，背及翅上具三角形黑斑；头、颈部蓝灰色，具细黑纹。腰、尾上覆羽和尾羽蓝灰色，尾具宽阔的黑色次端斑和窄的白色端斑；眼下有黑色纵纹。下体乳黄色带淡棕色，具黑褐色细纹及粗斑；羽端灰白；雌鸟上体至尾棕红色，杂以粗著的黑褐色横斑，虹膜暗褐色，嘴蓝灰色，先端黑色，脚、趾深黄色。

大小量度

体重173～335 g，体长305～360 mm，嘴峰14～15 mm，尾152～184 mm，跗跖33～43 mm。

栖境习性

生境：栖息于森林、山地、旷野、农田等地域。食性：老鼠、蛙、蛇等小型脊椎动物，也吃蝗虫、蚱蜢等昆虫。习性：冬候鸟或迁徙过境旅鸟。春季3月中至4月中陆续迁到北方繁殖地，10月迁离。小群迁徙。栖息时多栖于空旷地区孤立的高树梢上或电线杆上。喜独行，尤以傍晚时最为活跃。飞翔力强，喜逆风飞翔，可快速振翅停于空中。视力敏捷，取食迅速。

生长繁殖

繁殖期5—7月。营巢于岩石缝隙、土洞、树洞和其他鸟类的旧巢中。巢较简陋，由枯枝构成。每窝产卵4～5枚，白色或赭色、密被有红褐色斑，大小约为38.6 mm×30.9 mm，16～23 g。以雌鸟孵卵为主，雄鸟偶替雌鸟孵卵，孵化28～30天。晚成雏。由雌雄共喂养30天左右。

种群现状

分布较广，数量不多，不常见。

保护级别

列入国家二级重点保护野生动物、《世界自然保护联盟濒危物种红色名录》（IUCN）低危（LC）。

2. 红脚隼 *Falco amurensis*

英文学名

Amur Falcon

别名

青鹰、青燕子、黑花鹞、红腿鹞子

外形特征

雄、雌及幼鸟体色有异。雄鸟上体大都为石板黑色；其他为淡石板灰色，胸具细黑褐纹；下体及覆羽棕红色。雌鸟上体大致为石板灰色，具黑褐色羽干纹，下背、肩具黑褐色横斑；颏、喉、颈侧乳白色，其余下体淡黄白色或棕白色。幼鸟和雌鸟相似，但上体较褐；虹膜暗褐；嘴先端石板灰；跗和趾橙黄色，爪淡白黄色。

大小量度

体重124～200 g，体长260～300 mm，嘴峰11～13 mm，尾122～154 mm，跗跖26～36 mm。

栖境习性

生境：主要栖息于开阔地区，尤其喜欢具有稀疏树木的平原、低山和丘陵地区。食性：主要以昆虫为食，有时也捕食小型脊椎动物，其中害虫为其主要食物。习性：迁徙过境游鸟。多白天单独活动，飞翔时两翅快速扇动，间或进行一阵滑翔，也能通过两翅的快速扇动在空中作短暂的停留。高音的叫声“ki～ki～ki”；也有尖厉的“keewi～keewi”声。4月末至5月初迁到北方繁殖地，10月末至11月初迁离。

生长繁殖

繁殖期5—7月。营巢于疏林中高大乔木树的顶枝上。常强占喜鹊的巢。巢近球形，距地面6～20 m。每窝产卵4～5枚，白色，密布红褐色斑点，大小约为37 mm×30 mm，14～19 g。雌雄孵化22～23天。晚成雏，孵出后由亲鸟共同抚养约27～30天后离巢。

种群现状

分布较广，数量稀少，罕见。

保护级别

列入国家二级重点保护野生动物、《世界自然保护联盟濒危物种红色名录》（IUCN）低危（LC）。

3. 灰背隼 *Falco columbarius*

英文学名

Merlin

别名

马莲，朵子，兰花绣，桃花，灰鹞子

外形特征

小型猛禽。前额、眼先、眉纹、头侧和颈部均为污白色，微缀皮黄色。上体的颜色较浅淡，尤其是雄鸟，呈淡蓝灰色，具黑色羽轴纹。尾羽上具有宽阔的黑色亚端斑和较窄的白色端斑。后颈蓝灰色，有一个棕褐色的领圈，并杂有黑斑，是其独有的特点。下体为淡棕色，具粗著的棕褐纹。嘴铅蓝灰色，尖端黑色，爪黑褐色。

大小量度

体重122～205 g，体长250～330 mm，嘴峰11～14 mm，尾132～160 mm，跗跖28～38 mm。

栖境习性

生境：栖息于开阔地带，特别是林缘、林中空地、山岩和有稀疏树木的开阔地。食性：主要以小型鸟类、鼠类和昆虫等为食，也吃蜥蜴、蛙和小型蛇类。习性：冬候鸟或迁徙过境旅鸟。告警时发出一连串快速上升的尖厉刺耳叫声。幼鸟乞食声为“yeee ~ yeee”。常单独活动。多在低空飞翔，在快速的鼓翼飞翔之后，偶尔又进行短暂的滑翔，发现食物则立即俯冲下来捕食。休息时在地面上或树上。

生长繁殖

繁殖期5—7月，常营巢于树上或悬崖岩石上。喜欢占用其他鸟类的旧巢。巢的结构较为简陋，主要由枯枝构成，呈浅盘状。每窝产卵3 ~ 4枚，砖红色，被有暗红褐色斑点。亲鸟轮流孵卵，孵化期28 ~ 32天。晚成雏，孵出后由亲鸟轮流抚养25 ~ 30天后离巢。

种群现状

分布较广，数量稀少，罕见。

保护级别

列入国家二级重点保护野生动物、《世界自然保护联盟濒危物种红色名录》（IUCN）低危（LC）。

4. 燕隼 *Falco subbuteo*

英文学名

Eurasian Hobby

别名

青条子、土鹘、儿隼、蚂蚱鹰、虫鹞

外形特征

小型猛禽，上体为暗蓝灰色，具细白色眉纹，颊部有一个黑色纵髭纹，颈部及下体白色，具黑色纵纹，下腹部至尾下覆羽为棕栗色。尾羽为灰色或石板褐色，除中央尾羽外，所有尾羽均具横斑和淡棕黄色的羽端。翅膀狭长，到达尾羽的端部，翼下为白色，密布黑斑。虹膜黑褐色，嘴蓝灰色，尖端黑色，脚、趾黄色，爪黑色。

大小量度

体重120 ~ 290 g，体长260 ~ 350 mm，嘴峰12 ~ 15 mm，尾132 ~ 164 mm，跗跖28 ~ 39 mm。

栖境习性

生境：栖息于有稀疏树木生长的开阔地带，有时也到村庄附近。食性：主要以麻雀、山雀等雀形目小鸟为食，偶尔捕捉蝙蝠，大多捕食害虫。习性：迁徙过境旅鸟。单独或成对活动，飞行快速能在空中短暂停留。停息时大多在高大的树上或电线杆的顶上。主要在空中捕食。在黄昏时捕食活动最为频繁。重复尖厉的叫声“kick”。小群迁徙，通常4月中下旬迁到东北繁殖地，9月末至10月初离开。

生长繁殖

繁殖期5—7月。营巢于疏林或林缘和田间的高大乔木树上，多侵占乌鸦和喜鹊的巢。巢距地面10 ~ 20 m。每窝产卵2 ~ 4枚，白色，密布红褐色的斑点，

大小为（37～43）mm×（30～32）mm，以雌鸟为主孵化28天。晚成雏，由亲鸟共同抚养约28～32天后离巢。

种群现状

分布较广，数量稀少，罕见。

保护级别

列入国家二级重点保护野生动物、《濒危野生动植物种国际贸易公约》（CITES）附录Ⅱ、《世界自然保护联盟濒危物种红色名录》（IUCN）低危（LC）。

5. 游隼 *Falco peregrinus*

英文学名

Peregrine或Peregrine Falcon

别名

花梨鹰、鸽虎、鸭虎、青燕

外形特征

中型猛禽。头至后颈灰黑色，有的缀有棕色斑纹；其余上体和尾蓝灰色，具黑褐色羽干纹和横斑；飞羽黑褐色，具污白色端斑和微缀棕色斑纹；颊部有一粗黑褐色髭纹。喉和髭纹前后白色，其余下体白色或皮黄白色，具黑褐色横斑；虹膜暗褐色，嘴铅蓝灰色，嘴尖黑色，脚和趾橙黄色，爪黄色。普通亚种幼鸟爪玉白色，与猎隼类似。

大小量度

体重623～887 g，体长412～501 mm，嘴峰19～24 mm，尾160～201 mm，跗跖50～57 mm。

栖境习性

生境：主要栖息于山地、丘陵、半荒漠、沼泽与湖泊沿岸地带。食性：捕食野鸭和鸡类等中小型鸟类，偶尔也捕食鼠类和野兔等小型哺乳动物。习性：迁徙过境旅鸟。多单独活动，叫声尖锐，略微沙哑。性情凶猛。体重相对较大，具狭窄翅膀和比较短的尾羽。大多数时候都在空中飞翔巡猎，有时也在地上捕食。跗跖短而粗壮，脚趾细而长。

生长繁殖

繁殖期4—6月。一雄一雌，营巢于林间空地、河谷悬崖、地边丛林以及其他峭壁悬崖上有时也用其他鸟巢，也在树洞与建筑物上筑巢。每窝产卵2～4枚，红褐色，大小为（49～58）mm×（39～43）mm。雌雄孵化28～29天，期间领域性极强，晚成雏，亲鸟共育35～42天后离巢。

种群现状

分布较广，数量稀少，罕见。

保护级别

列入国家二级重点保护野生动物、《濒危野生动植物种国际贸易公约》（CITES）附录Ⅰ、《世界自然保护联盟濒危物种红色名录》（IUCN）低危（LC）。

十七、鹰形目
Accipitriformes

鹰科 Accipitridae

肉食性猛禽，嘴弯曲而锐利，脚上有钩爪，适捕食或撕碎食物；均为农林益鸟；鸟喙末端有肉质蜡膜；叫声尖锐。全球共63属236种，中国20属46种，重庆12属28种。

1. 凤头蜂鹰 *Pernis ptilorhynchus*

英文学名

Oriental Honey-buzzard 或Crested Honey Buzzard

别名

八角鹰，雕头鹰，蜜鹰

外形特征

中型猛禽，头顶暗褐色至黑褐色，头侧具有短而硬的鳞片状羽毛，形成黑羽冠。虹膜为金黄色或橙红色。嘴黑色。上体黑褐色，具黑色中央斑纹，其余下体为棕褐色或栗褐色，具有淡红褐色和白色相间排列的横带和粗著的黑色中央纹。尾羽为灰色或暗褐色，具有3～5条暗色宽带斑及灰白色的波状横斑。

大小量度

体重1～1.8 kg，体长50～60 cm，嘴峰21～39 mm，尾241～291 mm，跗跖54～60 mm。

栖境习性

生境：栖息于不同海拔高度的阔叶林、针叶林和混交林中。食性：蜂类为食，也吃其他昆虫及幼虫，偶尔也吃其他小型动物。习性：留鸟或迁徙过境旅鸟。分布于中国境内的除了海南岛外均为夏候鸟，春季于4月初至4月末迁来，秋季于9月末至10月末迁走。常单独活动，冬季也偶尔集成小群。飞行灵敏具特色，多为鼓翅飞翔。边飞边叫，叫声短促，像吹哨一样。

生长繁殖

繁殖期4—6月。以枯枝叶筑巢于高大乔木上，亦利用旧巢，呈盘状，距地面10～28 m。每窝产卵2～3枚，淡灰黄而带红褐色斑点。孵化期30～35天，育雏期40～45天。求偶时，雄鸟和雌鸟双双在空中滑翔，然后急速下降，再缓慢盘旋，两翅向背后折起6～7次。

种群现状

分布较广，数量稀少，罕见。

保护级别

列入国家二级重点保护野生动物、《濒危野生动植物种国际贸易公约》（CITES）附录Ⅱ、《世界自然保护联盟濒危物种红色名录》（IUCN）低危（LC）。

2. 黑冠鹃隼 *Aviceda leuphotes*

英文学名

Black Baza

外形特征

小型猛禽，头顶具有长而垂直竖立的蓝黑色冠羽。虹膜为紫褐色或血红褐色。嘴和腿均为铅色。除了胸部和背部有少量羽毛为白色外，其他部位大多为黑色，具淡绿色的金属光泽。下胸和腹侧具有宽的白色和栗色横斑。次级飞羽上有一宽的白色横带。尾羽内侧为白色，外侧具有栗色块斑。

大小量度

体重320～360 g，体长300～330 mm，嘴峰18～22 mm，尾130～151 mm，跗跖26～27 mm。

栖境习性

生境：栖息于平原低山丘陵和高山森林地带，也出现于村庄和林缘田间地带。食性：主要以昆虫为食，也爱吃蝙蝠，以及鼠类、蜥蜴和蛙等小型脊椎动物。习性：夏候鸟或过境旅鸟。常单独活动，有时小群活动。性警觉而胆小，但有时也显得迟钝而懒散。活动主要在白天，特别是清晨和黄昏较为活跃。由于嘴峰上有2个尖尖的齿突，显得十分锋利。叫声作一至三轻音节的假声尖叫，似海鸥的咪咪叫。

生长繁殖

繁殖期4—7月。营巢于森林中河流岸边或邻近的高大树上，巢主要由枯枝构成，内放草茎、草叶和树皮纤维。每窝产卵2～3枚，卵钝卵圆形，灰白色缀有茶黄色，大小为（35～46）mm×（29～38）mm，平均大小为39 mm× 32 mm。

种群现状

分布较广，数量稀少，罕见。

保护级别

列入国家二级重点保护野生动物、《濒危野生动植物种国际贸易公约》（CITES）附录Ⅱ、《世界自然保护联盟（IUCN）低危（LC）。

3. 蛇雕 *Spilornis cheela*

英文学名

Crested Serpent-eagle

别名

大冠鹫、蛇鹰、白腹蛇雕、冠蛇雕、凤头捕蛇

外形特征

大中型鹰类。头顶具黑色杂白的圆形羽冠，覆盖后头。上体暗褐色，下体土黄色，颏、喉具暗褐色细横纹，腹部有黑白两色虫眼斑。飞羽暗褐色，

羽端具白色羽缘；尾黑色，中间有1条宽的淡褐色带斑；尾下覆羽白色。喙灰绿色，蜡膜黄色。跗跖及趾黄色，爪黑色。跗跖上覆盖着坚硬的鳞片，宽大的翅膀和丰厚的羽毛。

大小量度

体重1 150～1 700 g，体长59～64 cm，嘴峰30～46 mm，尾25～29 cm，跗跖59～100 mm。

栖境习性

生境：栖息和活动于山地森林及其林缘开阔地带。食性：主要以各种蛇类为食，也吃蜥蜴、蛙、鼠类、鸟类和甲壳动物。习性：迁徙过境旅鸟。飞行时选择晴朗的天气，单独或小群活动，发出嘹亮上扬的长鸣哨音“忽溜～忽溜”，为野外辨识主要特征。嘴没有其他猛禽粗大，但颚肌非常强大。

生长繁殖

繁殖期4—6月。营巢于森林中高树顶端枝杈上。巢由枯枝构成，呈盘状，通常每窝产卵1枚，卵白色、微具淡红色斑点，大小为（66.3～73.1）mm×（54～58.2）mm，雌鸟孵卵，孵化期35天。雏鸟晚成性，孵出后由亲鸟抚养到60天左右才能飞翔。

种群现状

分布较广，数量极稀少，极罕见。

保护级别

列入国家二级重点保护野生动物、《濒危野生动植物种国际贸易公约》（CITES）附录Ⅱ、《世界自然保护联盟濒危物种红色名录》（IUCN）低危（LC）。

4. 金雕 *Aquila chrysaetos*

英文学名

Golden Eagle

别名

金鹫、老雕、洁白雕、鹫雕

外形特征

大型猛禽。翼展达2～3 m。全身大致为黑褐色，后头至后颈柳叶状羽毛，羽端金黄色，具黑褐色羽干纹。背肩部微缀紫色光泽；尾上覆羽淡褐色，尖端近黑褐色，尾羽具不规则的暗灰褐色横斑或斑纹，和一宽阔的黑褐色端斑；次级飞羽基部具灰白色斑纹。覆腿羽具赤色纵纹。虹膜栗褐色，嘴端部黑色，基部蓝褐色或蓝灰色。

大小量度

体重2 000～5 900 g，体长78～102 cm，嘴峰36～46 mm，尾330～445 mm，跗跖99～128 mm。

栖境习性

生境：多栖息于山或丘陵地区，特别是山谷的峭壁以及筑巢于山壁凸出处。食性：以大中型的鸟类和兽类为食，有时也吃鼠类等小型兽类。习性：留鸟或迁徙过境旅鸟。单独或成对活动，冬天有时集群。善于翱翔、滑翔，常在高空中一边呈直线或圆圈状盘旋，两翅上举呈“V”形。巨大的翅膀也是有力武器之一，有时一翅扇将过去，就可以将猎物击倒在地。

生长繁殖

在中国东北地区繁殖期为3—5月。筑巢于针叶林、针阔混交林或疏林内高大乔木之上，距地面10～20 m。巢呈盘状，约2 m。通常每窝产卵2枚，肮白色或青灰白色、具红褐色斑点和斑纹，大小为（74～78）mm×（57～60）mm。雌雄孵化45天。晚成雏。亲鸟共育80天即可离巢。

种群现状

分布较广，数量极稀少，极罕见。

保护级别

列入国家一级重点保护陆生野生动物、《濒危野生动植物种国际贸易公约》（CITES）附录Ⅰ、《世界自然保护联盟濒危物种红色名录》（IUCN）低危（LC）、《中国濒危动物红皮书》易危。

5. 白腹隼雕 *Aquila fasciata*

英文学名

Bonelli’s Eagle

别名

白腹山雕

外形特征

大型猛禽，雌鸟显著大于雄鸟。上体暗褐色，各羽基部灰白色。头顶羽呈矛状。上喙边端具弧形垂突；基部具蜡膜或须状羽；飞翔时翼下覆羽黑色，内侧飞羽有云状白斑。灰色的尾羽较长，有7道不甚明显的黑褐色波浪形斑和宽阔的黑色亚端斑。下体白色，沾有淡栗褐色。虹膜为淡褐色，嘴蓝灰色，尖端为黑色。

大小量度

体重雄鸟1 500～2 100 g、雌鸟1 900～2 600 g，体长雄鸟27～50 cm、雌鸟50～73 cm，嘴峰35～39 mm，尾270～314 mm，跗跖105～122 mm。

栖境习性

生境：栖息于山区丘陵和水源丰富的地方。食性：以鸟类和兽类等为食，也吃野兔、爬行类和大的昆虫，但不吃腐肉。习性：迁徙过境旅鸟。飞翔时速度很快，能发出尖锐的叫声，性情较为大胆而凶猛，行动迅速。常单独

活动，不善于鸣叫。飞翔时两翅不断扇动，多在低空鼓翼飞行，很少在高空翱翔和滑翔。叫声尖厉，作吱吱叫声如“kie”“kie”“kikiki”。

生长繁殖

繁殖期3—5月。营巢于河谷岸边的悬崖上或树上。巢较庞大，每窝产卵1～3枚，白色，有的钝端有少许黄褐色斑。雌雄孵化42～43天，护巢性很强。晚成雏，刚孵出的时候全身被有白色绒羽，由亲鸟共同喂养60～80天后羽毛才能丰满，然后离巢。

种群现状

分布较广，数量极稀少，极罕见。

保护级别

列入国家二级重点保护野生动物、《濒危野生动植物种国际贸易公约》（CITES）附录Ⅱ、《世界自然保护联盟濒危物种红色名录》（IUCN）低危（LC）、《中国濒危动物红皮书》稀有。

6. 凤头鹰 *Accipiter trivirgatus*

英文学名

Crested Goshawk

别名

凤头苍鹰

外形特征

中等猛禽，头前额至后颈及其羽冠黑灰色。其余暗褐色；颏、喉白色，具显著的黑色中央纹；胸棕褐色具白色纵纹，其余下体白色，具窄的棕褐色横斑；尾具4道宽阔的暗褐色横带，且内翈基部白色。尾下覆羽白色，翼下飞羽具暗褐色横带；虹膜金黄色，嘴角褐色或铅色。幼鸟上体暗褐色，下体皮黄白色或淡棕色或白色，具黑色纵纹。

大小量度

体重360～530 g，体长41～49 cm，嘴峰20～29 mm，尾19～23 cm，跗跖59～72 mm。

栖境习性

生境：栖息在2000 m以下的山地森林和山脚林缘地带。食性：蛙、蜥蜴、鼠类、昆虫等动物性食物为食，也吃鸟和小型哺乳动物。习性：留鸟或迁徙过境旅鸟。主要在森林中的地面上捕食。叫声较为沉寂，“he～he～he～he～he～he”

的尖厉叫声及拖长的吠声。性善隐藏而机警，常躲藏在树叶丛中，有时也栖于空旷处孤立的树枝上。日出性。多单独活动，飞行缓慢，也不很高，有时也利用上升的热气流在空中盘旋和翱翔，盘旋时两翼常往下压和抖动。领域性甚强。

生长繁殖

繁殖期4—7月。繁殖期常在森林上空翱翔，同时发出响亮叫声并营巢于针叶林或阔叶林中高大的树上，距地6～30 m。巢较粗糙，营巢于河岸或水塘旁边。通常每窝产卵2～3枚，卵为椭圆形，大小为（43～54）mm×（37～41）mm。孵卵期间领域性极强。

种群现状

分布较广，数量极稀少，极罕见。

保护级别

列入国家二级重点保护野生动物、《濒危野生动植物种国际贸易公约》（CITES）附录Ⅱ、《世界自然保护联盟濒危物种红色名录》（IUCN）低危（LC）、《中国濒危动物红皮书》稀有。

7. 赤腹鹰 *Accipiter soloensis*

英文学名

Chinese Sparrowshawk

别名

鹅鹰、红鼻士排鲁鹞、鸽子鹰

外形特征

中等体形。下体色甚浅。成鸟：上体淡蓝灰，背部羽尖略具白色，外侧尾羽具不明显黑色横斑；下体白，胸及两胁略沾粉色，两胁具浅灰色横纹，腿上也略具横纹。成鸟翼下特征为除初级飞羽羽端黑色外，几乎全白。亚成鸟：上体褐色，尾具深色横斑，下体白色，喉具纵纹，胸部及腿上具褐色横斑。虹膜红或褐色；嘴灰色，端黑。

大小量度

体重108～132 g，体长265～360 mm，嘴峰11～14 mm，尾118～138 mm，跗跖39～45 mm。

栖境习性

生境：栖息于山地森林和林缘地带，也见于低山丘陵、小块丛林，农田、村庄等。食性：主要以蛙、蜥蜴等动物

性食物为食，也吃小型鸟类，鼠类和昆虫。习性：迁徙过境旅鸟。喜开阔林区。常单独或成小群活动，休息时多停息在树木顶端或电线杆上。性善隐藏而机警，常躲藏在树叶丛中。日出性。领域性甚强。捕食动作快，有时在上空盘旋叫声。繁殖期发出一连串快速而尖厉的带鼻音笛声，音调下降。

生长繁殖

繁殖期5—6月，雄鹰特别兴奋，常激动地向异性发出声似“Keee～Keee”的炫耀性鸣叫，即使在筑巢时同样也啸鸣不止。巢位于林中的树丛上，每窝产卵2～5枚，淡青白色，具不明显的褐色斑点，大小为（34～38）mm×（29～30）mm。雌鹰单独在巢里孵30天。

种群现状

分布较广，数量极稀少，极罕见。

保护级别

列入国家二级重点保护野生动物、《濒危野生动植物种国际贸易公约》（CITES）附录Ⅱ、《世界自然保护联盟濒危物种红色名录》（IUCN）低危（LC）。

8. 日本松雀鹰 *Accipiter gularis*

英文学名

Japanese Sparrowhawk

外形特征

小型猛禽，雌鸟比雄鸟体形大。外形和羽色很像松雀鹰，但喉部中央的黑纹较为细窄；翅下的覆羽为白色，具灰色斑点，而松雀鹰翅下覆羽为棕色；腋下羽毛为白色而具灰色横斑，而松雀鹰的腋羽为棕色而具黑色横斑；雄鸟虹膜深红色，雌鸟黄色。嘴为石板蓝色，尖端黑色。

大小量度

体重雄鸟75～110 g、雌鸟120～173 g，体长雄鸟25～29 cm、雌鸟29～34 cm，嘴峰10～14 mm，尾11～16 cm，跗跖44～55 mm。

栖境习性

生境：主要栖息于山地针叶林和混交林中，是典型的森林猛禽。食性：主要以山雀、莺类等小型鸟类为食，也吃昆虫、蜥蜴等小型爬行动物。习性：迁徙过境旅鸟或留鸟。多单独活动。常见栖息于林缘高大树木的顶枝上，有时亦见在空中飞行，两翅鼓动甚快，常在快速鼓翼飞翔之后接着又进行一段直线滑翔，有时还伴随着高而尖锐的叫声。

生长繁殖

繁殖期5—7月，营巢于茂密的山地森林和林缘地带高大树上营巢，巢呈圆而厚的皿状或盘状，距地面10～20 m。每窝产卵5～6枚，浅蓝白色，被有少数小的紫褐色斑点，尤以外端较密。经孵化后的卵为灰白色。亲鸟在孵卵期间有强烈的护巢行为。

种群现状

分布较广，数量稀少，罕见。

保护级别

列入国家二级重点保护野生动物、《濒危野生动植物种国际贸易公约》（CITES）附录Ⅰ、《世界自然保护联盟濒危物种红色名录》（IUCN）低危（LC）。

9. 松雀鹰 *Accipiter virgatus*

英文学名

Besra

别名

松子鹰、摆胸、雀贼、雀鹞

外形特征

小型猛禽，雌鸟较雄鸟要大。虹膜黄色，嘴基部铅蓝色，尖端黑色。雄鸟：上体黑灰色；眼先白色；喉白色，喉中央有一条宽阔而粗著的黑色中央纹，其余下体白色或灰白色，具褐色或棕红色斑，尾具4道黑褐色横斑。雌鸟：上体暗褐色，下体白色具暗褐色或赤棕褐色横斑。

大小量度

体重160～192 g，体长283～375 mm，嘴峰10～17 mm，尾长115～179 mm，跗跖42～61 mm。

栖境习性

生境：常单独或成对在林缘和丛林边等较为空旷处活动和觅食。食性：以各种小鸟为食，也吃蜥蜴，蝗虫、蚱蜢、甲虫以及其他昆虫和小型鼠类。习性：留鸟或迁徙过境旅鸟。常单独或成对在林缘和丛林边等较为空旷处活动和觅食。性机警。常站在林缘高大的枯树顶枝上，等待和偷袭过往小鸟，并不时发出尖利的叫声，飞行迅速，亦善于滑翔。

生长繁殖

繁殖期4—6月。营巢于茂密森林中枝叶茂盛的高大树木上部。巢主要由细树枝构成，也常常修理和利用旧巢。每窝产卵3～4枚，偶尔2枚和5枚，大小约36.9 mm×29.7 mm，通常为白色、被有灰色云状斑和红褐色斑点，尤以钝端较多。

种群现状

分布较广，数量稀少，罕见。

保护级别

列入国家二级重点保护野生动物、《濒危野生动植物种国际贸易公约》（CITES）附录Ⅱ、《世界自然保护联盟濒危物种红色名录》（IUCN）低危（LC）。

10. 雀鹰 *Accipiter nisus*

英文学名

Eurasian Sparrowhawk

别名

黄鹰、鹞鹰

外形特征

小型猛禽。雌较雄略大，翅阔而圆，尾较长。雄鸟上体暗灰色，雌鸟灰褐色，头后杂有少许白色。下体白色或淡灰白色，雄鸟具细密的红褐色横斑，雌鸟具褐色横斑。胸、腹和两胁具暗褐色细横斑。翼下飞羽具数道黑褐色横带。尾上覆羽通常具白色羽尖，尾羽灰褐色，具4～5道黑褐色横斑。虹膜橙黄色，嘴暗铅灰色、基部黄绿色。

大小量度

体重130～300 g，体长310～410 mm，嘴峰11～15 mm，尾145～223 mm，跗跖51～73 mm。

栖境习性

生境：栖息于针叶林、混交林、阔叶林等山地森林和林缘地带。食性：主要以鸟、昆虫和鼠类等为食，也捕体形稍大的鸟类和野兔、蛇等。习性：迁徙过境旅鸟或留鸟。昼行性，独栖。喜从栖处或伏击飞行中捕食。飞行能力很强，速度极快，飞行有力而灵巧。通常快速鼓动两翅飞翔一阵后，接着又滑翔一会。部分留鸟部分迁徙。春季于4—5月迁到繁殖地，秋季于10—11月离开繁殖地。

生长繁殖

繁殖期5—7月。营巢于森林中的树上，距地4～14 m。巢碟形，每窝产卵3～4枚，蛋清色、光滑无斑，约29.8 mm×38.6 mm，17～18 g。雌鸟孵卵，雄鸟偶尔亦参与孵卵活动，孵化期32～35天。晚成雏，经过24～30天的巢期生活，雏鸟即具飞翔能力和离巢。

种群现状

分布较广，数量稀少，不常见。

保护级别

列入国家二级重点保护野生动物、《濒危野生动植物种国际贸易公约》（CITES）附录Ⅱ、《世界自然保护联盟濒危物种红色名录》（IUCN）低危（LC）。

11. 苍鹰 *Accipiter gentilis*

英文学名

Eurasian Goshawk

别名

鹰、牙鹰、黄鹰、鹞鹰、元鹰

外形特征

中小型猛禽。头顶、枕和头侧黑褐色，枕部有白羽尖，眉纹白杂黑纹；背部棕黑色；胸以下密布灰褐和白相间横纹；翅下白色，但密布黑褐色横带。尾灰褐，有3～5条宽阔黑色横斑。肛周和尾下覆羽白色，有少许褐色横斑。雌鸟显著大于雄鸟。虹膜金黄或黄色；嘴黑基部沾蓝；跗跖前后缘均为盾状鳞。

大小量度

体重500～1100 g，体长467～600 mm，嘴峰19～25 mm，尾215～285 mm，跗跖61～80 mm。

栖境习性

生境：栖息于疏林、林缘和灌丛地带。次生林中也较常见。食性：主要以森林鼠类、野兔、雉类、榛鸡、鸠鸽类和其他小型鸟类为食。习性：留鸟或迁徙过境旅鸟。视觉敏锐。白天活动。性甚机警，亦善隐藏。通常单独活动，叫声尖锐洪亮。飞行快而灵活，捕食特点猛、准、狠、快，具有较大的杀伤力。迁徙时间春季为3—4月，秋季为10—11月。

生长繁殖

营巢于林密僻静处较高的树上常利用旧巢。产卵最早4月末，亦在5月中。隔日产卵1枚，每窝产卵3～4枚。卵椭圆形，尖、钝端明黑，浅鸭蛋青色。雌鸟孵化30～33天。产孵期间随卵数增加雌鸟离巢时间减少。雌雄共育以雌鸟为主雄鸟警戒。育雏期35～37天。

种群现状

分布较广，数量稀少，不常见。

保护级别

列入国家二级重点保护野生动物、《濒危野生动植物种国际贸易公约》（CITES）附录Ⅱ、《世界自然保护联盟濒危物种红色名录》（IUCN）低危（LC）。

12. 鹊鹞 *Circus melanoleucos*

英文学名

Pied Harrier

别名

喜鹊鹞、喜鹊鹰、黑白尾鹞、花泽鵟

外形特征

体形略小。雄鸟体羽黑、白及灰色；头、喉及胸部黑色而无纵纹。雌鸟上体褐色沾灰并具纵纹，腰白，尾具横

斑，下体皮黄具棕色纵纹；飞羽下面具近黑色横斑。尾羽灰色，翅膀上有白斑，下胸部至尾下覆羽和腋羽为白色。亚成鸟上体深褐，尾上覆羽具苍白色横带，下体栗褐色并具黄褐色纵纹。虹膜黄色，嘴黑色或暗铅蓝灰色。

大小量度

体重250～380 g，体长420～480 mm，嘴锋16～18 mm，尾203～241 mm，跗跖73～93 mm。

栖境习性

生境：栖息于低山丘陵、山脚平原、河谷、沼泽、林缘灌丛和沼泽草地等开阔地。食性：主要以小开阔地的鸟、鼠类、林蛙、蜥蜴、蛇、昆虫等小型动物为食。习性：迁徙过境旅鸟。单独活动，多在林边草地和灌丛上空低空缓慢地飞行捕食，飞行时两翅上举成“V”形。上午和黄昏时为活动高峰期，夜间在草丛中休息。平时叫声并不响亮，只有繁殖期才发出洪亮、尖锐的叫声。

生长繁殖

繁殖期5—7月。巢多置于疏林中灌丛草甸的塔头草墩上或地面上。巢呈浅盘状。每窝产卵4～5枚，乳白色或淡绿色，通常没有斑点，偶尔被有褐色斑点，亲鸟轮流孵卵，但以雌鸟为主。孵化期约30天，晚成雏，亲鸟共同抚养大约1个多月才能离巢。

种群现状

分布较广，数量极稀少，极罕见。

保护级别

列入国家二级重点保护野生动物、《濒危野生动植物种国际贸易公约》（CITES）附录Ⅱ、《世界自然保护联盟濒危物种红色名录》（IUCN）低危（LC）。

13. 黑鸢 *Milvus migrans*

英文学名

Black Kite

别名

鸢

外形特征

中型猛禽。上体暗褐色，下体棕褐色，均具黑褐色羽干纹，尾较长，呈叉状，具宽度相等的黑色和褐色相间排列的横斑；尾端具淡棕白色羽缘；飞翔时翼下左右各有一块大的白斑。雌鸟显著大于雄鸟。虹膜暗褐色，嘴黑色。幼鸟：全身大都栗褐色，头、颈、胸、腹大多具棕白色纵纹，翅上覆羽具白斑，尾上横斑不明显。

大小量度

体重900～1 160 g，体长540～690 mm，嘴峰25～40 mm，尾270～362 mm，跗跖50～75 mm。

栖境习性

生境：栖息于开阔平原、草地、荒原和低山丘陵地带。食性：小鸟、鼠

类、蛇和昆虫等动物性食物为食，偶尔也吃家禽和腐尸。习性：迁徙过境旅鸟或夏候鸟。昼行，单独高空飞翔，秋季亦呈小群。飞行快而有力，能很熟练地利用上升的热气流升入高空长时间地盘旋翱翔。呈圈状盘旋翱翔，边飞边鸣，鸣声尖锐。视力亦很敏锐，在空中盘旋来观察和觅找食物。性机警，人难近。

生长繁殖

繁殖期4—7月。营巢于高大树上或悬崖峭壁上，距地10 m以上。巢呈浅盘状，直径0.4～1 m甚至以上。每窝产卵2～3枚，大小为（53～68）mm×（41～48）mm，约52 g，钝椭圆形，污白色、微缀血红色点斑。雌雄孵化38天。晚成雏，雌雄共育约42天后，雏鸟即可飞翔。

种群现状

分布较广，数量极稀少，极罕见。

保护级别

列入国家二级重点保护野生动物、《濒危野生动植物种国际贸易公约》（CITES）附录Ⅱ、《世界自然保护联盟濒危物种红色名录》（IUCN）低危（LC）。

14. 灰脸鵟鹰 *Butastur indicus*

英文学名

Grey-faced Buzzard

别名

灰脸鹰、灰面鹞

外形特征

中型猛禽，上体及翅上覆羽暗棕褐色；尾羽为灰褐色，其上具3道宽的黑褐色横斑。脸颊和耳区为灰色，眼先和喉部均为白色，喉部还具宽的黑褐色中央纵纹，胸部以下为白色，具有较密的棕褐色横斑。眼睛黄色。嘴为黑色。幼鸟与成鸟相似，脸颊棕色杂羽干纹，眉纹皮黄色。胸、腹以及两胁具棕褐色横斑。

大小量度

体重375～500 g，体长390～460 mm，嘴峰18～21 mm，尾187～211 mm，跗跖54～68 mm。

栖境习性

生境：栖息于阔叶林、针阔叶混交林以及针叶林等山林地带。食性：小型动物性食物为食，有时也吃大的昆虫和动物尸体。习性：迁徙过境旅鸟。单独活动，迁徙期间才成群。性情较胆大，叫声响亮，时常飞到城镇和村屯内捕食。觅食主要在早晨和黄昏。觅食方法主要是栖于空旷地的孤树梢上注视地面发现猎物猛扑。也在低空飞翔捕食，或在地上来回徘徊觅找和捕猎食物。

生长繁殖

繁殖期5—7月。营巢于阔叶林或混交林中靠河岸的疏林地带或林中沼泽草甸和林缘地带的树上。巢多置于树的顶端枝杈上，距地面7～15 m。巢呈盘状，每窝产卵3～4枚，偶尔有少至2枚的，白色，具锈色或红褐色斑。

种群现状

分布较广，数量稀少，罕见。

保护级别

列入国家二级重点保护野生动物、《濒危野生动植物种国际贸易公约》（CITES）附录Ⅰ、《世界自然保护联盟濒危物种红色名录》（IUCN）低危（LC）。

15. 普通鵟 *Buteo japonicus*

英文学名

Eastern Buzzard 或 Japanese Buzzard

别名

土豹、鸡母鹞

外形特征

中型猛禽，体长50～59 cm。体色变化较大，有淡色型、棕色型和暗色型3种色型。上体主要为暗褐色，下体主要为暗褐色或淡褐色，具深棕色横斑或纵纹，尾淡灰褐色，具多道暗色横斑。飞翔时两翼宽阔，初级飞羽基部有明显的白斑，翼下白色，仅翼尖、翼角和飞羽外缘黑色（淡色型）或全为黑褐色（暗色型），尾散开呈扇形。

大小量度

体重575～1 073 g，体长482～590 mm，嘴峰21～25 mm，尾220～288 mm，跗跖70～78 mm。

栖境习性

生境：栖息于山地森林和林缘地带，高海拔地区也有分布。食性：以森林鼠类为食。除啮齿类外，也食野兔、小鸟、昆虫、家禽等动物性食物。习性：留鸟或迁徙过境旅鸟。单独活动，有时亦见2～4只。活动主要在白天。性机警，视觉敏锐。善飞翔，每天大部分时间都在空中盘旋滑翔，宽阔的两翅左右伸开，并稍向上抬起成浅"V"形，短而圆的尾成扇形展开。春季迁徙时间3—4月，秋季10—11月。

生长繁殖

繁殖期5—7月。营巢于林缘或森林中高大的树上尤针叶树、悬崖上或侵占乌鸦巢，距地7～15 m。巢简单较大。每窝产卵2～3枚，青白色被有栗褐和紫褐色斑点和斑纹，大小为（50～61）mm×（41～48）mm。以雌鸟为主雌雄共同孵化28天。晚成雏，雌雄共育40～45天后即能飞翔和离巢。

种群现状

分布较广，数量少，不常见。

保护级别

列入国家二级重点保护野生动物、《濒危野生动植物种国际贸易公约》（CITES）附录Ⅱ、《世界自然保护联盟濒危物种红色名录》（IUCN）低危（LC）。

十八、雀形目
Passeriformes

（一）山椒鸟科 Campephagidae

山椒鸟科是小到中型的色彩鲜艳的林栖鸣禽，多栖于热带或南亚热带。全球共9属、86种，重庆有2属5种。

1. 暗灰鹃鵙 *Coracina melaschistos*

英文学名

Black-winged Cuckooshrike

别名

平尾龙眼燕、黑翅山椒鸟

外形特征

雄鸟青灰色，两翼亮黑，尾下覆羽白色，尾羽黑色，3枚外侧尾羽的羽尖白色。雌鸟似雄鸟，但色浅，下体及耳羽具白色横斑，白色眼圈不完整，翼下通常具1小块白斑。虹膜红褐；嘴黑色；脚铅蓝。

大小量度

体重30～51 g，体长202～245 mm，嘴峰16～20 mm，尾96～123 mm，跗跖18～23 mm。

栖境习性

生境：栖息于落叶混交林、阔叶林缘、松林、竹林、热带雨林、针竹混交林。食性：杂食性，主食鞘翅目、直翅目昆虫，也食蜘蛛、蜗牛、少量植物种子。习性：留鸟或夏候鸟。冬季从山区森林下移至低海拔。

生长繁殖

繁殖期5—7月。部分1年繁殖2窝。营巢于高大乔木树冠层的水平枝上，巢较隐蔽。巢呈浅杯状，大小直径为12 cm，高4 cm。每窝产卵2～4枚。卵呈椭圆形，蓝色或绿色、被有灰色和暗褐色斑点和斑纹，大小为（20～26）mm×（16～19）mm。亲鸟轮流孵卵，晚成雏。

种群现状

分布较广，数量稀少，不常见。

保护级别

列入《世界自然保护联盟濒危物种红色名录》（IUCN）低危（LC）、《国家保护的有重要生态、科学、社会价值的陆生野生动物名录》。

2. 小灰山椒鸟 *Pericrocotus cantonensis*

英文学名

Brown-rumped Minivet

外形特征

前额明显白色。虹膜褐色；嘴黑色；脚黑色。雌鸟：似雄鸟，但褐色较浓，有时无白色翼斑。

大小量度

体重20～28 g，体长183～205 cm，嘴峰11～13 mm，尾88～102 mm，跗跖13～17 mm。

栖境习性

生境：主要栖息于落阔混交林，也出现在林缘次生林、河岸林。食性：主要以昆虫及其幼虫为食。习性：迁徙过境旅鸟。常成群在树冠层上空飞翔，边飞边叫，停留时常单独或成对栖于大树顶层侧枝或枯枝上。

生长繁殖

繁殖期5—7月。通常营巢于落叶阔叶林和红松阔叶混交林中，巢多置于高大树木侧枝上。巢呈碗状，卵灰白色或蓝灰色、被有暗褐色或黄褐色斑点。

种群现状

分布较广，数量极稀少，极罕见。

保护级别

列入《世界自然保护联盟濒危物种红色名录》（IUCN）低危（LC）、《国家保护的有重要生态、科学、社会价值的陆生野生动物名录》。

3. 长尾山椒鸟 *Pericrocotus ethologus*

英文学名

Long-tailed Minivet

外形特征

具红色或黄色斑纹，尾形长。雄鸟红色，头部黑。雌鸟额基黄色。两道翼斑汇聚于粗带。虹膜褐色；嘴黑色；脚黑色。

大小量度

体重13～25 g，体长170～203 mm，嘴峰8～12 mm，尾97～116 mm，跗跖13～17 mm。

栖境习性

生境：主要栖息于山地的常绿阔叶林、落叶阔叶林、针阔叶混交

林、针叶林。食性：主要以金龟子、毛虫等鳞翅目、鞘翅目、半翅目、直翅目和膜翅目昆虫为食。习性：夏候鸟或留鸟。长尾山椒鸟结大群活动，在开阔的高大树木及常绿林的树冠上空盘旋降落。常成小群活动，有时也见10多只的大群和单独活动的。

生长繁殖

繁殖期5—7月。通常营巢于海拔 1 000～2 500 m 的森林中乔木树上，也在山边树上营巢。筑巢由雌雄亲鸟共同承担。每窝产卵2～4枚，多为3枚。卵乳白色或淡绿色、被有褐色和淡灰色斑点和斑纹。孵卵由雌鸟承担，雄鸟通常在巢域附近警戒。雏鸟晚成性，雌雄共同育雏。

种群现状

分布较广，数量不多，不常见。

保护级别

列入《世界自然保护联盟濒危物种红色名录》（IUCN）低危（LC）、《国家保护的有重要生态、科学、社会价值的陆生野生动物名录》。

4. 灰喉山椒鸟 *Pericrocotus solaris*

英文学名

Grey-chinned Minivet

外形特征

雄鸟头部和背亮黑色，腰、尾上覆羽和下体朱红色，翅黑色，具一大一小的两道朱红色翼斑。中央尾羽黑色，外侧尾羽基部黑色，端部红色。雌鸟额、头顶前部、颊、耳羽和整个下体均为黄色，腰和尾上覆羽亦为黄色。翅和尾颜色与雄鸟大致相似，但其上的红色由黄色取代。虹膜褐色，嘴、脚黑色。

大小量度

体重12～20 g，体长161～195 mm，嘴峰10～12 mm，尾88～106 mm，跗跖13～17 mm。

栖境习性

生境：主要栖息于低山丘陵地带的杂木林和山地森林中。食性：主食昆虫，偶尔吃植物果实与种子。习性：夏候鸟或留鸟。常成小群活动，有时亦与赤红山椒鸟混杂在一起。

生长繁殖

繁殖期5—6月，巢呈浅杯状，通常营巢于常绿阔叶林、栎林。每窝产卵3～4枚，卵的颜色变化较大，天蓝色或淡绿色，被有褐色、紫色、淡棕红色、褐灰色或紫灰色斑点或斑纹，尤以钝端较为密集，常形成环带状。

种群现状

分布不广，数量较少，不常见。

保护级别

列入《世界自然保护联盟濒危物种红色名录》（IUCN）低危（LC）、《国家保护的有重要生态、科学、社会价值的陆生野生动物名录》。

5. 赤红山椒鸟 *Pericrocotus flammeus*

英文学名

Scarlet Minivet

别名

红十字鸟、朱红山椒鸟

外形特征

雄鸟：蓝黑，胸、腹部、腰、尾羽羽缘及翼上的两道斑纹红色。雌鸟：背部多灰色，黄色替代雄鸟的红色，且黄色延至喉、颏、耳羽及额头。虹膜褐色；嘴及脚黑色。

大小量度

体重14～25 g，体长171～215 mm，嘴峰10～14 mm，尾90～110 mm，跗跖13～18 mm。

栖境习性

生境：主要栖息于低山丘陵和山脚平原的次生阔叶林、热带雨林、季雨林等森林中。食性：主要以甲虫、蝗虫、铜绿金龟甲、蛴象、蝉等昆虫为食，偶尔吃少量植物种子。习性：迁徙过境旅鸟。除繁殖期成对活动外，其他时候多成群活动，冬季有时集成数十只的大群，有时亦见与灰喉山椒鸟、粉红山椒鸟混群活动。

生长繁殖

繁殖期4—6月，通常营巢于茂密森林中乔木上，巢呈浅杯状，巢距地高3 m以上。每窝产卵2～4枚。卵天蓝色或海绿色、被有暗褐色斑点，大小为（20～23）mm×（16～17）mm。

种群现状

分布较少，数量稀少，罕见。

保护级别

列入《世界自然保护联盟濒危物种红色名录》（IUCN）低危（LC）、《国家保护的有重要生态、科学、社会价值的陆生野生动物名录》。

（二）百灵科 Alaudidae

小型鸣禽，全球广布，但80%以上的种类在旧大陆的草原、荒漠、半荒漠等地带，新大陆分布较少。全球21属98种，中国6属12种，重庆1属1种。

小云雀 *Alauda gulgula*

英文学名

Oriental Skylark

外形特征

上体沙棕色或棕褐色具黑褐色纵纹，头上有一短的羽冠，当受惊竖起时才明显可见。下体白色或棕白色，胸棕色具黑褐色羽干纹。虹膜暗褐色或褐色，嘴褐色，下嘴基部淡黄色，脚肉黄色。

大小量度

体重24 ~ 40 g，体长130 ~ 179 mm，嘴峰9 ~ 15 mm，尾49 ~ 76 mm，跗跖21 ~ 28 mm。

栖境习性

生境：主要栖息于平原、草地、低山平地、河边、沙滩、农田和荒地以及沿海平原。食性：杂食性，主要以禾本科等植物性食物为食，也食鳞翅目昆虫等动物性食物。习性：留鸟或旅鸟。除繁殖期成对活动外，其他时候多成群，善奔跑，主要在地上活动，有时也停歇在灌木上。

生长繁殖

繁殖期4—7月，在中国广东、福建等南部地区，繁殖期较北部地区要早些。通常营巢于地面凹处，巢呈杯状。每窝产卵3 ~ 5枚。卵淡灰色或灰白色、被有褐色斑点，也有被紫色或近绿色斑点。

种群现状

分布较广，数量稀少，不常见。

保护级别

列入《世界自然保护联盟濒危物种红色名录》（IUCN）低危（LC）、《国家保护的有重要生态、科学、社会价值的陆生野生动物名录》。

（三）燕科 Hirundinidae

全球广布，除南北极和某些岛屿外。全球共19属88种，中国4属10种，重庆4属5种。

1. 金腰燕 *Cecropis daurica*

英文学名

Red-rumped Swallow

外形特征

上体黑色，具有辉蓝色光泽，腰部栗色，颊部棕色，下体棕白色，而多具有黑色的细纵纹，尾甚长，为深凹形。最显著的标志是有1条栗黄色的腰带，浅栗色的腰与深蓝色的上体成对比，下体白但多具黑色细纹，尾长叉深。虹膜褐色。嘴及脚黑色。

大小量度

体重16～22 g，体长150～197 mm，嘴峰6～9 mm，尾68～122 mm，跗跖8～13 mm。

栖境习性

生境：生活于山脚坡地、草坪，栖在空旷地区的树上以及喜栖在无叶的枝条或枯枝。食性：主要以昆虫为食，常见有双翅目、鳞翅目、鞘翅目、同翅目、蜻蜓目等昆虫。习性：夏候鸟。结小群活动，飞行时振翼较缓慢且比其他燕更喜高空翱翔。

生长繁殖

繁殖期4—9月，用泥丸混以草茎筑瓶状巢于建筑物隐蔽处，每年可繁殖2次，每窝产卵4～6枚，卵近白色，具黑棕色斑点。卵的大小及质量与家燕相同。通常卵产齐后才孵卵，孵化期约17天，在巢期26～28天。

种群现状

分布较广，数量较多，常见。

保护级别

列入《世界自然保护联盟濒危物种红色名录》（IUCN）低危（LC）、《国家保护的有重要生态、科学、社会价值的陆生野生动物名录》。

2. 家燕 *Hirundo rustica*

英文学名

Barn Swallow

别名

观音燕、燕子、拙燕

外形特征

中等体形（20 cm，包括尾羽延长部）的辉蓝色及白色的燕。上体钢蓝色，胸偏红具1道蓝色胸带，腹白，尾甚长，分叉，近端处具白色点斑。亚成鸟：体羽色暗，尾无延长，易与洋斑燕混淆。虹膜褐色；嘴及脚黑色。

大小量度

体重14～22 g，体长132～197 mm，嘴峰6～9 mm，尾66～112 mm，跗跖8～12 mm。

栖境习性

生境：常成对或成群地栖息于人类居住的环境。食性：主要以昆虫为食，常见有双翅目、鳞翅目、膜翅目、同翅目、蜻蜓目等昆虫。习性：夏候鸟。家燕善飞行，整天大多数时间都成群地在村庄及其附近的田野上空不停地飞翔，时东时西，忽上忽下，没有固定飞行方向，有时还不停地发出尖锐而急促的叫声，有时亦与金腰燕一起活动。

生长繁殖

繁殖期4—7月。多数1年繁殖2窝，第1窝通常在4—6月，第2窝多在6—7月。

种群现状

分布广，数量多，常见。

保护级别

列入《世界自然保护联盟濒危物种红色名录》（IUCN）低危（LC）、《国家保护的有重要生态、科学、社会价值的陆生野生动物名录》。

3. 烟腹毛脚燕 *Delichon dasypus*

英文学名

Asian House Martin

外形特征

一种体小而矮壮的黑色燕。腰白，尾浅叉，下体偏灰，上体钢蓝色，腰白，胸烟白色。虹膜暗褐色，嘴黑色，跗跖和趾淡肉色，均被白色绒羽。

大小量度

体重10～15 g，体长102～120 mm，嘴峰5～9 mm，尾40～56 mm，跗跖9～12 mm。

栖境习性

生境：主要栖息于海拔1 500 m以上人迹罕至的山地悬崖峭壁处。食性：主要以昆虫为食，多为膜翅目、鞘翅目、半翅目、双翅目昆虫。习性：夏候鸟或旅

鸟。常成群栖息和活动，多在栖息地上空飞翔，有时也出现在森林上空或从草坡山脊上空飞来飞去。通常低飞，但也能像鹰一样在空中盘旋俯冲。

生长繁殖

繁殖期6—8月，并10余窝聚集在一起的群巢。或许1年繁殖2窝。巢呈侧扁的长球形或半球形，一端开口。每窝产卵3～5枚，多为3枚。卵纯白色，孵化及育雏由两性担任，孵化期15～19天，雏期约20天。

种群现状

分布较广，数量不多，不常见。

保护级别

列入《世界自然保护联盟濒危物种红色名录》（IUCN）低危（LC）、《国家保护的有重要生态、科学、社会价值的陆生野生动物名录》。

4. 岩燕 *Ptyonoprogne rupestris*

英文学名

Eurasian Crag Martin

外形特征

头顶暗褐色，头的两边、后颈和颈侧、上体、尾上覆羽、小翅上覆羽褐灰色。两翅和尾暗褐灰色，尾羽短、微内凹近似方形，除中央和最外侧一对尾羽无白斑外，其余尾羽内侧近端部1/3处有一大型白斑。颏、喉和上胸污白色，有些具暗褐色或灰色斑点，下胸和腹深棕砂色，两胁、下腹和尾下覆羽暗烟褐色。虹膜暗褐色，嘴黑色，跗跖肉色。

大小量度

体重18～28 g，体长127～175 mm，嘴峰6～9 mm，尾57～73 mm，跗跖10～12 mm。

栖境习性

生境：主要栖息于海拔1 500 m以上的高山峡谷地带，尤喜陡峻的岩石悬崖峭壁。食性：主要在空中飞行捕食，食物以昆虫为主，常见有金龟子、蚊、蜂、甲虫等。习性：旅鸟。喜在湖、塘、水库、江河等的水面、山谷、山前旷地空中飞行。

生长繁殖

繁殖期5—7月。营巢于临近江河、湖泊、沼泽等水域附近的山崖上或岩壁缝隙中。常成对单独营巢，偶尔也见少数对呈松散的群体在一起营巢。每窝产卵3～5枚，白色，上面布有褐色和灰色的斑点，雌鸟孵化14天。

种群现状

分布较少，数量极稀少，极罕见。

保护级别

列入《世界自然保护联盟濒危物种红色名录》（IUCN）低危（LC）、《国家保护的有重要生态、科学、社会价值的陆生野生动物名录》。

（四）鹡鸰科 Motacillidae

全球广布，共5属62种，中国有3属20种。小型地栖鸣禽；体形较纤细；喙较细长，先端具缺刻；翅尖长，内侧飞羽极长，几与翅尖平齐；尾细长，外侧尾羽具白斑，常有规律上下摆动；腿细长，后趾具长爪，适于地面行走。

1. 山鹡鸰 *Dendronanthus indicus*

英文学名

Forest Wagtail

外形特征

上体灰褐，眉纹白；两翼具黑白色的粗显斑纹；下体白色，胸上具两道黑色的横斑纹，下面的一道横纹有时不完整。虹膜灰色；嘴角质褐色，下嘴较淡；脚偏粉色。

大小量度

体重16～22 g，体长150～190 mm，嘴峰11～13 mm，尾64～80 mm，跗跖22～27 mm。

栖境习性

生境：各种林地栖境。食性：林间捕食，以蝗虫、蝶类、虻类、蚁类和鞘翅目昆虫为主，也食小蜗牛等。习性：留鸟或旅鸟。单独或成对在开阔森林地面穿行。停栖时，尾轻轻往两侧摆动，不似其他鹡鸰尾上下摆动。飞行时为典型鹡鸰类的波浪式飞行。

生长繁殖

繁殖期5—6月，常筑巢于大树的横枝上，每窝产卵4～5枚，卵壳灰绿色，有稀疏的紫灰色斑点，平均大小为18 mm×14.6 mm。

种群现状

分布较广，数量较多，较常见。

保护级别

列入《世界自然保护联盟濒危物种红色名录》（IUCN）低危（LC）、《国家保护的有重要生态、科学、社会价值的陆生野生动物名录》。

2. 黄鹡鸰 *Motacilla flava*

英文学名

Western Yellow Wagtail

外形特征

头顶蓝灰色或暗色。上体橄榄绿色或灰色、具白色、黄色或黄白色眉纹。飞羽黑褐色具两道白色或黄白色横斑。尾黑褐色，最外侧两对尾羽大都白色。下体黄色。虹膜褐色，嘴和跗跖黑色。

大小量度

体重16～22 g，体长150～190 mm，嘴峰11～13 mm，尾64～80 mm，跗跖22～27 mm。

栖境习性

生境：栖息于平原、丘陵及高原。常见于林缘、溪流、河谷、湖畔和居民点附近。食性：主要以昆虫为食，食物种类主要有蚁、浮尘子以及鞘翅目和鳞翅目昆虫等。习性：旅鸟或冬候鸟。多成对或成3～5只的小群，迁徙期亦见数十只的大群活动。喜欢停栖在河边或河心石头上，尾不停地上下摆动。有时也沿着水边来回不停地走动。

生长繁殖

繁殖期5—7月。巢呈碗状，营巢由雌雄亲鸟共同承担，巢筑好后即开始产卵。大多在5月中下旬开始产卵，每天产1枚，每窝产卵5～6枚，多为5枚。卵灰白色，其上被有褐色斑点和斑纹，大小为（14～15）mm×（19～21）mm，重1.9～2.2 g。

种群现状

分布较少，数量不多，不常见。

保护级别

列入《世界自然保护联盟濒危物种红色名录》（IUCN）低危（LC）、《国家保护的有重要生态、科学、社会价值的陆生野生动物名录》。

3. 灰鹡鸰 *Motacilla cinerea*

英文学名

Grey Wagtail

外形特征

飞行时白色翼斑和黄色的腰显现，尾较长。体形较纤细。喙较

细长，先端具缺刻；翅尖长，内侧飞羽（三级飞羽）极长，几与翅尖平齐；尾细长，外侧尾羽具白，常做规律上、下摆动；腿细长，后趾具长爪，适于在地面行走。虹膜褐色，嘴黑褐色或黑色，跗跖和趾暗绿色或角褐色。

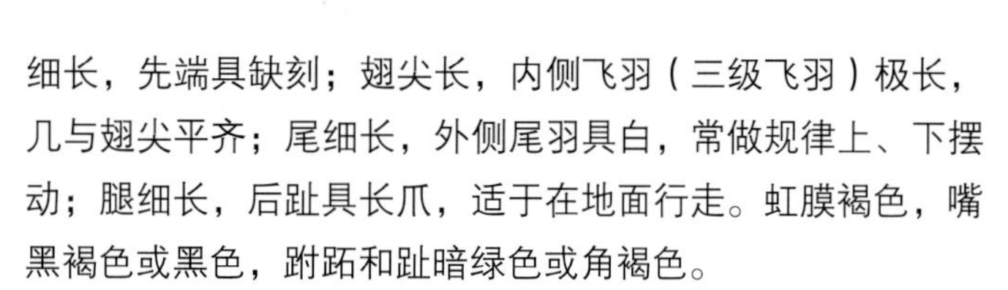

大小量度

体重14～22 g，体长170～190 mm，嘴峰12～14 mm，尾80～99 mm，跗跖18～25 mm。

栖境习性

生境：主要栖息于溪流、湖泊、沼泽等水域岸边或附近草地、农田和林区居民点。食性：雏鸟主要以石蛾、石蝇等水生昆虫为食，成鸟主要以有翅亚纲各类昆虫为食。习性：留鸟或旅鸟。常单独或成对活动，有时也集成小群或与白鹡鸰混群。

生长繁殖

繁殖期3—7月，筑巢于屋顶、洞穴、石缝等处，巢由草茎、细根、树皮和枯叶构成，巢呈杯状。每窝产卵4～5枚。

种群现状

分布广，数量多，常见种。

保护级别

列入《世界自然保护联盟濒危物种红色名录》（IUCN）低危（LC）、《国家保护的有重要生态、科学、社会价值的陆生野生动物名录》。

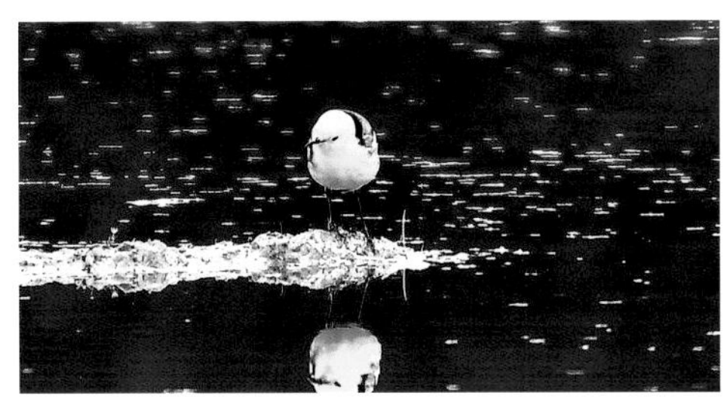

4. 黄头鹡鸰 *Motacilla citreola*

英文学名

Citrine Wagtail

外形特征

雄鸟头鲜黄色，后颈可带黑色窄领环，背黑色或灰色，腰暗灰色。尾羽黑褐色，外侧尾羽具大型楔状白斑。翅黑褐色，大、中覆羽和内侧飞羽具白色宽羽缘。下体鲜黄色。雌鸟额和头侧辉黄色，头顶黄色，羽端杂灰褐色，其余上体黑灰色或灰色、具黄眉纹。下体黄色。虹膜暗褐色或黑褐色，嘴黑色，跗跖乌黑色。

大小量度

体重14～27 g，体长145～195 mm，嘴峰12～14 mm，尾68～90 mm，跗跖21～29 mm。

栖境习性

生境：主要栖息于湖畔、河边、农田、草地、沼泽等各类生境中。食性：主要以鳞翅目、鞘翅目、双翅目、膜翅目、半翅目等昆虫为食，偶尔植食。习性：旅鸟，常成对或成小群活动，也见有单独活动的，特别是在觅食时，迁徙季节和冬季，有时也集成大群。晚上多成群栖息，偶尔也和其他鹡鸰栖息在一起。

生长繁殖

繁殖期5—7月。通常营巢于土丘下面地上或草丛中。每窝产卵4～5枚，卵为椭圆形，苍蓝灰白色或赭色、被有淡褐色斑，大小为（18～22）mm×（14～16）mm。

种群现状

分布较广，数量较多，常见种。

保护级别

列入《世界自然保护联盟濒危物种红色名录》（IUCN）低危（LC）、《国家保护的有重要生态、科学、社会价值的陆生野生动物名录》。

5. 白鹡鸰 *Motacilla alba*

英文学名

White Wagtail

别名

白颤儿、白面鸟、白颊鹡鸰、眼纹鹡鸰

外形特征

额头顶前部和脸白色，头顶后部、枕和后颈黑色。背、肩黑色或灰色，飞羽黑色。翅上小覆羽灰色或黑色，中覆羽、大覆羽白色或尖端白色，在翅上形成明显的白色翅斑。尾长而窄，尾羽黑色，最外两对尾羽主要为白色。颏、喉白色或黑色，胸黑色，其余下体白色。虹膜黑褐色，嘴和跗跖黑色。

大小量度

体重15～30 g，体长156～195 mm，嘴峰11～17 mm，尾82～101 mm，跗跖20～28 mm.

栖境习性

生境：主要栖息于河流、湖泊等水域岸边，湿地，及水域附近居民点和公园。食性：主要以昆虫为食，也吃蜘蛛等其他无脊椎动物，偶尔植食。习性：夏候鸟或留鸟。常单独成对或呈3～5只的小群活动，迁徙期间也见成10余只至20余只的大群。

生长繁殖

繁殖期4—7月，巢呈杯状，营巢由雌雄亲鸟共同承担，巢筑好后即开始产卵，通常每窝产卵为5～6枚，但也有每窝少至4枚和多至7枚的，大小为（19～22）mm×（14.5～16）mm，重2～2.6 g，灰白色、被淡褐色斑。

种群现状

分布广，数量多，常见种。

保护级别

列入《世界自然保护联盟濒危物种红色名录》（IUCN）低危（LC）、《国家保护的有重要生态、科学、社会价值的陆生野生动物名录》。

6. 山鹨 *Anthus sylvanus*

英文学名

Upland Pipit

外形特征

上体棕或棕褐色，覆羽具黑褐色粗纵纹，有白色窄眉纹，耳覆羽暗棕色。尾羽黑褐色，具淡棕白色狭缘；翅黑褐色，具褐白色窄羽缘，中、大覆羽和次级飞羽外侧具棕褐色宽羽缘。下体棕白或褐白色，胸、腹有细窄而体侧有宽的黑褐色纵纹；腋羽淡黄色，后爪弯曲。虹膜褐色，嘴暗褐色，下嘴基部较淡，脚、爪淡肉色。

大小量度

体重19～33 g，体长136～180 mm，嘴峰9～14 mm，尾60～73 mm，跗跖19～24 mm。

栖境习性

生境：主要栖息于中低海拔的山地林缘、灌丛、岩石草坡和农田地带。食性：食物主要为鞘翅目昆虫、鳞翅目幼虫及膜翅目昆虫，兼食一些植物性种子。习性：旅鸟或留鸟。常单独或成对活动，冬季亦集群。多在地上快速奔跑觅食，遇有干扰则飞至树上，有时也站在树上鸣叫。

生长繁殖

繁殖期5—8月，通常营巢于林缘及林间空地，巢呈杯状。营巢由雌雄亲鸟共同承担。每窝产卵4～5枚，卵灰绿色，被有黑褐色斑点。孵卵主要由雌鸟承担，孵化期14天，雏鸟晚成性，雌雄亲鸟共同育雏。

种群现状

分布较广，数量较多，常见种。

保护级别

列入《世界自然保护联盟濒危物种红色名录》（IUCN）低危（LC）、《国家保护的有重要生态、科学、社会价值的陆生野生动物名录》。

7. 水鹨 *Anthus spinoletta*

英文学名

Rock Pipit 或Water Pipit

外形特征

上体橄榄绿色具褐色纵纹，尤以头部较明显。眉纹乳白色或棕黄色，耳后有一白斑。下体灰白色，胸具黑褐色纵纹。野外停栖时，尾常上下摆动。外侧尾羽具白，腿细长，后趾具长爪，适于在地面行走。虹膜褐色或暗褐色，嘴暗褐色，脚肉色或暗褐色。

大小量度

体重18～27 g，体长145～183 mm，嘴峰12～14 mm，尾61～83 mm，跗跖20～24 mm。

栖境习性

生境：常活动在林缘、河谷、草地等生境，常见于水域岸边及附近农田和居民区。食性：食物主要为鞘翅目昆

虫、鳞翅目幼虫及膜翅目昆虫，兼食一些植物性种子。习性：旅鸟。单个或成对活动，迁徙期间亦集成较大的群。多在地上奔跑觅食。性机警，受惊后立刻飞到附近树上，站立时尾常上下摆动。比多数鹨姿势较平。性活跃，不停地在地上或灌丛中觅食。

生长繁殖

繁殖期4—7月，通常营巢于林缘及林间空地，河边或湖畔草地上，也在沼泽或水域附近草地和农田地边营巢。巢呈杯状。营巢由雌雄亲鸟共同承担。每窝产卵4～5枚，卵灰绿色，有黑褐色斑点。孵卵主要由雌鸟承担，孵化期约14天。晚成雏，雌雄亲鸟共同育雏。

种群现状

分布广，数量多，常见种。

保护级别

列入《世界自然保护联盟濒危物种红色名录》（IUCN）低危（LC）、《国家保护的有重要生态、科学、社会价值的陆生野生动物名录》。

8. 黄腹鹨 *Anthus rubescens*

英文学名

Buff-bellied Pipit

外形特征

头顶具黑褐色细密纵纹，眼黄白或棕色，眉纹由棕黄色转白色、具黑褐色贯眼纹。下背、腰至尾上覆羽几纯褐色。翅及尾羽黑褐色，具橄榄黄绿色羽缘，中、大覆羽有白端斑，最外侧尾羽具大型楔状白斑。颏、喉白或棕白色，喉侧有黑褐色颧纹，胸皮黄白或棕白色，其余下体白色。虹膜褐色；嘴上嘴角质色，下嘴偏粉色；脚暗黄。

大小量度

体重15～26 g，体长140～170 mm，嘴峰11～14 mm，尾58～72 mm，跗跖18～24 mm。

栖境习性

生境：主要栖息于阔叶林、混交林等山地森林，亦见于高山矮曲林和疏林灌丛。食性：食物主要为鞘翅目昆虫、鳞翅目幼虫及膜翅目昆虫，兼食一些植物性种子。习性：夏候鸟或旅鸟。多成对或小群活动，性活跃，不停地在地上或灌丛中觅食。

生长繁殖

繁殖期5—7月。通常营巢于林缘及林间空地，河边或湖畔草地上，也在沼泽或水域附近草地和农田地边营巢。巢呈杯状，垫以兽毛、羽毛、枯

草叶、枯草茎。营巢由雌雄亲鸟共同承担。孵卵主要由雌鸟承担，孵化期13天。雏鸟晚成性，雌雄亲鸟共同育雏。

种群现状

分布较少，数量不多，不常见。

保护级别

列入《世界自然保护联盟濒危物种红色名录》（IUCN）低危（LC）、《国家保护的有重要生态、科学、社会价值的陆生野生动物名录》。

9. 树鹨 *Anthus hodgsoni*

英文学名

Olive-backed Pipit

外形特征

上体橄榄绿色具褐色纵纹，尤以头部较明显。眉纹乳白色或棕黄色，耳后有一白斑。下体灰白色，胸具黑褐色纵纹。野外停栖时，尾常上下摆动。虹膜红褐色，上嘴黑色，下嘴肉黄色，跗跖和趾肉色或肉褐色。

大小量度

体重15～26 g，体长140～170 mm，嘴峰11～14 mm，尾58～72 mm，跗跖18～24 mm。

栖境习性

生境：繁殖期间主要栖息在中高海拔的阔叶林、混交林和针叶林等山地森林中。食性：主要以昆虫为食，也食蜘蛛、蜗牛等动物，及苔藓、谷粒、杂草种子等植食。习性：夏候鸟或旅鸟。常成对或成3～5只的小群活动，迁徙期间亦集成较大的群。

生长繁殖

繁殖期6—7月。常营巢于林缘、林间路边或林中空地等开阔地草丛或灌木旁凹坑内，也在林中溪流岸边石隙下浅坑内营巢，巢呈浅杯状。每窝产卵4～6枚，卵鸭蛋青色、被有紫红色斑点，尤以钝端较密，卵为椭圆形。孵卵主要由雌鸟承担，孵化期约14天。

种群现状

分布广，数量较多，不常见。

保护级别

列入《世界自然保护联盟濒危物种红色名录》（IUCN）低危（LC）、《国家保护的有重要生态、科学、社会价值的陆生野生动物名录》。

10. 粉红胸鹨 *Anthus roseatus*

英文学名

Rosy Pipit

外形特征

体眉纹显著。非繁殖期粉皮黄色的粗眉线明显，背灰而具黑色粗纵纹，胸及两胁具浓密的黑色点斑或纵纹。上喙较细长，先端具缺刻；翅尖长，内侧飞羽极长，几与翅尖平齐；尾细长，外侧尾羽具白。虹膜暗褐色；嘴黑褐色；下嘴基部色较淡，呈角褐色；跗跖和趾褐色。

大小量度

体重18～27 g，体长130～179 mm，嘴峰12～14 mm，尾56～77 mm，跗跖21～25。

栖境习性

生境：主要栖息于山地、灌丛、草原及河谷，最高可分布到海拔4 000 m以上。食性：食物主要为鞘翅目昆虫、鳞翅目幼虫及膜翅目昆虫，兼食一些植物性种子。习性：夏候鸟或旅鸟。多成对或十几只小群活动，性活跃，不停地在地上或灌丛中觅食。

生长繁殖

繁殖期5—7月。通常营巢于林缘及林间空地，河边或湖畔草地上，也在沼泽或水域附近草地和农田地边营巢，巢呈杯状。营巢由雌雄亲鸟共同承担。孵卵主要由雌鸟承担，孵化期约13天。雏鸟晚成性，雌雄亲鸟共同育雏。

种群现状

分布较广，数量不多，不常见。

保护级别

列入《世界自然保护联盟濒危物种红色名录》（IUCN）低危（LC）、《国家保护的有重要生态、科学、社会价值的陆生野生动物名录》。

（五）鹎科 Pycnonotidae

鹎科有27属139种355亚种。中国4属20种，重庆4属6种，均是常见优势鸟类。中、小型鸣禽。分布于亚洲南部、东南亚、非洲等热带地区。

1. 领雀嘴鹎 *Spizixos semitorques*

英文学名

Collared Finchbill

别名

黄爪鸟、中国圆嘴布鲁布鲁、绿鹦嘴鹎、青冠雀

外形特征

嘴短而粗厚，上嘴略向下弯曲，具短羽冠，头顶及额偏黑（台湾亚种灰色），颈背灰色。特征为喉白，嘴基周围近白，脸颊及耳羽具白色细纹，尾绿而尾端黑。虹膜灰褐或红褐色；嘴浅黄或灰黄色；脚淡灰褐或褐色。

大小量度

体重35～50 g，体长169～215 mm，嘴峰12～14 mm，尾85～103 mm，跗跖19～23 mm。

栖境习性

生境：主要栖息于低山丘陵和山脚平原地区。食性：食性杂。以植食为主，如禾本科、豆科种子等；动物性食物以鞘翅目昆虫为主。习性：留鸟。通常于次生植被及灌丛成群活动，有时也见单独或成对活动。

生长繁殖

繁殖期5—7月，巢呈碗状，每窝产卵3～4枚，卵呈浅棕白色、灰白色或淡黄色，被有大小不一的红褐色和淡紫色斑点。卵由双亲孵化，以雌鸟为主，孵化期12～15天，雏期约15天。

种群现状

分布广，数量多，常见优势种。

保护级别

列入《世界自然保护联盟濒危物种红色名录》（IUCN）低危（LC）、《国家保护的有重要生态、科学、社会价值的陆生野生动物名录》。

2. 黄臀鹎 *Pycnonotus xanthorrhous*

英文学名

Brown-breasted Bulbul

外形特征

体长17～21 cm。额至头顶黑色，无羽冠或微具短而不明的羽冠。下嘴基部两侧各有一小红斑，耳羽灰褐或棕褐色，上体土褐色或褐色。颏、喉白色，其余下体近白色，胸具灰褐色横带，尾下覆羽鲜黄色。

大小量度

体重27～43 g，体长171～217 mm，嘴峰12～16 mm，尾81～99 mm，跗跖20～24 mm。

栖境习性

生境：主要栖息于中低山与丘陵地区林地、灌丛、草坡，也见于果园、农田地边。食性：主要以植物果实与种子为食，也食昆虫等。习性：留鸟。常作季节性的垂直迁移，海拔高度随地区而不同，除繁殖期成对活动外，其他季节均成群活动。善鸣叫，鸣声清脆洪亮。

生长繁殖

繁殖期4—7月，巢为碗状，每窝产卵2～5枚。卵淡灰白色或淡红色，被有紫色斑点。

种群现状

分布广，数量较多，常见优势种。

保护级别

列入《世界自然保护联盟》低危（LC）、《国家保护的有重要生态、科学、社会价值的陆生野生动物名录》。

3.白头鹎 *Pycnonotus sinensis*

英文学名

Light-vented Bulbul

别名

白头翁、白头壳仔

外形特征

体长约20 cm，额至头顶纯黑色，两眼上方至后枕白色，耳羽后部有白斑。背和腰羽灰绿色，翼和尾部稍带黄绿色，颏、喉部白色，胸灰褐色，形成宽阔胸带，腹部白色或灰白色，杂以黄绿色条纹，上体褐灰或橄榄灰色、具黄绿色羽缘，形成不明显的暗色纵纹。尾和两翅暗褐色，也具黄绿色羽缘。虹膜褐色，嘴黑色，脚为黑色。

大小量度

体重26～43 g，体长160～220 mm，嘴峰13~16 mm，尾74~90 mm，跗跖20~24 mm。

栖境习性

生境：主要栖息于低山丘陵和平原的灌丛、草地、荒坡、果园、村落、农田、林地。食性：杂食性。习性：留鸟。常呈小群活动或大群活动。善鸣叫，鸣声婉转多变。

生长繁殖

繁殖期4—8月，巢呈深杯状或碗状，每窝产卵3～5枚，卵粉红色、被有紫色斑点，也见有呈白色而布以赭色、深灰色斑点或白色而布以赭紫色斑点的。

种群现状

分布广，数量多，常见优势种。

保护级别

列入《世界自然保护联盟》低危（LC）、《国家保护的有重要生态、科学、社会价值的陆生野生动物名录》。

4. 黑短脚鹎 *Hypsipetes leucocephalus*

英文学名

Black Bulbul

外形特征

体长22～26 cm。嘴鲜红色，脚橙红色，尾呈浅叉状。羽色有两种色型，一种通体黑色，另一种头、颈白色，其余通体黑色。野外特征极明显，容易识别。

大小量度

体重41～67 g，体长213～276 mm，嘴峰21～28 mm，尾96～120 mm，跗跖17～21 mm。

栖境习性

生境：冬季栖息低山丘陵和平原树林、荒坡中，夏季可上到海拔1 000～2 000 m林地。食性：主要以昆虫为食，偶尔吃植物果实、种子等。习性：留鸟或夏候鸟。常单独或成小群活动，有时亦集成大群。性活泼，常在树冠上来回不停地飞翔，有时也在树枝间跳来跳去，或站于枝头。善鸣叫，鸣声粗厉，单调而多变，显得较为嘈杂。

生长繁殖

繁殖期4—7月。营巢于树上，巢呈杯状，每窝产卵2～4枚，卵呈卵圆形，卵的颜色变化较大，从白色、淡红色到粉红色，被有紫色、褐色或红褐色斑点。

种群现状

分布较广，数量较多，较常见。

保护级别

列入《世界自然保护联盟》低危（LC）、《国家保护的有重要生态、科学、社会价值的陆生野生动物名录》、《重庆市重点保护野生动物名录》。

5. 栗背短脚鹎 *Hemixos castanonotus*

英文学名

Chestnut Bulbul

外形特征

体长18～22 cm。上体栗褐，头顶和羽冠黑色。背栗色、翅和尾暗褐色具白色或灰白色羽缘。颏、喉白色，胸和两胁灰白色，腹中央和尾下覆羽白色。虹膜褐色或红褐色，嘴黑褐色，脚暗褐色或棕褐色。

大小量度

体重29～49 g，体长191～225 mm，嘴峰16～19 mm，尾83～108 mm，跗跖16～20 mm。

栖境习性

生境：主要栖息于低山地区次生阔叶林、林缘灌丛、稀树草坡及地边丛林等生境中。食性：主要以植物性食物为食，偶尔吃昆虫等动物性食物。习性：留鸟或夏候鸟。常成对或成小群活动在乔木树冠层，也到林下灌木和小树上活动和觅食。响亮的责骂声及偏高的银铃般叫声“tickety boo”。

生长繁殖

繁殖期4—6月，营巢于小树或林下灌木枝丫上。巢呈杯状。每窝产卵3～5枚，卵为洋红色、被有紫色斑纹或红色斑点。

种群现状

分布较广，数量不多，不常见种。

保护级别

列入《世界自然保护联盟》低危（LC）、《国家保护的有重要生态、科学、社会价值的陆生野生动物名录》。

6. 绿翅短脚鹎 *Ixos mcclellandii*

英文学名

Mountain Bulbul

外形特征

体长20～26 cm。头顶羽毛形尖、栗褐色具白色羽轴纹，在暗色头部极为醒目。上体灰褐缀橄榄绿色，翅和尾亮橄榄绿色。耳和颈侧红棕色，颏、喉灰色，胸灰棕褐色具白色纵纹，尾下覆羽浅黄色。虹膜暗红、朱红、棕红或紫红色，嘴黑色，跗跖肉色、肉黄色至黑褐色。

大小量度

体重26～50 g，体长195～257 mm，嘴峰19～27 mm，尾95～120 mm，跗跖15～22 mm。

栖境习性

生境：栖息在中低海拔林地、灌丛等，有时也见于村寨和田边附近丛林中或树上。食性：主要以野生植物果实与种子为食，也食部分昆虫。习性：留鸟。常呈小群活动。多在乔木树冠层或林下灌木上跳跃、飞翔，并同时发出喧闹的叫声，鸣声清脆多变而婉转，其声似“spi～spi～”。

生长繁殖

繁殖期5—8月。巢呈杯状，每窝产卵2～4枚，卵灰白色、灰色或黄色，微缀紫色或红色斑点。

种群现状

分布广，数量多，常见优势种。

保护级别

列入《世界自然保护联盟》低危（LC）、《国家保护的有重要生态、科学、社会价值的陆生野生动物名录》。

（六）叶鹎科 Chloropseidae

叶鹎科又名绿叶鸟科，共1属11种27个亚种。属中、小型鸣禽。一般栖息于海拔约1 600 m以下的开阔常绿阔叶林，在森林上、中层沿枝条找食昆虫。常成对或成小群活动。树栖性，主要在乔木树冠层和灌木上活动，晚上也栖于树上。

橙腹叶鹎 *Chloropsis hardwickii*

英文学名

Orange-bellied Leafbird

外形特征

额至后颈黄绿色，其余上体绿色，小覆羽亮钴蓝色，形成明显的肩斑。颏、喉、上胸黑色具钴蓝色髭纹，其余下体橙色。飞羽和尾羽雄鸟黑色、雌鸟绿色。虹膜红色、棕色至红棕色，嘴黑色，跗跖灰绿色、铅灰色至黑色。

大小量度

体重21～40 g，体长160～204 mm，嘴峰18～23 mm，尾65～86 mm，跗跖17～20 mm。

栖境习性

生境：主要栖息于海拔2 300 m以下的低山和山脚平原地带的阔叶林和针阔叶混交林中。食性：主要以昆虫为食，也吃部分植物果实和种子。习性：夏候鸟或旅鸟。常成对或成3～5只的小群，多在乔木冠层间活动，尤其在溪流附近和林间空地等开阔地区的高大乔木上出入频繁，偶尔也到林下灌木和地上活动和觅食。

生长繁殖

繁殖期5—7月。营巢于森林中树上。巢呈杯状，由枯草茎、枯草叶和草根等材料构成。每窝产卵3枚，大小约为22.8 mm × 15.9 mm。

种群现状

分布较广，数量不多，不常见。

保护级别

列入《世界自然保护联盟濒危物种红色名录》（IUCN）低危（LC）、《国家保护的有重要生态、科学、社会价值的陆生野生动物名录》。

（七）太平鸟科 Bombycillidae

小型雀类，全球1属3种，中国2种，重庆1种。体羽松软，头部有一簇柔软的冠羽，嘴短，略呈钩状。栖息于平原至山地的多种林型内，树栖性。繁殖期的领域性不强，非繁殖期结群活动，有迁徙行为。

小太平鸟 *Bombycilla japonica*

英文学名

Japanese Waxwing

别名

十二红、绯连雀、朱连雀

外形特征

体形略小于太平鸟，雌雄同色。小太平鸟体羽基色变化平缓，尾稍和翅稍等特殊部位颜色鲜亮，体态优美，外形颇为俊俏悦目。尾端绯红色显著。如处于兴奋状态，则头顶的冠羽会竖立起来，这时就能够清晰地观察到头部的黑色环带和冠羽。虹膜褐色；嘴近黑；脚褐色。

大小量度

体重31～63 g，体长165～205 mm，嘴峰长10～12 mm，尾长57～68 mm，跗跖16～23 mm。

栖境习性

生境：小太平鸟栖息于海拔900 m以下的低山、丘陵和平原地区的针、阔叶林中。食性：以植物果实及种子为主食，秋、冬季所见的食物有卫矛、鼠李，兼食少量昆虫。习性：迁徙过境旅鸟。迁徙及越冬期间成小群在针叶林及高大的阔叶树上觅食，常聚集成群，常与太平鸟混群活动。性情活跃，不停地在树上跳上飞下。除饮水外，很少下地。

生长繁殖

每年6月开始繁殖，巢多营于针叶树枝间，以树枝、苔藓、枯草等为巢材，巢内铺垫羽毛、草茎等，巢呈碗状。每窝产卵4～6枚。孵化期为14天左右。

种群现状

分布较广，数量极稀少，极罕见。

保护级别

列入《世界自然保护联盟濒危物种红色名录》（IUCN）近危（NT）、《国家保护的有重要生态、科学、社会价值的陆生野生动物名录》。

（八）伯劳科 Laniidae

全球10属72种，中国1属11种，重庆1属6种。伯劳科分为伯劳、丛林伯劳和盔鵙三大类，伯劳分布于澳大利亚和拉丁美洲以外的各个大陆，丛林伯劳和盔鵙则分布基本限于非洲。

1. 虎纹伯劳 *Lanius tigrinus*

英文学名

Tiger Shrike

别名

花伯劳、虎伯劳、虎鹎、粗嘴伯劳、厚嘴伯劳、虎花伯劳、三色虎伯劳

外形特征

雄鸟：顶冠及颈背灰色；背、两翼及尾浓栗色而多具黑色横斑；过眼线宽且黑；下体白，两胁具褐色横斑。雌鸟似雄鸟但眼先及眉纹色浅。虹膜褐色；嘴蓝色，端黑；脚灰色。

大小量度

体重23～29 g，体长147～192 mm，嘴峰12～18 mm，尾65～95 mm，跗跖21～27 mm。

栖境习性

生境：主要栖息于低山和山脚平原地区的次生阔叶林、灌木林和林缘灌丛地带。食性：主要以昆虫为食，绝大部分是害虫，如熊蜂、蝗虫、松毛虫、蝇类等。习性：留鸟或冬候鸟。喜在多林地带，不如红尾伯劳显眼，多藏身于林中。

生长繁殖

繁殖期5—7月，每窝产卵4～7枚，以4枚者较普遍。卵淡青色至淡粉红色，上具淡灰蓝及暗褐色斑点，在钝端较集中。孵卵由雌鸟担任，孵化期13～15天。

种群现状

分布广，数量多，常见种。

保护级别

列入《世界自然保护联盟濒危物种红色名录》（IUCN）低危（LC）、《国家保护的有重要生态、科学、社会价值的陆生野生动物名录》。

2. 牛头伯劳 *Lanius bucephalus*

英文学名

Bull-headed Shrike

别名

红头伯劳

外形特征

额、头顶至上背栗色；背至尾上覆羽灰褐；尾羽黑褐；下体污白，胸、胁染橙色并具显著黑褐色鳞纹。雄鸟初级飞羽基部白色，开成翅斑。虹膜褐色；嘴黑褐色，下嘴基部黄褐色；脚黑。

大小量度

体重24～31 g，体长177～212 mm，嘴峰13～19 mm，尾68～98 mm，跗跖22～28 mm。

栖境习性

生境：牛头伯劳栖息于山地稀疏阔叶林或针阔混交林的林缘地带，迁徙时平原可见。食性：以蝇、蝗等鞘翅目、鳞翅目和膜翅目的昆虫为主食。习性：夏候鸟或旅鸟。栖息于海拔1 200 m以上的山地阔叶林及针阔混交林的林缘地带，喜次生植被及耕地。冬季向低地移动。

生长繁殖

繁殖期5—7月，在树杈上以草茎、细根等编成碗状巢；每窝产卵4～6枚，孵化期14～15天；雏鸟留巢期约13天。

种群现状

分布较广、数量较少、不常见。

保护级别

列入《世界自然保护联盟濒危物种红色名录》（IUCN）低危（LC）、《中国濒危动物红皮书》稀有、《国家保护的有重要生态、科学、社会价值的陆生野生动物名录》。

3. 楔尾伯劳 *Lanius sphenocercus*

英文学名

Chinese Grey Shrike

别名

长尾灰伯劳

外形特征

楔尾伯劳喙强健，先端具钩、缺刻和齿突。黑色，下嘴基部灰白。虹膜暗褐色。跗跖、趾黑褐色。爪钩状，黑色。幼鸟嘴、脚为角褐色。

大小量度

体重50～120 g，体长28～33 cm，嘴峰18～24 mm，尾20～30 mm，跗跖30～40 mm。

栖境习性

生境：主要栖息于低海拔疏林和林缘灌丛草地，也见于村屯附近，冬季可在芦苇丛活动。食性：主要捕食蝗虫、甲虫等昆虫和幼虫，以及小型脊椎动物，如蜥蜴、小鸟及鼠类等。习性：旅鸟。常单独或成对活动。喜站在高的树冠顶枝上守候、伺机捕猎附近出现的猎物。一有猎物出现，立刻飞去猎捕。

生长繁殖

繁殖期5—7月，在乔木或灌木上筑巢，距地2～4 m。每窝产卵5～6枚，淡青色布以灰褐色及灰色斑，大小为（20.5～21）mm×（28～30）mm。孵化期15～16天，育雏期约20天。

种群现状

分布较广，数量不多，不常见。

保护级别

列入《世界自然保护联盟濒危物种红色名录》（IUCN）低危（LC）、《国家保护的有重要生态、科学、社会价值的陆生野生动物名录》。

4. 红尾伯劳 *Lanius cristatus*

英文学名

Brown Shrike

别名

褐伯劳

外形特征

上体棕褐或灰褐色，两翅黑褐色，头顶灰色或红棕色、具白色眉纹和粗著的黑色贯眼纹。尾上覆羽红棕色，尾羽棕褐色，尾呈楔形。颏、喉白色，其余下体棕白色。虹膜暗褐色，嘴黑色，脚铅灰色。

大小量度

体重23～44 g，体长170～208 mm，嘴峰12～18 mm，尾80～100 mm，跗跖23～29 mm。

栖境习性

生境：主要栖息于低山丘陵和山脚平原地带的灌丛、疏林和林缘地带，尤其在有稀矮树木和灌丛生长的开阔旷野、河谷、湖畔、路旁和田边

地头灌丛中较常见。食性：主要以昆虫等动物性食物为食。所吃食物主要有直翅目蝗科、螽斯科、鞘翅目步甲科、叩头虫科、金龟子科、瓢虫科、半翅目蝽科和鳞翅目昆虫，偶尔吃少量草子。习性：留鸟或夏候鸟。单独或成对活动，性活泼，常在枝头跳跃或飞上飞下。

生长繁殖

繁殖期5—7月，巢呈杯状，每天产卵1枚，每窝产卵5～7枚，偶尔有多至8枚的。卵为椭圆形，乳白色或灰色、密被大小不一的黄褐色斑点，孵化期约15天。

种群现状

分布较广，数量较多，较常见。

保护级别

列入《世界自然保护联盟濒危物种红色名录》（IUCN）低危（LC）、《国家保护的有重要生态、科学、社会价值的陆生野生动物名录》。

5. 棕背伯劳 *Lanius schach*

英文学名

Long-tailed Shrike

别名

桂来姆、黄伯劳

外形特征

喙粗壮而侧扁，先端具利钩和齿突，嘴须发达；翅短圆；尾长，圆形或楔形；跗跖强健，趾具钩爪。头大，背棕红色。尾长、黑色，外侧尾羽皮黄褐色。两翅黑色具白色翼斑，额、头顶至后颈黑色或灰色、具黑色贯眼纹。下体颏、喉白色，其余下体棕白色。虹膜暗褐色，嘴、脚黑色。

大小量度

体重46～111 g，体长219～281 mm，嘴峰16～20 mm，尾110～151 mm，跗跖26～34 mm。

栖境习性

生境：主要栖息于低山和山脚平原，夏季可上到海拔2 000 m左右的林缘地带。食性：主要以昆虫、小鸟、青蛙、蜥蜴和鼠类等动物性食物为食，偶吃植物种子。习性：留鸟。除繁殖期成对活动外，多单独活动。

生长繁殖

繁殖期4—7月，巢呈碗状或杯状，每窝产卵3～6枚，通常4～5枚。卵的颜色变化较大，有淡青色、乳白色、粉红色或淡绿灰色，被有大小不一的褐色或红褐色斑点，雌鸟孵卵，孵化期12～14天。晚成雏。

种群现状

分布广，数量多，常见优势种。

保护级别

列入《世界自然保护联盟濒危物种红色名录》（IUCN）低危（LC）、《国家保护的有重要生态、科学、社会价值的陆生野生动物名录》。

6. 灰背伯劳 *Lanius tephronotus*

英文学名

Grey-backed Shrike

外形特征

自前额、眼先过眼至耳羽黑色；头顶至下背暗灰；翅、尾黑褐；下体近白，胸染锈棕。似棕背伯劳但区别在上体深灰色，仅腰及尾上覆羽具狭窄的棕色带。初级飞羽的白色斑块小或无。虹膜褐色，嘴绿色，脚绿色。

大小量度

体重40～54 g，体长204～245 mm，嘴峰14～20 mm，尾101～129 mm，跗跖20～30 mm。

栖境习性

生境：栖息于自平原至海拔4 000 m的山地疏林地区，在农田及农舍附近较多。食性：以昆虫为主食，也吃鼠类和小鱼及杂草。习性：旅鸟或留鸟。常栖息在树梢的干枝或电线上，俯视四周以抓捕猎物。

生长繁殖

繁殖期5—7月，营巢于小树或灌木侧枝上。在榆、槐等阔叶树或灌木上筑巢，距地1.5～7 m不等，巢为杯状，每窝产卵4～5枚，淡青或浅粉色具淡褐及紫灰色斑，在纯端较集中，形成色轮。

种群现状

分布较广，数量不多，不常见。

保护级别

列入《世界自然保护联盟濒危物种红色名录》（IUCN）低危（LC）、《国家保护的有重要生态、科学、社会价值的陆生野生动物名录》。

（九）黄鹂科 Oriolidae

全球共有4属38种，广泛分布在中国大地。

黑枕黄鹂 *Oriolus chinensis*

英文学名

Black-naped Oriole

别名

黄鹂、黄莺、黄鸟、金衣公子

外形特征

通体金黄色，两翅和尾黑色。头枕部有1宽阔的黑色带斑，并向两侧延伸和黑色贯眼纹相连，形成1条围绕头顶的黑带，在金黄色的头部甚为醒目。跗跖短而弱，适于树栖，前缘具盾状鳞，爪细而钩曲。

大小量度

体重62～106 g，体长220～266 mm，嘴峰26～34 mm，尾86～111 mm，跗跖21～31 mm。

栖境习性

生境：主要栖息于低山和平原的树林，及居民点附近的树上，尤喜栋树林和杨木林。食性：主要食物有各类昆虫，也吃少量植物果实与种子。习性：留鸟或夏候鸟或旅鸟。常单独或成对活动，有时也见呈3～5只的松散群。主要在高大乔木的树冠层活动，很少下到地面。

生长繁殖

繁殖期5—7月。通常营巢在阔叶林内高大乔木上，巢多置于阔叶树水平枝末端枝丫处，呈吊篮状。1年繁殖1窝，每窝产卵多为4枚，偶尔有少至3枚和多至5枚的，卵粉红色，其上被有深浅两层、大小不等的红褐色或灰紫褐色斑点或条形斑纹。

种群现状

分布较广，数量不多，不常见。

保护级别

列入《世界自然保护联盟濒危物种红色名录》（IUCN）低危（LC）、《国家保护的有重要生态、科学、社会价值的陆生野生动物名录》。

（十）卷尾科 Dicruridae

中型鸣禽，广布旧大陆热带、亚热带地区。全球2属22种，中国有1属7种，重庆1属3种。体羽常黑色而具金属光泽，尾呈深叉状，中央尾羽最短，最外侧尾羽长而向外或向上弯曲，栖息于树上，善捕空中飞虫，性情凶猛好斗，护巢性强。

1. 黑卷尾 *Dicrurus macrocercus*

英文学名

Black Drongo

别名

吃杯茶、铁炼甲、篱鸡、铁燕子、黑黎鸡、黑乌秋、黑鱼尾燕、龙尾燕、乌秋

外形特征

通体黑色，上体、胸部及尾羽具辉蓝色光泽。尾长为深凹形，最外侧一对尾羽向外上方卷曲，虹膜棕红色，嘴和脚暗黑色，爪暗角黑色。

大小量度

体重40～65 g，体长235～300 mm，嘴峰21～29 mm，尾129～176 mm，跗跖18～23 mm。

栖境习性

生境：栖息活动于居民点附近，尤喜椿树上营巢。多成对活动于低海拔阔叶林树上。食性：主要捕食飞虫，以夜蛾、蝽象、蚂蚁、蝼蛄、蝗虫等害虫为食。习性：夏候鸟或留鸟。性喜结群、鸣闹、咬架、好斗，习性凶猛，尤其繁殖期间。

生长繁殖

繁殖期6—7月，巢呈碗状，卵3～4枚，卵壳乳白色，上布褐色细斑点，钝端有红褐色粗点斑，由雌雄亲鸟轮流承担，孵化期约16天。

种群现状

分布广，数量多，常见种。

保护级别

列入《世界自然保护联盟濒危物种红色名录》（IUCN）低危（LC）、《国家保护的有重要生态、科学、社会价值的陆生野生动物名录》。

2. 灰卷尾 *Dicrurus leucophaeus*

英文学名

Ashy Drongo

别名

灰龙眼燕、白颊卷尾

外形特征

全身为暗灰色，鼻羽和前额黑色，眼先及头之两侧为纯白色，尾长而分叉，尾羽上有不明显的浅黑色横纹。虹膜橙红，嘴灰黑，脚黑色。

大小量度

体重39～63 g，体长240～315 mm，嘴峰20～25 mm，尾121～173 mm，跗跖16～22 mm。

栖境习性

生境：栖息于平原丘陵地带、村庄附近、河谷或山区。食性：主要以鞘翅类、膜翅类、鳞翅类昆虫为食，偶尔也食植物果实与种子。习性：留鸟或旅鸟。成对活动，立于林间空地的裸露树枝或藤条上，捕食过往昆虫，攀高捕捉飞蛾或俯冲捕捉飞行中的猎物。

生长繁殖

繁殖期多为6—7月，巢呈浅杯状，通常产卵3～4枚，卵壳颜色多变异，壳呈乳白、橙粉或粉红色；壳表面杂有灰色、暗棕褐色、褐红色和棕黄色点斑或大小不规则的斑块和渍斑，一般在卵的钝端斑点较密集。

种群现状

分布较广，数量较多，较常见。

保护级别

列入《世界自然保护联盟濒危物种红色名录》（IUCN）低危（LC）、《国家保护的有重要生态、科学、社会价值的陆生野生动物名录》。

3. 发冠卷尾 *Dicrurus hottentottus*

英文学名

Hair-crested Drongo

别名

卷尾燕、山黎鸡、黑铁练甲、大鱼尾燕

外形特征

通体绒黑色缀蓝绿色金属光泽，额部发丝状羽冠，外侧尾羽末端向上卷曲。虹膜暗红褐色；嘴和跗跖黑色；爪角黑色。嘴形强健，嘴峰稍曲，先端具钩，嘴须存在。

大小量度

体重70～110 g，体长272～348 mm，嘴峰27～41 mm，尾132～164 mm，跗跖23～28 mm。

栖境习性

生境：栖息于海拔1 500 m以下，多在树林中活动，也见于居民点附近树上。食性：主要以各种昆虫为食，偶尔也吃少量植物果实、种子、叶芽等植物性食物。习性：留鸟。单独或成对活动，很少成群。主要在树冠层活动和觅食，树栖性。

生长繁殖

繁殖期5—7月，巢呈浅杯状或盘状，每窝产卵3～5枚，长卵圆形和尖卵圆形，纯白色、乳白色或淡粉白色，被有橙色、赭红色、淡紫灰色、灰褐色或淡红色等不同颜色的斑点，尤以钝端较密集。

种群现状

分布广，数量较多，常见种。

保护级别

列入《世界自然保护联盟濒危物种红色名录》（IUCN）低危（LC）、《国家保护的有重要生态、科学、社会价值的陆生野生动物名录》。

（十一）椋鸟科 Sturnidae

大中型的雀类。全球33属123种，中国有10属18种。主要分布在欧亚大陆中部和南部、非洲和东南亚。大多为地栖性，主要以果实和昆虫为食。

1. 黑领椋鸟 *Gracupica nigricollis*

英文学名

Black-collared Starling

别名

黑脖八哥、白头椋鸟

外形特征

头和下体白色，上胸黑色并向两侧延伸至后颈，形成宽阔的黑色领环，极为醒目。腰白色，其余上体、两翅和尾

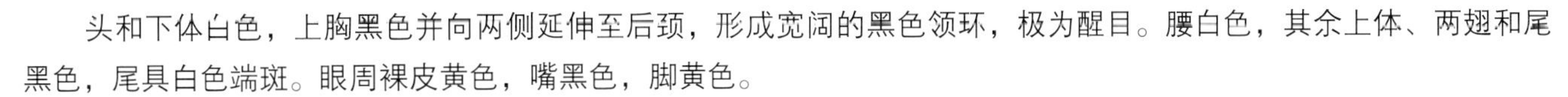

黑色，尾具白色端斑。眼周裸皮黄色，嘴黑色，脚黄色。

大小量度

体重134～180 g，体长275～290 mm，嘴峰29～34 mm，尾80～103 mm，跗跖39～44 mm。

栖境习性

生境：主要栖息于山脚平原、草地、农田、灌丛、荒地、草坡等开阔地带。食性：主要以甲虫、鳞翅目幼虫、蝗虫、蚯蚓、蜘蛛等为食，也吃植物果实与种子。习性：留鸟或夏候鸟。常成对或成小群活动，有时也见与八哥混群。

生长繁殖

繁殖期4—8月。营巢于高大乔木上，置巢于树冠层枝杈间。巢为有圆形顶盖的半球形，也有呈瓶状的。结构庞大，较粗糙而松散，主要就地取材，由枯枝、枯草茎和枯草叶构成。每窝产卵4～6枚。卵白色或淡蓝绿色，为卵圆形。

种群现状

分布较广，数量不多，不常见。

保护级别

列入《世界自然保护联盟濒危物种红色名录》（IUCN）低危（LC）、《国家保护的有重要生态、科学、社会价值的陆生野生动物名录》。

2. 北椋鸟 *Agropsar sturninus*

英文学名

Daurian Starling 或 Purple-backed Starling

外形特征

北椋鸟体形略小，全长约18 cm，背部闪辉紫色；两翼闪辉绿黑色并具醒目的白色翼斑；头及胸灰色，颈背具黑色斑块；腹部白色。雄鸟头顶至背灰色或暗灰褐色。雌鸟和雄鸟相似，上体烟灰色；颈背具褐色点斑，两翼及尾黑。上体枕部无黑色斑块，两翅亦缺少绿色光泽，体羽显得较暗淡。头顶浅褐灰色，上体呈土褐色，下体灰白色。

大小量度

体重45～60 g，体长160～189 mm，嘴峰12～17 mm，尾50～62 mm，跗跖25～29 mm。

栖境习性

生境：栖息于低山丘陵和开阔地带的林地、疏林草甸、农田、路边丛林中。食性：主要以鳞翅目、膜翅目和双翅目等昆虫为食，也食少量植物果实与种子。习性：旅鸟。性喜成群，除繁殖期成对活动外，其他时候多成群活动。

生长繁殖

繁殖期5—6月，通常成群到达繁殖地，巢呈碗状，雌雄鸟共同筑巢，每窝产卵通常5～7枚，1天产1枚卵。卵为长卵圆形，翠绿色或鸭蛋绿色，孵卵主要由雌鸟承担，有时雄鸟亦参与，孵化期12～13天。晚成雏，雌雄亲鸟共同育雏。

种群现状

分布较少，数量不多，不常见。

保护级别

列入《世界自然保护联盟濒危物种红色名录》（IUCN）低危（LC）、《国家保护的有重要生态、科学、社会价值的陆生野生动物名录》。

3. 紫翅椋鸟 *Sturnus vulgaris*

英文学名

Common Starling

别名

欧洲椋鸟、欧洲八哥、欧椋鸟、星椋鸟

外形特征

头、喉及前颈部呈辉亮的铜绿色；背、肩、腰及尾上复羽为紫铜色，而且淡黄白色羽端，略似白斑；腹部为沾绿色的铜黑色，翅黑褐色，缀以褐色宽边。虹膜深褐色；嘴黄色；脚略红。

大小量度

体重60～78 g，体长200～220 mm，嘴峰23～26 mm，尾63～71 mm；跗跖26～31 mm。

栖境习性

生境：栖息于荒漠绿洲的树丛中，多栖于村落附近的果园、耕地或多树的村庄内。食性：杂食性，以农田害虫和森林害虫为食，但在秋季也窃食果子或啄食稻谷。习性：旅鸟或留鸟。平时结小群活动，迁徙时集大群，有时与粉红椋鸟混群活动。

生长繁殖

繁殖期4—6月，往往集群营巢，巢营在村内屋檐下，峭壁裂隙、塔内以及天然的树洞中。巢以稻草、树叶、草根、芦苇、羽毛等编成。每年繁殖1次，每窝产卵4～7枚，卵色变化很大，呈乳黄色、翠绿或纯浅绿蓝色，孵卵期约12天。

种群现状

分布较广，数量不多，不常见。

保护级别

列入《世界自然保护联盟濒危物种红色名录》（IUCN）低危（LC）、《国家保护的有重要生态、科学、社会价值的陆生野生动物名录》。

4. 丝光椋鸟 *Spodiopsar sericeus*

英文学名

Silky Starling 或 Red-billed Starling

外形特征

嘴朱红色，脚橙黄色。雄鸟头、颈丝光白色或棕白色，背深灰色，胸灰色，往后均变淡，两翅和尾黑色。雌鸟头顶前部棕白色，后部暗灰色，上体灰褐色，下体浅灰褐色，其他同雄鸟。虹膜黑色，嘴朱红色，尖端黑色，脚橘黄色。

大小量度

体重65～82 g，体长200～232 mm，嘴峰23 ～26 mm，尾66～78 mm，跗跖28～33 mm。

栖境习性

生境：主要栖息于低山丘陵和平原的树林和稀树草坡，也见于河谷和海岸。食性：主要以地老虎、甲虫、蝗虫等昆虫为食，也吃桑葚、榕果等植物果实与种子。习性：留鸟或夏候鸟。除繁殖期成对活动外，常成3～5只的小群或10多只的大群。

生长繁殖

繁殖期5—7月。营巢于阔叶树天然树洞或啄木鸟废弃的树洞中，也在水泥电柱顶端空洞中和人工巢箱中营巢，巢呈碗状。通常每窝产卵5～7枚，1天产1枚卵，卵为长卵圆形，淡蓝色、光滑无斑，孵卵主要由雌鸟承担，有时雄鸟亦参与孵卵，孵化期12～13天。

种群现状

分布广，数量多，常见优势种。

保护级别

列入《世界自然保护联盟濒危物种红色名录》（IUCN）低危（LC）、《国家保护的有重要生态、科学、社会价值的陆生野生动物名录》。

5. 灰椋鸟 *Spodiopsar cineraceus*

英文学名

White-cheeked Starling

别名

杜丽雀、高粱头、管莲子、假画眉、竹雀

外形特征

体型较北椋鸟稍大，头顶至后颈黑色，额和头顶杂有白色，颊和耳覆羽白色微杂有黑色纵纹。上体灰褐色，尾上覆羽白色，嘴橙红色，尖端黑色，脚橙黄色。虹膜褐色，嘴橙红色，尖端黑色，跗跖和趾橙黄色。

大小量度

体重65～105 g，体长183～241 mm，嘴峰22～27 mm，尾60～75 mm，跗跖27～34 mm。

栖境习性

生境：主要栖息于低山和平原的草甸、树林，也栖息于居民点附近的小块丛林中。食性：主要以昆虫为食，也吃少量植物果实与种子。习性：留鸟或旅鸟。性喜成群，除繁殖期成对活动外，其他时候多成群活动。

生长繁殖

繁殖期5—7月，巢呈碗状，通常每窝产卵5～7枚，偶尔有多至8枚和少至4枚的，1天产1枚卵。卵为长卵圆形，翠绿色或鸭蛋绿色，第四枚卵产出后即开始孵卵。孵卵主要由雌鸟承担，有时雄鸟亦参与孵卵，孵化期12～13天。

种群现状

分布较广，数量较多，较常见。

保护级别

列入《世界自然保护联盟濒危物种红色名录》（IUCN）低危（LC）、《国家保护的有重要生态、科学、社会价值的陆生野生动物名录》。

6. 八哥 *Acridotheres cristatellus*

英文学名

Crested Myna

别名

普通八哥、鸲鹆了哥、鹦鹆、寒皋、驾鸰、加令、凤头八哥

外形特征

通体黑色，前额有长而竖直的羽簇，有如冠状，翅具白色翅斑，飞翔时尤为明显。尾羽和尾下覆羽具白色端斑。虹膜橙黄色，嘴乳黄色，

脚黄色。

大小量度

体重78～150 g，体长210～277 mm，嘴峰16～26 mm，尾63～91 mm，跗跖33～43 mm。

栖境习性

生境：主要栖息于低山和平原树林中，也见于居民点附近树上及屋脊或田间地头。食性：主要以蝗虫、蚱蜢等昆虫为食，也食谷粒、植物果实和种子等植物性食物。习性：留鸟。性喜结群，集结于大树上，或成行站在屋脊上，每至暮时常呈大群翔舞空中，噪鸣片刻后栖息。

生长繁殖

繁殖期4—8月。营巢于树洞、建筑物洞穴中，内垫有草根、草茎、草叶、藤条、羽毛、碎片、蛇皮、塑料薄膜等，巢无一定形状。有时也成小群集中营巢，每窝产卵3～6枚，多为4～5枚，卵蓝绿色而富有光泽。

种群现状

分布广，数量多，常见优势种。

保护级别

列入《世界自然保护联盟濒危物种红色名录》（IUCN）低危（LC）、《国家保护的有重要生态、科学、社会价值的陆生野生动物名录》。

（十二）鸦科 Corvidae

全球23属122种，中国11属27种。广布于世界各地，包括鸦和鹊。体壮，喙短粗，体长23～71 cm，是最大的雀形类之一。羽衣可为单色的，或有对比明显的花纹，通常有光泽。

1. 松鸦 *Garrulus glandarius*

英文学名

Eurasian Jay

别名

山和尚

外形特征

鉴别特征为翼上具黑色及蓝色相间的图案，腰白。髭纹黑色，两翼黑色具白色块斑。飞行时两翼显得宽圆。飞行沉重，振翼无规律。虹膜浅褐色，嘴灰色，脚肉棕色。

大小量度

体重120～190 g，体长300～360 mm，嘴峰23～33 mm，尾150～184 mm，跗跖31～49 mm。

栖境习性

生境：常年栖息在各类森林中，有时也到林缘疏林和天然次生林内。食性：杂食性，繁殖期主要以动物为食，其他季节主要以植物果实与种子为食。习性：留鸟。除繁殖期多见成对活动外，其他季节多集成3～5只的小群四处游荡。

生长繁殖

繁殖期4—7月。巢呈杯状，主要由枯枝、枯草、细根和苔藓等材料构成，内垫细草根和羽毛。1年繁殖1窝，每窝产卵3～10枚，通常5～8枚。卵灰蓝色、绿色或灰黄色，被有紫褐、灰褐或黄褐色斑点，尤以钝端较密。孵卵由雌鸟承担，孵化期约17天。

种群现状

分布广，数量多，常见。

保护级别

列入《世界自然保护联盟濒危物种红色名录》（IUCN）低危（LC）、《国家保护的有重要生态、科学、社会价值的陆生野生动物名录》。

2. 红嘴蓝鹊 *Urocissa erythroryncha*

英文学名

Red-billed Blue Magpie

别名

闹山喳子、赤尾山鸦、长尾山鹊、长尾巴练、长山鹊、山鹧

外形特征

嘴、脚红色，头、颈、喉和胸黑色，头顶至后颈有一块白色至淡蓝白色或紫灰色块斑，其余上体紫蓝灰色或淡蓝灰褐色。尾长呈凸状具黑色亚端斑和白色端斑。下体白色。虹膜橘红色，嘴和脚红色。

大小量度

体重147～210 g，体长510～655 mm，嘴峰30～40 mm，尾350～474 mm，跗跖40～49 mm。

栖境习性

生境：主要栖息于山区各种森林中，也见于竹林、林缘疏林和村旁、地边树上。食性：主要以昆虫等动物性食物为食，也食植物果实、种子和玉米、小麦等农作物。习性：留鸟。性喜群栖，经常成对或小群活动。

生长繁殖

繁殖期5—7月。巢呈碗状，每窝产卵3～6枚，多为4～5枚。卵为卵圆形，土黄色、淡褐色或绿褐色，被有紫色、红褐色或深褐色斑。雌雄亲鸟轮流孵卵，晚成雏。

种群现状

分布广，数量多，常见优势种。

保护级别

列入《世界自然保护联盟濒危物种红色名录》（IUCN）低危（LC）、《国家保护的有重要生态、科学、社会价值的陆生野生动物名录》。

3. 灰喜鹊 *Cyanopica cyanus*

英文学名

Asian Azure-winged Magpie

外形特征

外形酷似喜鹊，但稍小。顶冠、耳羽及后枕黑色，两翼天蓝色，尾长并呈蓝色。虹膜褐色，嘴黑色，脚黑色。

大小量度

体重73～132 g，体长326～418 mm，嘴峰23～29 mm，尾185～256 mm，跗跖33～41 mm。

栖境习性

生境：主要栖息于低山和平原森林内，也见于居民点附近的小块林内和树上。食性：杂食性的鸟类，以动物性食物为主，兼食一些乔灌木的果实及种子。习性：旅鸟。除繁殖期成对活动外，其他季节多成小群活动，有时集成大群。

生长繁殖

繁殖期5—7月。巢较简单，呈浅盘或平台状，每窝产卵4～9枚，多为6～7枚。卵为椭圆形，灰色、灰白色、浅绿色或灰绿色，布满褐色斑点。雌鸟孵卵，孵化期约15天。

种群现状

分布较广，数量较少，不常见。

保护级别

列入《世界自然保护联盟濒危物种红色名录》（IUCN）低危（LC）、《国家保护的有重要生态、科学、社会价值的陆生野生动物名录》。

4. 喜鹊 *Pica pica*

英文学名

Black-billed Magpie 或 Eurasian Magpie

别名

死喳喳、鹊、客鹊、飞驳鸟、干鹊、神女

外形特征

雌雄羽色相似，头、颈、背至尾均为黑色，并自前往后分别呈现紫色、绿蓝色、绿色等光泽，双翅黑色而在翼肩有一大型白斑，尾远较翅长，呈楔形，嘴、腿、脚纯黑色，腹面以胸为界，前黑后白。虹膜暗褐色；嘴、跗跖和趾均黑色。

大小量度

体重180～266 g，体长365～485 mm，嘴峰28～38 mm，尾200～275 mm，跗跖42～58 mm。

栖境习性

生境：山区、平原都有栖息，无论是荒野、农田、郊区、城市、公园都能看到。食性：杂食性，常见食物种类有蝗虫、蚱蜢等昆虫和幼虫，此外也吃雏鸟和鸟卵。习性：留鸟。喜鹊除繁殖期间成对活动外，常成3～5只的小群活动，秋冬季节常集成数十只的大群。

生长繁殖

繁殖期3—5月，巢近似球形，每窝产卵5～8枚，有时多至11枚，1天产1枚卵，多在清晨产出。卵为浅蓝绿色、蓝色、灰色或灰白色，缀有褐色或黑色斑点，卵为卵圆形或长卵圆形，雌鸟孵卵，孵化期约17天。

种群现状

分布广，数量多，常见。

保护级别

列入《世界自然保护联盟濒危物种红色名录》（IUCN）低危（LC）、《国家保护的有重要生态、科学、社会价值的陆生野生动物名录》。

5. 灰树鹊 *Dendrocitta formosae*

英文学名

Grey Treepie

外形特征

头顶至后枕灰色，其余头部、颏与喉黑色。背、肩棕褐或灰褐色，腰和尾上覆羽灰白色或白色，翅黑色具白色翅斑，尾黑色，中央尾羽灰色。胸、腹灰色，尾下覆羽栗色。虹膜红色或红褐色，嘴、脚黑色。

大小量度

体重70～125 g，体长310～393 mm，嘴峰28～34 mm，尾151～232 mm，跗跖25～32 mm。

栖境习性

生境：主要栖息于山地阔叶林、针阔叶混交林和次生林，也见于林缘疏林和灌丛。食性：主要以浆果、坚果等植物果实与种子为食，也吃昆虫等动物性食物。习性：留鸟。常成对或成小群活动。

生长繁殖

繁殖期4—6月，主要繁殖在山脚到海拔2 100 m的山地森林中，营巢于树上和灌木上，巢由枯枝和枯草构成。每窝产卵3～5枚。卵乳白色或淡红色，偶尔

也有淡绿白色，被有灰褐色或红褐色斑点，尤以钝端较密，常常在钝端形成圈状或帽状。雌雄轮流孵卵，晚成雏。

种群现状

分布较广，数量较多，较常见。

保护级别

列入《世界自然保护联盟濒危物种红色名录》（IUCN）低危（LC）、《国家保护的有重要生态、科学、社会价值的陆生野生动物名录》。

6. 达乌里寒鸦 *Corvus dauuricus*

英文学名

Daurian Jackdaw

别名

白脖寒鸦、白腹寒鸦

外形特征

达乌里寒鸦雌雄羽色相似，额、头顶、头侧、颏、喉黑色具蓝紫色金属光泽。后头、耳羽杂有白色细纹，后颈、颈侧、上背、胸、腹灰白色或白色，其余体羽黑色具紫蓝色金属光泽。肛羽具白色羽缘。虹膜黑褐色，嘴、脚黑色。

大小量度

体重190～285 g，体长300～350 mm，嘴峰24～34 mm，尾118～156 mm，跗跖35～50 mm。

栖境习性

生境：夏季上至中高山森林林缘、草坡和亚高山灌丛，秋冬季多下到低山和平原。食性：主要以昆虫为食，也吃鸟卵、雏鸟、腐肉、草籽和农作物幼苗与种子等。习性：候鸟或旅鸟。常在林缘、农田、河谷、牧场处活动，晚上多栖于附近树上和悬崖岩石上，喜成群，有时也和其他鸦混群活动。

生长繁殖

繁殖期4—6月。通常营巢于悬崖崖壁洞穴中，也在树洞和高大建筑物屋檐下筑巢。每窝产卵4～8枚，多为5～6枚，卵蓝绿色、淡青白色或淡蓝色，被有大小不等、形状不一的紫色或暗褐色斑点。

种群现状

分布较广，数量不多，不常见。

保护级别

列入《世界自然保护联盟濒危物种红色名录》（IUCN）低危（LC）、《国家保护的有重要生态、科学、社会价值的陆生野生动物名录》。

7. 秃鼻乌鸦 *Corvus frugilegus*

英文学名

Rook

别名

老鸦、老鸹、山鸟、山老公、风鸦

外形特征

嘴基部裸露皮肤浅灰白色。幼鸟脸全被羽，飞行时尾端楔形，两翼较长窄，翼尖“手指”显著，头显突出。但成鸟尖嘴基部的皮肤常色白且光秃。雄雌同形同色，除了嘴基部外通体漆黑，无论是喙、虹膜还是双足均是饱满的黑色。

大小量度

体重420～670 g，体长43～53 cm，嘴峰50～60 mm，尾18～23 cm，跗跖50～65 mm。

栖境习性

生境：常栖息于平原丘陵低山地形的耕作区，有时会接近人群密集的居住区。食性：杂食性，垃圾、腐尸、昆虫、植物种子；青蛙、蟾蜍都出现在它们的食谱中。习性：旅鸟或候鸟。喜结群活动，冬季常常结成庞大的集团，多者可达数千乃至上万只。

生长繁殖

繁殖期3—7月，于树上营巢，巢以枯枝搭成，呈碗状，内衬羽毛、枯草等柔软材料，有时从同类的巢内偷取材料。每窝产卵3～9枚，由雌鸟孵蛋，孵化期为16～18天。

种群现状

分布较广，数量少，不常见。

保护级别

列入《世界自然保护联盟濒危物种红色名录》（IUCN）低危（LC）、《国家保护的有重要生态、科学、社会价值的陆生野生动物名录》。

8. 大嘴乌鸦 *Corvus macrorhynchos*

英文学名

Jungle Crow 或 Large-billed Crow

别名

老鸦、老鸹

外形特征

雌雄同形同色，通身漆黑，除头顶、后颈和颈侧之外的其他部分羽毛带有一些显蓝色、紫色和绿色的金属光泽。嘴粗大，嘴峰弯曲，峰嵴明显，嘴基有长羽伸至鼻孔处。额陡突。尾长、呈楔状。后颈羽毛柔软松散如发状，羽干不明显。虹膜褐色，嘴、脚黑色。

大小量度

体重412～675 g，体长440～540 mm，嘴峰51～64 mm，尾188～242 mm，跗跖51～69 mm。

栖境习性

生境：主要栖息于低山、平原的各种森林中，尤以疏林和林缘地带较常见。食性：杂食性，主要以昆虫为食，也吃雏鸟、鸟卵、鼠类、腐肉及植物。习性：留鸟或候鸟。除繁殖期间成对活动外，其他季节多成3～5只或10多只的小群活动，有时亦见和秃鼻乌鸦、小嘴乌鸦混群活动，偶尔也见有数十只甚至数百只的大群。

生长繁殖

繁殖期3—6月。巢呈碗状，每窝产卵3～5枚，卵天蓝色或深蓝绿色，被有褐色和灰褐色斑点，尤以钝端较密，雌雄鸟轮流孵卵，孵化期约18天。

种群现状

分布广，数量多，常见优势种。

保护级别

列入《世界自然保护联盟濒危物种红色名录》（IUCN）低危（LC）。

9. 小嘴乌鸦 *Corvus corone*

英文学名

Carrion Crow

别名

细嘴乌鸦、老鸦、老鸹

外形特征

雄雌同形同色，通体漆黑，无论是喙、虹膜还是双足均是饱满的黑色；但除头顶、后颈和颈侧之外多少都带有蓝色、紫色和绿色的金属光泽；它们飞羽和尾羽的光泽略呈蓝绿色，其他部分的光泽则呈蓝偏紫色，下体的光泽较黯淡。

大小量度

体重400～600 g，体长40～52 cm，嘴峰46～60 mm，尾168～222 mm，跗跖48～65 mm。

栖境习性

生境：在低山区繁殖，冬季游荡到平原地区和居民点附近寻找食物和越冬。食性：杂食性，以腐尸、垃圾等杂物为食，亦取食植物的种子和果实。习性：留鸟或候鸟。喜结大群栖息，但不像秃鼻乌鸦那样结群营巢。

生长繁殖

繁殖期3—4月，巢由树枝、干草、树叶和许多兽毛等构成，呈碗状，每日或隔日产卵1 枚，每窝产卵4～8枚，孵化由雌鸟单独承担，孵化期约19 天。

种群现状

分布广，数量多，常见。

保护级别

列入《世界自然保护联盟濒危物种红色名录》（IUCN）低危（LC）。

10. 白颈鸦 *Corvus Pectoralis*

英文学名

Collared Crow

外形特征

雌雄同色。虹膜褐色；嘴、跗跖、趾、爪均黑色。除颈背和胸有一白圈外，其余体羽全黑。成鸟的后头、翕的

上部延伸至上胸白色，这些白羽基部灰色，羽轴亦灰色；其他体羽黑色；喉羽披针状；头和喉闪淡紫蓝光泽；初级飞羽外翈闪淡绿光泽。

大小量度

体重385～700 g，体长440～535 mm，嘴峰47～59 mm，尾175～222 mm，跗跖52～66 mm。

栖境习性

生境：常见于海拔2 500 m以下平原和低山。多栖于开阔的农田、河滩和河湾等处。食性：杂食性，包括昆虫、蜗牛、泥鳅、小鸟等动物，以及玉米、土豆、黄豆等植物。习性：留鸟或候鸟。常单独或成队活动，很少集群。

生长繁殖

繁殖期3—6月。通常营巢于悬崖崖壁洞穴中，也在高大乔木的树洞和高大建筑物屋檐下筑巢。成群在一起营巢，有时亦见单对在树洞中或树上营巢的。每窝产卵2～6枚，多为3～4枚，卵色淡蓝绿，具橄榄褐色条纹及块斑。

种群现状

分布较少，数量稀少，较罕见。

保护级别

列入《世界自然保护联盟濒危物种红色名录》（IUCN）易危（VU）、《国家保护的有重要生态、科学、社会价值的陆生野生动物名录》。

（十三）河乌科 Cinclidae

全球共1属5种。主要分布在北半球，在中国为常见的留鸟。

褐河乌 *Cinclus pallasii*

英文学名

Brown Dipper

别名

水乌鸦、小水乌鸦

外形特征

褐河乌雌鸟形态与雄鸟相似，成鸟通体呈咖啡褐色，背和尾上覆羽具棕红色羽缘；翅和尾黑褐色，飞羽外翈具咖啡褐色狭缘；眼圈白色，常为眼周羽毛遮盖而外观不显著；下体腹中央色较浅淡，尾下覆羽色较暗。

大小量度

体重57～137 g，体长183～240 mm，嘴峰19～24 mm，尾47～76 mm，跗跖28～36 mm。

栖境习性

生境：为山区水域鸟类，栖息于海拔500～2 200 m河流中的大石上或崖壁凸出部。食性：主要在水中取食，以水生昆虫及其他水生小型无脊椎动物为食。习性：留鸟或候鸟。很少上河岸地上活动，能在水面浮游，也能在水底潜走。一般常单个或成对活动。

生长繁殖

繁殖期4—7月，巢呈碗状，年繁殖1窝，每窝产卵3～4枚。雌鸟孵卵，孵卵期15～16天；雌雄共同育雏，育雏期21～23天。

种群现状

分布较广，数量较多，较常见。

保护级别

列入《世界自然保护联盟濒危物种红色名录》（IUCN）低危（LC）、《国家保护的有重要生态、科学、社会价值的陆生野生动物名录》。

（十四）岩鹨科 Prunellidae

中小型鸟类，旧大陆古北界分布广泛，全球1属13种，中国1属9种。栖息于高山岩石及森林草甸中，以昆虫为食，常在岩石缝隙中筑巢。

棕胸岩鹨 *Prunella strophiata*

英文学名

Rufous-breasted Accentor

外形特征

眼先上具狭窄白线至眼后转为特征性的黄褐色眉纹，胸部黄褐。虹膜暗褐色或褐色，嘴黑褐色，基部角黄色，脚肉色或红褐色，爪黑色。

大小量度

体重15～22 g，体长124～156 mm，嘴峰9 ～13 mm，尾50～70 mm，跗跖19～22 mm。

栖境习性

生境：繁殖期间主要栖息于高海拔地区，秋冬季下到中低海拔的山地。食性：主要以豆科、莎草科等植物种子为食，也吃少量昆虫，尤在繁殖期为甚。习性：旅鸟。常在高山矮林、溪谷、溪边柳树灌丛、杜鹃灌丛、高山草甸、岩石荒坡、草地和农耕地上活动和觅食。

生长繁殖

繁殖期6—7月。通常营巢于灌丛中。巢呈碗状，每窝产卵3～6枚。卵天蓝色、光滑无斑，有的钝端微被褐色小斑点，卵为椭圆形，大小为（17.3～21.1）mm×（13.0～15.0）mm。

种群现状

全球分布较广，在中国仅见于西南地区，数量不多，不常见。

保护级别

列入《世界自然保护联盟濒危物种红色名录》（IUCN）低危（LC）、《国家保护的有重要生态、科学、社会价值的陆生野生动物名录》。

（十五）鸫科 Turdidae

中小型鸣禽，全球60属341种，中国18属80种，重庆6属22种。多地栖，善奔跑，但也善飞行及树栖，善鸣叫。世界各地均有分布，广布种。

1. 长尾地鸫 *Zoothera dixoni*

英文学名

Long-tailed Thrush

外形特征

外侧尾羽端白，下体具鳞状斑纹，翼下两道白粗纹。翼上具横纹，多橄榄色，尾较长，翼斑皮黄。虹膜、嘴褐色；下颚基部黄色；脚肉色至暗黄。

大小量度

体重55～85 g，体长23～29 cm，嘴峰18～25 mm，尾10～14 cm，跗跖30～38 mm。

栖境习性

生境：常见于中低海拔树林或灌丛地面上。食性：取食昆虫或杂草种子。习性：候鸟或留鸟。常与其他种鸫鸟混群，一般于地面取食。

生长繁殖

繁殖期5—7月。通常营巢于海拔2 000 m以上的山地针叶林中，巢多置于林下幼树侧枝基部。巢呈杯状。每窝产卵多为3枚。卵为长卵圆形，暗绿色、密被淡红褐色斑点或斑纹，尤以钝端较密，大小约为30.5 mm×21.6 mm。

种群现状

分布较少，数量稀少，罕见。

保护级别

列入《世界自然保护联盟濒危物种红色名录》（IUCN）低危（LC）、《国家保护的有重要生态、科学、社会价值的陆生野生动物名录》。

2. 虎斑地鸫 *Zoothera dauma*

英文学名

Scaly Thrush

别名

虎鸫、顿鸫、虎斑山鸫

外形特征

雌雄相似，上体从额至尾覆羽鲜亮橄榄赭褐色，具黑色鳞状斑。翅上覆羽与背同色，具暗橄榄褐色羽缘和棕白端斑；翼下具一棕白色带斑，飞翔尤明显。耳羽后缘有一黑色块斑。

下体棕白，具黑鳞状斑。虹膜暗褐色，嘴褐色，下嘴基部肉黄色，脚肉色或橙肉色。

大小量度

体重124～174 g，体长262～302 mm，嘴峰20～26 mm，尾98～127 mm，跗跖31～40 mm。

栖境习性

生境：主要栖息于阔叶、针叶和针阔叶混交林中，春秋迁徙季节于林缘疏林和农田。食性：主要以昆虫和无脊椎动物为食，偶尔吃少量植物果实、种子和嫩叶等。习性：候鸟或留鸟。地栖性，常单独或成对活动，多在林下灌丛或地上觅食。性怯，见人即飞。多贴地在林下飞行，时飞到树上，起飞常发出"嘎"的一声鸣叫，每次短飞即又落在灌丛中。能在地上迅速奔跑。

生长繁殖

繁殖期5—8月，1年1窝，每窝产卵4～5枚。卵灰绿色或淡绿色、稀疏散布一些褐色斑点，尤以钝端较多。据5枚卵的测量数据，卵大小为（33～36） mm×（23.5～25.0） mm，重8.5～9.5 g。孵化期11～12天。雌雄亲鸟共同育雏，留巢期12～13天。

种群现状

分布较广，数量不多，少见。

保护级别

列入《世界自然保护联盟濒危物种红色名录》（IUCN）低危（LC）、《国家保护的有重要生态、科学、社会价值的陆生野生动物名录》。

3. 白眉地鸫 *Geokichla sibirica*

英文学名

Siberian Thrush

别名

白眉麦鸡、西伯利亚地鸫

外形特征

雄鸟灰黑，眉纹白，尾羽端及臀白。雌鸟橄榄褐，下体皮黄白及赤褐，眉纹皮黄白。

大小量度

体重49～89 g，体长198～237 mm，嘴峰17～20 mm，尾70～94 mm，跗跖23～34 mm。

栖境习性

生境：常见于混交林和针叶林、迁徙期间常在林缘、道旁、村庄附近的丛林活动。食性：主要以昆虫为食，也吃其他小型无脊椎动物和植物果实与种子。习性：迁徙过境旅鸟或冬候鸟。冬季迁徙经东南亚至大巽他群岛。性活泼，栖于森林地面及树间，常单独或成对活动，有时结群。

生长繁殖

繁殖期5—7月，常营巢于小树或高灌木枝杈上，巢杯状。巢外径12 cm，内径9 cm，高10 cm，深5 cm。1年繁殖1窝，每窝产卵4～6枚。大小为（24～30.5） mm×（19.2～21.5） mm。

种群现状

分布较广，数量稀少，罕见。

保护级别

列入《世界自然保护联盟濒危物种红色名录》（IUCN）低危（LC）、《国家保护的有重要生态、科学、社会价值的陆生野生动物名录》。

4. 灰背鸫 *Turdus hortulorum*

英文学名

Grey-backed Thrush

外形特征

雌雄相似，颏、喉淡棕黄色，黑褐色端斑，胸淡黄白色具三角形羽干斑。虹膜褐色，嘴雄鸟黄褐色，雌鸟褐色。脚肉黄或黄褐色。嘴短健，上嘴前端有缺刻或小钩。离趾型足，趾三前一后；腿细弱，跗跖后缘鳞片常愈合为整块鳞板；雀腭型头骨。

大小量度

体重50～73 g，体长20～23 cm，嘴峰16～21 mm，尾75～92 mm，跗跖27～34 mm。

栖境习性

生境：主要栖息于低山丘陵、河谷地带的树林、疏林草坡、果园和农田等。食性：主食昆虫，兼食其他无脊椎动物、植物果实与种子等。习性：旅鸟或候鸟。常单独或成对活动，迁徙时集成几只或10多只的小群，有时和其他鸫类结成松散的混合群。地栖性，善跳跃行走。繁殖期极善鸣叫，鸣声脆亮，从早到晚不停，尤以清晨和傍晚鸣叫最频。发现人后立即飞到地面，急速跳跃前进。

生长繁殖

繁殖期5—8月，1年1窝，每窝产卵3～5枚。卵绿色、被红褐色和紫色，深浅两层斑点，分别为红色和紫色。卵长椭圆或卵圆形，大小为（24.5～29）mm×（17～21）mm，重4.4～6.0 g。

种群现状

分布较广，数量不多，不常见。

保护级别

列入《世界自然保护联盟濒危物种红色名录》（IUCN）低危（LC）、《国家保护的有重要生态、科学、社会价值的陆生野生动物名录》。

5. 宝兴歌鸫 *Turdus mupinensis*

英文学名

Eastern Song Thrush 或 Chinese Thrush

别名

花穿草鸡、歌鸫

外形特征

雄鸟上体橄榄褐色。眉纹淡棕白色，眼先同色杂黑色羽端；眼周、颊和颈侧也同色而稍沾皮黄色，下部有黑斑颚纹，耳羽淡棕白色或皮黄白色具黑色端斑，后耳羽有明显黑块斑。翅上覆羽橄榄褐色有两道淡色翅斑。颏、喉棕白色，喉具黑色小斑。下体白色，胸部沾黄具扇形黑斑；尾下覆羽皮黄色具稀疏淡褐色斑点。

大小量度

体重51～74 g，体长190～244 mm，嘴峰17～24 mm，尾90～105 mm，跗跖33～38 mm。

栖境习性

生境：主要栖息于中低海拔山地树林中，尤喜在河流附近栎树和松树混交林中生活。食性：主要以昆虫为食，特别嗜吃鳞翅目幼虫。习性：冬候鸟或留鸟。单独或成对活动，多在林下灌丛或地上寻食。主要为留鸟，但在北部繁殖的种群多要迁徙到南方越冬。春季迁徙时间为4—5月，秋季迁徙时间为9—10月。

生长繁殖

繁殖期5—7月，通常每窝产卵4枚。卵淡蓝灰绿色、被有玫瑰红褐色和灰蓝褐色点斑、块斑或渍斑，尤以钝端斑点较密和较大，尖端斑点或块斑小而稀疏，大小为（19.4～19.6）mm×（28.4～29.4）mm，平均19.5 mm×28.9 mm；重5.4～5.6 g，平均约5.5 g。

种群现状

分布狭窄，数量稀少，罕见。

保护级别

列入《世界自然保护联盟濒危物种红色名录》（IUCN）低危（LC）、《国家保护的有重要生态、科学、社会价值的陆生野生动物名录》。

6. 黑胸鸫 *Turdus dissimilis*

英文学名

Black-breasted Thrush

外形特征

雄鸟整个头、颈、胸黑色，其余上体暗灰色，下体橙棕色，极为醒目。嘴、脚蜡黄色。雌鸟上体橄榄褐色，颏、喉白色，上胸橄榄褐色具黑色斑点，其余与雄鸟相似。

大小量度

体重60～76 g，体长194～236 mm，嘴峰19～22 mm，尾70～91 mm，跗跖28～34 mm。

栖境习性

生境：栖息于中低海拔树林中，尤以林下有蕨类和灌丛的常绿阔叶林较常见。食性：主要以昆虫为食，也吃其他无脊椎动物以及植物果实和种子。习性：旅鸟。常单独或成对活动，有时也成小群。地栖性，多在林下地上和灌丛间活动和觅食。性胆怯，善隐蔽，常常仅闻其声而难见其影。

生长繁殖

繁殖期5—7月。常营巢于小树或灌木上。筑巢精巧，巢杯状由苔藓构成，由雌雄亲鸟同营巢。每窝产卵3～4枚。卵淡绿色或淡乳黄色、被深红褐色斑点，大小为（21.1～29.0）mm×（18.3～21.0）mm。雌雄亲鸟轮流孵卵、共同育雏，晚雏鸟。

种群现状

分布较广，数量稀少，罕见。

保护级别

列入《世界自然保护联盟濒危物种红色名录》（IUCN）低危（LC）、《国家保护的有重要生态、科学、社会价值的陆生野生动物名录》。

7. 红尾鸫 *Turdus naumanni*

英文学名

Naumann’s Thrush

别名

棕褐斑鸫

外形特征

体背颜色以棕褐为主；下体白色，在胸部有棕褐色波状斑纹；眼上有清晰的棕白色眉纹。起飞时，尾羽展开时棕红色。

大小量度

体重56～80 g，体长21～26 cm，嘴峰20～24 mm，尾73～95 mm，跗跖29～36 mm。

栖境习性

生境：栖息于开阔的多草地带及田野。食性：以农林害虫为主。习性：冬迁过境旅鸟或冬候鸟。一般单独在田野地栖。在西伯利亚东部等地繁殖。

生长繁殖

巢置于不太高的树杈上，主要以嫩枝编成碗状巢，混有草茎及苔藓等物，在巢壁中常用泥土加固。每窝产卵4～5枚，卵淡蓝色、杂以红褐色细斑，平均大小为27.8 mm×20.6 mm。

种群现状

分布较广，数量极稀少，极罕见。

保护级别

列入《世界自然保护联盟濒危物种红色名录》（IUCN）低危（LC）、《国家保护的有重要生态、科学、社会价值的陆生野生动物名录》。

8. 乌灰鸫 *Turdus cardis*

英文学名

Japanese Thrush

别名

日本灰鸫、黑鸫

外形特征

雄雌异色。雄鸟上体黑灰，头及上胸黑色，下体白色，腹部两胁具黑点斑。雌鸟上体灰褐，下体白色，上胸具偏灰色横斑，胸侧及两胁赤褐具黑色点斑延至腹部。幼鸟褐色较浓，下体多赤褐色。雌鸟与黑胸鸫的区别在腰灰色。

大小量度

体重61～77 g，体长19～23 cm，嘴峰19～22 mm，尾7～9 cm，跗跖

28 ~ 35 mm。

栖境习性

生境：多栖息于海拔500 ~ 800 m的灌丛和森林中食性：杂食性，食性较广。习性：留鸟或候鸟。栖于落叶林，藏身于稠密植物丛及林子。甚羞怯、胆小、易受惊。一般独处，但迁徙时结小群。

生长繁殖

繁殖期5—7月，繁殖期间善于鸣叫，鸣声悦耳。通常营巢于林下小树枝杈上，距地1 ~ 4.5 m。巢呈杯状。每窝产卵3 ~ 5枚。卵蓝色、暗蓝色或灰蓝色，被有淡褐色或紫罗兰色斑点，大小约为26.4 mm × 18.9 mm。

保护级别

列入《世界自然保护联盟濒危物种红色名录》（IUCN）低危（LC）、《国家保护的有重要生态、科学、社会价值的陆生野生动物名录》。

9. 赤颈鸫 *Turdus ruficollis*

英文学名

Red-necked Thrush 或 Rufous-throated Thrush

别名

红脖鸫、红脖子穿草鸫

外形特征

体形中等。雄鸟：上体灰褐色，眉纹、颈侧、喉及胸红褐色，翼、中央尾羽、外侧尾羽灰褐色；腹至臀白色。雌鸟：似雄鸟，但栗红色部分较浅且喉部具黑色纵纹。

大小量度

体重56 ~ 76 g，体长22 ~ 27 cm，嘴峰22 ~ 28 mm，尾7 ~ 10 cm，跗跖30 ~ 38 mm。

栖境习性

生境：大多在开阔针叶林间，较少在阔叶林或灌丛中。食性：昆虫、小动物及草籽和浆果。习性：旅鸟。集成松散群体，有时与其他鸫类混合。在地面时，并足长跳。

生长繁殖

5—7月繁殖，营巢于林下小树的枝杈上。每窝产卵4 ~ 5枚，卵淡蓝或蓝绿色并具淡红褐色斑点。

种群现状

分布较少，数量稀少，罕见。

保护级别

列入《世界自然保护联盟濒危物种红色名录》（IUCN）低危（LC）、《国家保护的有重要生态、科学、社会价值的陆生野生动物名录》。

10. 灰翅鸫 *Turdus boulboul*

英文学名

Grey-winged Blackbird

别名

灰膀鸫

外形特征

似乌鸫，但灰色翼纹与其余体羽成对比。腹部黑色具灰色鳞状纹，嘴比乌鸫橘黄色多，眼圈黄色。雌鸟橄榄褐色，翼上具浅红褐色斑。虹膜褐色，嘴橘黄，脚暗褐。

大小量度

体重66～90 g，体长25～31 cm，嘴峰22～28 mm，尾8～10 cm，跗跖30～39 mm。

栖境习性

生境：常栖息于海拔1 200 m以上的阔叶林，冬季常出没于树林、灌丛和田园里。食性：无脊椎动物、蠕虫，冬季也吃果实及浆果。习性：候鸟或留鸟。

生长繁殖

繁殖期5—7月，营巢于林下小树上，巢多置于紧靠树干的水平侧枝枝杈上，距地约2.5 m。巢呈杯状，雌雄亲鸟共同营巢。通常每窝产卵3～4枚。卵淡绿色、被有红褐色斑点，尤以钝端较密，大小为（26.5～33.9） mm×（20～23.5) mm。雌鸟孵卵，晚成雏，亲鸟共同觅食喂雏。

种群现状

分布较广，数量不多，不常见。

保护级别

列入《世界自然保护联盟濒危物种红色名录》（IUCN）低危（LC）、《中国濒危动物红皮书》低危、《国家保护的有重要生态、科学、社会价值的陆生野生动物名录》。

11. 白腹鸫 *Turdus pallidus*

英文学名

Pale Thrush

外形特征

上体褐色。腹臀白色。雄鸟头及喉灰褐，雌鸟头褐色，喉偏白具细纹。翼衬灰或白色。似赤胸鸫但胸及两胁褐灰，外侧两尾羽的羽端白色甚宽。与褐头鸫区别在缺少浅色的眉纹。虹膜褐色。上嘴灰色，下嘴黄色。脚浅褐色。

大小量度

体重79～90 g，体长198～237 mm，嘴峰17～20 mm，尾70～94 mm，跗跖23～34 mm。

栖境习性

生境：栖息于低地森林、次生植被、公园及花园。食性：鞘翅目、鳞翅目等昆虫、小型无脊椎动物和植物果实与种子。习性：候鸟或旅鸟。地栖性，善在地上跳跃行走，多在地上活动和觅食。常单独或成对活动，春秋迁徙季节亦集成几只或10余只的小群，有时和其他鸫类结成松散的混合群。

生长繁殖

繁殖期5—7月，常营巢于林下小树或高灌木枝杈上，距地1～5 m，巢杯状，由细树枝、枯草茎、须根和泥土等构成。巢的外径约12 cm，内径约

9 cm，高约10 cm，深约5 cm。1年1窝，每窝产卵4～6枚，多为5～6枚，大小为（24～30.5）mm×（19.2～21.5）mm。

种群现状

分布较广，数量不多，少见。

保护级别

列入《世界自然保护联盟濒危物种红色名录》（IUCN）低危（LC）、《国家保护的有重要生态、科学、社会价值的陆生野生动物名录》。

12. 乌鸫 *Turdus merula*

英文学名

Common Blackbird 或 Eurasian Blackbird

别名

百舌、黑鸟、望春鸟

外形特征

雄鸟全身大致黑色、黑褐色或乌褐色，有的沾锈色或灰色；上体黑色；下体黑褐，颏缀以棕色羽缘，喉亦微染棕色而微具黑褐色纵纹；嘴黄，眼珠呈橘黄色；羽毛不易脱落，脚近黑色；嘴及眼周橙黄色。雌鸟：较雄鸟色淡，喉、胸有暗色纵纹；虹膜褐色。

大小量度

体重55～126 g，体长210～296 mm，嘴峰20～28 mm，尾89～130 mm，跗跖33～41 mm。

栖境习性

生境：喜在林区外围、林缘疏林、农田旁树林、果园、平原草地或园圃间活动。食性：杂食性，秋冬主要为植物性；春夏主要为动物性。习性：留鸟。栖息于林地、村镇边缘，平原草地或园圃间，常结小群在地面上奔跳，亦常至垃圾堆及厕所等处找食。栖落树枝前常发出急促的“吱、吱”短叫声，歌声嘹亮动听，并善仿其他鸟鸣。胆小，眼尖，对外界反应灵敏。

生长繁殖

1年产卵2窝，每窝产卵4～5枚。卵呈浅绿色而缀以淡灰色斑纹。孵卵期为12～15天，饲养雏鸟13～14天，即出窝。

种群现状

分布广，数量多，常见优势种。

保护级别

列入《世界自然保护联盟濒危物种红色名录》（IUCN）低危（LC）、《国家保护的有重要生态、科学、社会价值的陆生野生动物名录》。

13. 白眉鸫 *Turdus obscurus*

英文学名

Eyebrowed Thrush

外形特征

雄鸟：头、颈灰褐色，具长而显著的白色眉纹，眼下有一白斑，上体橄榄褐色，胸和两胁橙黄色，腹和尾下覆羽白色。雌鸟：头和上体橄榄褐色，喉白色而具褐色条纹；其余和雄鸟相似，但羽色稍暗。

大小量度

体重49～89 g，体长198～237 mm，嘴峰17～20 mm，尾70～94 mm，跗跖23～34 mm。

栖境习性

生境：栖息于中高海拔水域附近茂密的混交林、针叶林和杨桦林。食性：主要以昆虫为食，也吃其他小型无脊椎动物和植物果实与种子。习性：旅鸟或冬候鸟。每年4月末5月初飞迁东北繁殖，9月末10月初南迁。常单独或成对活动，迁徙季节亦成群。迁徙和越冬期也见于中低海拔常绿阔叶林、杂木林、人工松树林、林缘疏林草坡、果园和农田地带。性胆怯，常藏匿，不易发现。

生长繁殖

繁殖期5—7月，常营巢于林下小树或高的灌木枝杈上，距地1～5 m，巢杯状，由细树枝、枯草茎、须根和泥土等构成。巢的大小约为外径12 cm，内径9 cm，高10 cm，深5 cm。1年繁殖1窝，每窝产卵4～6枚，多为5～6枚，大小为（24～30.5）mm×（19.2～21.5）mm。

种群现状

分布较广，数量较多，较常见。

保护级别

列入《世界自然保护联盟濒危物种红色名录》（IUCN）低危（LC）、《国家保护的有重要生态、科学、社会价值的陆生野生动物名录》。

14. 灰头鸫 *Turdus rubrocanus*

英文学名

Grey-headed Thrush 或 Chestnut Thrush

外形特征

整个头、颈和上胸褐灰色，两翅和尾黑色，上、下体羽栗棕色。颏灰白色，尾下覆羽黑色具白色羽轴纹和端斑。虹膜褐色，嘴和脚黄色。

大小量度

体重85～125 g，体长234～290 mm，嘴峰21～29 mm，尾97～130 mm，跗跖30～38 mm。

栖境习性

生境：多栖息于中海拔森林茂密的针叶林和针阔叶混交林。食性：主要以昆虫为食，冬季也吃植物果实和种子。习

性：留鸟。常单独或成对活动，亦集成几只或10余只的小群。多栖于乔木上，性胆怯而机警。常在林下灌木、乔木或在地面活动觅食。冬季多下到低山林缘灌丛和山脚平原等开阔地带的树丛中活动，有时甚至进到村寨附近和农田地中。

生长繁殖

繁殖期4—7月。通常营巢于林下小树枝杈上，有时也营巢在陡峭的悬崖或岸边洞穴中。巢呈杯状。每窝产卵3～5枚。卵绿色、有淡红褐色斑点，卵为卵圆形，大小为（28～35）mm×（20～22.8）mm。雌鸟孵卵，雏鸟晚成性，雌雄亲鸟共同育雏。

种群现状

分布较广，数量不多，不常见。

保护级别

列入《世界自然保护联盟濒危物种红色名录》（IUCN）低危（LC）、《国家保护的有重要生态、科学、社会价值的陆生野生动物名录》。

15. 褐头鸫 *Turdus feae*

英文学名

Grey-sided Thrush

别名

穿草鸡、窜儿鸡

外形特征

上体浓褐色，腹部及臀白色。雄雌两性各似白眉鸫的雄雌鸟，但褐头鸫的胸及两胁是灰色而白眉鸫是黄褐色。白色的眉纹短，外侧尾羽羽端无白色。虹膜褐色；嘴黑褐，嘴裂及下颚基部黄色；脚棕黄。

大小量度

体重55～85 g，体长21～25 cm，嘴峰17～20 mm，尾8～10 mm，跗跖25～36 mm。

栖境习性

生境：多栖息于海拔1 500～1 900 m阴湿的混交林缘。食性：杂食性，食性较广。习性：旅鸟。成群活动，冬季常与白眉鸫混群。

生长繁殖

平均孵卵14天，哺育幼鸟两周。

种群现状

分布较少，数量极稀少，极罕见。

保护级别

列入国家二级重点保护野生动物、《世界自然保护联盟濒危物种红色名录》（IUCN）易危（VU）。

16. 斑鸫 *Turdus eunomus*

英文学名

Spotted Thrush 或 Dusky Thrush

外形特征

上体从头至尾暗橄榄褐色杂有黑色；下体白色，喉、颈侧、两胁和胸具黑色斑点；两翅和尾黑褐色，翅上覆羽和内侧飞羽具宽棕色羽缘；眉纹白色，翅下覆羽和腋羽灰棕色。雌鸟和雄鸟相似，但喉和上胸黑斑较多。虹膜褐色，嘴黑褐色，下嘴基部黄色，脚淡褐色。

大小量度

体重48～88 g，体长204～248 mm，嘴峰17～22 mm，尾77～100 mm，跗跖31～38 mm。

栖境习性

生境：多栖息于西伯利亚各种类型森林、林缘灌丛地带和农田地区。食性：以鳞翅目，尺蠖蛾科和蜡科幼虫、双翅目、鞘翅目、直翅目昆虫及其幼虫为食。习性：旅鸟或冬候鸟。繁殖期成对活动其他季节多成群，由是迁徙季节常集成数十只上百只。性活跃，伴随着“叽～叽～叽”的尖细叫声，传播很远。一般在地上活动和觅食，边跳跃觅食边鸣叫。群较松散，个体间常保持距离，协同前进。性大胆，不怯人。

生长繁殖

繁殖期5—8月。通常营巢于树干水平枝杈上。巢呈杯状，主要由细树枝、枯草茎、草叶、苔藓等构成，内壁糊有泥土。巢直径12～14 cm。每窝产卵4～7枚，多为5～6枚。卵淡蓝绿色、被有褐色斑点，大小为（24.1～30.6）mm×（19～21.1）mm，平均21.75 mm×19.85 mm。

种群现状

分布较广，数量较多，较常见。

保护级别

列入《世界自然保护联盟濒危物种红色名录》（IUCN）低危（LC）、《国家保护的有重要生态、科学、社会价值的陆生野生动物名录》。

（十六）噪鹛科 Leiothrichidae

鸟纲、雀形目的一科鸣禽，为小型到中型的鸟类。共22属148种。该科鸟类羽毛柔软蓬松、具有松软的尾巴以及有强壮的腿。大多数物种的翅膀短而圆，飞行能力弱，迁徙性不强。该科物种通常有较宽的类似于画眉鸟的鸟喙。大多数鸟类性别差异很小，羽毛以棕色为主，但也有许多颜色很鲜艳的物种。通常出现于亚热带或热带的湿润低地林和亚热带或热带的湿润山地林，也有些物种生活在热带雨林中。从沼泽到近沙漠的树木稀少或灌木丛生的环境中都有分布。该科物种经常聚集12只以上的鸟群活动。大多栖息在树上，主要以食昆虫为主，也食水果和种子，其中体形较大的物种甚至会吃小蜥蜴和其他脊椎动物。分布于东南亚和印度次大陆，从喜马拉雅山脉西部向东到中国，再向南到爪哇群岛。

1. 画眉 *Garrulax canorus*

英文学名

Chinese Hwamei

别名

金画眉、画眉鸟

外形特征

全身大部棕褐色。头顶至上背具黑褐色的纵纹，眼圈白色并向后延伸成狭窄的眉纹。

大小量度

体重54 ~ 75 g，体长195 ~ 256 mm，嘴峰19 ~ 23 mm，尾92 ~ 115 mm，跗跖33 ~ 40 mm。

栖境习性

生境：栖息于山丘村落灌木丛、矮树林、海拔1 000 m以上的各类树林、竹林。食性：杂食性。在繁殖季嗜食害虫，非繁殖季以草籽、野果为食。习性：留鸟。喜单独生活，秋冬结集小群。性机敏胆怯、喜隐匿。常立树梢枝杈间鸣啭，音韵多变、委婉动听，还善仿其他的鸟鸣声、兽叫声和虫鸣，尤其是在2—7月，喜在傍晚鸣唱。亲鸟产完卵后即开始孵化，孵化仅由雌鸟担任，雄鸟警戒。如果在繁殖期间，因敌害或人为干扰等原因造成雏鸟散失，亲鸟可作二次产卵繁殖。

生长繁殖

每年清明到夏至前后繁殖，每年一般可繁殖1 ~ 2次。每窝产卵3 ~ 5枚，每日产1枚。卵呈椭圆形，浅蓝或天蓝色，具有褐色斑点。卵壳有光泽，长径为27 ~ 28 mm，宽径20 ~ 22 mm，卵重为5 ~ 7 g。孵化温度为36.5 ~ 39 ℃，孵化期为14 ~ 15天。

种群现状

分布较广，数量较多，较常见。

保护级别

列入国家二级重点保护野生动物、《濒危野生动植物种国际贸易公约》（CITES）附录Ⅱ、《世界自然保护联盟濒危物种红色名录》（IUCN）低危（LC）。

2. 灰翅噪鹛 *Garrulax cineraceus*

英文学名

Moustached Laughingthrush

外形特征

额黑色，头顶黑或灰色，眼先、脸白色。上体橄榄褐至棕褐色，尾和内侧飞羽具窄的白色端斑和宽阔的黑色亚端斑，外侧初级飞羽外翈蓝灰色或灰色，颧纹黑色。下体多为浅棕色；嘴、脚黄色。特征极明显，野外不难识别。

大小量度

体重44～57 g，体长21～25 cm，嘴峰17～22 mm，尾95～116 mm，跗跖32～39 mm。

栖境习性

生境：主要栖息于海拔600～2 600 m的各类森林、竹、灌木林等。食性：主要以昆虫为食，植物性食物主要为植物果实、种子和草籽等。习性：留鸟。常成对或成3～5只的小群，一般活动在林下灌丛和竹丛间，有时也在林下地上落叶层上活动和觅食。

生长繁殖

繁殖期4—6月。营巢于小树和苦竹枝杈间，两巢距地分别约为0.8 m和1.5 m。巢呈碗状，外层用草茎、藤条和细枝编成，结构较为粗糙，内层由较细的草茎、草根、树根和丝等材料构成。巢的大小为外径10.6～15.0 cm，内径7～7.5 cm，高约6 cm，深4～4.5 cm。每窝产卵2～4枚，卵天蓝色、光滑无斑，卵为卵圆形，大小为（25～28.5）mm×（17.5～20）mm。

种群现状

分布较广，数量较多，较常见。

保护级别

列入《世界自然保护联盟濒危物种红色名录》（IUCN）无危（LC）、《国家保护的有重要生态、科学、社会价值的陆生野生动物名录》。

3. 褐胸噪鹛 *Garrulax maesi*

英文学名

Grey Laughingthrush

别名

红耳笑鸫、白颈噪鹛

外形特征

似黑喉噪鹛但耳羽浅灰，其上方及后方均具白边。与白颈噪鹛的区别在灰色较重。海南亚种castanotis的耳羽为亮丽棕色，耳羽后几无白色，喉及上胸深褐。虹膜褐色；嘴黑色；脚深褐色。

大小量度

体重54～77 g，体长24～30 cm；嘴峰19～25 mm；尾10～14 cm；跗跖35～45 mm。

栖境习性

生境：多栖息于常绿林中的灌丛间。食性：以昆虫和杂草种子为食。习性：旅鸟。常独栖或成对活动，偶尔集小群。

生长繁殖

繁殖期为4—5月。通常在树上筑巢，巢的结构较为简单。雌鸟每次产卵通常为2~3枚。亲鸟共同孵卵和育雏。

种群现状

分布很少，数量极稀有，偶见。

保护级别

列入国家二级重点保护野生动物、《世界自然保护联盟濒危物种红色名录》（IUCN）低危（LC）。

4. 斑背噪鹛 *Garrulax lunulatus*

英文学名

Bar-backed Laughingthrush

外形特征

额至头顶多为栗褐色，眼先、眼周和眼后纹均白色，形成宽白眼圈，在头部极为醒目。其余上体浅褐色，各羽均具宽阔的黑色次端斑和棕色端斑，形成明显的鳞状斑或横斑，亦甚醒目。飞羽具白色端斑，外侧初级飞羽外翈蓝灰色，野外特征明显，易识别。

大小量度

体重72～95 g，体长236～286 mm，嘴峰23～30 mm，尾122～138 mm，跗跖41～47 mm。

栖境习性

生境：栖息于海拔1 400 m以上高山针叶、针阔叶混交、亚热带常绿阔叶和竹林中。食性：主要以昆虫和植物果实与种子为食。习性：候鸟或旅鸟。常成对或单独活动，较少成群，多在林下灌丛和地上活动。活动时频频鸣叫，鸣声响亮、单调，其声“古儿、古儿”。

生长繁殖

繁殖期4—7月，通常营巢于山地森林中，巢多置于林下灌木上或幼树上。巢呈杯状。通常每窝产卵2～3枚，卵为蓝色或蓝绿色，大小为（28.5～31.0）mm×（20.0～21.7）mm。雌雄亲鸟共同育雏。

种群现状

分布狭窄，数量稀少，不常见。

保护级别

列入国家二级重点保护野生动物、《世界自然保护联盟濒危物种红色名录》（IUCN）低危（LC）。

5. 眼纹噪鹛 *Garrulax ocellatus*

英文学名

Spotted Laughingthrush

外形特征

头、颈黑色，脸、眉纹和颏茶黄色，上体棕褐色满杂以白色、黑色和皮黄色斑点，飞羽具白色端斑，尾具白色端

斑和黑色亚端斑。喉黑色，胸棕黄色具黑色横斑。特征明显，野外容易识别。

大小量度

体重106～137 g，体长310～345 mm，嘴峰25～28 mm，尾153～183 mm，跗跖46～53 mm。

栖境习性

生境：栖息于海拔1 400 m以上的杂木林、亚热带常绿阔叶林。食性：以昆虫为食，也食植物果实。习性：留鸟。常成对或小群活动，多在林下灌木（玫瑰、杜鹃、牡丹、女贞、小檗、黄杨、沙地柏、铺地柏、连翘、迎春、月季等）间或地上活动和觅食，不时发出“卡归、归、归…”的叫声，繁殖期间发出优美富有变化的鸣叫，其声似连续的“士威、士威……”。

生长繁殖

选择平坦阶地作为营巢地，四周为灌丛，人为干扰少，隐蔽条件好。常筑在高7 m的云杉幼树上，距地3.5 m，形状为浅碗状，巢高120 mm。巢内通常有卵2枚，卵呈椭圆形，纯蓝色，大小约为33 mm×22 mm。孵卵期16～18天，由雌雄亲鸟共同育雏。幼雏7日龄以后，羽毛逐渐丰满，需食量迅速增加；亲鸟暖雏时间逐渐减少，觅食时间相应增多。育雏期为19～20天，幼鸟在20日龄左右离巢。

种群现状

分布较广，数量较多，较常见。

保护级别

列入国家二级重点保护野生动物、《世界自然保护联盟濒危物种红色名录》（IUCN）低危（LC）。

6. 黑脸噪鹛 *Garrulax perspicillatus*

英文学名

Masked Laughingthrush

别名

嘈杂鸫、噪林鹛、七姊妹

外形特征

头顶至后颈褐灰色，额、眼先、眼周、颊、耳羽黑色，形成一条围绕额部至头侧的宽阔黑带，状如戴的一副黑色

眼镜，极为醒目。背暗灰褐色至尾上覆羽转为土褐色。颏、喉褐灰色，胸、腹棕白色，尾下覆羽棕黄色。

大小量度

体重98～142 g，体长266～320 mm，嘴峰22～28 mm，尾127～157 mm，跗跖39～45 mm。

栖境习性

生境：主要栖息于平原和低山丘陵地带的灌丛与竹丛中。食性：主要以昆虫为主，也食其他无脊椎动物、植物果实、种子和部分农作物。习性：候鸟或留鸟。常成对或小群活动，秋冬可集10～20只较大群，有时和白颊噪鹛混群。常在荆棘丛或灌丛下层跳跃穿梭，或在灌丛间飞来飞去，飞行姿态笨拙，不进行长距离飞行，多在地面或灌丛间跳跃前进。性活跃，活动时常喋喋不休地鸣叫，甚为嘈杂。

生长繁殖

繁殖期4—7月。通常营巢于低山丘陵和村寨附近1 m至数米高的灌木、幼树或竹类枝丫上。巢呈杯状，外径约13 cm，内径约9.2 cm，高约11.8 cm，深约6.5 cm。每窝产卵3～5枚，卵灰蓝色或有光泽的青白色、光滑无斑、缀有赭褐色块斑，尤以钝端较多，卵为卵圆形，大小为27 mm×（19～21）mm。

种群现状

分布较广，数量较多，较常见。

保护级别

列入《世界自然保护联盟濒危物种红色名录》（IUCN）低危（LC）、《国家保护的有重要生态、科学、社会价值的陆生野生动物名录》。

7. 白喉噪鹛 *Garrulax albogularis*

英文学名

White-throated Laughingthrush

外形特征

前额或整个头顶棕栗色，其余上体橄榄褐色；颏、喉白色；胸具橄榄褐色横带；腹灰棕色或棕白色；外侧四对尾羽具宽阔的白色端斑；尾下覆羽白色。

大小量度

体重88～150 g，体长260～300 mm，嘴峰21～25 mm，尾134～155 mm，跗跖40～47 mm。

栖境习性

生境：主要栖息于海拔800～1 500 m的低山、丘陵和山脚地带的各种森林和竹林中。食性：主要以昆虫为食。昆虫主要为金龟甲、蛴螬等鞘翅目、半翅目和鳞翅目等昆虫。习性：候鸟或旅鸟。常5～6只至10余只的小群活动，主要为地栖性，多在林下地上或灌丛中活动和觅食。性胆怯。

生长繁殖

繁殖期5—7月。营巢于山地森林中，巢多置于林下灌木或距地不高的小树枝丫上。巢成杯状，主要由枯草茎、枯草叶、草根等材料构成，内垫有细草茎和须根。每窝产卵多为3～4枚，卵暗蓝色，形状为长卵圆形，大小约为29 mm×21 mm。

种群现状

分布较广，数量较多，较常见。

保护级别

列入《世界自然保护联盟濒危物种红色名录》（IUCN）低危（LC）、《国家保护的有重要生态、科学、社会价值的陆生野生动物名录》。

8. 黑领噪鹛 *Garrulax pectoralis*

英文学名

Greater Necklaced Laughingthrush

外形特征

上体棕褐色。后颈栗棕色，形成半领环状。眼先棕白色，白色眉纹长而显著，耳羽黑色而杂有白纹。下体几全为白色，胸有1黑色环带，两端多与黑色颧纹相接。

大小量度

体重135～160 g，体长275～318 mm，嘴峰25～30.5 mm，尾129～160 mm，跗跖41～48 mm。

栖境习性

生境：主要栖息于海拔1 500 m以下的低山、丘陵和山脚平原地带的阔叶林中。食性：主要以昆虫为食，也吃草籽和其他植物果实与种子。习性：候鸟或旅鸟。性喜集群，常成小群活动，有时亦与小黑领噪鹛或其他噪鹛混群活动。多在林下茂密的灌丛或竹丛中活动和觅食，时而在灌丛枝叶间跳跃，时而在地上灌丛间窜来窜去，一般较少飞翔。

生长繁殖

繁殖期4—7月。通常营巢于低山阔叶林中灌丛、竹丛或幼树上。巢呈杯状，主要由细枝、苇茎、竹叶、根等材料构成，还掺杂苔藓，内垫细草茎和须根。1年繁殖1～2窝，每窝产卵3～5枚，通常4枚，卵蓝色或深蓝色，形状为长卵圆形，大小为（28.7～33.8）mm×（20.9～24.1）mm。

种群现状

分布较广，数量不多，不常见。

保护级别

列入《世界自然保护联盟濒危物种红色名录》（IUCN）低危（LC）、《国家保护的有重要生态、科学、社会价值的陆生野生动物名录》。

9. 棕噪鹛 *Garrulax berthemyi*

英文学名

Buffy Laughingthrush

别名

竹鸟、八音鸟

外形特征

上体赭褐色，头顶具黑色羽缘，尾上覆羽灰白色，尾羽棕栗色，外侧尾羽具宽阔的白色端斑。额、眼先、眼周、耳羽上部、脸前部和颏黑色，眼周裸皮蓝色，极为醒目。喉和上胸与背同色，下胸至腹蓝灰色。腹部及初级飞羽羽缘灰色，臀白。

大小量度

体重80～100 g，体长234～292 mm，嘴峰19～24 mm，尾116～146 mm，跗跖37～47 mm。

栖境习性

生境：主要栖息于海拔1 000～2 700 m的山地常绿阔叶林中。食性：杂食性。以啄食昆虫为主，也食植物的果实和种子。习性：留鸟或候鸟。结小群栖于丘陵及山区原始阔叶林的林下植被及竹林层。畏人，不喜开阔地区。常单独或成小群，群体中如有一只遇害，其余则争相走避。繁殖期间鸣声亦甚委婉动听，其声似"呼～果～呼，呼呼呼呼呼"，系反复重复之哨声，鸣声圆润，且富有变化。

生长繁殖

于5月初筑巢于矮低乔木枝丫上，巢离地约2 m，以干燥的树叶、草茎及草根为巢材，并衬一些松萝的白色线状株体于巢内。巢呈碗状，高约136 mm、深约50 mm、外径约140 mm、内径约102 mm。每窝产卵2～3枚，青色，无任何斑点，大小约为33 mm×22 mm。雌雄共同育雏。

种群现状

分布较广，数量较多，较常见。

保护级别

列入国家二级重点保护野生动物、《世界自然保护联盟濒危物种红色名录》（IUCN）低危（LC）。

10. 白颊噪鹛 *Garrulax sannio*

英文学名

White-browed Laughingthrush

别名

白颊笑鸫、白眉笑鸫、白眉噪鹛、土画眉

外形特征

雌雄羽色相似。前额至枕深栗褐色，眉纹白色或棕白色、细长，往后

延伸至颈侧。背、肩、腰和尾上覆羽等其余上体包括两翅表面棕褐或橄榄褐色，尾栗褐或红褐色，飞羽暗褐色，外翈羽缘沾棕。颊、喉和上胸淡栗褐色或棕褐色，下胸和腹多呈淡棕黄色，两胁暗棕色。

大小量度

体重52～80 g，体长200～255 mm，嘴峰19～24 mm，尾98～125 mm，跗跖34～40 mm。

栖境习性

生境：栖息于海拔2 000 m以下的林地、山丘、山脚及田野灌丛和矮树丛间。食性：主要以昆虫及其幼虫等动物性食物为食，也食植物果实和种子。习性：留鸟。繁殖期成对活动，其他季节多成群活动，有时也见与黑脸噪鹛混群，多在森林中下层和地上活动。善鸣，声响亮而急促，其声似"jeer～jeer"，清晨、傍晚和天晴时频繁，常一鸣皆鸣。性活泼。一般不做远距离飞行，有时也通过在地上急速奔跑逃走。

生长繁殖

繁殖期3—7月。常营巢于乔木灌丛中，距地1～6m。巢碗状，巢外径约13 cm，内径约8 cm。巢高8～12 cm，深4～9.2 cm。每窝产卵3～4枚，每日或隔1日产1枚卵。卵浅蓝色或白色，大小为（22.5～28.2） mm×（19～21）mm，重4～6 g。孵卵期15～17天，雌雄亲鸟共同育雏。

种群现状

分布广，数量多，为当地优势物种。

保护级别

列入《濒危野生动植物种国际贸易公约》（CITES）附录Ⅱ、《世界自然保护联盟濒危物种红色名录》（IUCN）低危（LC）、《国家保护的有重要生态、科学、社会价值的陆生野生动物名录》。

11. 矛纹草鹛 *Pterorhinus lanceolatus*

英文学名

Chinese Babax

外形特征

头顶和上体暗栗褐色具灰色或棕白色羽缘，形成栗褐色或灰色纵纹。下体棕白色或淡黄色，胸和两胁具暗色纵纹，髭纹黑色。尾褐色具黑色横斑。虹膜白色、黄白色、黄色至橙黄色，嘴黑褐色至角褐色，脚角褐色。

大小量度

体重64～88 g，体长225～282 mm，嘴峰21～27 mm，尾102～133 mm，跗跖33～41 mm。

栖境习性

生境：主要栖息于稀树灌丛草坡、竹、各类森林和林缘灌丛。食性：主要以昆虫、植物叶、芽、果实和种子为食。习性：留鸟。喜结群，除繁殖期外，常成小群活动，多活动在林内或林缘灌木丛和高草丛中，尤其喜欢在有稀疏树木的开阔地带灌丛和草丛中活动和觅食。

生长繁殖

繁殖期4—6月，最早在3月末即已开始繁殖，在贵州5月上旬即见有幼鸟出巢。营巢于灌丛中，巢呈杯状，主要由枯草茎、叶构成，内垫有细草茎和草根。每窝产卵3～4枚，卵蓝色、具暗色斑点，卵为尖卵圆形，大小约为27.3 mm×20.3 mm。

种群现状

分布较广，数量较多，较常见。

保护级别

列入《世界自然保护联盟濒危物种红色名录》（IUCN）低危（LC）、《国家保护的有重要生态、科学、社会价值的陆生野生动物名录》。

12. 黑头奇鹛 *Heterophasia desgodinsi*

英文学名

Black-headed Sibia或Rufous Sibia

外形特征

前额、头顶一直到后颈黑色具有金属光泽。头侧和耳羽暗褐色。上体褐灰色，尾羽暗褐色具灰白色端斑。飞羽褐色。外羽黑色。下体几纯白色，仅胸和体侧沾灰。虹膜褐色或淡蓝色，嘴黑色，脚暗褐或黑褐色。

大小量度

体重30～50 g，体长197～239 mm，嘴峰16～19 mm，尾98～122 mm，跗跖27～33 mm。

栖境习性

生境：主要栖息于海拔1 200～2 500 m的山地阔叶林和针阔叶混交林中。食性：主要以昆虫及其幼虫和虫卵为食，也食植物果实和种子。习性：留鸟。常单独、成对或成几只的小群在沟谷、溪流沿岸和山坡树林中上层枝叶间活动和觅食。频繁地在树枝间跳来跳去或攀缘在枝头，有时也下到林下灌丛或竹丛中活动和觅食。鸣声清脆、悦耳而富有变化，特别是在繁殖期间，常久鸣不息。

生长繁殖

繁殖期5—7月。通常营巢于沟谷中大树顶端细的侧枝叶间，隐蔽甚好。巢呈杯状，主要由竹叶、草茎、草叶、根和苔藓等材料构成。每窝产卵2～3枚，卵淡蓝色或白色、光滑无斑，大小约为20 mm×15.5 mm。

种群现状

分布狭窄，数量较多，较常见。

保护级别

列入《世界自然保护联盟濒危物种红色名录》（IUCN）低危（LC），《国家保护的有重要生态、科学、社会价值的陆生野生动物名录》。

13. 红嘴相思鸟 *Leiothrix lutea*

英文学名

Red-billed Leiothrix

别名

相思鸟、红嘴玉、五彩相思鸟、红嘴鸟

外形特征

嘴赤红色，上体暗灰绿色、眼先、眼周淡黄色，耳羽浅灰色或橄榄灰色。两翅具黄色和红色翅斑，尾叉状、黑色，颏、喉黄色，胸橙黄色。

大小量度

体重14～29 g，体长127～154 mm，嘴峰11～15 mm，尾50～68 mm，跗跖22～27 mm。

栖境习性

生境：栖息于海拔1 200 m以上的山地常绿阔叶、常绿落叶混交、竹和林缘疏林灌丛。食性：主要以毛虫、甲虫、蚂蚁等昆虫为食，也食植物果实、种子等植物性食物。习性：留鸟或候鸟。除繁殖期间成对或单独活动外，其他多成3～5只或10余只的小群，有时亦与其他小鸟混群活动。性大胆，不甚怕人，多在树上或林下灌木间穿梭、跳跃、飞来飞去，偶尔也到地上活动和觅食。善鸣叫，尤其繁殖期间鸣声响亮、婉转动听。

生长繁殖

繁殖期5—7月。巢多筑于林缘灌木侧枝、小树枝杈上或竹枝上，距地约1.5m。呈深杯状，巢的大小为外径8～12.6 cm，内径5～8 cm，高6～8 cm，深5～6 cm。每窝产卵3～4枚，卵白色或绿白色、被有赭色或淡紫色斑点，钝端较密集，大小为（20.2～24.3）mm×16 mm，重2.4～3.0 g。

种群现状

分布较广，数量多，常见。

保护级别

列入国家二级重点保护野生动物、《濒危野生动植物种国际贸易公约》（CITES）附录Ⅱ、《世界自然保护联盟濒危物种红色名录》（IUCN）低危（LC）。

14. 火尾希鹛 *Minla ignotincta*

英文学名

Red-tailed Minla

外形特征

头黑色，具长而宽阔的白色眉纹，在黑色的头部极为醒目。上体栗色

或灰橄榄褐色，下体淡黄白色，尾黑色，外翈羽缘赤红色具白色亚端斑和赤红色端斑；两翅黑色，翅上覆羽具白色羽缘和端斑，外侧飞羽外缘基部红色，端部黄色，内侧飞羽外缘和端斑白色，黑白相衬，甚为醒目。

大小量度

体重13～19 g，体长115～146 mm，嘴峰10～13 mm，尾55～69 mm，跗跖19～23 mm。

栖境习性

生境：主要栖息于海拔1 500～2 500 m的常绿阔叶林和混交林中。食性：主要以甲虫等昆虫为食，也食部分植物果实与种子。习性：留鸟。除繁殖期间成对活动外，其他季节多成群活动，也常与其他鸟类混群。多在茂密森林中树冠层以及枝叶间频繁穿梭跳跃，或在树枝上的苔藓和地衣下觅食。

生长繁殖

繁殖期5—7月。通常营巢于海拔1 500～2 500 m的常绿阔叶林中，巢呈杯状，主要由绿色苔藓构成，内垫有毛、发和细的植物纤维。巢多置于林下灌木枝杈上，距地1.2～3 m。每窝产卵2～3枚，偶尔4枚。卵蓝色、被有少许黑色或红色斑点，大小约为19.3 mm×14.6 mm。

种群现状

分布较广，数量较多，较常见。

保护级别

列入《世界自然保护联盟濒危物种红色名录》（IUCN）低危（LC）。

15. 蓝翅希鹛 *Siva cyanouroptera*

英文学名

Blue-winged Minla

外形特征

两性相似，头具羽冠；头顶灰褐色，具黑色和淡蓝色条纹；眉纹和眼周白色；上体及尾上覆羽赭褐色；尾羽上面暗灰色具蓝色边缘，外侧尾羽边缘黑色。颏至上胸灰色沾淡葡萄酒色；腹部中央和尾下覆羽白色，尾羽下面白色，羽缘黑色。

大小量度

体重14～28 g，体长134～165 mm，嘴峰11～14 mm，尾64～76 mm，跗跖20～25 mm。

栖境习性

生境：主要栖息于亚热带或热带海拔600～2 200 m茂密的常绿阔叶林和次生林。食性：主要以白蜡虫、甲虫等昆虫及其幼虫为食，也吃少量植物果实与种子。习性：留鸟或候鸟。蓝翅希鹛常成对或成小群活动，有时也和相思鸟、鹛集成小群。多在乔木或矮树上枝叶间、也在林下灌木丛和竹丛中活动和觅食。性活泼，常频繁地在树枝间飞来飞去或在枝头跳跃，不时发出清脆的叫声，叫声为响亮的长双声哨音。

生长繁殖

蓝翅希鹛繁殖期在5—7月，营巢于林下灌丛中。巢呈杯状，主要由草茎、草叶、根、苔藓、树叶等材料构成，内垫细草和根。通常每窝产卵3～4枚，大小约为18 mm×14 mm。

种群现状

分布较广，数量较多，较常见。

保护级别

列入《世界自然保护联盟濒危物种红色名录》（IUCN）低危（LC）、《国家保护的有重要生态、科学、社会价值的陆生野生动物名录》。

16. 红尾噪鹛 *Trochalopteron milnei*

英文学名

Red-tailed Laughingthrush

别名

赤尾噪鹛

外形特征

头顶至后颈红棕色（雌鸟为橙棕色），两翅和尾鲜红色，眼先、眉纹、颊、颏和喉黑色，眼后有一灰色块斑。其余上下体羽大都暗灰或橄榄灰色。特征极明显，特别是通过鲜红色的头顶、翅和尾。相似种丽色噪鹛，两翅和尾亦为鲜红色，颏和喉亦为黑色，但头顶部为红棕色，上下体羽亦较棕而少灰色。

大小量度

体重66～93 g，体长220～272 mm，嘴峰18～22 mm，，尾108～134 mm，跗跖37～44 mm。

栖境习性

生境：主要栖息于海拔1 500～2 200 m的常绿阔叶林、竹林和林缘灌丛带。食性：主要以昆虫和植物果实与种子为食。习性：留鸟或候鸟。常成对或成3～5只的小群活动。性胆怯，善鸣叫，鸣声嘈杂，稍有动静即藏入浓密的灌丛内，常常听其声不见其影。

生长繁殖

繁殖期5—7月。通常营巢于茂密的常绿阔叶林中，巢多置于林下灌木上或小树上。巢呈杯状，主要由竹叶、枯草和混杂一些细根构成，内垫有竹叶。卵白色、被有少许红褐色或近黑色斑点，大小为（28～30）mm×（20～21）mm。

种群现状

分布较广，数量较多，较常见。

保护级别

列入国家二级重点保护野生动物、《世界自然保护联盟濒危物种红色名录》（IUCN）低危（LC）。

17. 橙翅噪鹛 *Trochalopteron elliotii*

英文学名

Elliot's Laugingthrush

外形特征

头顶深葡萄灰色或沙褐色，上体灰橄榄褐色，外侧飞羽外翈蓝灰色、基部橙黄色，中央尾羽灰褐色，外侧尾羽外翈绿色而缘以橙黄色并具白色端斑。喉、胸棕褐色，下腹和尾下覆羽砖红色。

大小量度

体重49～75 g，体长209～290 mm，嘴峰15～21 mm，尾98～158 mm，跗跖30～41 mm。

栖境习性

生境：栖息于海拔1 500～3 400 m的山地和高原森林与灌丛中。食性：杂食性，以昆虫和植物果实与种子为食。习性：留鸟或候鸟。除繁殖期间成对活动外，其他季节多成群活动。常在灌丛下部枝叶间跳跃、穿梭或飞进飞出，有时亦见在林下地上落叶层间活动和觅食。

生长繁殖

繁殖期4—7月。常营巢于林下灌草丛中。巢呈碗状，外层由细枝、草茎等构成，内垫以细草茎和草根。巢外径13.8～20 cm，内径约8 cm，深5～7 cm。每窝产卵2～3枚，卵天蓝色或亮蓝绿色、钝端被有稀疏的黑褐色斑点；椭圆形，大小约28.5 mm×20.8 mm，重5.5～6 g。

种群现状

分布较广，数量较多，较常见。

保护级别

列入国家二级重点保护野生动物、《世界自然保护联盟濒危物种红色名录》（IUCN）低危（LC）。

（十七）林鹛科 Timaliidae

鸟纲雀形目的一科中小型鸣禽。喙细直而侧扁，先端有不同程度的下弯，上喙尖多具缺刻；鼻孔被羽或须毛覆盖；翅短圆；尾长，呈椭圆或楔形。形态大小和颜色具有多样性，大多数物种类似于莺或画眉，但以柔软蓬松的羽毛为特征。腿长，脚趾强健。栖息于浓密灌丛、竹丛、芦苇地、田地及城镇公园多种生态中，生活于树木繁茂或灌木丛生的环境中，多在灌木丛基部或地面活动。不善长距离飞翔。善于鸣啭和效鸣。结小群活动。性喜喧闹。主要以昆虫为食，也食少量植物种子。分布于中国、印度、中南半岛和南亚地区。

1. 斑胸钩嘴鹛 *Erythrogenys gravivox*

英文学名

Black-streaked Scimitar Babbler

别名

锈脸钩嘴鹛

外形特征

浅色眉纹，脸颊棕色。甚似锈脸钩嘴鹛，但胸部具浓密的黑色点斑或纵纹。虹膜黄至栗色；嘴灰至褐色；脚肉褐色。

大小量度

体重55～89 g，体长21～27 cm；嘴峰35～45 mm；尾10～13 cm；跗跖35～44 mm。

栖境习性

生境：栖息于低山地区及平原的林地灌丛间。食性：杂食性，但繁殖期以昆虫为主食，也食草籽等植物种子。习性：候鸟或留鸟。典型的适宜栖于灌草丛的生活类型。

生长繁殖

繁殖期4—7月。

种群现状

分布较广，数量多，常见。

保护级别

列入《世界自然保护联盟濒危物种红色名录》（IUCN）低危（LC）。

2. 红头穗鹛 *Cyanoderma ruficeps*

英文学名

Red-headed Tree Babbler 或 Rufous-capped Babbler

别名

红顶嗜鹛、红顶穗鹛、红头小鹛、山红鼻头

外形特征

头顶棕红色，上体淡橄榄褐色沾绿色。下体颏、喉、胸浅灰黄色，颏、喉具细的黑色羽干纹，体侧淡橄榄褐色。

大小量度

体重7～13 g，体长97～118 mm，嘴峰11～14 mm，尾43～53 mm，跗跖17～20.3 mm。

栖境习性

生境：主要栖息于山地森林中。分布海拔高度从北向南递次增高。食性：主要以昆虫为食，偶尔也食少量植物果实与种子。习性：留鸟或候鸟。常单独或成对活动，有时也见成小群或与棕颈钩嘴鹛或其他鸟类混群活动，在林下或林缘灌丛枝叶间飞来飞去或跳上跳下。

生长繁殖

繁殖期4—7月。通常营巢于高0.5～1 m茂密的灌丛、竹丛、草丛和堆放的柴捆上。巢外径约8 cm，内径约5 cm，高约8 cm，深约6 cm。通常每窝产卵4～5枚，卵白色、钝端具有棕色斑点，大小为（17.2～17.8）×（13～13.2 ）mm，重1.2～1.4 g。孵卵、育雏由雌雄亲鸟轮流承担。

种群现状

分布广，数量多，常见优势种。

保护级别

列入《世界自然保护联盟濒危物种红色名录》（IUCN）低危（LC）。

3. 棕颈钩嘴鹛 *Pomatorhinus ruficollis*

英文学名

Streak-breasted Scimitar-babbler

别名

小钩嘴嗜鹛、小钩嘴嗜杂鸟、小钩嘴鹛、小眉、小偃月嘴嗜杂鸟

外形特征

细长而向下弯曲，具显著的白色眉纹和黑色贯眼纹。上体橄榄褐色或棕褐色

或栗棕色，后颈栗红色。颏、喉白色，胸白色具栗色或黑色纵纹，也有的无纵纹和斑点，其余下体橄榄褐色。

大小量度

体重22～30 g，体长158～180 mm，嘴峰16～20 mm，尾74～87 mm，跗跖27～31 mm。

栖境习性

生境：栖息于低山和山脚平原地带的阔叶林、次生林、竹林和林缘灌丛中。食性：主要以昆虫及其幼虫为食，也食植物果实与种子。习性：候鸟或留鸟。常单独、成对或小群活动。性活泼，畏人，常在茂密的树丛或灌丛间疾速穿梭，一遇惊扰立刻藏匿，飞行距离很短。有时也见与雀鹛等混群活动。繁殖期间常躲藏在树叶丛中鸣叫，单调、清脆而响亮，三声一度，似“hu～hu～hu”的哨声，常常反复鸣叫不息。

生长繁殖

繁殖期4—7月，通常营巢于灌木上，巢呈圆锥形，巢内径约9 cm，深约8 cm。每窝产卵2～4枚，白色、光滑无斑，大小为（24～25）mm×（17～18）mm，重4～4.5 g。

种群现状

分布广，数量多，常见。

保护级别

列入《世界自然保护联盟濒危物种红色名录》（IUCN）低危（LC）。

4. 长尾鹩鹛 *Spelaeornis reptatus*

英文学名

Grey-bellied Wren-babbler

外形特征

上体包括两翅覆羽赭褐色，各羽均具黑色羽缘，形成鳞片状斑，两翅和尾褐色无斑，颊和耳羽暗灰色。颏、喉棕白色微具棕色斑点，胸和两胁棕褐色，腹中部蓝灰色。虹膜暗红色或淡红褐色，嘴黑色，脚和趾肉色。

大小量度

体重10～18 g，体长9～13 cm，嘴峰8～12 mm，尾6～8 cm，跗跖18～23 mm。

栖境习性

生境：栖于海拔1 650～3 000 m的山区森林、林缘及次生植被。食性：主要以甲虫等昆虫为食。习性：旅鸟。一般生活于密林下灌丛间以及常见其在离地面0.5 m左右的枝叶间活动。

生长繁殖

繁殖期4—7月。通常营巢于茂密的山地森林中，巢多置于靠近河边的林下地上。每窝产卵约3枚，卵纯白色，大小约为18.5 mm × 14.9 mm。

种群现状

分布狭窄，数量极稀少，偶见。

保护级别

列入《世界自然保护联盟濒危物种红色名录》（IUCN）低危（LC）。

5. 斑翅鹩鹛 *Spelaeornis troglodytoides*

英文学名

Bar-winged wren-babbler

外形特征

头顶橄榄褐色具黑色端斑和棕白色次端斑点，颊和耳羽橙棕色或褐色。背灰褐或橄榄棕褐色、具黑色端斑和白色次端斑，尾长、栗褐色具细的黑色横斑，飞羽亦为栗褐色具黑褐色横斑。颏、喉白色。其余下体棕色。

大小量度

体重12～18 g，体长11～15 cm，嘴峰9～13 mm，尾7～9 cm，跗跖19～24 mm。

栖境习性

生境：栖息于海拔1 500～3 600 m的山区森林的林下层。食性：主要以昆虫为食，也食植物果实和种子。习性：旅鸟。常单独或成对活动。在高山、深沟、峡谷处的树丛和矮灌丛间，频繁地在树根间或灌丛与草丛中跳来跳去，并发出轻而低沉的“吱、吱”叫声。一般很少飞翔，多在林下地上觅食。叫声为4～5个音节的低鸣。告警叫声为细弱的“churr”。叫声为压抑的“cheep”声。

生长繁殖

多型种。在中国筑巢季节为3—6月。

种群现状

分布狭窄，数量极稀少，极罕见。

保护级别

列入《世界自然保护联盟濒危物种红色名录》（IUCN）低危（LC）。

（十八）鳞胸鹪鹛科 Pnoepygidae

体小而无尾的似鹪鹩的鹛，有两种色型：浅色型和茶色型。它们通常生活在山区森林中，分布范围广泛，包括南美洲的哥伦比亚、委内瑞拉、厄瓜多尔、秘鲁、玻利维亚、巴西等地，以及中国的四川、云南、西藏等地。鳞胸鹪鹛科的鸟类具有独特的外形特征，例如嘴长直而较细弱，先端稍曲，无嘴须等。喜欢居住在潮湿的地方，主要以昆虫和蜘蛛为生。它们有不断移动尾巴的习惯，鸣声清脆响亮。

小鳞胸鹪鹛 *Pnoepyga pusilla*

英文学名

Pygmy Cupwing

别名

小鹪鹛

外形特征

体型小，有浅灰色及茶黄色两色型，甚似鳞胸鹪鹛的两色型。上体的点斑区仅限于下背及覆羽，头顶无点斑，且鸣声也不同。几乎无尾但具醒目的扇贝形斑纹的鹛。

大小量度

体重8～15 g，体长7～9 cm，嘴峰9～14 mm，尾1～2 cm，跗跖13～18 mm。

栖境习性

生境：栖息于海拔500 m以上的山区森林，以及高山稠密灌木丛或竹林的树根间。食性：主要以昆虫和植物叶、芽为食。习性：留鸟。在森林地面急速奔跑，形似老鼠。除鸣叫外多惧生隐蔽。

生长繁殖

繁殖期4—7月。营巢于海拔1 200～2 800 m的浓密森林中，巢呈圆柱形，开口于上侧。巢主要由青苔构成，内垫有细草根。巢的大小为高18～19 cm，宽9～11 cm，巢口直径约3.5 cm，巢深5.0～5.5 cm。每窝产卵2～4枚。卵纯白色、光滑无斑，大小为（15.4～18.9）mm×（12.1～14.0）mm。

种群现状

分布较广，数量不多，不常见。

保护级别

列入《世界自然保护联盟濒危物种红色名录》（IUCN）低危（LC）。

（十九）幽鹛科 Pellorneidae

分布于东南亚和印度次大陆。均有柔软蓬松的羽毛，羽毛主要为棕色，大多数有短而圆的翅膀，弱于飞行。两性差异很小，但也存在着许多更鲜艳的种类。形态多样性较高；具有强壮的双腿，多习惯于行走。通常有类似鸫科或莺亚科的鸟喙。大多数物种类似于莺或画眉，从而使野外识别变得困难。

此科鸟属于热带地区鸟类。不太喜欢迁徙，其栖息在稀疏的树林或灌木丛，或沼泽至沙漠周边。少数物种具有很强的领地意识，通过鸣叫来宣示主权。主要是食虫动物 ，但也有很多鸟类采食浆果。

1. 灰眶雀鹛 *Alcippe morrisonia*

英文学名

Grey-cheeked Fulvetta

别名

白眼环眉、山白目眶、绣眼画眉

外形特征

头、颈和脸褐灰，头侧和颈侧深灰；上体和翅、尾表面橄榄褐；喉呈灰色；胸浅皮黄；腹部和胁部皮黄至赭黄，腹部中央浅淡。

大小量度

体重15～19 g，体长122～143 mm，嘴峰10～12 mm，雄鸟跗跖20～24 mm（湖北亚种）。

栖境习性

生境：灰眶雀鹛栖息于海拔2 500 m以下的山地和山脚平原地带的森林和灌丛中。食性：以昆虫及其幼虫为食，也食植物果实、种子、苔藓、植物叶、芽等。习性：留鸟或候鸟。灰眶雀鹛除繁殖期成对活动外，常成5～7只至10余只的小群，有时亦见与其他小鸟混群，频繁地在树枝间跳跃或飞来飞去，有时也沿粗的树枝或在地上奔跑捕食。常常发出“唧、唧”的单调叫声。与其他种类混合可大胆围攻小型鸮类及其他猛禽。

生长繁殖

繁殖期5—7月，通常营巢于林下灌丛近地面的枝丫上，巢距地0.2～2 m。巢呈深杯状，巢的大小约为外径8.3 cm，内径4.5 cm，巢高6.3 cm，深4.6 cm。每窝产卵2～4枚，卵白色、密被有淡棕黄色斑点，卵为梨形，大小平均为19.6 mm × 15 mm。

种群现状

分布广，数量多，常见。

保护级别

列入《世界自然保护联盟濒危物种红色名录》（IUCN）低危（LC）。

2. 褐顶雀鹛 *Alcippe brunnea*

英文学名

Dusky Fulvetta

别名

山乌眉、乌眉褐雀鹛

外形特征

头顶棕褐色或橄榄褐色、具黑色侧冠纹，头侧和颈侧灰褐色，上体橄榄褐色。下体近白色，两胁橄榄褐色。虹膜暗褐色至栗色，嘴黑褐色或黑色。脚淡黄色、黄褐色或浅褐色。

大小量度

体重13～20 g，体长11～15 cm，嘴峰12～16 mm，尾4～5 cm，跗跖18～25 mm。

栖境习性

生境：栖息于海拔400～1 900 m的常绿林及落叶林的灌丛层。食性：主要以昆虫为食。习性：留鸟或候鸟。除繁殖期间成对活动外，其他季节多呈小群活动。性活泼而大胆，常在林下灌丛与竹丛间跳跃或飞来飞去，也频繁地在草丛中或农作物枝叶间活动和觅食。

生长繁殖

繁殖期4—6月，巢由芒草、枯草和枯叶构成，呈椭圆形，侧面上方开口，巢多置于靠近地面的灌丛中。巢高约17 cm，宽约10 cm，巢口直径5～7 cm，深5 cm。每窝产卵2～3枚，卵白色、被有黑褐色斑点，大小约为21 mm×16 mm。

种群现状

分布较少，数量稀少，少见。

保护级别

列入《世界自然保护联盟濒危物种红色名录》（IUCN）低危（LC）、《国家保护的有重要生态、科学、社会价值的陆生野生动物名录》。

3. 褐胁雀鹛 *Alcippe dubia*

英文学名

Rusty-capped Fulvetta

外形特征

头顶棕褐色，黑色侧冠纹和宽阔的白色眉纹，眼先黑色。上体包括两翅和尾橄榄褐色。颏、喉、胸、腹白色，腹

和胸沾皮黄色，两胁橄榄褐色，尾下覆羽茶黄色。

大小量度

体重14～22 g，体长123～148 mm，嘴峰9～13 mm，尾56～70 mm，跗跖20～24 mm。

栖境习性

生境：主要栖息于中低海拔的山地常绿阔叶林、次生林和针阔叶混交林中。食性：主要以昆虫及幼虫为食，也食虫卵和少量植物果实与种子等植物性食物。习性：候鸟。常成对或成小群活动在林下灌木枝叶间，也在林下草丛中活动和觅食。频繁地在灌丛间跳跃穿梭或飞上飞下，有时亦见沿树干螺旋形攀缘向上觅食，边活动边发出“嘁、嘁、嘁”的叫声。

生长繁殖

繁殖期4—6月。营巢于常绿阔叶林下灌木草丛中，巢呈杯状，外径约为13.5 cm，内径约8.4 cm，高约9.5 cm，深约7.6 cm。每窝产卵3～5枚，卵椭圆形，白色或乳白色、密被有红褐色斑点，大小约为20 mm×15 mm，重1.5～2 g。雌雄轮流孵卵，晚成雏鸟。

种群现状

分布较广，数量较多，较常见。

保护级别

列入《世界自然保护联盟濒危物种红色名录》（IUCN）低危（LC）。

（二十）莺雀科 Vireonidae

莺雀科全球共有4属52种。栖息地以灌丛、林地和森林为主。体羽上体以绿色为主，不过有些种类背部为灰色或褐色；腹部为黄色或白色。两性相似，但黑顶莺雀的雄鸟头顶为黑色（雌鸟为灰色），栗胁雀的雄鸟在喉、胸和脸部的横斑比雌鸟更宽更亮丽。

1. 红翅鵙鹛 *Pteruthius aeralatus*

英文学名

White-browed Shrike-babbler

外形特征

雄鸟：头黑，眉纹白；上背及背灰；尾黑；两翼黑，初级飞羽羽端白，三级飞羽金黄和橘黄；下体灰白。雌鸟：色暗，下体皮黄，头近灰，翼上少鲜艳色彩。虹膜灰蓝；嘴上嘴蓝黑，下嘴灰；脚粉白。

大小量度

体重20～31 g，体长15～19 cm，嘴峰6～11 mm，尾4～6 cm，跗跖19～27 mm。

栖境习性

生境：一般栖息阔叶树上的树枝间、灌丛间以及栖息于灌木小枝的顶端。食性：杂食性。习性：旅鸟。成对或混群活动，在林冠层上下穿行捕食昆虫，在小树枝上侧身移动仔细地寻觅食物。

生长繁殖

繁殖期4—6月。巢多置于树顶细而下垂的树枝末梢；距地面5～13 m。每年产卵1～2窝，每窝产卵2～4枚，颜色为粉红色白色，带有丰富的紫褐色标记，斑点在蛋壳的宽阔部分上形成一种环。其大小变化很大，大小为（21～24）mm×（6～19）mm。

种群现状

分布较广，数量较多，较常见。

保护级别

列入《世界自然保护联盟濒危物种红色名录》（IUCN）低危（LC）。

2. 淡绿鵙鹛 *Pteruthius xanthochlorus*

英文学名

Green Shrike-babbler

外形特征

特征为眼圈白，喉及胸偏灰白；腹部、臀土黄色；上背呈橄榄绿，翅淡黄绿色，具黑色翼斑；虹膜灰褐；嘴蓝灰，嘴端黑色；脚灰色。

大小量度

体重12～21 g，体长10～14 cm，嘴峰6～12 mm，尾4～5 cm，跗跖15～20 mm。

栖境习性

生境：主要栖息于较密的森林处以及活动在较高的树枝间。食性：杂食性。习性：候鸟。常与山雀、柳莺等混群。

生长繁殖

繁殖期5—7月，通常营巢于茂密的森林中。巢通常悬吊于树木侧枝枝杈间，用蛛网和枝杈将其牢牢固定。巢距地多在1.5 ~ 5 m，通常每窝产卵3 ~ 4枚，少至2枚。卵奶油色、被有红褐色斑点，卵为长卵圆形，大小约为19.4 mm × 14.7 mm。

种群现状

分布较广，数量较多，较常见。

保护级别

列入《世界自然保护联盟濒危物种红色名录》（IUCN）低危（LC）。

（二十一）莺鹛科 Sylviidae

莺鹛科分布在欧洲、亚洲和非洲。栖息于森林、灌丛、芦苇沼泽和耕地等多种生境中。大多为候鸟。鸣叫声尖细而清脆，通常丰富、复杂和悠扬。大多数都有的喙，可以从树叶上收集昆虫，更多地以水果为食。

1. 点胸鸦雀 *Paradoxornis guttaticollis*

英文学名

Spot-breasted Parrotbill

别名

黄嘴鸦雀、斑喉鸦雀

外形特征

体小型，雌雄相似。头顶至枕橙棕色，嘴橙黄色、短而粗厚，脸皮黄色，耳覆羽和颊后部黑色，眼先黑褐色，眼圈白色。上体棕褐色。颏黑色，其余下体淡皮黄白色，喉和上胸具黑色矢状斑。虹膜黑褐色或栗色，脚蓝灰色。

大小量度

体重28～40 g，体长17～22 cm，嘴峰14～19 mm，尾10～12 cm，跗跖25～31 mm。

栖境习性

生境：栖息于灌丛、次生植被及高草丛。食性：主要以昆虫及其幼虫为食，能利用它粗厚而有力的嘴撕裂草茎、花梗等。习性：留鸟。常成对或3～5只成群活动。特别是冬季，常成群迁到低山和山麓平原地带的芦苇丛中活动和觅食。性活泼，常一边活动觅食一边鸣叫不休，叫声单调嘈杂。

生长繁殖

繁殖期5—7月。营巢于灌丛和竹丛中。每窝产卵2～3枚，白色、光滑而富有光泽，有的还被有细的棕色斑点和紫灰色斑纹，大小为（22～23）mm×（16～17）mm。

种群现状

分布广，数量多，常见。

保护级别

列入《世界自然保护联盟濒危物种红色名录》（IUCN）低危（LC）、《国家保护的有重要生态、科学、社会价值的陆生野生动物名录》。

2. 灰头鸦雀 *Paradoxornis gularis*

英文学名

Grey-headed Parrotbill

别名

金色鸟形山雀

外形特征

体小型，雌雄相似。嘴短而粗厚，橙黄色，似鹦鹉嘴。头顶至枕灰色，前额黑色，有一条长而宽阔的黑色眉纹从黑色的额部伸出沿眼上向后一直延伸到颈侧，极为醒目，眼圈白色，眼后耳羽和颈侧亦为灰色。上体包括两翅和尾，表面概为棕褐色，颊和下体白色，喉中部黑色。

大小量度

体重26～30 g，体长15～19 cm，嘴峰12～15 mm，尾6～8 cm，跗跖22～28 mm。

栖境习性

生境：栖息于海拔1 800 m以下的山地常绿阔叶林、次生林、竹林和林缘灌丛中。食性：主要以昆虫及其幼虫为食，也食植物果实和种子。习性：留鸟。除繁殖期间成对或单独活动外，其他季节多成3～10只的小群，有时亦见成20～30只的大群。

生长繁殖

繁殖期4—6月。通常营巢于林下幼树或竹的枝杈间。每窝产卵2～4枚。卵淡绿色，被有淡紫色深层斑和淡草黄色与褐色浅层发丝状细纹和细斑，卵为椭圆形或宽卵圆形，大小为（22～22.5）mm×（17～18）mm。

种群现状

分布广，数量多，常见。

保护级别

列入《世界自然保护联盟濒危物种红色名录》（IUCN）低危（LC）、《国家保护的有重要生态、科学、社会价值的陆生野生动物名录》。

3. 红嘴鸦雀 *Paradoxornis aemodium*

英文学名

Great Parrotbill

外形特征

中小型，雌雄相似。虹膜橙黄色，嘴橙黄色，跗跖铅绿灰色。前额灰白色；眼先和眼下淡黑褐色；头顶和背部淡土褐色；颊部、颏部和喉部深土褐色；飞羽淡褐色，外侧初级飞羽外翈边缘银灰色；小翼羽和初级覆羽淡灰褐色；尾羽灰色，羽轴和羽毛的中央部分棕褐色；胸部和上腹与喉部羽色相似但色略淡沾灰，下腹和尾下覆羽鼠灰色。

大小量度

体重90～110 g，体长24～33 cm，嘴峰21～26 mm，尾12～16 cm，跗跖37～43 mm。

栖境习性

生境：栖息于亚高山森林、竹林及杜鹃灌丛。食性：以竹笋、悬钩子等种子为食，兼食一些昆虫。习性：候鸟或旅鸟。夏季成对或集小群，飞行力弱。

生长繁殖

繁殖期5—7月。通常营巢于林下竹丛或灌丛中，巢主要由草茎和草叶构成，内垫细草茎。巢呈杯状，直径约13 cm，高约10 cm。通常每窝产卵2～3枚，卵呈污白色、被有黄褐色和墨紫色斑点，大小约为28 mm×20 mm。

种群现状

分布较少，数量不多，不常见。

保护级别

列入《世界自然保护联盟濒危物种红色名录》（IUCN）低危（LC）、《国家保护的有重要生态、科学、社会价值的陆生野生动物名录》。

4. 金色鸦雀 *Suthora verreauxi*

英文学名

Golden Parrotbill

外形特征

体小型，雌雄相似。多型种；上体赭黄或橙褐色，下体污白色；虹膜深褐色；上嘴灰色，下嘴带粉色；脚带粉色。

大小量度

体重20～28 g，体长12～16 cm，嘴峰10～14 mm，尾6～8 cm，跗跖20～26 mm。

栖境习性

生境：常见于海拔1 000～2 200 m的灌丛及竹丛，局部地区冬季下至海拔300 m。食性：杂食性。习性：留鸟。结小群栖于山区常绿林的竹林密丛。

生长繁殖

繁殖期4—6月。通常将巢穴选在竹丛中的隐蔽以躲避天敌的威胁。竹叶、苔藓、枝条与草根都是筑巢的材料，将

巢搭在竹子的枝丫上，与地面保持距离，以防蛇类等天敌进犯。每窝产卵3～5枚，在产卵后由亲鸟交替孵化15天左右，晚成雏，雌雄共育。

种群现状

分布广，数量多、常见。

保护级别

列入《世界自然保护联盟濒危物种红色名录》（IUCN）低危（LC）。

5. 灰喉鸦雀 *Sinosuthora alphonsiana*

英文学名

Ashy-throated Parrotbill

外形特征

体小型，雌雄相似。下体灰褐色；虹膜褐色；嘴小，粉红色。头顶至上背棕色，与棕头鸦雀的区别在脸颊、颏喉及上胸，呈铅灰色，并具灰色纵纹；脚粉红。

大小量度

体重18～26 g，体长11～15 cm，嘴峰9～14 mm，尾6～8 cm，跗跖21～27 mm。

栖境习性

生境：常见于海拔320～1 800 m的山区，局部地区可能更高一些。食性：食物主要为昆虫，也食野生植物的种子。习性：候鸟或留鸟。活泼而好结群，通常栖息于林下植被及低矮树丛。

生长繁殖

繁殖季节主要在春季和夏季，特别是2—3月。雌鸟会在树枝上筑巢，通常使用树枝、羽毛和草叶等材料。每窝产卵3~6枚，呈淡蓝色或粉色，孵化期为11~14天。

种群现状

分布广，数量多，常见。

保护级别

列入《世界自然保护联盟濒危物种红色名录》（IUCN）低危（LC）。

6. 棕头鸦雀 *Sinosuthora webbiana*

英文学名

Vinous-throated Parrotbill

别名

黄腾鸟、黄豆鸟、天煞星

外形特征

体小型，雌雄相似。头顶至上背棕红色，上体余部橄榄褐色，翅红棕色，尾暗褐色。颏、喉、胸粉红棕色或淡棕色具细微的暗红棕色纵纹，下体余部淡黄褐色的鸟类。虹膜暗褐色，嘴黑褐色，脚铅褐色。腹、两胁和尾下覆羽橄榄褐色或灰褐色，腹中部淡棕黄或棕白色。

大小量度

体重10～12 g，体长115～135 mm，嘴峰7～10 mm，尾55～70 mm，跗跖19～23 mm。

栖境习性

生境：栖息于中低海拔的阔叶林、混交林林缘灌草丛地带。食性：主要以甲虫、鞘翅目和鳞翅目等昆虫及其他小型无脊椎动物和植物果实等为食。习性：留鸟或候鸟。常成对或成小群活动，秋冬季节有时也集成20或30余只乃至更大的群。性活泼而大胆，不甚怕人，常在灌木或小树枝叶间攀缘跳跃，或从一棵树飞向另一棵树，一般都短距离低空飞翔，不做长距离飞行。

生长繁殖

繁殖期4—8月。营巢于灌木或竹丛上，也在茶树等小树上营巢，巢呈杯状，主要由草茎、树皮等材料构成，外常敷以苔藓和蛛网，内垫有细草茎、棕丝等。每窝产卵4～5枚，卵白色或淡蓝色、亮蓝色、蓝绿色或粉绿色、光滑无斑，卵为卵圆形、长卵圆形或阔卵圆形。

种群现状

分布广，数量多，常见优势种。

保护级别

列入《世界自然保护联盟濒危物种红色名录》（IUCN）低危（LC）。

7. 白眶鸦雀 *Sinosuthora conspicillata*

英文学名

Spectacled Parrotbill

外形特征

体小型，雌雄相似。额、头顶、枕、后颈一直到上背棕褐色，眼圈白色，背、肩、腰和尾上覆羽橄榄灰褐色，两翅覆羽与背相同，飞羽和尾羽暗褐色，外翈稍淡而沾灰色。眼先、耳羽和头侧淡棕褐色。颏、喉和上胸淡葡萄红色具粗著的暗色纵纹，其余下体淡棕灰色或橄榄褐色。嘴蜡黄色，脚暗黄褐色。

大小量度

体重8～10 g，体长105～136 mm，嘴峰8～9 mm，尾61～67 mm，跗跖20～23 mm。

栖境习性

生境：栖息于海拔1 800 m以上的山地竹林和林缘灌丛中，也出现于稀树草坡等的矮树丛内。食性：主要以昆虫为食，也吃植物和杂草果实与种子。习性：迁徙过境旅鸟。性活泼，结小群藏隐于山区森林的竹林层。

生长繁殖

筑巢季节通常为6—8月，每次筑巢1～2个。白眶鸦雀是一夫一妻制。晚成雏，雌雄共同筑巢、孵化、育雏。

种群现状

分布狭窄，数量极稀少，极罕见。

保护级别

列入国家二级重点保护野生动物、《世界自然保护联盟濒危物种红色名录》（IUCN）低危（LC）、《国家保护的有重要生态、科学、社会价值的陆生野生动物名录》。

8. 褐头雀鹛 *Fulvetta cinereiceps*

英文学名

Grey-hooded Fulvetta

别名

云南雀鹛

外形特征

体形小。头部深灰色，无明显黑色侧冠纹。

大小量度

体重9～18 g，体长7～11 cm，嘴峰8～12 mm，尾3～5 cm，跗跖15～19 mm。

栖境习性

生境：栖息于灌丛，竹丛，耕地，沟谷灌丛，阔叶林下层，小乔木中层，山地稀树灌丛草坡。食性：杂食性。习性：旅鸟。结小群栖息于海拔1 800～2 200 m林下灌草丛及竹林中。

生长繁殖

繁殖期5—7月。营巢于林下竹丛和灌木枝丫上，巢呈杯状，主要由枯草和竹叶构成，内垫有细根和黑色纤维。每窝产卵约5枚，卵淡海绿色、被有紫灰色和褐绿色斑点，有时还被有暗褐色短纹，大小为（18～20）mm×（15～15）mm。

种群现状

分布狭窄，数量极稀少，偶见。

保护级别

列入《世界自然保护联盟濒危物种红色名录》（IUCN）低危（LC）、《国家保护的有重要生态、科学、社会价值的陆生野生动物名录》。

9. 棕头雀鹛 *Fulvetta ruficapilla*

英文学名

Spectacled Fulvetta

外形特征

头顶栗褐色具黑色侧冠纹。上体茶黄色，飞羽外侧表面灰白色，内侧表面红棕色，内外二色之间夹有黑色。颏、喉白色具不明显的暗色纵纹，胸沾葡萄灰色，其余下体茶黄色。

大小量度

体重6～10 g，体长100～126 mm，嘴峰8～10 mm，尾48～56 mm，跗跖19～23 mm。

栖境习性

生境：栖息于海拔1 800～2 500 m的常绿阔叶林、针阔叶混交林、针叶林和林缘灌丛中。食性：杂食性，主要以昆虫、植物果实和种子为食，也食稻谷、小麦等农作物。习性：旅鸟。常单独或成对活动，有时亦成3～5只的小群。多在林下灌丛间跳跃穿梭，也频繁地下到地上活动和觅食。

生长繁殖

繁殖期4—6月，巢呈球形，极为隐秘。通常每窝产卵4枚。晚成雏；巢穴规则浅碗形，位于坡脚，营灌木空中巢穴，巢材为竹叶、树叶、草茎，向阳；巴山木竹稠密，内径约10 cm，外径约13 cm，总高度约38 cm，深约9 cm。

种群现状

分布狭窄，数量稀少，罕见。

保护级别

列入《世界自然保护联盟濒危物种红色名录》（IUCN）低危（LC）、《国家保护的有重要生态、科学、社会价值的陆生野生动物名录》。

10. 金胸雀鹛 *Lioparus chrysotis*

英文学名

Golden-breasted Fulvetta

外形特征

多型种。头黑，具白色宽髭纹。虹膜褐色；嘴黑色，短圆锥状；脚褐色；颏喉黑；胸腹金黄色。体羽一般为暗橄榄褐色，翼羽及尾羽羽缘带黄色，亚种之间体羽略有差异。

大小量度

体重10～17 g，体长9～13 cm，嘴峰6～10 mm，尾3～5 cm，跗跖16～22 mm。

栖境习性

生境：主要栖息于海拔1 200～2 900 m的常绿和落叶阔叶林、针阔叶混交林和针叶林中。食性：主要以昆虫为食，偶尔在胃中见有少量植物碎片。习性：留鸟或候鸟。典型的群栖型雀鹛，栖息于海拔950～2 600 m的灌丛及常绿林。栖于混合林、杜鹃林及桧树丛，藏隐于林下植丛。

生长繁殖

繁殖期5—7月。通常营巢于常绿阔叶林中，多置于林下竹丛和灌丛中。巢呈杯状。外层主要由竹叶和草构成，内层主要由苔藓、草和根构成，巢内垫有少许羽毛。每窝产卵约3枚，卵白色、微沾有粉红色，被有褐色和淡赭色斑点，大小约为17 mm × 13 mm。

种群现状

分布较广，数量较多，较常见。

保护级别

列入国家二级重点保护野生动物、《世界自然保护联盟濒危物种红色名录》（IUCN）低危（LC）。

（二十二）柳莺科 Phylloscopidae

柳莺科是一类小型至中等体型的鸣禽，分布广泛，主要生活在欧亚大陆、非洲和澳大利亚等地区。柳莺科包含多个属，其中包括一些著名的属如柳莺属、苇莺属、莺属等。柳莺科的鸟类体型大小适中，通常体长为10～20 cm。羽毛通常呈现出淡雅的色彩，以褐色、灰色和绿色为主，有些种类具有明亮的色彩斑纹。嘴呈尖细状，适合于捕食昆虫和其他小型无脊椎动物。许多柳莺科鸟类具有迁徙的习性，根据季节变化在不同地区进行迁徙。

1. 栗头鹟莺 *Phylloscopus castaniceps*

英文学名

Chestnut-crowned Warbler

外形特征

体小型，多型种。虹膜褐色；上嘴黑，下嘴浅；脚灰色。顶冠红褐，侧顶纹及过眼纹黑色，眼圈白，脸颊灰，翼斑黄色，腰及两肋黄色；上背橄榄绿色；脸颊、颈及胸灰色，腹部黄色。

大小量度

体重7～10 g，体长8～10 cm；嘴峰8～11 mm，尾5～7 cm，跗跖15～21 mm。

栖境习性

生境：栖息于海拔2 000 m以下的低山和山脚阔叶林与林缘疏林灌丛。食性：主要以昆虫及其幼虫为食，也食杂草种子等植物。习性：候鸟或旅鸟。活跃于山区森林，在小树的树冠层积极觅食。常与其他种类混群。

生长繁殖

繁殖期主要集中在5—7月，巢址选择专一性较强，均筑巢于公路边的土坎内壁，巢为球状侧开口，巢材主要为新鲜苔藓及细草根，巢高约2 m。每窝产卵4～5枚，卵大小约14.0 mm×11.0 mm，孵卵期12～13天，育雏期13~14天。雌雄共同育雏。

种群现状

分布较广，数量不多，不常见。

保护级别

列入《世界自然保护联盟濒危物种红色名录》（IUCN）低危（LC）。

2. 灰冠鹟莺 *Phylloscopus tephrocephalus*

英文学名

Grey-crowned Warbler

外形特征

头顶蓝灰，具显著黑色顶纹和侧冠纹；上背及翅橄榄绿，翅具1小黑斑。下体柠檬黄色，外侧二枚尾羽白色，第三枚仅端部白色。虹膜褐色，具金黄色眼圈；上喙黑色，下喙黄色；脚黄褐色。

大小量度

体重8～12 g，体长11～15 cm，嘴峰7～10 mm，尾6～8 cm，跗跖20～25 mm。

栖境习性

生境：栖息于海拔1 400～2 200 m的常绿阔叶林或竹林中，常在林下灌丛活动。食性：主要以毛虫、蚱蜢等鞘翅目、鳞翅目、直翅目等昆虫和昆虫的幼虫为食。习性：旅鸟。性活泼，常单独或成对活动。频繁在树枝间飞来飞去，多在空中飞翔捕食。

生长繁殖

繁殖期5—6月。通常营巢于中低海拔的常绿森林中，有时也见于针叶林。巢多置于林下地上，偶尔也有置巢于山坡岩石和树上的。巢为球形，主要由绿色苔藓构成。每窝产卵约4枚，卵白色，大小为（15～18）mm×（11.2～13.0）mm。雌雄亲鸟轮流孵卵、共同育雏。

种群现状

分布较少，数量不多，不常见。

保护级别

列入《世界自然保护联盟濒危物种红色名录》（IUCN）低危（LC）。

3. 比氏鹟莺 *Phylloscopus valentini*

英文学名

Bianchi's Warbler

外形特征

前额黄绿色，黑色的顶纹和侧冠纹明显，但到前额处渐渐模糊，头顶灰蓝色，不如灰冠鹟莺鲜艳，亦淡于峨眉鹟莺。多数个体翅斑明显，金色眼圈后缘完整，下体柠檬黄色，外侧两枚尾羽白色区域较大。虹膜褐色，上喙黑色，下喙黄色，脚黄褐色。

大小量度

体重7～12 g，体长10～14 cm；嘴峰7～10 mm，尾5～8 cm，跗跖19～24 mm。

栖境习性

生境：栖息于海拔1 400～2 000 m的常绿阔叶林中和次生林中，常与其他鹟莺形成混合鸟群。食性：杂食性。习性：迁徙过境旅鸟。

生长繁殖

繁殖期为5—7月底。通常筑巢在树木的枝杈间或灌木丛中。巢穴由细枝、草叶、苔藓等材料构成，结构紧密，可以为雏鸟提供良好的保护。在繁殖期间，雄鸟会承担起吸引雌鸟、筑巢、孵卵和育雏的责任。雌鸟则会在巢中产卵，每窝产卵2～4枚。孵化期为12～14天，雏鸟孵化后需要父母双方的共同照顾和喂养。

种群现状

分布狭窄，数量极稀少，偶见。

保护级别

列入《世界自然保护联盟濒危物种红色名录》（IUCN）低危（LC）。

4. 烟柳莺 *Phylloscopus fuligiventer*

英文学名

Smoky Warbler

外形特征

体形小，雌雄相似。虹膜褐色；嘴黑色，下嘴中央角褐色；跗跖赭绿色；上体橄榄褐色；眉纹长而窄，呈淡绿黄色。上体深烟褐色，几乎呈黑色，有时稍染以橄榄色；翅和尾暗褐色，羽缘橄榄褐色，翅不具翼斑。眉纹狭窄呈暗绿色；头侧暗皮黄色和褐色；整个下体暗油绿色，胸和两胁染以暗褐色。

大小量度

体重7～11 g，体长10～13 cm，嘴峰7～10 mm，尾4～5 cm，跗跖20～23 mm。

栖境习性

生境：栖息于中高海拔的灌草丛中。食性：主要食物是昆虫。习性：迁徙过境旅鸟。常单只或成对地寻觅食物。

生长繁殖

繁殖期5—7月。营巢于堆着石块的裸露山侧和灌丛宽阔地，巢呈球形。每窝产卵4～5枚，呈长而尖的卵圆形，结构细而紧密，无光泽，呈白色，缀以暗红色斑点，尤以钝端稠密，平均大小为15.0 mm×12.2 mm，孵化期14～15天。晚成雏，育雏期15天。

种群现状

分布狭窄，数量极稀少，偶见。

保护级别

列入《世界自然保护联盟濒危物种红色名录》（IUCN）低危（LC）、《国家保护的有重要生态、科学、社会价值的陆生野生动物名录》。

5. 褐柳莺 *Phylloscopus fuscatus*

英文学名

Dusky Warbler

别名

达达跳、嘎叭嘴、褐色柳莺

外形特征

外形甚显紧凑而墩圆，两翼短圆，尾圆而略凹。虹膜暗褐色或黑褐色，上嘴黑褐色，下嘴橙黄色、尖端暗褐色，脚淡褐色。上体灰褐色，有橄榄绿色的翼缘。嘴细小，腿细长。眉纹棕白色，贯眼纹暗褐色。颏、喉白色，其余下体乳白色，胸及两胁沾黄褐色。幼鸟和成鸟相似，但上体较暗，眉纹淡灰白色，下体淡棕黄色。

大小量度

体重7 ~ 12 g，体长11 ~ 14 cm，嘴峰7 ~ 10 mm，尾长41 ~ 56 mm，跗跖19 ~ 25 mm。

栖境习性

生境：栖息于山地森林的高山灌丛地带。食性：主要以昆虫及其幼虫为食。习性：迁徙过境旅鸟。常单独或成对活动，多在林下、林缘和溪边灌丛与草丛中活动。

生长繁殖

繁殖期5—7月。通常营巢于林下或林缘与溪边灌木丛中。巢呈球形，巢口开在侧面近顶端处。每窝产卵4 ~ 6枚，通常5枚，卵白色，大小为（15 ~ 18）mm×（12 ~ 13）mm。

种群现状

分布狭窄，数量稀少，罕见。

保护级别

列入《世界自然保护联盟濒危物种红色名录》（IUCN）低危（LC）、《国家保护的有重要生态、科学、社会价值的陆生野生动物名录》。

6. 华西柳莺 *Phylloscopus occisinensis*

英文学名

Alpine Leaf Warbler

外形特征

雌雄相似。上体橄榄绿色，眉纹鲜黄色，过眼纹黑色。两翅和尾褐色或暗褐色，外翈羽缘绿黄色，中央尾羽羽轴白色，翅上无翼斑，飞羽羽缘亦为绿黄色或黄白色。下体草黄色，胸侧、颈侧和两胁沾橄榄色，尾下覆羽深草黄色，翅下覆羽和腋羽黄色。虹膜暗褐色；嘴黑褐色，下嘴黄色，尖端暗褐色；脚角褐色或棕褐色。

大小量度

体重5 ~ 10 g，体长100 ~ 120 mm，嘴峰7 ~ 11 mm，尾40 ~ 54 mm，跗跖16 ~ 21 mm。

栖境习性

生境：栖息于海拔900 ~ 2 200 m的山地针叶林和灌丛、低山丘陵和山脚平原地带。食性：主要以甲虫、象甲等昆虫为食。习性：迁徙过境旅鸟。常单独或成对活动，非繁殖期亦成松散的小群。

生长繁殖

繁殖期4—7月。通常会在树枝上或灌木丛中筑造一个精致而隐蔽的巢穴。巢穴主要由苔藓、树叶、草茎等柔软材料构成，内部垫有细软的羽毛和绒毛，以保持温度适宜。雌鸟会在巢中产卵，每次产卵3 ~ 5枚。孵化期为12 ~ 14天，其间雌鸟会承担主要的孵卵任务，而雄鸟则负责在巢穴附近警戒和保护。亲鸟共同照顾和喂养雏鸟。

种群现状

分布狭窄，数量极稀少，偶见。

保护级别

列入《国家保护的有重要生态、科学、社会价值的陆生野生动物名录》。

7. 棕腹柳莺 *Phylloscopus subaffinis*

英文学名

Buff-bellied Willow Warbler

外形特征

体小型，雌雄相似。上体自额至尾上覆羽，包括翅上内侧覆羽概呈橄榄褐色；腰和尾上覆羽稍淡；飞羽、尾羽及翅上外侧覆羽黑褐色，外缘以黄绿色为主。下体概呈棕黄色，但颏、喉较淡，两胁较深暗。虹膜褐色；上嘴黑褐色，下嘴淡褐色，基部富于黄色；跗跖暗褐色。

大小量度

体重6 ~ 8 g，体长89 ~ 106 mm，嘴峰7 ~ 9 mm，尾长40 ~ 47 mm，跗跖17 ~ 21 mm。

栖境习性

生境：栖息于中低海拔的阔叶林、针叶林缘的灌丛中，亦见于低山丘陵和山脚。食性：以毛虫、蚱蜢等昆虫及其幼虫为食，也食蜘蛛等其他无脊椎动物性食物。习性：候鸟或旅鸟。常单独或成对、成小群活跃于树枝间，性情很活泼。

生长繁殖

繁殖期5—8月。筑巢于幼龄杉树中、下层枝丫上，用藤本植物系于枝丫末端。巢呈杯形，巢口开于侧面，用细草叶、根、茎或杂以苔藓筑成，内垫鸡毛。每窝产卵约4枚，卵呈纯白色。卵平均重1.25 g，大小约为11.6 mm×15.3 mm。

种群现状

分布较广，数量不多，少见。

保护级别

列入《世界自然保护联盟濒危物种红色名录》（IUCN）低危（LC）、《国家保护的有重要生态、科学、社会价值的陆生野生动物名录》。

8. 棕眉柳莺 *Phylloscopus armandii*

英文学名

Buff browed Willow Warbler

别名

柳串儿

外形特征

雌雄相似。上体为沾绿的橄榄褐色；翅上无翼斑；下体近白，有少许黄色细纹。上体，包括头顶、颈、背、腰和尾上覆羽概为沾绿的橄榄褐色。眉纹棕白色；自眼先有一暗褐色贯眼纹伸至耳羽；颊与耳羽棕褐色。飞羽和尾羽黑褐色，具浅绿褐色羽缘。下体近白，微沾以绿黄色细纹；尾下覆羽淡黄皮色；腋羽黄色。

大小量度

体重6 ~ 13 g，体长117 ~ 131 mm，嘴峰8 ~ 9 mm，尾长50 ~ 58 mm，跗跖20 ~ 25 mm。

栖境习性

生境：主要栖息于海拔2 200 m以下林缘及河谷灌丛和林下灌丛等环境。食性：主要以昆虫及其幼虫为食。习性：迁徙过境旅鸟。

生长繁殖

繁殖期6—8月。晚成雏，雌雄共同筑巢育雏。

种群现状

分布较少，数量稀少，罕见。

保护级别

列入《世界自然保护联盟濒危物种红色名录》（IUCN）低危（LC）、《国家保护的有重要生态、科学、社会价值的陆生野生动物名录》。

9. 四川柳莺 *Phylloscopus forresti*

英文学名

Sichuan Leaf Warbler

外形特征

体小型（约10 cm）的偏绿色柳莺。虹膜褐色；上嘴色深，下嘴色浅；脚褐色。腰色浅，眉纹长而白，顶纹略淡，两道白色翼斑，三级飞羽羽缘及羽端均色浅；顶冠两侧色较浅且顶纹较模糊；大覆羽中央色彩较淡，下嘴色也较淡；耳羽上无浅色点斑。虹膜褐色；上嘴色深，下嘴色浅；脚褐色。

大小量度

体重6～8 g，体长9～11 cm，嘴峰7～9 mm，尾长40～5 cm，跗跖16～21 mm。

栖境习性

生境：多栖息于中低海拔的落叶次生林。食性：以昆虫及其幼虫为主食。习性：候鸟或旅鸟。

生长繁殖

繁殖期5—7月，巢建于生长有杂草和蕨类植物的次生落叶幼林的山坡草地上，或蔓生有杂草、苔藓和蕨类植物的山边陡坡上，也营建于林下地上或草丛中。巢为球形，侧面开口。平均每窝产卵4枚，卵白色、被有小的暗棕色斑点，在钝端集成一环带，大小约为13.5 mm×10.6 mm。晚成鸟，亲鸟共同育雏。

种群现状

分布较狭窄，数量不多，不常见。

保护级别

列入《世界自然保护联盟濒危物种红色名录》（IUCN）低危（LC）、《国家保护的有重要生态、科学、社会价值的陆生野生动物名录》。

10. 橙斑翅柳莺 *Phylloscopus pulcher*

英文学名

Buff-barred Warbler

别名

柳串儿、柳叶儿

外形特征

雌雄相似。虹膜黑褐色，嘴黑褐色，下嘴基部暗黄色，头顶暗绿色具不明显的淡黄色中央冠纹，眉纹黄绿色，贯眼纹黑色。背橄榄绿色，腰黄色形成明显的黄色腰带。两翅和尾暗褐色，大覆羽和中覆羽具橙黄色先端，在翅上形成两道橙黄色翅斑，外侧3对尾羽大都白色。下体灰绿黄色。脚褐色或暗褐色。

大小量度

体重5～7 g，体长90～118 mm，嘴峰8～11 mm，尾36～50 mm，跗跖17～20 mm。

栖境习性

生境：栖息于中高海拔1 500 m以上的森林和林缘灌丛，常见于高山针叶林和杜鹃灌丛。食性：主要以昆虫及其幼虫为食。习性：迁徙过境旅鸟。常单独或成对活动，多活动在树冠层。性活泼，行动敏捷。

生长繁殖

繁殖期5—7月。营巢于山地森林中，巢多置于树枝杈上或树干间。巢材主要为就近采集的枯草、茎叶和纤维，内垫有少许鸟类的羽毛。每窝产卵3～4枚，卵白色、具有细小的红色斑点，尤以钝端较多，有时围绕钝端形成一圈或帽状，卵的大小约为15 mm×11 mm。

种群现状

分布狭窄，数量稀少，罕见。

保护级别

列入《世界自然保护联盟濒危物种红色名录》（IUCN）低危（LC）、《国家保护的有重要生态、科学、社会价值的陆生野生动物名录》。

11. 黑眉柳莺 *Phylloscopus ricketti*

英文学名

Black-browed Willow Warbler 或 Sulphur-breasted Warbler

外形特征

体小型。虹膜暗褐色，上嘴褐色或黑褐色，下嘴黄色或橙黄色；上体橄榄绿色，头顶中央自额基至后颈有一条淡绿黄色中央冠纹极为显著，头顶两侧各有一条黑色侧冠纹，眉纹黄色，贯眼纹黑色。翅上有两道淡黄色翅斑，最外侧一对尾羽内翈羽缘白色。下体亮黄色，两胁沾绿。脚淡绿褐色或紫绿色。

大小量度

体重6～8 g，体长99～110 mm，嘴峰10～11 mm，尾37～45 mm，跗跖16～17 mm。

栖境习性

生境：栖息于海拔2 000 m以下低山山地的阔叶林和次生林，也栖息于林缘灌丛和果园。食性：全部以昆虫及其幼虫为食。习性：候鸟或旅鸟。除繁殖期间单独或成对活动外，其他时候多成群，性活泼。

生长繁殖

繁殖期4—7月。通常营巢于林下或森林边土岸洞穴中，巢呈球形，全由苔藓构成。每窝产卵约6枚，卵白色、光滑无斑，大小为（15.5～16.5）mm×（10.5～12.5）mm。

种群现状

分布较广，数量较多，较常见。

保护级别

列入《世界自然保护联盟濒危物种红色名录》（IUCN）低危（LC）、《国家保护的有重要生态、科学、社会价值的陆生野生动物名录》。

12. 灰喉柳莺 *Phylloscopus maculipennis*

英文学名

Grey-throated Willow Warbler 或 Ashy-throated Warbler

外形特征

头部至后颈暗橄榄褐色，少许羽毛具白缘，形成杂斑；贯眼纹自鼻孔伸至耳羽，呈暗褐色；背、肩、翅上小覆羽呈暗橄榄绿色，具宽的黄色羽缘，形成一道明显的翅上翼斑；飞羽黑褐色，外翈羽缘橄榄绿色，内翈具白色羽缘，下体的颏、喉、上胸灰色或灰白色，余部概呈黄色；腋羽和尾下覆羽亦呈黄色。虹膜暗褐色；嘴黑色；跗跖肉色或淡黄褐色。

大小量度

体重4～5 g，体长79～85 mm，嘴峰6～7 mm，尾33～35 mm，跗跖16～17 mm。

栖境习性

生境：栖息于中高海拔的针叶林、落叶混交林中、山脚的阔叶林。食性：以昆虫及其幼虫为主。习性：迁徙过境旅鸟。喜藏匿，不易发现。

生长繁殖

繁殖期4—6月。巢非常隐蔽，被悬挂在树枝上。巢呈球形，由厚厚的苔藓构成。巢距地面5 m左右。

种群现状

分布狭窄，数量极稀少，偶见。

保护级别

列入《世界自然保护联盟濒危物种红色名录》（IUCN）低危（LC）、《国家保护的有重要生态、科学、社会价值的陆生野生动物名录》。

13. 白斑尾柳莺 *Phylloscopus ogilviegranti*

英文学名

White-tailed Leaf-warbler 或 Kloss’s Leaf-warbler

外形特征

体小型，雌雄相似。虹膜褐色，上嘴黑褐色，下嘴肉黄色或角黄色，脚淡褐色或橄榄褐色。上体橄榄黄绿色，头顶中纹淡黄绿色，侧冠纹暗橄榄褐色，眉纹淡黄色，贯眼纹暗绿褐色，两翅暗褐色，羽缘颜色同背，翅上具两道淡黄色翼斑，最外侧一对尾羽内翈白色。下体白色沾黄。

大小量度

体重5～11 g，体长101～106 mm，嘴峰8～10 mm，尾41～47mrn，跗跖16～19 mm。

栖境习性

生境：栖息于海拔3 000 m以下的落叶或常绿阔叶林、针阔叶混交林和针叶林中。食性：以昆虫及其幼虫为主，偶尔也吃植物果实和种子。习性：迁徙过境旅鸟。除繁殖期间单独或成对活动外，其他时候多3～5只成群。常在树冠层、有时也在林下灌木丛中活动和觅食。性活泼，行动敏捷，可快速在叶丛间跳跃或飞来飞去，不易观察。

生长繁殖

繁殖期5—7月，营巢于地上，每窝产卵3～4枚。

种群现状

分布狭窄，数量极稀少，极罕见。

保护级别

列入《世界自然保护联盟濒危物种红色名录》（IUCN）低危（LC）、《国家保护的有重要生态、科学、社会价值的陆生野生动物名录》。

14. 暗绿柳莺 *Phylloscopus trochiloides*

英文学名

Greenish Warbler

别名

柳串儿、绿豆雀，穿树铃儿

外形特征

体小型，雌雄相似。虹膜褐色；上嘴黑褐色，下嘴淡黄色；跗跖和趾淡褐色或近黑色。上体暗橄榄绿色或橄榄灰绿色；眉纹淡黄白色长而显著，贯眼纹暗褐色；两翅和尾暗褐色，翅上常有两道白斑，在前的翼斑大都不明显；下体污黄白色，两胁和尾下覆羽显著黄色。

大小量度

体重7～10 g，体长99～118 mm，嘴峰7～11 mm，尾40～52 mm，跗跖19～22 mm。

栖境习性

生境：各种环境均可见，常栖息于针叶林、针阔叶混交林，也见于林缘疏林、灌丛。食性：以昆虫及其幼虫为食。习性：候鸟或旅鸟。常单只或成对，集小群活动于森林、灌丛、果园、居民点及小林中。性活跃，行动轻捷，不停息地在树枝间飞窜，在树枝间捕食飞行昆虫，通常多在树冠层，有时亦到低树上或灌丛中觅食。

生长繁殖

繁殖期4—6月，一雄一雌制。雌雄鸟共同营巢，巢主要营造于地上或河岸于山边陡岩上，巢呈球形，出入口在巢的阴面一侧。每窝产卵4～5枚，卵呈白色或灰白色，缀以栗红色斑点。孵卵由雌鸟承担，孵化期13天左右。晚成雏，雌雄共同育雏，育雏期12天左右。

种群现状

分布较广，数量较多，较常见。

保护级别

列入《世界自然保护联盟濒危物种红色名录》（IUCN）低危（LC）、《国家保护的有重要生态、科学、社会价值的陆生野生动物名录》。

15. 极北柳莺 *Phylloscopus borealis*

英文学名

Arctic Willow Warbler

别名

柳叶儿、柳串儿、绿豆雀、铃铛雀、北寒带柳莺

外形特征

体小型。偏灰橄榄色，具明显的黄白色长眉纹，眼先及过眼纹近黑。上体概呈灰橄榄绿色；具甚浅的白色翼斑，大覆羽先端黄白色，形成一道翅上翼斑；中覆羽羽尖成第二道模糊的翼斑；下体白色沾黄，两胁褐橄榄色；尾下覆羽更浓著。第6枚初级飞羽的外翈不具切刻。虹膜暗褐色；嘴黑褐色，下嘴黄褐色；跗蹠和趾肉色。

大小量度

体重8～10 g，体长110～185 mm，嘴峰9～10 mm，尾41～53 mm，跗蹠19～21 mm。

栖境习性

生境：栖息于海拔400～1 200 m开阔有林地区、次生林及林缘地带。食性：完全为动物性食物。习性：候鸟或旅鸟。单只、成对或成小群，动作敏捷，叫声洪亮。

生长繁殖

繁殖期6—8月。营巢于地面上，亦有在树桩和倒木上筑巢。巢呈球形，由草茎、针叶、地衣、苔藓编织而成，内垫以细草茎、兽毛。每窝产卵3～6枚。卵呈白色，钝端有暗红褐色小斑点，大小为（15～17.5）mm×（12.0～12.5）mm。

种群现状

分布较少，数量稀少，罕见。

保护级别

列入《世界自然保护联盟濒危物种红色名录》（IUCN）低危（LC）、《国家保护的有重要生态、科学、社会价值的陆生野生动物名录》。

16. 云南柳莺 *Phylloscopus yunnanensis*

英文学名

Chinese Leaf Warbler

外形特征

体小型。腰色浅，眉纹长而白，顶纹略淡，两道白色翼斑(第二道甚浅)，三级飞羽羽缘及羽端均色浅。甚似淡黄腰柳莺但区别在于体型较大而形长，头略大但不圆；顶冠两侧色较浅且顶纹较模糊，有时仅在头背后呈一浅色点；大覆羽中央色彩较淡，下嘴色也较淡；耳羽上无浅色点斑。虹膜褐色；上嘴色深，下嘴色浅；脚褐色。

大小量度

体重6～10 g，体长9～12 cm，嘴峰6～10 mm，尾40～52 mm，跗跖17～21 mm。

栖境习性

生境：栖息于中低海拔的落叶次生林、针阔叶混交林，极少超过海拔2 600 m。食性：以昆虫及其幼虫为主。习性：迁徙过境旅鸟。

生长繁殖

繁殖期5—7月。巢穴通常筑在树杈或灌木丛中，结构紧密，由细枝、草叶、苔藓等材料构成。雌鸟会在巢中产卵，一般每次产卵4～6枚，卵色多为淡蓝色或蓝绿色，上面布有褐色或红褐色的斑点。孵化期为12～14天，其间主要由雌鸟负责孵卵，雄鸟则在巢附近警戒。亲鸟共同照顾和喂养。

种群现状

分布狭窄，数量极稀少，极罕见。

保护级别

列入《世界自然保护联盟濒危物种红色名录》（IUCN）低危（LC）、《国家保护的有重要生态、科学、社会价值的陆生野生动物名录》。

17. 冠纹柳莺 *Phylloscopus claudiae*

英文学名

Blyth's Crowned Willow Warbler 或 Claudia's Leaf-warbler

别名

柳串儿

外形特征

体小型。上体橄榄绿色，头顶呈灰褐色，中央冠纹淡黄色；翅上具两道淡黄绿色翅上翼斑；下体白色微沾灰色。冠纹显著，翅上有两道淡黄色翼斑；第二枚飞羽长度介于第七、八枚之间，尾下覆羽和下体余部的色泽不呈明显的黄色和白色的对比。虹膜暗褐色；上嘴褐色，下嘴褐色；脚角黄色。

大小量度

体重7～9 g，体长99～109 mm，嘴峰8～9 mm，尾37～45 mm，跗跖17～19 mm。

栖境习性

生境：栖息于中低海拔的针叶林、针阔叶混交林、常绿阔叶林和林缘灌丛地带食性，以昆虫及其幼虫为食。习性：候鸟或旅鸟。除繁殖季节成对或单只活动外，多见3～5只成小群活动于树冠层，以及林下灌、草丛中，尤其在河谷、溪流和林缘疏林灌丛及小树丛中常见。

生长繁殖

繁殖期5—7月。营巢于海拔2 400～3 000 m的喜马拉雅山地区。通常营巢于由苔藓、蕨类植物、林木隐蔽很好的岸上的洞穴中，巢由绿色的苔藓构成，球形，内垫柔软的植物纤维或偶见有羽毛。每窝产卵4～5枚，卵呈白色，无斑点，卵平均大小为15.3 mm×11.9 mm。

种群现状

分布较广，数量较多，较常见。

保护级别

列入《世界自然保护联盟濒危物种红色名录》（IUCN）低危（LC）、《国家保护的有重要生态、科学、社会价值的陆生野生动物名录》。

18. 黄腰柳莺 *Phylloscopus proregulus*

英文学名

Yellow-rumoed Willow Warbler 或 Pallas’s Leaf-warbler

别名

柳串儿、串树铃儿、绿豆雀、柠檬柳莺、巴氏柳莺、黄尾根柳莺

外形特征

体小型。上体橄榄绿色；头顶中央有一道淡黄绿色纵纹，眉纹黄绿色。两翅和尾黑褐色，外翈羽缘黄绿色。腰部有明显的黄带；翅上两条深黄色翼斑明显；腹面近白色。第二枚飞羽大都等于第七或第八枚。虹膜黑褐色；嘴近黑，下嘴基部淡黄；脚淡褐色。

大小量度

体重4～8 g，体长75～110 mm，嘴峰7～8 mm，尾37～48 mm，跗跖16～18 mm。

栖境习性

生境：栖息于针叶林和针阔叶混交林，从山脚平原一直到山上部林缘疏林地带。食性：以昆虫及其幼虫为食。习

性：候鸟或旅鸟。繁殖期间单独或成对活动在树冠层中。性活泼、行动敏捷，常在树顶枝叶间跳来跳去寻觅食物，且常与黄眉柳莺、戴菊及其他柳莺混群活动。

生长繁殖

繁殖期5—7月。巢营造于由草或苔藓编织而成的“曲颈甑”状的洞内，位于“甑”的腹部。雌雄鸟共同营巢，巢由糙喙苔草等植物编织而成。每窝产卵4～5枚。卵呈卵圆形，白玉色，缀以红棕色或紫色斑点，大小为（12.0～12.5）mm×（15.0～16.0）mm，孵化期10～11天。

种群现状

分布较广，数量较多，较常见。

保护级别

列入《世界自然保护联盟濒危物种红色名录》（IUCN）低危（LC）、《国家保护的有重要生态、科学、社会价值的陆生野生动物名录》。

19. 冕柳莺 *Phylloscopus coronatus*

英文学名

Eastern Crowned Warbler

别名

柳串儿

外形特征

体中型。上体橄榄绿色，头顶较暗、中央有一淡黄绿色冠纹；贯眼纹暗褐色，眉纹黄白色。翅暗褐色，外翈羽缘黄绿色，具一道淡黄绿色翅斑。下体银白色，尾下覆羽辉黄色。虹膜褐色或暗褐色；上嘴黑褐色，下嘴角黄白色或黄褐色；跗跖和爪墨绿褐色或铅褐色。

大小量度

体重6～12 g，体长90～122 mm，嘴峰9～11 mm，尾40～48mrn，跗跖15～19 mm。

栖境习性

生境：栖息于海拔400～1 300 m的开阔林区，多在阔叶树的树冠取食。食性：以昆虫及其幼虫为主。习性：候鸟或旅鸟。

生长繁殖

繁殖期6—7月，多在山地次生林或阔叶、针叶混交林林缘繁殖。筑巢于地面上，亦有筑巢于山边低矮的树杈上。巢呈球形或杯形，侧面开口。巢主要由枯草茎、枯草叶、苔藓等构成。每窝产卵4～7枚。卵纯白，光滑无斑，大小为（15.5～17）mm×（12～13）mm。

种群现状

分布较广、数量不多、少见。

保护级别

列入《世界自然保护联盟濒危物种红色名录》（IUCN）低危（LC）、《国家保护的有重要生态、科学、社会价值的陆生野生动物名录》。

20. 黄眉柳莺 *Phylloscopus inornatus*

英文学名

Yellow-browed Warbler

别名

树串儿、槐串儿、树叶儿、白目眶丝

外形特征

体形纤小，嘴细尖，雌雄相似。头部色泽较深，在头顶的中央贯以一条若隐若现的黄绿色纵纹。背羽以橄榄绿色或褐色为主，上体包括两翅的内侧覆羽概呈橄榄绿色，翅具两道浅黄绿色翼斑。下体白色，胸、胁、尾下覆羽均稍沾绿黄色，腋羽亦然。尾羽黑褐色。虹膜暗褐色；嘴角黑色，下嘴基部淡黄；跗跖淡棕褐色。

大小量度

体重5～8 g，体长95～105 mm，嘴峰6～8 mm，尾38～45 mm，跗跖16～19 mm。

栖境习性

生境：栖息于海拔4 000 m以下的高原、山地和平原地带的各种森林中。食性：主要以昆虫为食，未见飞捕。所食均为树上枝叶间的小虫。习性：候鸟或旅鸟。常单独或小群活动，迁徙期也可集大群。喜藏匿，不易发现，除非听到鸣叫声或从一棵树飞到另一棵树进行短距离窜飞时。很少落地，晨昏为活动高峰期。

生长繁殖

繁殖期5—8月。营巢于林缘缓枝、林间旷地的向阳草坡。巢呈球形，由苔藓、一些纤维状的枯树皮等构成。每窝产卵2～5枚。卵呈椭圆形或球形，粉白或白色，钝端缀以暗褐红色斑点。大小约为12 mm×10 mm，孵化期10～12天，育雏期8～10天。

种群现状

分布较广，数量较多，较常见。

保护级别

列入《世界自然保护联盟濒危物种红色名录》（IUCN）低危（LC）、《国家保护的有重要生态、科学、社会价值的陆生野生动物名录》。

21. 乌嘴柳莺 *Phylloscopus magnirostris*

英文学名

Large-billed Leaf-warbler

别名

柳串儿、绿豆雀

外形特征

雌雄相似。上体概呈橄榄褐色；眉纹显黄色，并具一暗褐色的贯眼纹；颊和耳羽褐色和黄色相混杂；两翅暗褐色，尾羽亦呈暗褐色，各羽外翈羽缘呈黄绿色，而内翈羽缘渐趋白色。下体污黄，喉和胸较灰；腋羽和尾下覆羽黄色。虹膜暗褐色；嘴暗褐色或棕褐色，下嘴基部黄；跗跖角褐色，爪褐色。

大小量度

体重6～13 g，体长103～125 mm，嘴峰8～12 mm，尾44～60 mm，跗跖17～21 mm。

栖境习性

生境：栖息于海拔800 m以上的山地和高原的针叶林、针阔叶混交林、灌丛或落叶林中。食性：以昆虫及其幼虫为主。习性：候鸟或旅鸟。繁殖期间占域性甚强烈，雄鸟站在巢区树上鸣叫。

生长繁殖

繁殖期6—8月。营巢于溪流岸边杂乱无章的倒木中，或河岸上的洞穴中，或置于岩石和圆木中。巢呈球形或钟形，由草茎、枯叶、蕨类和地衣构成，内垫细草茎和毛。通常每窝产卵4枚，有时产5枚或3枚。卵呈白色，无斑点，大小平均为8.2 mm×13.2 mm。

种群现状

分布较少、数量不多、不常见。

保护级别

列入《世界自然保护联盟濒危物种红色名录》（IUCN）低危（LC）、《国家保护的有重要生态、科学、社会价值的陆生野生动物名录》。

（二十三）苇莺科 Acrocephalidae

苇莺科是鸟纲、雀形目下的一科鸣禽，此科通常具有细长的鸟嘴和淡淡的眼眉，大多数物种的上体呈现橄榄棕色，下体则是米色至黄色。主要分布在欧亚大陆西部和南部及周边地区，但也有部分物种分布至太平洋地区，甚至在非洲也有一些物种。它们通常出现在开阔的林地、芦苇丛或高草丛中，其中大苇莺常见于低海拔的湖畔、河边、水塘、芦苇沼泽的茂密芦苇丛中。

1. 钝翅苇莺 *Acrocephalus concinens*

英文学名

Blunt-winged Warbler

外形特征

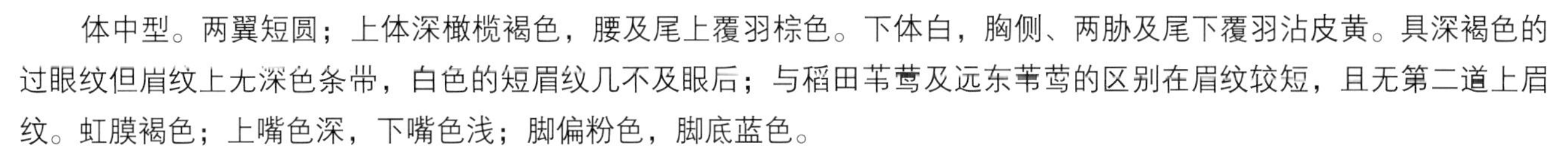

体中型。两翼短圆；上体深橄榄褐色，腰及尾上覆羽棕色。下体白，胸侧、两胁及尾下覆羽沾皮黄。具深褐色的过眼纹但眉纹上无深色条带，白色的短眉纹几不及眼后；与稻田苇莺及远东苇莺的区别在眉纹较短，且无第二道上眉纹。虹膜褐色；上嘴色深，下嘴色浅；脚偏粉色，脚底蓝色。

大小量度

体重8～10 g，体长122～126 mm，嘴峰9～12 mm，尾49～59 mm，跗跖20～23 mm。

栖境习性

生境：栖息于芦苇地、低山的高草地。食性：以昆虫及其幼虫、蜘蛛等无脊椎动物为主。习性：迁徙过境旅鸟。常单独或成对活动，性隐蔽，行动敏捷，常隐匿在芦苇和草丛中。

生长繁殖

繁殖期6—8月。通常营巢于水边或山边苇丛、灌丛与草丛中。巢多固定在离地不高的几株植物茎上。巢呈深杯状，主要由枯草茎叶构成，内垫有细草茎。每窝产卵3～4枚，卵淡绿色、被有黄褐色或淡紫灰色斑点，大小为（15.8～18）mm×（11.8～12.8）mm。

种群现状

分布较少、数量不多、不常见。

保护级别

列入《世界自然保护联盟濒危物种红色名录》（IUCN）低危（LC）、《国家保护的有重要生态、科学、社会价值的陆生野生动物名录》。

2. 噪大苇莺 *Acrocephalus stentoreus*

英文学名

Clamorous Reed Warbler

别名

南大苇莺

外形特征

上体为橄榄棕褐色，眉纹淡黄；眼先褐色由眼先延伸至眼后，形成不明显的贯眼纹；头侧余部较头顶部为淡；两翼表面与背色略同；飞羽和尾羽均为暗褐色，羽缘淡棕色。颏、喉白色，胸棕色，喉和胸均具纤细的暗色纵纹；腹部中央近白色；下体余部概为淡棕色。虹膜橄榄褐色或沙褐色；上嘴褐色或灰褐色，下嘴棕白色，嘴缘蜡黄色；脚暗灰色。

大小量度

体重28～34 g，体长180～200 mm，嘴峰17～21 mm，尾75～86 mm，跗跖29～30 mm。

栖境习性

生境：栖息于海拔400～900 m低山平原地带湖泊、河流、沼泽等水域边苇丛、灌丛和草丛中。食性：主要以昆虫及其幼虫为食，也食小蛙以及甲壳类等无脊椎动物。习性：迁徙过境旅鸟。常单独或成对活动，行动机敏、迅速、常躲躲闪闪、快速地穿梭于苇丛、灌丛或草丛中。

生长繁殖

繁殖期5—8月。营巢于水域或水域附近的芦苇丛或水草丛中。巢多筑于由3～4株捆在一起的粗壮而直立的活芦苇茎上。巢呈深杯状。每窝产卵3～6枚。卵呈淡白色或绿白色，缀以褐色、黑色和淡紫灰色深浅两层斑点，孵化期14～15天，双亲共同育雏。

种群现状

分布较少，数量稀少，罕见。

保护级别

列入《世界自然保护联盟濒危物种红色名录》（IUCN）低危（LC）。

3. 东方大苇莺 *Acrocephalus orientalis*

英文学名

Oriental Great Reed Warbler

别名

苇串儿、呱呱唧、剖苇、麻喳喳

外形特征

体形略大。具显著的皮黄色眉纹；上体呈橄榄褐色，下体乳黄色。第一枚初级飞羽长度不超过初级覆羽。虹膜褐色；上嘴褐色，下嘴偏粉；脚灰色。

大小量度

体重24～32 g，体长16～20 cm，嘴峰16～19 mm，尾68～80 mm，跗跖26～30 mm。

栖境习性

生境：喜芦苇地、稻田、沼泽及低地次生灌丛。食性：以昆虫及其幼虫为主，也食水生无脊椎动物、小型脊椎动物。习性：候鸟或旅鸟。

生长繁殖

筑巢在通风良好的苇地，巢距水面为1.2～1.5 m，筑于苇茎间，为深杯状，以芦苇茎叶、苇穗缠绕而成；巢内垫有干苇叶、兽毛等。雌鸟筑巢，雄鸟伴随。每窝卵产卵4～6枚。卵呈椭圆形，淡蓝绿色、灰白色，其上布有褐色或紫褐色斑点。孵卵期11～13天。

种群现状

分布较少、数量不多、不常见。

保护级别

列入《世界自然保护联盟濒危物种红色名录》（IUCN）低危（LC）、《国家保护的有重要生态、科学、社会价值的陆生野生动物名录》。

（二十四）蝗莺科 Locustellidae

蝗莺科是鸟纲雀形目的一个科，在全球范围内约有20属63种，包含了主要分布在欧亚大陆及非洲的小型地栖鸟类。该科鸟类通常体形较小，羽色多为不显眼的棕色或绿色调，以适应其在草地和灌木丛中的生活环境。蝗莺科的鸟类多以昆虫为食，其饮食可能还会包括其他小型无脊椎动物。这些鸟类的叫声多变且具有特色，通常在繁殖期会用复杂的歌唱表现来吸引配偶和标定领地。蝗莺科鸟类多数建造隐蔽的地面巢，雌鸟负责孵化，雌雄共同参与育雏。由于生活环境的隐蔽性和迁徙习性，许多蝗莺科鸟类的生态和行为至今仍有待进一步研究。

1. 矛斑蝗莺 *Locustella lanceolata*

英文学名

Lanceolated Warbler

别名

黑纹蝗莺

外形特征

上体暗橄榄褐色，具黑褐色点状斑纹；体皮黄色，具黑褐色羽干纵纹。体侧赭色，带橄榄色细斑，纵纹不多。虹膜暗褐色；嘴黑褐色，下嘴基黄褐色；脚肉色。

大小量度

体重9～16 g，体长90～140 mm，嘴峰8～12 mm，尾40～55 mm，跗跖15～20 mm。

栖境习性

生境：喜湿润稻田、沼泽灌丛、近水的休耕地及蕨丛。食性：食物全为昆虫及其幼虫、水生无脊椎动物。习性：迁徙过境旅鸟。性极畏怯，常隐蔽，单独或成对在茂密的苇草间或灌丛下活动。受惊时亦少起飞，而是站在地上急扫其尾或钻进草丛中隐匿。

生长繁殖

巢由禾本科草编成，外壁较松，内壁较紧，外径8.5～10 cm，内径约6.0 cm，高约6.0 cm，深约4.5 cm。每窝产卵3～5枚，玫瑰色，表面布满红褐色小斑点和斑纹，钝端尤为集中，大小为（16.2～19.0）mm×（12.6～14.1）mm，仅雌鸟孵卵。

种群现状

分布较广、数量不多，不常见。

保护级别

列入《世界自然保护联盟濒危物种红色名录》（IUCN）低危（LC）、《国家保护的有重要生态、科学、社会价值的陆生野生动物名录》。

2. 高山短翅莺 *Locustella mandelli*

英文学名

Mountain Bush Warbler 或 Russet Grasshopper-warbler

外形特征

雌雄相似。虹膜褐色；上嘴色深，下嘴粉红色；跗跖粉红色。两翅和尾羽表面全为暗褐色沾棕，尾羽较长而尖；眼先和眼周皮黄色，形成一皮黄色眼圈，眉纹亦为皮黄色但不甚明显；头侧褐色，喉和腹中央白色，胸灰或灰褐色，两胁和尾下覆羽橄榄褐，尾下覆羽具白色尖端。喉通常具少许暗色条状纹或斑点，但到冬季则消失而多缀有皮黄褐色。

大小量度

体重12 ~ 14 g，体长12 ~ 14 cm，嘴峰10 ~ 12 mm，尾49 ~ 66 mm，跗跖17 ~ 19 mm。

栖境习性

生境：栖息于海拔2 500 m以下山地森林林缘灌丛、草丛中。食性：以昆虫及其幼虫为主。习性：迁徙过境旅鸟。性胆怯，善隐蔽。单个或成对活动于稠密的灌丛或草丛中，活动非常隐蔽，非常难于发现。在繁殖季节，常发出鸣叫声，只闻其声，不见其影。

生长繁殖

繁殖期5—7月。筑巢于近地面的草丛中，巢呈杯状，通常由芒草等枯草、枯叶和细软的草茎等构成。巢高6.5 ~ 8.5 cm，外径8.5 ~ 10 cm，内径4.5 ~ 6 cm，深3.2 ~ 4 cm。每窝约产2枚卵，白色，缀以紫红色或灰紫色斑点，尤以钝端稠密，常形成圆环，大小约为19 mm × 15 mm。

种群现状

分布狭窄，数量稀少，罕见。

保护级别

列入《世界自然保护联盟濒危物种红色名录》（IUCN）低危（LC）、《国家保护的有重要生态、科学、社会价值的陆生野生动物名录》。

3. 棕褐短翅莺 *Locustella luteoventris*

英文学名

Brown Bush Warbler 或 Brown Grasshopper-warbler

别名

褐色丛林莺

外形特征

雌雄相似。上体自额到尾，包括两翅表面暗棕褐色；眉纹淡棕，前端不显；颊和耳羽淡棕色，缀以白色。下体的颏、喉、腹灰白，有时沾棕色；胸、两胁、肛周和尾下覆羽淡棕褐色。虹膜红褐色或褐色；上嘴黑褐色，下嘴黄白色；脚淡黄白色。

大小量度

体重10 ~ 14 g，体长119 ~ 143 mm，嘴峰9 ~ 12 mm，尾53 ~ 60 mm，跗跖17 ~ 23 mm。

栖境习性

生境：栖息于中低海拔的山地疏松常绿阔叶林的林缘灌丛与草丛中。食性：以昆虫及其幼虫为主。习性：候鸟或迁徙过境旅鸟。常隐藏在稠密林下灌丛和草丛中。胆怯而宁静，常在草灌丛中窜来窜去，非常隐蔽，偶尔发出低微的叫声，只闻其声，不见其影。

生长繁殖

繁殖期4—6月。筑巢于距地面1 m的草丛和灌丛中。巢呈深杯状，或半球形。由草茎、草叶构成，内垫以细草茎。通常每窝产卵3～5枚，卵圆形，白色至淡粉红色，缀以浅红褐斑点或块斑，尤以钝端密集，平均大小为18.2 mm×14.0 mm。孵化期12～13天。

种群现状

分布较广，数量不多，少见。

保护级别

列入《世界自然保护联盟濒危物种红色名录》（IUCN）低危（LC）、《国家保护的有重要生态、科学、社会价值的陆生野生动物名录》。

4. 斑胸短翅莺 *Locustella thoracica*

英文学名

Spotted Bush Warbler 或 Spotted Grasshopper-warbler

别名

短翅、得几姑、短翅草莺、草莺

外形特征

体小型，雌雄相似。上体暗赭褐色；下体白色，下喉至上胸具灰褐点斑，很显著；腹部中央灰白色。虹膜褐色；嘴黑色；脚淡灰色，爪褐色。眉纹狭窄而长，自鼻孔向后延伸至颈部，呈灰白色。

大小量度

体重10～13 g，体长109～134 mm，嘴峰10～11 mm，尾43～52 mm，跗跖18～22 mm。

栖境习性

生境：栖息于中低海拔的山地丘陵、中高山地区的林地及灌木草丛中。食性：以动物性食物为主。习性：候鸟或旅鸟。单独或成对活动，冬时成小群活动。一般多活动于灌草丛中，也见于林间沼泽、林缘。性活泼，善于隐蔽。频繁地在灌丛低枝间跳来跳去寻觅食物。

生长繁殖

繁殖期5—7月。巢呈半球形或深杯形。外壁由粗糙草茎松懈地构成，内壁由细草茎编成，没有真正的内垫。每窝产卵3～4枚，卵为白色，有粉红色或砖红色浅色斑点，钝端斑点尤为密集，形成圈形或帽形斑，大小平均为18.4 mm×13.0 mm。

种群现状

分布较广、数量较多、较常见。

保护级别

列入《世界自然保护联盟濒危物种红色名录》（IUCN）低危（LC）。

（二十五）鹟莺科 Scotocercidae

鹟莺科为雀形目下的一科鸟类，该科主要包括许多体型小巧、行为活跃的鸟种，比如各种鹟莺。这些鸟类大多数分布在亚洲和非洲的森林、灌木丛以及其他栖息地中。鹟莺科的鸟类通常体形较小，羽毛颜色较为朴素，以橄榄绿、褐色或黄色为主，以助于它们在树叶中隐蔽。它们以昆虫为食，有的种类还会吃一些小型无脊椎动物。鹟莺科的鸟类以其复杂而悦耳的鸣声著称，它们常常在林间发出连续的歌声。该科鸟类在繁殖期表现出领域性，通常在低矮的灌木或地面上筑巢。随着鸟类分类学的发展，许多以前归于树莺科（Cettiidae）的种类已经被重新分类到鹟莺科中，因此这一科的物种组成和分类地位有时会有变动。鹟莺科的鸟类对生态系统中的昆虫控制有重要作用，也是鸟类观察爱好者喜爱的对象。

1. 棕脸鹟莺 *Abroscopus albogularis*

英文学名

Rufous-faced Warbler

外形特征

体小型。头栗色，具黑色侧冠纹；与栗头鹟莺的区别在脸颊呈显著的栗棕色；上体橄榄绿，腰黄色，无翼斑。上胸沾黄，下体白，颏及喉杂黑色点斑。虹膜褐色；上嘴色暗，下嘴色浅；脚粉褐色。

大小量度

体重6～11 g，体长9～11 cm，嘴峰5～9 mm，尾4～6 cm，跗跖15～21 mm。

栖境习性

生境：栖息于常绿林及竹林密丛。食性：杂食性，以昆虫及其幼虫为主。习性：留鸟或候鸟。喜藏匿，善鸣叫，发出“yingyingying～ying”的虫鸣声。

生长繁殖

繁殖期4—6月，主要营巢于海拔2 000 m以下的竹林和稀疏的常绿阔叶林中，巢多置于枯死的竹子洞中，内垫有竹叶苔藓和纤维。每窝产卵3～6枚，卵淡粉红色、被有朱红色或紫灰色斑点，大小为（13.3～15.5）mm×（10.5～12.0）mm。

种群现状

分布广、数量多、常见。

保护级别

列入《世界自然保护联盟濒危物种红色名录》（IUCN）低危（LC）。

2. 异色树莺 *Horornis flavolivaceus*

英文学名

Aberrant Bush Warbler

别名

告春鸟

外形特征

体小型，雌雄相似。上体概呈橄榄绿褐色；腰羽绿色较显著；自鼻孔向后延伸至枕部有细而不显的眉纹，呈淡绿黄色；自眼先起，有一黑褐色贯眼纹；两翅和尾黑褐色，各羽外翈羽缘呈橄榄绿褐色，与背同色。颏、喉、腹中央污白色，胸、两胁缀以淡棕色，尾下覆羽淡棕色。

大小量度

体重9～14 g，体长106～135 mm，嘴峰10～12 mm，尾48～52 mm，跗跖22～25 mm。

栖境习性

生境：栖息于中低海拔的稠密灌草丛、竹丛、蕨类植物、常绿阔叶林和针叶林中。食性：主要以昆虫及其幼虫为食。习性：候鸟或旅鸟。性胆怯，常在稠密的林下灌丛或草丛中跳来跳去。

生长繁殖

繁殖期5—8月。筑巢于茂密的高草丛或灌丛中，巢呈锥形，开口于侧面，巢由草和竹叶纺织而成，内垫以干树叶，偶见有羽毛。每窝产卵3～4枚。呈长卵形。从淡色至深土白色，缀以栗色斑点，大小为（17.0～18.5）mm×（12.4～13.1）mm。

种群现状

分布较广、数量较多、较常见。

保护级别

列入《世界自然保护联盟濒危物种红色名录》（IUCN）低危（LC）、《国家保护的有重要生态、科学、社会价值的陆生野生动物名录》。

3. 日本树莺 *Horornis diphone*

英文学名

Japanese Bush Warbler

别名

短翅树莺、告春鸟、树莺

外形特征

体小型，多型种。上体概呈棕褐色，前额和头顶特别鲜亮。下体污白，胸、腹沾皮黄色。眉纹自嘴基沿眼上方伸至颈侧，呈淡皮黄色；自眼先穿过眼睛向后延伸至枕的贯眼纹，呈深褐色；虹膜褐色；上嘴褐色，下嘴淡灰褐色；脚灰色。

大小量度

体重12～30 g，体长95～173 mm，嘴峰12～15 mm，尾63～78 mm，跗跖24～30 mm。

栖境习性

生境：海拔1 500 m以下稀疏的阔叶林和灌丛中，不进入茂密的大森林中。食性：主要食物有鞘翅目叩头虫、象甲、步行甲、金龟子、双翅目蚊虫等。习性：旅鸟。常单独或成对活动，性胆怯，喜藏匿，多在树木及草丛下层枝间上、下跳动，常常只闻其声，不见其影。

生长繁殖

繁殖期5—7月。通常营巢于林缘地边等特别稠密的地带，巢呈杯形、椭圆形。巢的外壁由植物的叶、细茎和外皮构成，巢的内壁由根和树叶组成，也有兽毛、鸟羽等。每窝产卵4～6枚，卵呈椭圆形，砖红色，缀以紫褐色块状斑，尤以钝端密集。孵化期15～16天。

种群现状

分布较少、数量不多，不常见。

保护级别

列入《世界自然保护联盟濒危物种红色名录》（IUCN）低危（LC）。

4. 黄腹树莺 *Horornis acanthizoides*

英文学名

Yellow-bellied Bush Warbler

别名

黄腹告春鸟

外形特征

体小型，雌雄相似。上体概暗橄榄褐色；颏、喉沾棕色，胸和两胁呈灰橄榄褐色，下体余部淡黄色。虹膜褐色；上嘴褐色或棕褐色，下嘴黄褐色或肉色；脚淡棕色或肉褐色。

大小量度

体重6～10 g，体长98～110 mm，嘴峰9～11 mm，尾37～50 mm，跗跖20～24 mm。

栖境习性

生境：栖息于海拔1 300 m以上的亚高山和中山阔叶林灌丛、竹丛中。

食性：主要以昆虫为食。习性：候鸟或旅鸟。常单只，或成三五只小群活动。

生长繁殖

繁殖期4—6月，巢置于灌丛近根处或茶树的枝丫上，距地面10.0～60.0 cm。巢为由茅草等构成球状的杯形，内垫以一层很厚的家鸡毛等，开口于顶端的一侧。每窝产卵3～4枚。卵呈白色，光滑无斑，呈长卵圆形或椭圆形，大小为（14.0～16.5）mm×（11.0～12.6）mm。

种群现状

分布较广、数量较多、较常见。

保护级别

列入《世界自然保护联盟濒危物种红色名录》（IUCN）低危（LC）、《国家保护的有重要生态、科学、社会价值的陆生野生动物名录》。

5. 强脚树莺 *Horornis fortipes*

英文学名

Strong-footed Bush Warbler 或 Brownish-flanked Bush Warbler

别名

山树莺

外形特征

体小型。具皮黄色眉纹，上体呈橄榄褐色，两侧淡棕色，下体偏白而染褐黄；虹膜褐色或淡褐色；嘴褐色，上嘴有的黑褐色，下嘴基部黄色或暗肉色；脚相对强健，肉色或淡棕色。

大小量度

体重6～13 g，体长100～131 mm，嘴峰8～11 mm，尾45～57 mm，跗跖20～25 mm。

栖境习性

生境：栖息于海拔1 600～2 400 m亚高山阔叶林树丛和灌丛间。食性：嗜食昆虫，亦兼食一些植物性食物。习性：留鸟或候鸟。

生长繁殖

繁殖期5—8月。巢筑于草丛和灌丛上，距地面0.7～1.0 m。巢呈杯形，巢口位于侧面，用草叶、草茎或树皮筑成，内垫以细草茎和羽毛。每窝产卵3～5枚，多为4枚，椭圆形，呈纯咖啡红色至酒红色，微具暗色斑点，大小为（16～17.5）mm×（13～13.5）mm。晚成雏。

种群现状

分布广、数量多、常见。

保护级别

列入《世界自然保护联盟濒危物种红色名录》（IUCN）低危（LC）、《国家保护的有重要生态、科学、社会价值的陆生野生动物名录》。

6. 栗头地莺 *Cettia castaneocoronata*

英文学名

Chestnut-headed Tesia

外形特征

体小型，立姿直，色彩艳丽。前额、头顶至后枕和头侧亮栗红色，眼后具一小的三角形白斑；后颈、肩羽、上背至尾上覆羽和翅上覆羽概呈暗橄榄绿色；飞羽和尾羽暗褐色，外缘橄榄绿色；尾短。颏、喉亮柠檬黄色，胸和腹部亮黄而沾橄榄绿色；胁部橄榄绿色。虹膜褐色；上嘴黑褐色，下嘴黄色；跗跖和趾绿褐色，爪淡黄褐色。

大小量度

体重6~9 g，体长82~100 mm，嘴峰10~11 mm，尾28~29 mm，跗跖20~24 mm。

栖境习性

生境：栖息于南亚热带山地常绿阔叶林和温带针阔叶混交林区，是垂直迁移的鸟。食性：以昆虫为主，兼食植物。习性：候鸟或旅鸟。性活泼，常跳跃不止，鸣声尖锐悦耳。这种鸟性孤独，只偶见与其他鸟类混群，在繁殖季节成对活动；胆怯，喜藏匿躲闪；生活于灌木丛中，常跳跃于其间或在生满苔藓的乱石堆中觅食。

生长繁殖

繁殖期6—8月，通常营巢于林下灌木或树枝杈上，巢呈杯状，主要由草茎、草叶、细根等材料构成，内垫有羽毛。每窝产卵2~4枚。卵粉红色、有微缀黄色和被有红褐色斑点，大小为（16.8~18.3）mm×（12.4~13.4）mm。雌雄轮流独孵卵，晚成雏。

种群现状

分布较广，数量较多，较常见。

保护级别

列入《世界自然保护联盟濒危物种红色名录》（IUCN）低危（LC）。

（二十六）扇尾莺科 Cisticolidae

扇尾莺科主要分布在非洲、东洋界，并可到达澳大利亚。种类繁多，全球共119种，中国10种，重庆5种。

1. 棕扇尾莺 *Cisticola juncidis*

英文学名

Zitting Cisticola

外形特征

体小型。虹膜褐色；嘴褐色；脚粉红至近红色。随季节更替，体色会有变化：夏季，背部暗褐色具几条黑色的纵斑；腰部为黄褐色、尾巴末端为灰褐色；淡黄的脸上有淡褐色的过眼线、头顶为黑褐色。冬季，体色稍变暗淡：背面为黑褐色、颈部为橄榄褐色、尾巴比夏天时稍长。

大小量度

体重7～10 g，体长90～115 mm，嘴峰8～10 mm，尾34～54 mm，跗跖18～20 mm。

栖境习性

生境：栖息于低海拔的山脚、丘陵和平原低地灌丛与草丛、农田、沼泽、低矮的芦苇塘。食性：以昆虫及其幼虫为食，也吃蜘蛛等小型无脊椎动物和植物性食物。习性：留鸟或候鸟。一般较喜低海拔的湿润地域。求偶飞行时雄鸟在其配偶上空作振翼停空并盘旋鸣叫。非繁殖期惧生而不易见到。在飞行时常发出“戚嚓、戚嚓”的声音。

生长繁殖

繁殖4—7月，营巢于草丛中，巢呈吊囊状，开于上侧方。由草叶、植物纤维等编织，营巢主要由雌鸟承担；每窝产卵3～6枚，卵白色或淡蓝白色，被有红褐色或紫红色斑点，大小为（13.8～16.8）mm×（10.2～12.3）mm，雌雄亲鸟轮流孵卵、共同育雏，晚成雏。

种群现状

分布较广，数量不多，不常见。

保护级别

列入《世界自然保护联盟濒危物种红色名录》（IUCN）低危（LC）、《国家保护的有重要生态、科学、社会价值的陆生野生动物名录》。

2. 纯色山鹪莺 *Prinia inornata*

英文学名

Plain Prinia

别名

褐头鹪莺、纯色鹪莺

外形特征

体形较大，尾很长，占身体全长一半以上。头及上体全身褐色，与褐山鹪莺相比较颜色单纯。体较淡，有黄白色眉线，眼黄褐色，虹膜浅褐色，嘴近黑，脚粉红色。眉纹色浅，上体暗灰褐，下体淡皮黄色至偏红。

大小量度

体重7～11 g，体长111～152 mm，嘴峰10～12 mm，尾55～87 mm，跗跖18～25 mm。

栖境习性

生境：栖息于高草丛、芦苇地、沼泽、玉米地及稻田。食性：以鞘翅目、膜翅目等昆虫及其幼虫为食，也吃小型无脊椎动物和植物性食物。习性：候鸟或旅鸟。常单独或成对活动，偶成小群。多在灌木下部和草丛中跳跃觅食，性活泼，行动敏捷，一般很少飞翔，特别是长距离飞翔，受惊会急速飞起。通常起飞后会迅速落地，飞行呈波浪式。

生长繁殖

繁殖期5—7月。囊状巢由巴茅叶丝等编织而成，筑在巴茅草丛和小麦丛间，由纤维、毛茛科植物种毛和蛛丝等构成。每窝产卵4～6枚，卵白色、绿色和亮蓝色沾黄，被有红褐色或赭色斑点，大小为（13.7～16）mm×（11～12.8）mm。孵卵由雌雄鸟轮流承担，孵化期11～12天。

种群现状

分布较少，数量不多，不常见。

保护级别

列入《世界自然保护联盟濒危物种红色名录》（IUCN）低危（LC）、《国家保护的有重要生态、科学、社会价值的陆生野生动物名录》。

3. 黄腹山鹪莺 *Prinia flaviventris*

英文学名

Yellow-bellied Plain

别名

黄腹鹪莺、灰头鹪莺

外形特征

体形略大而尾长。喉及胸白色，下胸及腹部黄色为其特征。虹膜浅褐色；上嘴黑色至褐色，下嘴浅色；头灰，有时具浅淡近白的短眉纹；上体橄榄绿色；腿部皮黄或棕色；脚橘黄。换羽导致羽色有异。繁殖期尾较短，雄鸟上背近黑色较多；雌鸟炭黑色；冬季粉灰。

大小量度

体重6～8 g，体长103～134 mm，嘴峰11～12 mm，尾48～72 mm，跗跖18～22 mm。

栖境习性

生境：栖息于芦苇沼泽、高草地及灌丛，仅鸣叫时栖于高秆杆上。食性：主要以昆虫及其幼虫为食，偶尔也食植物果实和种子。习性：候鸟或旅鸟。结小群活动，常于树上、草茎间或在飞行时鸣叫。

生长繁殖

繁殖期4—7月。通常营巢于杂草丛间或低矮的灌木上。巢呈梨形或卵圆形，顶端开口，主要由芦苇叶和草叶构成，内垫有细的草叶和草茎，巢多固定在芦苇或草茎上，距地0.3～1 m。雌雄共同孵卵、轮流承担，孵卵期为15天。晚成雏鸟，雌雄共同育雏。

种群现状

分布较少，数量不多，不常见。

保护级别

列入《世界自然保护联盟濒危物种红色名录》（IUCN）低危（LC）、《国家保护的有重要生态、科学、社会价值的陆生野生动物名录》。

4. 灰胸山鹪莺 *Prinia hodgsonii*

英文学名

Grey-breasted Prinia或Franklin’s Prinia

别名

灰胸鹪莺

外形特征

体形略小。虹膜黄褐色；嘴较细小，黑色，冬季褐色；脚偏粉色。头及上体灰色，飞羽的棕色边缘形成翼上的褐色镶嵌型斑纹；下体白，具灰色胸带；具略长的凸形尾，尾端为白色。

大小量度

体重4～8 g，体长104～119 mm，嘴峰10～11 mm，尾46～57 mm，跗跖18～19 mm。

栖境习性

生境：常见于次生林下植被、灌丛及草地。食性：主要以昆虫及其幼虫为食，偶尔也食植物果实和种子。习性：旅鸟。冬季结群，惧生且藏匿不露，习性似暗冕鹪莺但喜较干燥的栖息环境。

生长繁殖

繁殖期4—10月。营巢主要由雌鸟承担，内层由草纤维构成，外被蜘蛛网与叶子缝合构成。每窝产卵3～4枚，卵有的为纯白色或蓝色，光滑无斑；有的为粉白色、灰绿色等，有淡红褐色斑点，大小平均为14.7 mm×11.7 mm，孵化期10～11天，晚成雏。

种群现状

分布较少，数量稀少，罕见。

保护级别

列入《世界自然保护联盟濒危物种红色名录》（IUCN）低危（LC）、《国家保护的有重要生态、科学、社会价值的陆生野生动物名录》。

5. 山鹪莺 *Prinia crinigera*

英文学名

Striated Prinia

外形特征

体形较大，凸形尾很长，超过头体长。虹膜浅褐色；嘴黑褐色；脚偏粉色。上体灰褐色并具黑色及深褐色纵纹；下体偏白，两胁、胸及尾下覆羽沾茶黄，胸部黑色纵纹明显。非繁殖期褐色较重，胸部黑色较少，顶冠具皮黄色和黑色细纹。与非繁殖期的褐山鹪莺相似，但胸侧无黑色点斑。

大小量度

体重10～15 g，体长130～166 mm，嘴峰9~12 mm，尾72~98 mm，跗跖18~21 mm。

栖境习性

生境：多栖息于高草及灌丛，常在耕地活动。食性：主要以昆虫及其幼虫为食。习性：候鸟或旅鸟。雄鸟于突出处作叫，飞行振翼显无力。

生长繁殖

繁殖期4—7月。巢多筑于粗的草茎上，开口在近顶端侧面；外层由竹叶等混杂加以蜘蛛网构成，内层用山羊毛等衬垫。每窝产卵4～6枚，卵为圆形，淡蓝色，密布赭红色斑点，常在钝端形成环带状，大小约为17 mm×13 mm。孵化期10～11天，晚成雏。

种群现状

分布较广，数量不多，不常见。

保护级别

列入《世界自然保护联盟濒危物种红色名录》（IUCN）低危（LC）、《国家保护的有重要生态、科学、社会价值的陆生野生动物名录》。

（二十七）鹟科 Muscicapidae

种类很多，全球共58属362种，中国9属39种。本科种类具某些解剖学上的特征，如具有发达的第十根初级飞羽和适应取食昆虫的结构。

1. 北灰鹟 *Muscicapa dauurica*

英文学名

Asian Brown Flycatcher

别名

亚洲褐鹟

外形特征

体形略小。上体灰褐，下体偏白，胸侧及两胁褐灰，眼圈白色。具狭窄白色翼斑，翼尖延至尾的中部。虹膜褐色；嘴黑色，下嘴基黄色；脚黑色。

大小量度

体重7～16 g，体长103～143 mm，嘴峰9～12 mm，尾44～61 mm，跗跖12～15 mm。

栖境习性

生境：主要栖息于落叶阔叶林、针阔叶混交林和针叶林中。食性：主要以昆虫及其幼虫为食。偶尔吃蜘蛛等其他无脊椎动物和花等植物性食物。习性：候鸟或旅鸟。常单独或成对活动，偶尔见成3～5只的小群，停息在树冠层中下部侧枝或枝丫上，当有昆虫飞来时，则迅速飞起捕捉，然后又飞落到原处。性机警，善藏匿。

生长繁殖

繁殖期5—7月。通常营巢于森林中乔木树枝杈上，尤其在水平侧枝枝杈上较多，一般离主干1～2 m，距地3～10 m。巢呈碗状。巢的大小外径为7～8 cm，内径为5～6 cm，深3～4 cm。每窝产卵4～6枚，卵灰白色、微缀灰绿色，也有呈橄榄灰色或淡蓝绿色的，有时钝端具有不显著的淡褐色或淡红色斑点，大小为（16.2～17.6）mm×（12.3～14.0）mm。孵卵主要由雌鸟承担，晚成雏。

种群现状

分布较广，数量不多，不常见。

保护级别

列入《世界自然保护联盟濒危物种红色名录》（IUCN）低危（LC）、《国家保护的有重要生态、科学、社会价值的陆生野生动物名录》。

2. 乌鹟 *Muscicapa sibirica*

英文学名

Dark-sided Flycatcher

外形特征

体形略小，多型种。上体深灰黑色，下体白色，两胁深色具烟灰色杂斑，上胸具灰褐色模糊带斑；眼圈、半颈环和喉呈白色；下脸颊具黑色细纹。诸亚种的下体灰色程度不同。亚成鸟脸及背部具白色点斑。虹膜深褐色；嘴黑色；脚黑色。

大小量度

体重9～15 g，体长118～142 mm，嘴峰7～10 mm，尾49～57 mm，跗跖12～14 mm。

栖境习性

生境：主要栖息于海拔800 m以上的针阔叶混交林和针叶林中。食性：以金龟甲、象甲等昆虫及其幼虫为食，也食少量植物种子。习性：候鸟或旅鸟。繁殖期成对活动，其他季节多单独活动。树栖性，常在高树树冠层，很少下到地上活动和觅食。多在树枝间跳跃和来回飞翔捕食，也在树冠枝叶上觅食。

生长繁殖

繁殖期5—7月。通常营巢于针阔叶混交林和针叶林中树上，尤以山溪、河谷和林间疏林处的松树侧枝上较常见。巢呈杯状和半球状，出入口向上。巢的外径为8～9 cm，内径5～6 cm。雌雄共同营巢，但以雌鸟为主。每窝产卵4～5枚。卵淡绿色，大小为（16.8～17.5）mm×（12.7～12.9）mm。主要由雌鸟孵卵。晚成雏，雌雄亲鸟共同育雏，孵化期14～15天。

种群现状

分布较广，数量不多，不常见。

保护级别

列入《世界自然保护联盟濒危物种红色名录》（IUCN）低危（LC）、《国家保护的有重要生态、科学、社会价值的陆生野生动物名录》。

3. 棕尾褐鹟 *Muscicapa ferruginea*

英文学名

Ferruginous Flycatcher

别名

红褐鹟

外形特征

体形较小。雄鸟：全体以红褐色为主，眼圈皮黄，喉块白，头石板灰色，通常具白色的半颈环，背褐，腰棕色，下体白，胸具褐色横斑，两胁及尾下覆羽棕色。雌鸟：头灰褐色，上体棕褐色。虹膜褐色；嘴黑色；脚灰色。

大小量度

体重9～16 g，体长109～122 mm，嘴峰8～11 mm，尾46～51 mm，跗跖11～14 mm。

栖境习性

生境：栖息于山地常绿和落叶阔叶林、针叶林、针阔叶混交林和林缘灌丛地带。食性：主要以鞘翅目、鳞翅目、直翅目、膜翅目等昆虫及其幼虫为食。习性：旅鸟。除繁殖季节成对外，其他时候多单独活动，常停歇在开阔的树枝头或电线上，静静地注视着四周，当有昆虫飞过时，即飞到空中捕食，然后又飞回停落在原来的地方。性情较为安静、温驯而胆小。

生长繁殖

繁殖期5—7月，营巢于树林中树上枝杈间，距地2～15 m，也在树洞和岩隙间营巢。巢呈碗状，主要由苔藓、地衣、蕨类和细根等构成。巢口直径为4～5.5 cm。每窝产卵约3枚，卵呈淡黄色、被有细小的粉红色斑点，有的为淡石头色，被有淡红蓝色小斑点，大小为（17～18.3）mm×（13～14.3）mm。

种群现状

分布较少，数量稀少，罕见。

保护级别

列入《世界自然保护联盟濒危物种红色名录》（IUCN）低危（LC）、《国家保护的有重要生态、科学、社会价值的陆生野生动物名录》。

4. 棕腹仙鹟 *Niltava sundara*

英文学名

Rufous-bellied Niltava

外形特征

雄鸟：前额、眼先和头侧黑色，上体呈蓝色。中央一对尾羽钴蓝色，其余尾羽黑色，外翈羽缘钴蓝色。胸、腹及下体部分呈现橙棕色，喉部黑色和胸部橙棕色相接平直。雌鸟：上体橄榄褐色或橄榄棕褐色，腰和尾上覆羽栗棕色；颈两侧各具一灰蓝色斑。胸、腹部呈近白色。虹膜褐色；嘴黑色；脚灰色。

大小量度

体重17～24 g，体长140～168 mm，嘴峰10～13 mm，尾64～77 mm，跗跖20～23 mm。

栖境习性

生境：栖息于开阔林地及丘陵森林，冬季活动在山边和林缘灌丛与小树丛内。食性：主要以昆虫为食，也食少量植物果实和种子。习性：候鸟或旅鸟。多在林下灌丛和下层树冠层中单独或成对活动。繁殖季节主要栖息于阔叶林、竹林等混交林和林缘灌丛中，尤喜湿润而茂密的温带森林。性较安静，当发现地上有昆虫时，会突然飞到地上捕食，有时也飞到空中捕食飞行性昆虫。

生长繁殖

繁殖期5—7月。通常营巢于陡岸岩坡洞穴中或石隙间。巢呈杯状，通常每窝产卵约4枚，卵淡黄色或皮黄色、被有粉红褐色或淡红色斑点，尤以钝端较密（常呈环状）。孵卵主要由雌鸟承担，雄鸟偶尔参与。晚成雏，孵化期12～13天，雌雄共同育雏。

种群现状

分布较广、数量稀少、不常见。

保护级别

列入《世界自然保护联盟濒危物种红色名录》（IUCN）低危（LC）、《国家保护的有重要生态、科学、社会价值的陆生野生动物名录》。

5. 棕腹大仙鹟 *Niltava davidi*

英文学名

Fujian Niltava

别名

福建仙鹟

外形特征

雄鸟：上体深蓝色，下体棕色，脸黑，额、颈侧小块斑、翼角及腰部亮丽闪辉蓝色，与棕腹仙鹟区别在于色彩较暗。雌鸟：灰褐色，尾及两翼棕褐，喉上具白色项纹，颈侧具辉蓝色小块斑，与棕腹仙鹟的区别在腹部较白。虹膜褐色；嘴黑色；脚黑色。

大小量度

体重24～28 g，体长158～173 mm，嘴峰10～12 mm，尾64～72 mm，跗跖20～24 mm。

栖境习性

生境：多在林下灌丛和下层树冠层中单独或成对活动。食性：主要以昆虫为食，也食少量植物果实和种子。习性：候鸟或旅鸟。性较安静，常停息在灌木或幼树枝上，当发现地上有昆虫时，会突然飞到地上捕食，有时也飞到空中捕食飞行性昆虫。

生长繁殖

繁殖期5—7月。通常在陡岸岩坡洞穴中或石隙间营巢，也在天然树洞中营巢。巢呈杯状，通常每窝产卵约4枚，卵淡黄色或皮黄色、被有粉红褐色或淡红色斑点。孵卵主要由雌鸟承担，雄鸟偶尔参与。晚成雏，孵化期12～13天，雌雄共同育雏。

种群现状

分布狭窄，数量稀少，不常见。

保护级别

列入国家二级重点保护野生动物、《世界自然保护联盟濒危物种红色名录》（IUCN）低危（LC）。

6. 白眉姬鹟 *Ficedula zanthopygia*

英文学名

Yellow-rumped Flycatcher

别名

花头黄、黄鹟、三色鹟、鸭蛋黄、黄腰姬鹟

外形特征

虹膜暗褐色；脚铅黑色。雄鸟：嘴黑色；前额、后颈和尾呈黑色，下背和腰鲜黄色；两翅亦主要为黑色，内侧中覆羽和大覆羽白色。雌鸟：上嘴褐色、下嘴铅蓝色；眼先和眼周污白色；上体灰橄榄色，下背橄榄绿色，腰鲜黄色，两翅橄榄褐色，在翅上形成明显白斑；下体及胸、腹部呈淡黄色。

大小量度

体重10～15 g，体长110～136 mm，嘴峰9～12 mm，尾42～55 mm，跗跖15～20 m。

栖境习性

生境：栖息于海拔1 200 m以下的低山丘陵和山脚地带的阔叶林和针阔叶混交林中。食性：主食鞘翅目昆虫和鳞翅目幼虫，雏鸟几乎全部以昆虫幼虫为食。习性：候鸟或旅鸟。常单独或成对活动，性胆怯而机警，多在树冠下层低枝处活动和觅食，也常飞到空中捕食飞行性昆虫，捉到昆虫后又落于较高的枝头上。有时也在林下幼树和灌木上活动和觅食。

生长繁殖

繁殖期5—7月。通常营巢于阔叶疏林和林缘地带，巢多置于天然树洞和啄木鸟废弃的巢洞。巢的形状呈碗状，雌鸟主要承担营巢。1年繁殖1窝，每窝产卵4～7枚。卵呈椭圆形，污白色、粉黄色或乳白色，具红褐色或橘红色斑点。晚成雏，雌雄亲鸟共同育雏。

种群现状

分布较少，数量不多，不常见。

保护级别

列入《世界自然保护联盟濒危物种红色名录》（IUCN）低危（LC）、《国家保护的有重要生态、科学、社会价值的陆生野生动物名录》。

7. 鸲姬鹟 *Ficedula mugimaki*

英文学名

Mugimaki Flycatcher

别名

白眉赭胸、白眉紫砂来、郊鹟、麦鹟

外形特征

体形略小。雄鸟：上体灰黑，翼上具明显的白斑，尾基部羽缘白色；喉、胸及腹侧橘黄；腹中心及尾下覆羽白色。雌鸟：上体褐色，下体似雄鸟但色淡，尾无白色。亚成鸟：上体全褐，下体及翼纹皮黄，腹白。虹膜深褐色；嘴暗角质色；脚深褐色。

大小量度

体重11～15 g，体长106～135 mm，嘴峰6～9 mm，尾46～54 mm，跗跖14～18 mm。

栖境习性

生境：喜林缘地带、林间空地及山区森林，常在林间作短距离的快速飞行。食性：以鞘翅目、鳞翅目、直翅目、膜翅目等昆虫及其幼虫为食。习性：候鸟或旅鸟。常单独或成对活动，偶尔集小群。多在潮湿的林下溪边的高树上，也在树冠层枝叶间、有时也下到林下灌木或地上活动和觅食。一般不进入密林深处，常在树木间作短距离飞行，飞行急速而不定。

生长繁殖

繁殖期5—7月，通常营巢于针叶树紧靠主干的侧枝枝杈间，距地2～11 m。巢呈半球形或碗状，四周树干和树枝上常生长有苔藓和地衣，其可对巢起到一定的伪装和隐蔽的作用。巢外径8～11 cm，内径约6 cm。每窝产卵4～8枚，卵橄榄绿色或淡绿色、被月红褐色斑点，尤以钝端较密，大小为（14.0～17.8）mm×（12.2～13.5）mm。

种群现状

分布较少，数量不多，少见。

保护级别

列入《世界自然保护联盟濒危物种红色名录》（IUCN）低危（LC）、《国家保护的有重要生态、科学、社会价值的陆生野生动物名录》。

8. 灰蓝姬鹟 *Ficedula tricolor*

英文学名

Slaty-blue Flycatcher

外形特征

体形较小。虹膜褐色；嘴黑色；脚黑色。雄鸟：头及上体灰蓝色；喉部具三角形橄榄色块斑；下体近白；尾黑，外侧基部白。雌鸟：全身几乎为橄榄褐色，下体较上体色浅。

大小量度

体重6～11 g，体长105～130 mm，嘴峰8～10 mm，尾48～57 mm，跗跖17～22 mm。

栖境习性

生境：多栖于常绿阔叶林、针阔叶混交林中，冬季多下到林缘、沟谷和河岸灌丛。食性：主要以叶甲、蚂蚁、小蜂等昆虫为食。习性：候鸟或旅鸟。通常活动在林下地上，繁殖时在灌丛和草丛中钻来钻去，也活动和觅食在距地不高的灌木下部枝叶间，停息时喜欢将尾垂直向背部上翘和将翅膀垂下。

生长繁殖

繁殖期5—7月。通常营巢于山边、岩坡、陡坎或岸边洞穴中，也在树桩、倒木或距地不高的树干下部洞穴和裂缝中营巢。巢呈杯状，大小外侧约10.2 cm，内径约5.8 cm。通常每窝产卵4枚，有时也产3枚，卵肉红色，微具浅红褐色细小斑点，大小为（15.8～16.0）mm×（12.0～12.3）mm。孵卵主要由雌鸟承担。晚成雏，雌雄亲鸟共同育雏。

种群现状

分布较少，数量不多，不常见。

保护级别

列入《世界自然保护联盟濒危物种红色名录》（IUCN）低危（LC）、《国家保护的有重要生态、科学、社会价值的陆生野生动物名录》。

9. 橙胸姬鹟 *Ficedula strophiata*

英文学名

Rufous-gorgeted Flycatcher

外形特征

体形较小。尾黑而基部白，上体多灰褐，翼橄榄色，下体灰。成年雄鸟额上有狭窄白色并具小的深红色项纹（常不明显）。雌鸟似雄鸟，但项纹小而色浅。亚成鸟具褐色纵纹，两胁棕色而具黑色鳞状斑纹。虹膜褐色；嘴黑色；脚褐色。

大小量度

体重10～16 g，体长110～155 mm，嘴峰8～12 mm，尾52～64 mm，跗跖17～22 mm。

栖境习性

生境：主要栖息于中低海拔的山地常绿阔叶林、针阔叶混交林和杂木林中。食性：主要以鞘翅目、鳞翅目等昆虫及其幼虫为食，也吃草籽、植物嫩叶和果实。习性：候鸟或旅鸟。常单独或成对活动，有时集小群，多在树枝叶间跳跃或来回飞翔。在树木枝叶间觅食，也常从栖息处飞至空中捕食飞行昆虫，偶尔在林下灌丛中或地上觅食。

生长繁殖

繁殖期5—7月，营巢于小的天然树洞中，距地1.5～3 m。巢呈杯状，主要由枯草茎、叶和苔藓构成，内垫有少许羽毛和兽毛。每窝产卵3～4枚，卵光滑无斑，为椭圆形，大小约为19.3 mm×13.4 mm。

种群现状

分布较少，数量不多，不常见。

保护级别

列入《世界自然保护联盟濒危物种红色名录》（IUCN）低危（LC）、《国家保护的有重要生态、科学、社会价值的陆生野生动物名录》。

10. 棕胸蓝姬鹟 *Ficedula hyperythra*

英文学名

Snowy-browed Flycatcher

外形特征

体形很小。雄鸟：上体青石蓝，短而显著的白色眉纹；下体橘黄，喉、胸及两胁皮黄。雌鸟：上体褐色，下体皮黄，额、眉及眼圈淡锈黄色。亚成鸟具褐色斑驳。与短翅鸫的区别在形小且跗跖纤细。虹膜深褐色；嘴黑色；脚肉色。

大小量度

体重8～11 g，体长100～109 mm，嘴峰9～10 mm，尾7～45 mm，跗跖17～20 mm。

栖境习性

生境：栖息于热带、亚热带的潮湿低地森林和山地森林。食性：捕食对象以鞘翅目昆虫为主，以及尺鳞翅目幼虫，雏鸟主要以昆虫幼虫为食。习性：候鸟或旅鸟。常单独或成对活动，多在树冠下层低枝处活动和觅食。繁殖期间雄鸟鸣声清脆、委婉安详。性胆怯而机警，不引人注意。长时间停留在地面，似歌鸲般齐足跳进。

生长繁殖

繁殖期4—6月。巢多置于天然树洞和啄木鸟废弃的巢洞中。巢的形状呈碗状，营巢材料随环境而不同，营巢活动主要由雌鸟承担，但雄鸟亦参与部分营巢活动。每窝产卵4～6枚，卵污白色，光滑无斑点。孵卵主要由雌鸟承担，雄鸟偶尔参与。

种群现状

分布较少，数量不多，不常见。

保护级别

列入《世界自然保护联盟濒危物种红色名录》（IUCN）低危（LC）、《国家保护的有重要生态、科学、社会价值的陆生野生动物名录》。

11. 锈胸蓝姬鹟 *Ficedula erithacus*

英文学名

Slaty-backed Flycatcher

别名

锈胸蓝鹟

外形特征

体形较小。虹膜褐色；嘴黑色；脚深褐色。雄鸟：头及上体蓝色；下体橘黄，渐变为下腹部的皮黄白色；外侧尾羽基部白色。与山蓝仙鹟的区别为背部色彩较暗淡，尾基部白色，两翼较长而嘴短，且缺少眉纹和翼斑。雌鸟：胸部无浅色的中央斑纹，下体较暗淡。

大小量度

体重10～15 g，体长116～13 mm，嘴峰8～9 mm，尾53～76 mm，跗跖16～18 mm。

栖境习性

生境：栖息于海拔2 400～4 300 m的潮湿密林，冬季下至低海拔处。食性：主要以鞘翅目、鳞翅目等昆虫及其幼虫为食。习性：候鸟或旅鸟。安静的林栖型鹟。

生长繁殖

繁殖期4—7月。营巢于林下灌木中，也在岸边岩石洞穴中营巢。巢呈杯状，主要由细树枝和禾本科枯草茎叶构成，内垫有细草茎、须根和苔藓等。卵淡黄白色或绿色、有时沾有红色，大小为（16.2～19.2）mm×（13.0～14.0）mm。

种群现状

分布较少，数量不多，不常见。

保护级别

列入《世界自然保护联盟濒危物种红色名录》（IUCN）低危（LC）、《国家保护的有重要生态、科学、社会价值的陆生野生动物名录》。

12. 红喉姬鹟 *Ficedula albicilla*

英文学名

Taiga Flycatcher 或 Red-throated Flycatcher

别名

白点颏、黑尾杰、红胸鹟、黄点颏

外形特征

体形较小。虹膜深褐色；嘴黑色；脚黑色。雄鸟：夏羽上体前额至腰概为灰褐色或灰黄褐色，耳羽灰黄褐色杂有细的棕白色纵纹；尾黑色，除一对中央尾羽外，其余尾羽基部一半白色；翅羽为暗灰褐色；颏、喉橙红色，秋羽颏喉的橙红色变为白色；颧区、喉侧和胸淡灰色，腹和尾下覆羽白色或灰白色。雌鸟：颏、喉为白色或污白色，胸沾棕黄褐色，其余似雄鸟。

大小量度

体重5～15 g，体长110～132 mm，嘴峰8～11 mm，尾47～58 mm，跗跖15～19 mm。

栖境习性

生境：主要栖息于低山丘陵和山脚平原地带的阔叶林、针阔叶混交林和针叶林中。食性：主要以鞘翅目、鳞翅目、双翅目昆虫为食。习性：候鸟或旅鸟。常单独或成对活动，性活泼，常在树枝间跳跃或飞来飞去，喜欢在近地面的灌丛中觅食，常常喜欢将尾散开及轻轻地上下摆动。

生长繁殖

繁殖期5—7月。通常营巢于森林中沿河一带的老龄树洞或啄木鸟啄出的树洞中，也在树的裂缝中营巢，巢呈杯状，结构较为粗糙。每窝产卵4～7枚，卵粉黄色或淡绿色、被有锈粉黄色斑点。

种群现状

分布较少，数量不多，不常见。

保护级别

列入《世界自然保护联盟濒危物种红色名录》（IUCN）低危（LC）、《国家保护的有重要生态、科学、社会价值的陆生野生动物名录》。

13. 铜蓝鹟 *Eumyias thalassinus*

英文学名

Verditer Flycatcher

外形特征

雄鸟：通体辉铜蓝色，两翅和尾表面颜色同背或为辉绿蓝色，尾下覆羽具白色端斑。雌鸟：和雄鸟大致相似，但体色较暗，尤其是下体多呈灰蓝色，眼先和颏白色而具灰色斑点。亚成鸟：灰褐沾绿，具皮黄及近黑色的鳞状纹及点斑。虹膜褐色；嘴黑色；脚近黑色。

大小量度

体重13～23 g，体长123～175 mm，嘴峰8～12 mm，尾长64～83 mm，跗跖15～17 mm。

栖境习性

生境：主要栖息于常绿阔叶林、针阔叶混交林和针叶林等山地森林和林缘地带。食性：主要以昆虫为食，也食部分植物果实和种子。习性：留鸟。常单独或成对活动，多在高大乔木冠层，但很少下到地上。性大胆，频繁地飞到空中捕食飞行性昆虫，也能像山雀一样在枝叶间觅食。鸣声悦耳，晨昏鸣叫不息。

生长繁殖

繁殖期5—7月，通常营巢于岸边、岩坡和树根下的洞中或石隙间，也在树洞、废弃房舍墙壁洞穴中营巢。巢呈杯状，每窝产卵3～5枚，卵白色或粉红白色、有的在钝端被有暗色斑点。

种群现状

分布较广，数量较多，常见。

保护级别

列入《世界自然保护联盟濒危物种红色名录》（IUCN）低危（LC）、《国家保护的有重要生态、科学、社会价值的陆生野生动物名录》。

14. 中华仙鹟 *Cyornis glaucicomans*

英文学名

Chinese Blue Flycatcher

外形特征

体形中等。雄鸟：上体亮蓝色，眼先黑色，喉中心及胸部橙红，腹部白色。雌鸟：上体灰褐，喉橙黄，眼圈皮黄；与雌山蓝仙鹟易混淆，区别为眼先皮黄，尾多偏棕红色。虹膜褐色；嘴黑色；脚粉红色。

大小量度

体重18～29 g，体长150～210 mm，嘴峰8～12 mm，尾长6～8 cm，跗跖14～18 mm。

栖境习性

生境：喜开阔森林，从近地面处捕食。食性：杂食性。习性：旅鸟。性安静，喜藏匿。

生长繁殖

繁殖期5—7月。通常营巢于山边或岸坡岩石洞隙或石隙中。巢呈杯状。每窝产卵3～5枚，卵淡黄土色或粉土色、被有褐色斑点，大小为（17.5～19.4）mm×（13.6～15.1）mm。孵卵由雌雄鸟共同承担，孵化期11～12天。晚成雏，雌雄鸟共同育雏。

种群现状

分布较少、数量不多、不常见。

保护级别

列入《世界自然保护联盟濒危物种红色名录》（IUCN）低危（LC）、《国家保护的有重要生态、科学、社会价值的陆生野生动物名录》。

15. 白喉林鹟 *Cyornis brunneatus*

英文学名

Brown-chested Jungle Flycatcher或 White-gorgetted Jungle Flycatcher

别名

褐胸林鹟

外形特征

偏褐色鹟，胸带浅褐。颈近白而略具深色鳞状斑纹，下颚色浅。嘴长，口裂大，喙宽阔而扁平，上喙正中有棱嵴，先端微有缺刻；鼻孔覆羽；翅短圆；腿较短；尾方形或楔形，少数种类中央尾羽特长。雄鸟羽色多艳丽，雌鸟羽色较暗淡，以灰、褐为主。亚成鸟：上体皮黄而具鳞状斑纹，下颚尖端黑色。虹膜褐色；嘴上颚近黑，下颚基部偏黄；脚粉红。

大小量度

体重15～18 g，全长139～150 mm，嘴峰17～18 mm，尾54～60 mm，跗跖15～16 mm。

栖境习性

生境：栖息于高可至海拔1 100 m的林缘下层、茂密竹丛、次生林及人工林。食性：杂食性，但以昆虫为主食，善在空中飞捕昆虫。习性：迁徙过境旅鸟。捕食时常伫立于枝头等处静伺，一旦飞虫临近即迎头衔捕，然后又回原地栖止。在树上或洞穴内以苔藓、树皮、毛、羽等编碗状巢。

生长繁殖

在中国大陆东南部繁殖，繁殖地点通常为茂密的竹林或亚热带阔叶林中低矮的灌木丛，海拔600～1 600 m。每窝产卵4～5枚，少数仅1～2枚，卵具斑纹。两性育雏。

种群现状

分布狭窄，数量稀少，罕见。

保护级别

列入国家二级重点保护野生动物、《世界自然保护联盟濒危物种红色名录》（IUCN）易危（VU）。

16. 琉璃蓝鹟 *Cyanoptila cumatilis*

英文学名

Zappey's Flycatcher

外形特征

雄鸟：体色偏蓝绿色，其耳羽、喉部、上胸都为蓝色或蓝绿色，仅眼线黑；下胸、腹及尾下的覆羽白色；外侧尾羽基部白色，深色的胸与白色腹部截然分开。雌鸟：上体灰褐，两翼及尾褐，喉中心及腹部白。虹膜褐色；嘴及脚黑色。

大小量度

体重19～29 g，体长141～168 mm，嘴峰10～13 mm，尾58～75 mm，跗跖15～20 mm。

栖境习性

生境：栖息在中低海拔1 200 m以上的热带山麓森林。食性：主要以昆虫为主。习性：旅鸟。喜栖息针阔混交林及林缘灌丛，从树冠取食昆虫。

生长繁殖

繁殖期5—7月，由雌雄亲鸟共同承担。通常营巢在林中溪流和河谷两岸的陡岸和坎坡上，也在林缘河谷岸边及其附近崖坡上营巢。巢多置于裸露的崖壁洞穴、台阶或缝隙中及河岸附近树木的天然洞穴及树根间。领域性甚强。巢呈杯状。每窝产卵3～5枚，卵白色或乳色，部分钝端有一圈不明显的褐色斑卵为椭圆形和长椭圆形，大小为（16～23）mm×（14～17）mm。雌鸟孵卵，雄鸟站在巢附近的高枝上警戒，孵化期11～13天。晚成雏。

种群现状

分布狭窄，数量稀少，偶见。

保护级别

列入《世界自然保护联盟濒危物种红色名录》（IUCN）近危（NT）。

17. 黑喉石䳭 *Saxicola maurus*

英文学名

Siberian Stonechat

别名

谷尾鸟、石栖鸟、野翁

外形特征

体形中等。雄鸟：头部及飞羽黑色，背深褐色，颈及翼上具粗大的白斑，腰白，胸棕色。雌鸟：色较暗而无黑色，下体皮黄，仅翼上具白斑；与雌性白斑黑石䳭的区别在色彩较浅，且翼上具白斑。虹膜深褐色；嘴黑色；脚近黑色。

大小量度

体重12～24 g，体长115～146 mm，嘴峰8～12 mm，尾41～58 mm，跗跖20～24 mm。

栖境习性

生境：栖息于开阔的林区外围、村寨和农田附近及山坡和河谷的灌丛中。食性：主要以昆虫为食，也食蚯蚓、蜘蛛等其他无脊椎动物及少量植物果实和种子。习性：候鸟或旅鸟。常单独或成对活动。平时喜欢站在灌木枝头和小树顶枝上，有时也站在田间或路边电线上和农作物梢端，并不断地扭动着尾羽。有时亦静立在枝头，注视着四周的动静，若遇飞虫或见到地面有昆虫活动时，则立即疾速飞往捕之，然后返回原处。

生长繁殖

繁殖期4—7月。繁殖期间雌鸟负责筑巢，通常营巢于土坎或塔头墩下。巢呈碗状或杯状，营巢全由雌鸟承担，每窝产卵5~8枚。卵为椭圆形，淡绿色、蓝绿色或鸭蛋青色，被有红褐色或锈红色斑点。孵卵由雌鸟承担，雌雄共同育雏。

种群现状

分布狭窄，数量较少，罕见。

保护级别

列入《国家保护的有重要生态、科学、社会价值的陆生野生动物名录》。

18. 灰林鵖 *Saxicola ferreus*

英文学名

Grey Bush Chat

外形特征

雄鸟：上体自额至腰深灰色，羽中部具黑褐色块斑，腰和尾上覆羽纯灰色。尾羽黑褐色，眉纹白色，黑色脸罩。飞羽黑褐色，外侧覆羽黑褐色，端缘灰色；内侧中、大覆羽近纯白色；颏、喉和腹、尾白色，胸污白色。雌鸟：上体灰棕色，各羽中部黑褐色；尾羽、飞羽和覆羽淡黑褐色，羽缘淡棕色；颏、喉白色；下体余部棕色。虹膜深褐色；嘴灰色；脚黑色。

大小量度

体重10~21 g，体长115~150 mm，嘴峰9~12 mm，尾52~71 mm，跗跖19~24 mm。

栖境习性

生境：主要栖息于林缘疏林、草坡、灌丛以及沟谷、农田和路边灌丛草地。食性：主要以昆虫及其幼虫为食，偶尔也食植物果实、种子和草籽。习性：候鸟或旅鸟。常单独或成对活动，常停息在灌木或小树顶枝上，能在地面和空中捕食昆虫，但多数时候在灌木低枝间活动。

生长繁殖

繁殖期5—7月。营巢于低矮灌丛和草丛间，巢呈杯状，营巢主要由雌鸟承担，雄鸟站在巢附近灌木或小树上鸣叫。每窝产卵4~5枚，卵淡蓝色、绿色或蓝白色，被有红褐色斑点。孵卵主要由雌鸟承担，晚成雏，雌雄共同育雏，留巢期约15天。

种群现状

分布较广、数量较多、较常见。

保护级别

列入《世界自然保护联盟濒危物种红色名录》（IUCN）低危（LC）、《国家保护的有重要生态、科学、社会价值的陆生野生动物名录》。

19. 寿带 *Terpsiphone paradisi*

英文学名

Indian Paradise Flycatcher

别名

绶带、长尾巴练、长尾翁、练鹊、三光鸟、一枝花、赭练鹊、紫长尾、紫带子

外形特征

有两种色型：栗色型和白色型。虹膜褐色；眼周裸露皮肤蓝色；嘴蓝色，嘴端黑色；脚蓝色。雄鸟（栗色型）：头部蓝黑色，上体为带紫的深栗红色；尾栗色或栗红色，两枚中央尾羽特别延长，羽干暗褐色。雌鸟（白色型）：整个头、颈以及颏、喉和栗色型相似，概为亮蓝黑色；上体为白色，中央一对尾羽亦特别延长，尾羽亦为白色和具窄的黑色羽干纹。雌鸟整个头、颈、颏、喉均与雄鸟相似，但辉亮差些，羽冠亦稍短，后颈暗紫灰色，眼圈淡蓝色，上体余部包括两翅和尾表面栗色，中央尾羽不延长。

大小量度

体重14～33 g，体长160～220 mm，嘴峰15～19 mm，雄尾28～34 cm、雌尾8～12 cm，跗跖14～18 mm。

栖境习性

生境：常见于低海拔开阔地域、山区或丘陵地带。食性：其食物绝大部分是昆虫，偶尔食植物性食物。习性：旅鸟。惯于在灌木枝头穿行或跳跃，很少在地面活动。飞时张翼展尾，长尾摇曳，绚丽多姿，极为醒目。通常从森林较低层的栖息处捕食，常与其他种类混群。寿带鸟发出笛声甚至响亮的“chee～tew”联络叫声，鸣唱时枕冠耸立振展，鸣声激昂洪亮。

生长繁殖

繁殖期5—7月，巢多筑在小乔木主杈上，巢口圆，底部尖，呈一倒圆锥体，每窝产卵2～4枚。卵呈椭圆形，色驼灰，其上布有栗色斑点。雌雄鸟均孵化育雏，留巢期10天。领域性极强，会驱走入侵者。

种群现状

分布较少，数量稀少，罕见。

保护级别

列入《世界自然保护联盟濒危物种红色名录》（IUCN）低危（LC）。

20. 鹊鸲 *Copsychus saularis*

英文学名

Oriental Magpie-robin

别名

猪屎渣、吱渣、信鸟或四喜。

外形特征

雄鸟：头顶至尾上覆羽黑色，略带蓝色金属光泽；飞羽和大覆羽黑褐色，内侧次级飞羽、覆羽均为白色，构成明显的白色翼斑；中央两对尾羽全黑，外侧尾羽仅内翈边缘黑色，余部均白；从颏到上胸部分；下胸至尾下覆羽纯白。雌鸟：似雄鸟，但黑色部分被灰或褐色替代；飞羽和尾羽的黑色较雄鸟浅淡。虹膜褐色；嘴及脚黑色；跗跖和趾灰褐色或黑色。

大小量度

体重32～50 g，体长178～227 mm，嘴峰15～21 mm，尾80～110 mm，跗跖26～34 mm。

栖境习性

生境：主要栖息于低山、丘陵和山脚平原地带的开阔地带。食性：主要以昆虫为食，偶尔也吃小型脊椎动物和植物果实与种子。习性：留鸟。性活泼、大胆，不畏人，好斗，特别是繁殖期，常为争偶尔格斗。休息时常展翅翘尾，有时将尾往上翘到背上，尾梢几与头接触。繁殖期间，雄鸟鸣叫更为激昂多变，其他季节早晚亦善鸣，常边鸣叫边跳跃。

生长繁殖

繁殖期4—7月。营巢于树洞、墙壁、洞穴以及房屋屋檐缝隙等处，巢呈浅杯状或碟状，通常每窝产卵4～6枚，卵圆形，淡绿色、绿褐色、黄色或灰色，密被暗茶褐色、棕色或褐色斑点。孵卵由雌雄亲鸟共同承担，晚成雏，雌雄共同育雏。

种群现状

分布广，数量多，常见优势种。

保护级别

列入《世界自然保护联盟濒危物种红色名录》（IUCN）低危（LC）、《国家保护的有重要生态、科学、社会价值的陆生野生动物名录》。

21. 金胸歌鸲 *Calliope pectardens*

英文学名

Firethroat

外形特征

体形中等。雄鸟：腹部污白，胸及喉鲜艳橙红色，颈侧具苍白色块斑；上体色淡呈青石板灰褐色，两翼及尾黑褐，头侧及颈黑色；尾基部具白色闪斑。雌鸟：褐色，尾无白色闪斑，下体赭黄，腹中心白色。虹膜深褐色；嘴黑色；脚粉褐色。

大小量度

体重22～38 g，体长130～170 mm，嘴峰12～18 mm，尾6～8 cm，跗跖26～34 mm。

栖境习性

生境：常藏匿于茂密灌丛及竹林。食性：主食昆虫。习性：旅鸟。于森林地面取食昆虫，尾常上下摆动。

生长繁殖

繁殖季节通常为春季到早夏，从4—7月雌鸟一般会产下2～3枚卵，卵的颜色可能为白色或淡蓝色，带有细小的棕色斑点。孵化期为12～14天。

种群现状

分布狭窄，数量稀少，偶见。

保护级别

列入国家二级重点保护野生动物、《世界自然保护联盟濒危物种红色名录》（IUCN）近危（NT）。

22. 红喉歌鸲 *Calliope calliope*

英文学名

Siberian Rubythroat

别名

红脖雀、红点颏、稿鸟、野鸲

外形特征

雄鸟：上体大部分为纯橄榄褐色，眉纹和颧纹白色，眼先、颊黑色，两翅覆羽和飞羽棕色；尾上覆羽橄榄褐色微沾黄棕色；下体颏、喉赤红色，外围以黑色的边缘，胸灰褐色，腹白色有时微沾浅棕黄色，两胁和尾下褐色。雌鸟：颏、喉部不为赤红色而为白色，胸沙褐色，眉纹和颧纹淡黄色且不明显。虹膜褐色；嘴深褐色；脚粉褐色。

大小量度

体重15～27 g，体长127～178 mm，嘴峰10～14 mm，尾48～71 mm，跗跖25～32 mm。

栖境习性

生境：栖息于低山丘陵和山脚平原地带的次生阔叶林和混交林中，喜欢近水地方。食性：大多在近水地面觅食，主要以昆虫为食，也食少量植物性食物。习性：旅鸟。喜地栖活动，在地上疾驰时，经常稍稍停顿并将尾羽展开如

扇。常在繁茂树丛、芦苇丛等中跳跃，随走随啄，善鸣叫，鸣声多韵婉转而细柔，美妙动听。

生长繁殖

繁殖期5—7月。营巢于灌丛或草丛掩蔽的树丛的地面上，巢上面封盖成圆顶，平时由巢侧面开一进出口。巢的周围有茂密的灌木或杂草等掩护。每窝产卵4～5枚，卵有光泽呈蓝绿色。晚成雏，雌雄共同育雏。

种群现状

分布狭窄，数量稀少，罕见。

保护级别

列入国家二级重点保护野生动物、《世界自然保护联盟濒危物种红色名录》（IUCN）低危（LC）。

23. 蓝歌鸲 *Larvivora cyane*

英文学名

Siberian Blue Robin

别名

蓝尾巴根子、蓝靛杠、挂银牌、黑老婆、青鸲、轻尾儿、小琉璃

外形特征

中等体形。雄鸟：上体青石蓝色，宽宽的黑色过眼纹延至颈侧和胸侧，下体白。雌鸟：上体橄榄褐色，喉及胸褐色并具皮黄色鳞状斑纹，腰及尾上覆羽沾蓝。亚成鸟：尾及腰具些许蓝色。虹膜褐色；嘴黑色；脚粉白色。

大小量度

体重11～19 g，体长112～145 mm，嘴峰10～13 mm，尾40～61 mm，跗跖21～29 mm。

栖境习性

生境：栖息于山地针叶林、针阔叶混交林及其林缘地带，丘陵和山脚次生林、阔叶林等。食性：主要以叶蜂、象鼻虫、金花虫、叩头虫、蚂蚁，以及其他昆虫及其幼虫为食。习性：旅鸟。常单独或成对活动。地栖性，一般多在地上行走和跳跃，很少上树栖息，奔走时尾不停地上下扭动，觅食亦多在林下地上和灌木上。善于隐藏，平时多藏匿在林下灌木丛或草丛中，常常仅听其声，不见其鸟。

生长繁殖

营巢于阴暗潮湿和多苔藓的林下地上，巢呈杯状或碗状。营巢主要由雌鸟承担，每窝产卵5～6枚，卵为卵圆形或长卵圆形，天蓝色或蓝绿色、光滑无斑，仅钝端有一淡色环带。孵卵由雌鸟承担，卵化期12～13天。晚成雏，雌鸟育雏。

种群现状

分布较少，数量稀少，偶见。

保护级别

列入《世界自然保护联盟濒危物种红色名录》（IUCN）低危（LC）、《国家保护的有重要生态、科学、社会价值的陆生野生动物名录》。

24. 蓝喉歌鸲 *Luscinia svecica*

英文学名

Blucthroat

别名

蓝点颏、蓝脖雀、九圈领、蓝领、长脚青、蓝靛杠

外形特征

雄鸟：上体羽色呈土褐色，有白色眉纹，颏部、喉部亮蓝色，中央有栗色块斑，胸部下面有黑色横纹和淡栗色两道宽带，腹部白色。尾羽黑褐色，基部栗红色。雌鸟：颏部、喉部为棕白色，黑色的细颊纹与由黑色点斑组成的胸带相连；与雌性红喉歌鸲及黑胸歌鸲的区别在尾部的斑纹不同。虹膜深褐色；嘴深褐色；脚粉褐色。

大小量度

体重13～22 g，体长122～158 mm，嘴峰10～14 mm，尾49～64 mm，跗跖24～28 mm。

栖境习性

生境：常见于苔原带、森林、沼泽及荒漠边缘的各类灌丛。食性：主要以昆虫为食，特别嗜吃鳞翅目幼虫，也食植物种子等。习性：旅鸟。性情隐怯，常在地下作短距离奔驰，稍停，不时地扭动尾羽或将尾羽展开。喜欢潜匿于芦苇或矮灌丛下，一般只作短距离飞翔。常欢快地跳跃，不去密林和高树上栖息，在地面奔走极快。平时鸣叫为单音，繁殖期发出嘹亮的优美歌声，也能模仿昆虫鸣声。

生长繁殖

繁殖期4—6月。营巢于灌丛、草丛中的地面上，巢以杂草、根、叶等筑成。每窝产卵4～6枚，卵有光泽呈蓝绿色，孵化期约为14天。

种群现状

分布狭窄，数量稀少，罕见。

保护级别

列入国家二级重点保护野生动物、《濒危野生动植物种国际贸易公约》（CITES）附录Ⅲ、《世界自然保护联盟濒危物种红色名录》（IUCN）低危（LC）。

25. 白腹短翅鸲 *Luscinia phaenicuroides*

英文学名

White-bellied Redstart

别名

短翅鸲

外形特征

体大而尾长，外侧尾羽基部棕栗色。雄鸟：头、胸及上体青石蓝色；腹白，尾下覆羽黑色而端白；尾长，楔形；两翼灰黑，初级飞羽的覆羽具两明显白色小点斑；雄鸟偶尔有褐色型。雌鸟：通体呈橄榄褐色，眼圈皮黄，下体色较淡。虹膜褐色；嘴黑色；脚黑色。

大小量度

体重19～27 g，体长150～185 mm，嘴峰11～14 mm，尾69～90 mm，跗跖26～32 mm。

栖境习性

生境：以林线上缘矮曲林、疏林灌丛和林线以上开阔的高山、岩石灌丛地带较常见。食性：主要以金龟甲、甲虫、蜻象、鳞翅目幼虫为食，也食少量植物果实和种子。习性：候鸟或旅鸟。常栖息于浓密灌丛或在近地面活动，甚喜鸣叫；常单独活动，多隐藏在灌木低枝上。有时也急速在地上奔跑捕食，当它们飞落到一个开阔地方时，常将尾翘到背上，并呈扇形散开。

生长繁殖

繁殖期6—8月。通常营巢于离地不高的灌木低枝上。也在地上高的草丛和灌木丛中营巢。巢呈杯状，结构较为粗糙，主要由枯草茎、草叶、草根等材料构成，内垫有细的草茎和草根，有时亦垫有兽毛和羽毛。营巢由雌雄鸟共同承担。每窝产卵2～4枚。卵天蓝色、光滑无斑，为钝卵圆形，大小为（20～24）mm×（15～17）mm。雌鸟孵卵，雏鸟晚成性，雌雄亲鸟共同育雏。

种群现状

分布狭窄，数量稀少，罕见。

保护级别

列入《世界自然保护联盟濒危物种红色名录》（IUCN）低危（LC）、《国家保护的有重要生态、科学、社会价值的陆生野生动物名录》。

26. 红胁蓝尾鸲 *Tarsiger cyanurus*

英文学名

Red-flanked Bluetail 或 Orange-flanked Bush-robin

别名

蓝点冈子、蓝尾巴根子、蓝尾杰、蓝尾欧鸲

外形特征

雄鸟：眉纹白色，眼先、脸颊灰黑色；上体从头顶至尾，基本呈灰蓝色；尾主要为蓝黑色，中央尾羽具亮蓝色羽缘；翅上小覆羽和中覆羽辉蓝色，其余翅羽暗褐色；下体至尾下覆羽白色，两胁橙红色或橙棕色。雌鸟：上体橄榄褐色，腰和尾上覆羽灰蓝色，前额、眼先、眼周淡棕色或棕白色，其余头侧橄榄褐色。虹膜褐色；嘴黑色；脚灰色。

大小量度

体重12 ~ 21 g，体长130 ~ 150 mm，嘴峰9 ~ 14 mm，尾48 ~ 64 mm，跗跖24 ~ 28 mm。

栖境习性

生境：潮湿的冷杉、岳桦林下常见，繁殖期主要栖息于针阔叶混交林和灌丛地带。食性：主要以昆虫为食，迁徙期间也吃少量植物果实与种子等植物性食物。习性：候鸟或旅鸟。常单独或成对活动，主要为地栖性，多在林下地上奔跑或在灌木低枝间跳跃，性甚隐匿，除繁殖期间雄鸟站在枝头鸣叫外，一般多在林下灌丛间活动和觅食，停歇时常上下摆尾。

生长繁殖

主要营巢于茂密的暗针叶林和岳桦林中，尤喜在洞穴中营巢。营巢由雌雄亲鸟共同承担，但以雌鸟为主。巢呈杯状，通常每窝产卵4 ~ 7枚。卵白色、椭圆形、钝端被有红褐色细小斑点，常密集于一圈呈环状。孵卵由雌鸟承担，晚成雏，雌雄共同育雏。

种群现状

分布较少，数量不多，不常见。

保护级别

列入《世界自然保护联盟濒危物种红色名录》（IUCN）低危（LC）、《国家保护的有重要生态、科学、社会价值的陆生野生动物名录》。

27. 金色林鸲 *Tarsiger chrysaeus*

英文学名

Golden Bush Robin

外形特征

体形较小，姿态优雅。雄鸟：头顶及上背橄榄褐色；眉纹黄，宽黑色带由眼先过眼至脸颊；肩、背侧及腰艳丽橘黄，翼橄榄褐色；尾橘黄，中央尾羽及其余尾羽的羽端黑色；下体全橘黄。雌鸟：上体橄榄色，近黄色的眉纹模糊，眼圈皮黄，下体赭黄。虹膜褐色；嘴深褐色，下嘴黄色；脚浅肉色。

大小量度

体重12 ~ 17 g，体长103 ~ 152 mm，嘴峰10 ~ 13 mm，尾50 ~ 65 mm，跗跖27 ~ 30 mm。

栖境习性

生境：栖息于针叶林、竹林、杜鹃灌丛等高山地带，及低山常绿阔叶林、针阔叶混交林等。食性：主要以鳞翅目、膜翅目等昆虫为食，也食少量植物果实与种子。习性：候鸟或旅鸟。常单独或成对活动。多在林下地上奔走，在急速奔跑一阵后，常将尾翘到背上，也在林下灌丛枝间跳来跳去或飞上飞下，很少作长距离飞行。性胆怯，善于隐藏，平时多隐藏在茂密的灌丛或草丛中，偶尔发出轻柔的叫声。

生长繁殖

繁殖期5—8月。通常营巢于岸边、崖壁、树根或石头下面的洞中。巢由苔藓、枯草叶、细草根等材料构成，内垫细草、兽毛或羽毛。巢呈杯状，大小约为外径10.5 cm × 15.6 cm，内径5 cm × 7.5 cm。每窝产卵3 ~ 4枚，卵蓝绿色或灰色，光滑无斑，为卵圆形，大小约为20.5 mm × 15.1 mm。

种群现状

分布较广、数量较多、常见。

保护级别

列入《世界自然保护联盟濒危物种红色名录》（IUCN）低危（LC）、《国家保护的有重要生态、科学、社会价值的陆生野生动物名录》。

28. 蓝额红尾鸲 *Phoenicurus frontalis*

英文学名

Blue-fronted Redstart

外形特征

雄鸟：前额和短眉纹辉蓝色，头至胸、背部概为黑色具蓝色金属光泽；腰、尾上覆羽和下体余部橙棕色或棕色，两翅飞羽和大覆羽暗褐色；中央尾羽黑色，外侧尾羽橙棕色或棕色具宽阔的黑色端斑。雌鸟：头顶至背棕褐色或暗棕褐色，腰和尾上覆羽栗棕色或棕色，中央尾羽和外侧尾羽与雄鸟相似。虹膜褐色；嘴黑色；脚黑色。

大小量度

体重14～25 g，体长140～165 mm，嘴峰10～12 mm，尾64～78 mm，跗跖21～25 mm。

栖境习性

生境：夏季多分布在疏林、灌丛和沟谷灌丛地区，冬季多下到中低山和山脚地带。食性：主要以昆虫为食，也食少量植物果实与种子。习性：留鸟。常单独或成对活动在溪谷、林缘灌丛地带，也频繁出入于路边、农田、茶园和居民点附近的树丛与灌丛中，不断地在灌木间窜来窜去或飞上飞下，停息时尾不断地上下摆动。除在地上觅食外，也常在空中捕食。

生长繁殖

繁殖期5—8月。通常营巢于地上倒木下或岩石掩护下的洞中，也在倒木树洞、岸边和岩壁洞穴中营巢。巢呈杯状，营巢由雌鸟承担。每窝产卵3～4枚。卵暗粉红白色、被有淡红褐色斑点。雌鸟孵卵，晚成雏，雌雄共同育雏。

种群现状

分布较广、数量较多、较常见。

保护级别

列入《世界自然保护联盟濒危物种红色名录》（IUCN）低危（LC）、《国家保护的有重要生态、科学、社会价值的陆生野生动物名录》。

29. 赭红尾鸲 *Phoenicurus ochruros*

英文学名

Black Redstart

别名

黑红尾鸲

外形特征

雄鸟：头顶和背黑色或暗灰色，额、头侧、颈侧暗灰色或黑色；翅上覆羽黑色或暗灰色，飞羽暗褐色；腰、尾上覆羽、外侧尾羽栗棕色，中央尾羽褐色；下体颏、喉、胸黑色，腹至尾下覆羽等其余下体栗棕色。雌鸟：上体灰褐色；颏至胸灰褐色，腹棕灰色；尾下覆羽浅棕褐色或乳白色。虹膜暗褐色，嘴、脚黑褐色或黑色。

大小量度

体重14～24 g，体长127～165 mm，嘴峰9～12 mm，尾56～78 mm，跗跖21～25 mm。

栖境习性

生境：主要栖息于高山针叶林和林线以上的高山灌丛草地。食性：主要以昆虫为食，也食小型无脊椎动物，偶尔也食植物种子、果实和草籽。习性：候鸟或旅鸟。除繁殖期成对外，平时多单独活动。常在林下岩石、灌丛和溪谷、悬崖灌丛以及林缘灌丛中活动和觅食。喜欢栖停在灌木上或树木低枝上，当发现地上食物时才突然飞下捕食。

生长繁殖

繁殖期5—7月。通常营巢于林下灌丛或岩边洞穴中，巢的结构较为粗糙，呈杯状，营巢主要由雌鸟承担。每窝产卵4～6枚，卵淡绿蓝色或天蓝色，光滑无斑或仅钝端具少许稀疏的黑褐色斑点。孵卵由雌鸟承担，雏鸟晚成性，雌雄亲鸟共同育雏，留巢期16～19天。

种群现状

分布较少，数量不多，不常见。

保护级别

列入《世界自然保护联盟濒危物种红色名录》（IUCN）低危（LC）、《国家保护的有重要生态、科学、社会价值的陆生野生动物名录》。

30. 黑喉红尾鸲 *Phoenicurus hodgsoni*

英文学名

Hodgson's Redstart

外形特征

雄鸟：前额、头顶、至上背，浅灰色或灰白色，下腰、尾上覆羽和尾羽棕色或栗棕色；两翅暗褐色，具明显的白色翼斑，翅上覆羽黑褐色具宽的灰色羽缘；颏喉至前胸为黑色；其余下体棕栗色。雌鸟：上体灰褐色，飞羽暗褐色，眼周有一乳白色眼圈；下体灰褐色微沾棕色或绿色，腹中部近白色。虹膜褐色；嘴黑色；脚黑色。

大小量度

体重15～25 g，体长130～162 mm，嘴峰9～13 mm，尾61～79 mm，跗跖21～25 mm。

栖境习性

生境：喜开阔的林间草地及灌丛，近溪流小河边。食性：主要以昆虫及其幼虫为食，也食少量植物果实和种子。习性：候鸟或旅鸟。常单独或成对活动，有时集小群。多活动在地上草丛和灌丛中，也常在低矮树丛间飞来飞去，有时甚至停息在高的树枝上和在空中飞捕昆虫。停息时尾常不停地上下摆动。

生长繁殖

繁殖期5—7月。营巢于山边岩石、崖壁、岸边陡崖和墙壁等人类建筑物上洞和缝穴中，巢为盘状或浅杯状，主要由草根、草茎、草叶和苔藓构成，内垫有羊毛和兽毛，每窝产卵多为4～6枚，卵蓝色。

种群现状

分布较少，数量不多，不常见。

保护级别

列入《世界自然保护联盟濒危物种红色名录》（IUCN）低危（LC）。

31. 北红尾鸲 *Phoenicurus auroreus*

英文学名

Daurian Redstart

别名

灰顶茶鸲、红尾溜

外形特征

雄鸟：头黑色，具灰白色毛尖；后颈至上背灰色或深灰色，下背黑色，翅黑褐色具一道显著白斑；腰和尾上覆羽

橙棕色；中央一对尾羽黑色，其余尾羽橙棕色；颏喉及上胸黑色，其余下体橙棕色。雌鸟：较雄鸟稍小，通体褐色，翅黑褐色具显著白斑，尾淡棕色。虹膜褐色；嘴黑色；脚黑色。

大小量度

体重13～22 g，体长127～159 mm，嘴峰10～13 mm，尾52～74 mm，跗跖20～25 mm。

栖境习性

生境：主要栖息于山地、森林、河谷、林缘和居民点附近的灌丛与低矮树丛中。食性：主要以昆虫为食，有时也食一些灌木的浆果。习性：留鸟或候鸟。常单独或成对活动。行动敏捷，喜欢啄食虫子，偶尔也在空中飞翔捕食。有时还长时间地站在小树枝头或电线上观望，捕捉地上昆虫，然后又返回原处停歇，时常不断地上下摆动尾和点头。

生长繁殖

繁殖期5—7月。在树洞、墙缝、石缝中筑巢，窝卵数以6枚居多，卵淡绿色、浅红色或白色并密布点斑，为钝卵圆形或尖卵圆形。孵化期13天，1年繁殖2～3窝。晚成雏，雌雄共同育雏，育雏期约14天。

种群现状

分布广，数量多，常见优势种。

保护级别

列入《世界自然保护联盟濒危物种红色名录》（IUCN）低危（LC）、《国家保护的有重要生态、科学、社会价值的陆生野生动物名录》。

32. 白喉红尾鸲 *Phoenicurus schisticeps*

英文学名

White-throated Redstart

外形特征

雄鸟：前额、头顶至枕钴蓝色，头侧、背、肩黑色，两翅黑褐色，具大块长条的显著白斑；腰和尾上覆羽栗棕色；尾黑色，基部栗棕色；颏、喉黑色，下喉中央有一白斑，其余下体栗棕色。雌鸟：头顶、背、肩等上体橄榄褐色沾棕，两翅暗褐色具长条的白斑；下体褐灰色，喉具白斑，胸、腹和两胁沾棕。虹膜褐色；嘴黑色；脚黑色。

大小量度

体重14～28 g，体长138～160 mm，嘴峰10～13 mm，尾62～79 mm，跗跖21～26 mm。

栖境习性

生境：常栖息于高山针叶林以及沟谷灌丛中，冬季常下到山脚地带活动。食性：主要以昆虫为食，也食植物果实和种子。习性：候鸟或旅鸟。高山森林和高原灌丛鸟类，常单独或成对活动在林缘与溪流沿岸灌丛中。性活泼，频繁地在灌丛间跳跃或飞上飞下。

生长繁殖

繁殖期5—7月。营巢于树洞、岩壁洞穴及河岸坡洞中。巢的形状呈杯状，主要由枯草和苔藓构成。每窝产卵3～4

枚，卵粉红色、被有褐色斑点。

种群现状

分布较少，数量稀少，不常见。

保护级别

列入《世界自然保护联盟濒危物种红色名录》（IUCN）低危（LC）、《国家保护的有重要生态、科学、社会价值的陆生野生动物名录》。

33. 白顶溪鸲 *Phoenicurus leucocephalus*

英文学名

White-capped WaterRedstart

外形特征

雄鸟：头顶至枕部白色；头侧至背部深黑色而具辉亮；腰、尾上覆羽及尾羽等均深栗红色，尾羽还具宽阔的黑色端斑；颏至胸部深黑色并具辉亮；腹至尾下覆羽深栗红色。雌鸟：似雄鸟，但各羽色泽较雄体略稍暗淡且少辉亮。虹膜褐色；嘴黑色；脚黑色。

大小量度

体重22～48 g，体长156～202 mm，嘴峰11～15 mm，尾67～94 mm，跗跖27～35 mm。

栖境习性

生境：常栖息于山区河谷、溪间岩石、河川岸边、河中巨大岩石间。食性：主要以水生昆虫为主，兼食少量盲蛛、软体动物、野果和草籽等。习性：候鸟或旅鸟。常单个或成对活动，站立时，尾部竖举、散开呈扇形，并上下不停地弹动。该鸟不好动，飞行能力不强，飞不多远就会落下，边飞边发出“唧”的叫声，尾音拖得较长而音调亦稍高。

生长繁殖

繁殖期4—6月。巢通常筑在山间急流岩岸的裂缝节、石头下、天然岩

洞、树洞、岸旁树根间。巢呈杯状或碗状并不易被发现，通常每窝产卵3～5枚，卵为淡绿或蓝绿色，杂以淡紫色粗斑，亲鸟共同育雏。

种群现状

分布较广，数量较多，较常见。

保护级别

列入《世界自然保护联盟濒危物种红色名录》（IUCN）低危（LC）、《国家保护的有重要生态、科学、社会价值的陆生野生动物名录》。

34. 红尾水鸲 *Phoenicurus fuliginosus*

英文学名

Plumbeous Water Redstart

别名

蓝石青儿、铅色水翁、铅色水鸫、溪红尾鸲、溪鸲燕

外形特征

雄鸟：通体暗蓝灰色，两翅黑褐色，尾红色。雌鸟：上体暗蓝灰褐色，翅上羽毛多呈褐色，尖端具白色；尾覆羽白色，尾暗褐色，基部及外侧显著白色；下体白色具淡蓝灰色波状鳞斑。虹膜褐色，嘴黑色，雄鸟脚黑色、雌鸟脚暗褐色。

大小量度

体重15～28 g，体长110～140 mm，嘴峰9～12 mm，尾40～62 mm，跗跖21～26 mm。

栖境习性

生境：主要栖息于山地溪流、河谷沿岸及平原河谷和溪流，林缘地带的溪流沿岸。食性：主要以昆虫为食，也食少量植物果实和种子等。习性：留鸟。常单独或成对活动，常站立在水边或水中石头上、公路旁岩壁上或电线上，停立时尾常不断地上下摆动，间或还将尾散成扇状，并左右来回摆动。当发现水面或地上有虫子时，则急速飞去捕猎，取食后又飞回原处；有时也在地上快速奔跑啄食昆虫。

生长繁殖

繁殖期3—7月。通常营巢于河谷与溪流岸边，巢多置于岸边悬崖洞隙、岩石或土坎下凹陷处，也在岸边岩石缝隙和树洞中营巢。巢呈杯状或碗状，通常隐蔽性很好，不易被发现。主要由雌鸟营巢，雄鸟偶尔参与营巢活动。每窝产卵3～6枚，卵圆形，常为白色，被有褐色或淡赭色斑点。雌鸟孵卵，晚成雏，雌雄共同育雏。

种群现状

分布广，数量多，常见优势种。

保护级别

列入《世界自然保护联盟濒危物种红色名录》（IUCN）低危（LC）、《国家保护的有重要生态、科学、社会价值的陆生野生动物名录》。

35. 蓝大翅鸲 *Grandala coelicolor*

英文学名

Grandala

别名

喜玛拉雅山蓝鸟、蓝丝绒

外形特征

体形中等。雄鸟：全身显著的亮紫色而具丝光，仅眼先、翼及尾黑色；尾略分叉。雌鸟：上体灰褐，头至上背具皮黄色纵纹；下体灰褐色，喉及胸具皮黄色纵纹；飞行时两翼基部内侧区域的白色明显；覆羽羽端白色，腰及尾上覆羽沾蓝色。虹膜褐色；嘴黑色；脚黑色。

大小量度

体重44～53 g，体长188～211 mm，嘴峰13～15 mm，尾77～96 mm，跗跖26～29 mm。

栖境习性

生境：常栖息于灌丛以上的高山草甸及裸岩山顶地带，喜雨浸的山脊及高处。食性：主要以昆虫为主，也食植物果实与种子。习性：旅鸟。除繁殖期成对活动外，其他季节多成群，有时结成同性小群，特别是冬季觅食时常集成大群。

生长繁殖

繁殖期6—8月。通常繁殖于高山森林上缘至雪线上面的高山岩石灌丛和草地。巢多置于凸出的岩石下面，主要由细的苔藓构成，内垫有羽毛。每窝产卵多为2枚，卵淡绿白色、被有红褐色和紫灰色双层斑，大小为（26～28）mm×（19～21）mm。

种群现状

分布狭窄，数量极稀少，偶见。

保护级别

列入《世界自然保护联盟濒危物种红色名录》（IUCN）低危（LC）、《国家保护的有重要生态、科学、社会价值的陆生野生动物名录》。

36. 白尾蓝地鸲 *Myiomela leucura*

英文学名

White-tailed Robin

别名

白尾地鸲、白尾蓝鸲、白尾燕鸥鸲、白尾蓝欧鸲、白尾斑地鸲

外形特征

雄鸟：前额、眉纹和翅上小覆羽呈辉亮的钴蓝色，上体黑色而缀深蓝色；脸颊深黑色；两翅蓝黑色；尾黑，尾羽基部白色；颏喉、胸黑色，腹黑色微缀深蓝色。雌鸟：上体橄榄黄褐色，眼周皮黄色或棕白色，两翅黑褐色具橙棕褐色羽缘；尾黑褐，尾羽基部白色；下体棕褐色为主，颏喉、头侧和颈侧棕白色；下腹、尾白色。虹膜褐色；嘴黑色；脚黑色。

大小量度

体重23～27 g，体长150～181 mm，嘴峰12～16 mm，尾65～82 mm，跗跖24～29 mm。

栖境习性

生境：栖息于常绿阔叶林和混交林中，尤喜阴暗、潮湿的山溪河谷森林地带。食性：主要以昆虫及其幼虫为食，也食少量植物果实和种子。习性：旅鸟。常单独或成对活动，性隐蔽，常在林下灌木低枝上跳来跳去，飞行时尾常常张开，站立时不停地摆动着尾。繁殖期间鸣声清脆、洪亮悦耳。

生长繁殖

繁殖期4—7月。通常营巢于林下灌木低枝上或岩石和倒木下，巢呈杯状。每窝产卵3～5枚。卵长卵圆形，白色、密被淡红色斑点。

种群现状

分布狭窄，数量稀少，偶见。

保护级别

列入《世界自然保护联盟濒危物种红色名录》（IUCN）低危（LC）、《国家保护的有重要生态、科学、社会价值的陆生野生动物名录》。

37. 灰背燕尾 *Enicurus schistaceus*

英文学名

Slaty-backed Forktail

别名

中国灰背燕尾

外形特征

额基、眼先、颊和颈侧黑色；前额至眼圈上方白色；头顶至背蓝灰色；腰和尾上覆羽白色；飞羽黑色，大覆羽、中覆羽先端，初、次级飞羽基部白色，构成明显的白色翼斑，次级飞羽外翈具窄的白色端斑；尾羽梯形成叉状，呈黑色，其基部和端部均白，最外侧两对尾羽纯白；颏至上喉黑色，下体余部纯白。虹膜褐色；嘴黑色；脚粉红色。

大小量度

体重27～40 g，体长206～235 mm，嘴峰15～19 mm，尾113～132 mm，跗跖26～29 mm。

栖境习性

生境：栖息于海拔300～1 600 m的山间溪流边的乱石上或在激流中的石头上。食性：以水生昆虫、蚂蚁、蜻蜓幼虫、毛虫、螺类等为食。习性：留鸟。常单独或成对活动。平时多停息在水边或水中石头上，或在浅水中觅食。

生长繁殖

繁殖期4—6月。通常营巢于森林中水流湍急的山涧溪流沿岸岩石缝隙间，巢隐蔽甚好，不易被发现。巢呈盘状或杯状。每窝产卵3～4枚，卵圆形，污白色、被有红褐色斑点。雌鸟孵卵，晚成雏，雌雄共同育雏。

种群现状

分布广，数量多，常见。

保护级别

列入《世界自然保护联盟濒危物种红色名录》（IUCN）低危（LC）、《国家保护的有重要生态、科学、社会价值的陆生野生动物名录》。

38. 白冠燕尾 *Enicurus leschenaulti*

英文学名

White-crowned Forktail

外形特征

雌雄相似。前额至头顶前部白色，头顶至背为灰黑色；下背、腰和尾上覆羽白色；尾长、呈深叉状，尾羽黑色具白色基部和端斑，最外侧两对尾羽几全白色；翅上覆羽黑色，飞羽黑色，基部白色；下体颏、喉至胸黑色，其余下体白色。幼鸟：上体自额至腰咖啡褐色，颏喉棕白色，胸和上腹淡咖啡褐色具棕白色羽干纹。虹膜褐色；嘴黑色；脚偏粉色。

大小量度

体重37～52 g，体长221～307 mm，嘴峰19～25 mm，尾125～177 mm，跗跖27～35 mm。

栖境习性

生境：山涧溪流与河谷沿岸，尤以水流湍急、河中多石头的林间溪流较喜欢。食性：以水生昆虫及其幼虫为食。习性：留鸟或候鸟。常单独或成对活动。性胆怯，平时多停息在水边或水中石头上，或在浅水中觅食，遇人或受到惊扰时则立刻起飞，沿水面低空飞行并发出“吱，吱，吱”的尖叫声，每次飞行距离不远。

生长繁殖

繁殖期4—6月。通常营巢于森林中水流湍急的山涧溪流沿岸岩石缝隙间，巢隐蔽性甚好。巢呈盘状或杯状，每窝产卵3～4枚，卵圆形，污白色、被有红褐色斑点。雌鸟孵卵，晚成雏，雌雄共同育雏。

种群现状

分布较广，数量较多，较常见。

保护级别

列入《世界自然保护联盟濒危物种红色名录》（IUCN）低危（LC）。

39. 小燕尾 *Enicurus scouleri*

英文学名

Little Forktail

别名

小剪尾、点水鸦雀

外形特征

额部、腰和尾上覆羽为白色，腰部白色间横贯一道黑斑；上体余部黑色；两翅黑褐色，基部白色，形成一道明显的白色翼斑；中央尾羽先端黑褐色，基部白色，外侧尾羽的黑褐色逐渐缩小，至最外侧几乎全为白色；上胸黑色，下体余部白色。虹膜褐色；嘴黑色；跗跖、趾、爪粉白色。

大小量度

体重14～20 g，体长114～138 mm，嘴峰10～12 mm，尾42～56 mm，跗跖22～26 mm。

栖境习性

生境：主要栖息于山涧溪流与河谷沿岸，季节性垂直迁徙较明显。食性：以水生昆虫及其幼虫为食。习性：留鸟。常成对或单个活动，甚活跃。栖息于林中多岩的湍急溪流尤其是瀑布周围，营巢于瀑布后，行为和习性与红尾水鸲相似，尾有节律地上下摇摆或扇开，叫声单调似“吱～吱～吱”。

生长繁殖

繁殖期4—6月。通常营巢于森林中山涧溪流沿岸岩石缝隙间和壁缝上，巢呈碗状，洞四周密被蕨类植物和草将巢

隐蔽起来。每窝产卵2～4枚，卵圆形，白色、淡粉红色或淡绿色，被有红褐色或黄褐色斑点。雌鸟孵卵，晚成雏。

种群现状

分布较广，数量较多，较常见。

保护级别

列入《世界自然保护联盟濒危物种红色名录》（IUCN）低危（LC）、《国家保护的有重要生态、科学、社会价值的陆生野生动物名录》。

40. 斑背燕尾 *Enicurus maculatus*

英文学名

Spotted Forktail

外形特征

额至前头顶白色，头顶黑褐色，其羽端黑色；眼先、颈、背和两肩黑色；后颈下部贯以一道白色缀黑的横带；两肩及背部杂以白色小圆斑；翅黑褐色，基部白色，次级飞羽外翈狭缘以白端；腰和尾上覆羽纯白；尾羽黑色，羽基和羽端均白，最外侧两对尾羽纯白；胸部黑色；腹和尾下覆羽白色。虹膜暗褐色；嘴黑色；跗跖、趾和爪肉色。

大小量度

体重36～48 g，体长220～265 mm，嘴峰17～22 mm，尾121～146 mm，跗跖27～30 mm。

栖境习性

生境：栖息于海拔800～2 000 m间的地带，常出没于林区溪边和河流旁，多成对活动。食性：食物以水生昆虫及幼虫为主，也食少量的植物性食物。习性：候鸟或旅鸟。飞行时发出沙哑的“kree”或“tseek”声甚似紫啸鸫，停歇或飞行时也发出刺耳的尖声“cheek～chik～chick～chick～chik”。

生长繁殖

营巢于急流附近的岩隙间，也筑在屋后水沟坎壁的土洞中。巢很隐蔽，呈浅盘状且不易发现。每窝产卵约4枚，卵圆形，污白色，上布红褐色斑点。雌鸟孵卵，雌雄共同育雏。

种群现状

分布较少，数量不多，不常见。

保护级别

列入《世界自然保护联盟濒危物种红色名录》（IUCN）低危（LC）。

41. 蓝短翅鸫 *Brachypteryx montana*

英文学名

Blue Shortwing 或 Javan Shortwing

外形特征

雄鸟深蓝、雌鸟褐色，翅较短。亚种差异：*sinensis*雄鸟上体深青石蓝色，白色眉纹，下体浅灰，尾及翼黑色，肩具白斑；*cruralis*雄鸟眼先及前额带黑色，无白肩块，下体深蓝；*goodfellowi*雄鸟似雌鸟。*Sinensis*及*goodfellowi*雌鸟暗褐，胸浅褐，腹中心近白，两翼及尾棕色；雌鸟眉纹白；亚成鸟具褐色杂斑。虹膜褐色，嘴黑，脚灰褐。

大小量度

体重40～70 g，体长14～18 cm，嘴峰11～15 mm，尾50～74 mm，跗跖17～29 mm。

栖境习性

生境：常见于中高海拔山林。食性：杂食性，食谱较广。习性：留鸟。性羞怯，栖于植被覆盖茂密的地面，常近溪流。有时见于开阔林间空地，甚至于山顶多岩的裸露斜坡。栖居习性根据是否有合适食物而变。

生长繁殖

繁殖期4—5月。巢通常是由苔藓、树枝、枯叶等材料构成，十分精致。通常每窝产卵2～3枚，卵白色光滑无斑，大小约25.4 mm×16.5 mm，育雏期约15天。

种群现状

分布较广，数量不多，不常见。

保护级别

列入《世界自然保护联盟濒危物种红色名录》（IUCN）低危（LC）、《国家保护的有重要生态、科学、社会价值的陆生野生动物名录》。

42. 紫啸鸫 *Myophonus caeruleus*

英文学名

Blue Whistling thrush

别名

鸣鸡、山鸣鸡、乌精、箫声鸫、黑雀儿

外形特征

雌雄相似。全身羽毛呈黑暗的蓝紫色，各羽先端具亮紫色的滴状斑，嘴、脚为黑色。幼鸟和成鸟基本相似，但下体乌棕褐色，喉侧杂有紫白色短纹，胸和上腹杂有细的白色羽干纹。虹膜暗褐或黑褐色，西南亚种嘴黄色，脚黑色。嘴短健，上嘴前端有缺刻或小钩。

大小量度

体重136～210 g，体长26～35 cm，嘴峰23～34 mm，尾11～15 cm，跗跖46～56 mm。

栖境习性

生境：多栖于中低海拔山地森林溪流沿岸，以阔叶、混交林中多岩溪流沿岸常见。食性：主要以昆虫为食，也吃其他无脊椎动物，偶尔吃少量植物果实与种子。习性：留鸟。单独或成对活动。地栖性，常在溪边岩石或乱石丛间跳跃前进或飞上飞下，有时也进到村寨附近的园圃或地边灌丛中活动，性活泼而机警。停息时常将尾羽散开并上下左右摆动。在地上和水边浅水处觅食。善鸣叫，繁殖期中雄鸟鸣叫声非常动听。告警时发出尖厉高音“eer～ee～ee”。

生长繁殖

繁殖期4—7月，通常营巢山涧溪流岸边岩壁凸出的岩石上或岩缝间，多有草丛或灌丛隐蔽。营巢由雌雄鸟共同承担。每窝产卵3～5枚，为红色或淡绿色，被有红色、暗色或淡色斑点，大小为（31～37）mm×（20.5～27）mm。雌雄亲鸟轮流孵卵、共同育雏。晚成雏。

种群现状

分布广，数量多，常见。

保护级别

列入《世界自然保护联盟濒危物种红色名录》（IUCN）低危（LC）。

43. 栗腹矶鸫 *Monticola rufiventris*

英文学名

Chestnut-bellied Rock Thrush

别名

栗色胸石鸫、栗胸矶鸫

外形特征

雄鸟：上体蓝，胸腹鲜艳栗色。脸黑，额部为亮丽蓝色而带光泽。雌鸟：上体具近黑色的扇贝形斑纹，下体满布深褐及皮黄色扇贝形斑纹，深色耳羽后具偏白的皮黄色月牙形斑，眼圈较宽。幼鸟：具赭黄色点斑及褐色的扇贝形斑纹。虹膜深褐，嘴黑，脚黑褐。

大小量度

体重81～98 g，体长21～27 cm，嘴峰18～22 mm，尾72～96 mm，跗跖23～34 mm。

栖境习性

生境：繁殖于中低海拔的森林，越冬在低海拔开阔而多岩的山坡林地。食性：杂食性。习性：留鸟。直立而栖，尾缓慢地上下弹动。有时面对树枝，尾上举。

种群现状

分布较广，数量不多，不常见。

保护级别

列入《世界自然保护联盟濒危物种红色名录》（IUCN）低危（LC）。

44. 蓝矶鸫 *Monticola solitarius*

英文学名

Blue Rock Thrush

别名

麻石青

外形特征

雄鸟：上体几乎纯蓝色，两翅和尾近黑色；前胸蓝色，腹部栗红色。雌鸟：上体蓝灰色，翅和尾亦呈黑色；下体棕白，缀以黑色波状斑。幼鸟：上体淡蓝，有棕白色点斑、羽端黑；下背和腰各羽均具白端，并贯以黑斑。虹膜暗褐色，嘴、脚黑色。

大小量度

体重45～66 g，体长18～23 cm，嘴峰17～23 mm，尾长73～93 mm，跗跖26～30 mm。

栖境习性

生境：栖于低山峡谷及水域附近岩石。冬季多到山脚，有时也进到居民区。食性：主要以昆虫为食，尤以鞘翅目昆虫为多。习性：留鸟或候鸟。单独或成对活动。多在地上觅食，常从栖息的高处直落地面捕猎。繁

殖期间雄鸟长时间的高声鸣叫，昂首翘尾，鸣声多变，清脆悦耳，也能模仿其他鸟鸣。多停息在路边小树枝头或凸出的岩石上、电线、住家屋顶、古塔和城墙等处。

生长繁殖

4月下旬开始产卵。通常营巢于沟谷岩石缝隙中。巢呈杯状，营巢主要由雌鸟承担，雄鸟协助运送巢材。每窝产卵3～6枚，淡蓝或淡蓝绿色、大小为（24～29）mm×（18～21）mm。雌鸟孵卵，雄鸟警戒，孵化期12～13天。晚成雏。雌雄鸟共同育雏，在巢17～18天。

种群现状

分布较广，数量较多，较常见。

保护级别

列入《世界自然保护联盟濒危物种红色名录》（IUCN）低危（LC）。

（二十八）山雀科 Paridae

除南美洲、大洋洲和两极外，全球广布，常见。性情活泼，常在枝头跳跃，喜群居，以昆虫为食，在树洞或岩缝中筑巢，巢呈碟状。全球共有3属46种，中国3属17种，重庆3属8种。

1. 火冠雀 *Cephalopyrus flammiceps*

英文学名

Fire-capped Tit

外形特征

雄鸟：特征为前额及喉棕红色，喉侧及胸黄色，上体橄榄色，翼斑黄色。雌鸟：暗黄橄榄色，下体皮黄，翼斑黄色，过眼线色浅。亚成鸟下体白色。虹膜褐色；嘴黑色；脚灰色。

大小量度

体重35～50 g，体长170～215 mm，嘴峰12～14 mm，尾85～103 mm，跗跖19～23 mm。

栖境习性

生境：栖息于高山针叶林或混交林间，也活动于低山开阔的村庄附近，冬季见于平原地区。食性：主要以昆虫为食，也食植物的叶、花、芽、花粉和汁液。习性：旅鸟。喜群栖，在树顶层取食。叫声为高音的“tsit～tsit”及轻柔的“whitoo～whitoo”声。鸣声由细而高的音律构成，甚似煤山雀。

生长繁殖

繁殖期4—6月。筑巢在树丫或树洞里，雌鸟建巢，通常每巢约产卵4枚，卵蓝色或暗绿色。雌雄共同育雏，雌鸟单独维护并保持巢的整洁。

种群现状

分布狭窄，数量稀少，罕见。

保护级别

列入《世界自然保护联盟濒危物种红色名录》（IUCN）低危（LC）、《国家保护的有重要生态、科学、社会价值的陆生野生动物名录》。

2. 绿背山雀 *Parus monticolus*

英文学名

Green-backed Tit

别名

青背山雀

外形特征

雄雌相似。肩部绿色区域与颈部黑色区域交界处

有一条细的亮黄色环带，自喉部开始直至尾下覆羽有一条纵贯整个下体的黑色条带；胸部、上腹部和两胁的其他部分体羽则为明黄色，下腹部的颜色则由明黄逐渐转浅，尾下覆羽黑色。虹膜褐色；嘴黑色；脚青灰色。

大小量度

体重9 ~ 17 g，体长108 ~ 140 mm，嘴峰8 ~ 11 mm，尾51 ~ 63 mm，跗跖8 ~ 21 mm。

栖境习性

生境：主要栖息于低山丘陵和山脚平原地区。食性：主要以鞘翅目和鳞翅目昆虫及其幼虫为食，也吃少量草籽等植物性食物。习性：留鸟。性活泼，行动敏捷，整天不停地在树枝叶间跳跃或来回穿梭活动和觅食，也能轻巧地悬垂在细枝端或叶下面啄食昆虫，偶尔也飞到地上觅食。鸣声多变，似“吁吁 ~ 嘿嘿”或“吁吁 ~ 嘿”，受惊时常发出急促的“吁吁 ~ 嘿嘿”或“吁 ~ ，吁 ~ ”声。

生长繁殖

繁殖期4—7月。巢呈杯状，通常每窝产卵4 ~ 8枚。卵白色、具红褐色斑点，大小约为17.1 mm × 12.8 mm，和大山雀的卵很相似。雌鸟孵卵，雄鸟常带食物喂雌鸟，晚成雏。

种群现状

分布广，数量多，常见优势种。

保护级别

列入《世界自然保护联盟濒危物种红色名录》（IUCN）低危（LC）、《国家保护的有重要生态、科学、社会价值的陆生野生动物名录》。

3. 大山雀 *Parus major*

英文学名

Great Tit

别名

白脸山雀

外形特征

雄雌相似，体形较大。头黑色，颊部有椭圆形大白斑；翼上具一道醒目的白色条纹；颏喉黑色沿胸腹中央至下腹有一显著的黑色纵纹，雄鸟胸带较宽而长。虹膜、喙、足均为黑色。多型种，亚种不同，而上背的颜色也有很大变化，从纯灰色到橄榄绿色各自不同。

片具灰色羽缘，有楔状白斑，尾下覆羽葡萄红色；胸部黄灰色，腹部沾葡萄红。虹膜褐色；嘴黑色；脚棕黑色。

大小量度

体重7～11 g，体长122～162 mm，嘴峰5～8 mm，尾84～104 mm，跗跖16～21 mm。

栖境习性

生境：多栖息于中高海拔的山地针叶林或针阔叶混交林。食性：主要啄食昆虫，也食少量蜘蛛和小型蜗牛及少许植物。习性：旅鸟。繁殖期成对活动，秋、冬季节结小群，常见跳跃在树冠间或灌丛顶部，行动敏捷，来去均甚突然，有时还像鹟类一样，掠食空中飞行的昆虫。鸣声似“jie-jie-jing-jing-jing-jing”，有时为单纯的“jing-jing……”，常连续多次很少变化。

生长繁殖

繁殖期3—4月，多营巢于落叶松的枝杈间，每窝产卵6～10枚，白色缀以淡红褐色小斑，钝端尤密集。雌鸟孵卵，晚成雏。

种群现状

分布狭窄，数量极稀少，偶见。

保护级别

列入《世界自然保护联盟濒危物种红色名录》（IUCN）低危（LC）、《国家保护的有重要生态、科学、社会价值的陆生野生动物名录》。

（三十）戴菊科 Regulidae

从莺鹛科分出独立为科，纤小似柳莺，头顶具艳丽黄色或红色斑纹，故得此名。广布北半球针叶林或针阔混交林中。全球6种，中国2种，重庆1种。

戴菊 *Regulus regulus*

英文学名

Goldcrest

外形特征

上体橄榄绿色，头顶中央柠檬黄色或橙黄色羽冠，两侧有明显的黑色侧冠纹；腰和尾上覆羽黄绿色，两翅和尾黑褐色，尾外翈羽缘橄榄黄绿色，初级和次级飞羽羽缘淡黄绿色，三级飞羽尖端白色，翅上具两道淡黄白色翅斑；下体白色，羽端沾黄色，两肋沾橄榄灰色。虹膜褐色，嘴黑色，脚淡褐色。

大小量度

体重5～6 g，体长80～105 mm，嘴峰7～10 mm，尾35～46 mm，跗跖15～19 mm。

栖境习性

生境：主要栖息于海拔800 m以上的针叶林和针阔叶混交林中。食性：主要以鞘翅目昆虫及其幼虫为食，也食蜘蛛等小型无脊椎动物和植物种子。习性：候鸟或旅鸟。除繁殖期单独或成对活动外，其他时间多成群活动。性活泼好动，行动敏捷，白天几乎不停地在活动，常在针叶树枝间跳来跳去或飞飞停停，边觅食边前进，并不断发出尖细的“zi～zi～zi”叫声。

生长繁殖

繁殖期5—7月。巢呈碗状，每窝产卵7～12枚，白玫瑰色、具细褐色斑点，尤以钝端较多，大小为（12.8～14）cm×（10～11）cm。雌雄轮流孵卵，孵化期14～16天，育雏期16～18天。

种群现状

分布较广，数量较多，较常见。

保护级别

列入《世界自然保护联盟濒危物种红色名录》（IUCN）低危（LC）、《国家保护的有重要生态、科学、社会价值的陆生野生动物名录》。

（三十一）䴓科 Sittidae

分布在欧亚大陆和大洋洲，共22种，重庆1种。常在树干、树枝、岩石上等地方觅食，身体小，头颈短，尾巴也很短。具有很特殊的行为：是唯一能头向下、尾朝上，螺旋式沿树干往下爬树的鸟类（啄木鸟只会往上爬）。喜欢在洞里筑巢，还会储存食物以便过冬天。

普通䴓 *Sitta europaea*

英文学名

Wood Nuthatch 或 Eurasian Nuthatch

别名

茶腹䴓、蓝大胆、穿树皮、松枝儿、贴树皮

外形特征

体形小，似山雀。嘴细长而直。上体蓝灰色；具有一条显著的黑色贯眼纹沿头侧伸向颈侧；翅外缘黑色；中央一对尾羽为蓝灰色，其余为黑色；颏喉、颈侧和胸部为白色；腹部两侧栗色，下腹土黄褐色。虹膜深褐色；嘴黑色，下嘴基粉色；脚深灰色。

大小量度

体重14～23 g，体长120～150 mm，嘴峰12～18 mm，尾40～58 mm，跗跖17～22 mm。

栖境习性

生境：多生活于山中的针叶林、阔叶林、针阔叶混交林。食性：以金花虫、天牛、金龟子、叶蜂及螟蛾等昆虫为主，亦食蜜蜂、食蚜虻等。习性：旅鸟。繁殖期单独或成对活动，繁殖后期集家族群或与其他小鸟混群。性活泼，行动敏捷。鸣声似“zhe～zhe”，遇惊吓时，发出“der～der”的急促叫声，鸣声多样，优美动听。

生长繁殖

繁殖期常利用啄木鸟的弃洞或在树干上凿穴筑巢，每窝产卵6～12枚，粉白色具紫赭色密布斑点，孵化期14～15天，双亲共同育雏，育雏期22～23天。

种群现状

分布较广，种群数量较丰富，较常见。

保护级别

列入《世界自然保护联盟濒危物种红色名录》（IUCN）低危（LC）、《国家保护的有重要生态、科学、社会价值的陆生野生动物名录》。

（三十二）啄花鸟科 Dicaeidae

主要分布于东洋界、大洋洲的啄花鸟和啄果鸟，是旧大陆体形最小的鸟类，嘴小，先端有细小锯齿，羽毛色彩华丽而闪光，性情活泼，喜跳跃于开花树冠的上层，食昆虫，花蜜和果实等，有传粉作用，常被误认为大型蜂类。啄花鸟科，全球2属58种，中国1属6种，重庆2种。

1. 红胸啄花鸟 *Dicaeum ignipectus*

英文学名

Fire-breasted Flowerpecker

别名

红心肝、火胸啄花鸟、红胸鸟

外形特征

体形纤小。雄鸟：上体闪辉深绿蓝色，下体皮黄，胸具红色块斑，一道狭窄的黑色纵纹沿腹部而下。雌鸟：下体赭皮黄色。亚成鸟：上嘴褐黑，下嘴红色；跗跖铅灰色。虹膜褐色；雄鸟嘴褐黑色或上嘴角褐色，雌鸟下嘴角灰色；跗跖暗褐色。

大小量度

体重5～10 g，体长60～92 mm，嘴峰7～9 mm，尾22～31 mm，跗跖9～15 mm。

栖境习性

生境：常见留鸟于海拔800～2 200 m的山地森林。食性：嗜食浆果及寄生在常绿树上的槲寄生果实上的黏质物，亦食各种昆虫及虫卵。习性：留鸟或候鸟。除繁殖期单独或成对活动外，其他季节多成3～5只的小群，活动于高树顶处。常在盛开花朵的树上结群觅食。形小而活泼，跳跃敏捷，对人不甚畏惧。鸣声似“tik-tik-tik-tik”，声低却很嘹亮，常久鸣不休；有时转为柔细而稍带颤音的“zi-zi-zi”声。

生长繁殖

巢囊状，呈椭圆形，由板栗花序、具冠毛的菊科植物种子、蛛丝、植物纤维等筑成，悬挂在细小的树枝梢端，不易发现。巢口1.5～2.5 cm，位于巢的上方侧面。巢的外径约6 cm、高约10 cm。每窝产卵2～5枚，呈灰白或白色。

种群现状

分布范围广，种群数量较丰富，较常见。

保护级别

列入《世界自然保护联盟濒危物种红色名录》（IUCN）低危（LC）、《国家保护的有重要生态、科学、社会价值的陆生野生动物名录》。

2. 纯色啄花鸟 *Dicaeum minullum*

英文学名

Plain Flowerpecker

别名

绿啄花鸟

外形特征

上体橄榄绿色，下体偏浅灰色，腹中心奶油色。与厚嘴啄花鸟的区别在嘴细且下体无纵纹。虹膜褐色；嘴黑色；脚深蓝灰色。

大小量度

体重5～8 g，体长64～90 mm，嘴峰8～10 mm，尾20～27 mm，跗跖10～13 mm。

栖境习性

生境：栖息于低山开阔的森林地带，亦见于林间小道的低矮乔木或傍山公路的行道树上。食性：以植物果实、花、花蜜和种子为食，也食少量昆虫、蜘蛛等动物性食物。习性：旅鸟。常单独或成对活动，非繁殖期有时亦成小群或与莺等其他小鸟混群。性活泼，尤其喜欢在花朵盛开的树上或乔木的寄生植物上活动和觅食，常光顾寄生槲类植物。在树上攀爬和觅食时，常将尾左右来回扭动。不时发出独特且清脆的“chi-chi-chi”声。

生长繁殖

繁殖期3—8月。营巢于树上，距地1.5～12 m。巢呈梨形，巢质柔软精致，通常悬吊在一个小的水平枝杈上，巢口位于巢中部。雌雄共同营巢，1年繁殖1～2窝，每窝产卵2～3枚，卵白色，大小为（13.0～15.9）mm×（9.9～11.1）mm。

种群现状

分布范围广，种群数量较丰富，较常见。

保护级别

列入《世界自然保护联盟濒危物种红色名录》（IUCN）低危（LC）、《国家保护的有重要生态、科学、社会价值的陆生野生动物名录》。

（三十三）绣眼鸟科 Zosteropidae

体形纤小，雌雄相似。上体常为绿色，眼周有白圈，嘴小而尖，舌能伸缩，舌尖有两簇刷状突，可伸入花中捕食昆虫或采食花粉。广布于亚洲、非洲和澳大利亚，在一些偏僻的海岛上也能见到。

1. 暗绿绣眼鸟 *Zosterops japonicus*

英文学名

Japanese White-eye 或 Mountain White-eye

别名

绣眼儿、粉眼儿、白眼儿、白日眶、日本绣眼鸟

外形特征

体形较小，雌雄相似。头和颏喉黄色明显，背部羽毛为绿色，胸和腰部为灰色，腹部白色；翅膀和尾部羽毛泛绿光；眼的周围环绕着白色绒状短羽，形成显著的白眼圈，故名绣眼。虹膜红褐或橙褐色，嘴黑色，下嘴基部稍淡，脚暗铅色或灰黑色。

大小量度

体重8～15 g，体长88～115 mm，嘴峰8～11 mm，尾33～43 mm，跗跖15～17 mm。

栖境习性

生境：主要栖息于以阔叶树为主的针阔叶混交林、竹林、次生林等各种类型森林中。食性：夏季主要以鳞翅目等昆虫及其幼虫为主，冬季则主要以果实等植物性食物为主。习性：候鸟或留鸟。常单独、成对或成小群活动，迁徙季节和冬季喜欢成群，有时集群可有50～60只。在次生林和灌丛枝叶与花丛间穿梭跳跃，或从一棵树飞到另一棵树，有时围绕着枝叶团团转或通过两翅的急速振动而悬浮于花上，活动时发出“嗞嗞”的细弱声音。

生长繁殖

繁殖期4—7月，有的早在3月即开始营巢。营巢于阔叶或针叶树及灌木上，巢呈吊篮状或杯状，1年繁殖1～2窝。每窝产卵3～4枚，多为3枚。卵淡蓝绿色或白色，大小为（14.5～17.5）mm×（11.5～12.0）mm，重约1.3 g。

种群现状

由于其广泛的分布和适应能力强，暗绿绣眼鸟的种群状态普遍稳定。这种鸟类能够在多种生境中生存，包括城市公园、花园、森林和农田边缘。它们主要以昆虫和浆果为食，群居习性使得它们能有效应对环境的变化。尽管在一些地区可能会受到栖息地破坏的威胁，但暗绿绣眼鸟的总体种群数量庞大且分布广泛，目前没有明显的下降趋势。

保护级别

列入《世界自然保护联盟濒危物种红色名录》（IUCN）低危（LC）、《国家保护的有重要生态、科学、社会价值的陆生野生动物名录》。

2. 红胁绣眼鸟 *Zosterops erythropleurus*

英文学名

Chestnut-flanked White-eye

别名

白眼儿、红胁粉眼儿、褐胁绣眼、红胁白目眶

外形特征

头部无明显黄色；嘴黑褐色，下嘴色较淡；眼周具明显的白圈；黄色的喉斑较小；颊和耳羽黄绿色；上体呈橄榄绿褐色；两胁栗色（有时不明显）；虹膜红褐色；嘴橄榄色；脚灰色；肩和小覆羽暗绿色，飞羽和其余覆羽黑褐色，大部分外侧羽片均缘以暗绿色；尾羽暗褐色，各羽的外侧羽片均缘以黄绿色，尾下覆羽鲜黄色。

大小量度

体重12～13 g，体长102～118 mm，嘴峰9～11 mm，尾38～44 mm，跗跖14～17 mm。

栖境习性

生境：栖息于以阔叶树为主的针阔叶混交林、竹林、次生林等各种类型森林中。食性：夏季主要以鳞翅目等昆虫及其幼虫为主，冬季则主要以植物性食物为主。习性：候鸟或旅鸟。常单独、成对或成小群活动，冬季迁徙喜欢成群，有时集群可为50～60只。在次生林和灌丛枝叶与花丛间穿梭跳跃，或从一棵树飞到另一棵树，有时围绕着枝叶团团转或通过两翅的急速振动而悬浮于花上，活动时发出“嗞嗞”的细弱声音。

生长繁殖

繁殖期4—7月，有的早在3月即开始营巢。营巢于阔叶或针叶树及灌木上，巢呈吊篮状或杯状，巢外径6～8 cm，内径4～6 cm，高4～6 cm，深3～5 cm。1年繁殖1～2窝。每窝产卵3～4枚，卵淡蓝绿色或白色。

种群现状

分布较少，数量不多，不常见。

保护级别

列入国家二级重点保护野生动物、《世界自然保护联盟濒危物种红色名录》（IUCN）低危（LC）。

3. 栗颈凤鹛 *Staphida torqueola*

英文学名

Indochinese Yuhina

外形特征

体小型。雌雄同色，头具短灰色羽冠，眼后耳羽栗色斑驳并且延伸至后颈和颈侧而形成栗色颈环，颏、喉至下体浅灰色或灰白色，上背至尾上覆羽均为灰褐色。

大小量度

体重11～18 g，体长11～15 cm，嘴峰9～13 mm，尾5～7 cm，跗跖18～23 mm。

栖境习性

生境：栖息于中低海拔的山地常绿阔叶林、针阔混交林中，在次生林和人工林中也常见。食性：主要以甲虫、金龟子等昆虫为食，也食植物果实与种子。习性：留鸟或候鸟。繁殖期成对活动；非繁殖期多成10～20只的小群，甚至集成百只的大群，鸣声独特。活动在小乔木上或高的灌木顶枝上。群中个体常常保持很近的距离，或是在树枝叶间跳跃或是从一棵树飞向另一棵树，很少下到林下地上和灌木低层。

生长繁殖

繁殖期4—7月。非繁殖季常集群多达上百只。在繁殖期时，会结成小群活动，通常是5～6只至10余只的小群。筑巢于灌木或小树上，巢的形状为深杯状，主要由草茎、草叶、根等材料构成，内垫有须根和纤维。每窝产卵3～4枚，颜色为淡蓝色或白色。

种群现状

分布较广，数量较多，较常见。

保护级别

列入《世界自然保护联盟濒危物种红色名录》（IUCN）低危（LC）。

4. 白领凤鹛 *Parayuhina diademata*

英文学名

White-collared Yuhina

别名

白枕凤鹛

外形特征

头顶和羽冠土褐色，具白色眼圈，眼先黑色，枕白色，向两侧延伸至眼，向下延伸至后颈和颈侧，在颈部形成白领极为醒目。上体土褐色，飞羽黑色，外侧初级飞羽末端外缘白色，尾深褐色，羽轴白色。颏、喉、黑褐色，胸灰褐色，腹和尾下覆羽白色。

大小量度

体重15～28 g，体长145～185 mm，嘴峰11～15 mm，尾73～89 mm，跗跖21～25 mm。

栖境习性

生境：主要栖息于海拔1 500 m以上的山地阔叶林、针阔叶混交林、针叶林和竹林中。食性：主要以昆虫和植物果实与种子为食。习性：留鸟或候鸟。除繁殖期间除多成对或单独活动外，其他时候多成3～5只至10余只的小群。常在树冠层枝叶间到林下幼树或高的灌木与竹丛上或林下草丛中活动和觅食。不时发出尖细的“丝、丝、丝”声音，繁殖期间常站在灌木枝梢上长时间地鸣叫，鸣声洪亮多变。

生长繁殖

繁殖期5—8月。常营巢于海拔1 200 m以上的山地森林和山坡灌丛，距地0.2～1.5 m。巢呈杯状，巢外径约10 cm，内径约6 cm，高6～12 cm，深3.8～7.2 cm。每窝产卵2～3枚。卵为白色、浅（灰）绿色，其上被有褐色、紫蓝色斑点，大小约为21 mm×15 mm，重2.1 g。

种群现状

分布较少，数量稀少，不常见。

保护级别

列入《世界自然保护联盟濒危物种红色名录》（IUCN）低危（LC）。

5. 黑颏凤鹛 *Yuhina nigrimenta*

英文学名

Black-chinned Yuhina

别名

黑颏凤鹛

外形特征

体形小，多型种。羽冠短，呈45° 倾角；头灰，额、眼先及颏上部黑色；上体橄榄灰，下体偏白；上嘴峰黑色，下嘴橘红色；跗跖橘红色。

大小量度

体重10～19 g，体长9～13 cm，嘴峰10～14 mm，尾4～5 cm，跗跖17～21 mm。

栖境习性

生境：多生活于常绿阔叶林以及树下较高的草丛间及谷间灌丛中。食性：主要以鞘翅目和膜翅目等昆虫为食，也食花、果实、种子等植物性食物。习性：留鸟或夏候鸟。性活泼而喜结群，夏季多见于海拔 530～2 300 m的山区森林、过伐林及次生灌丛的树冠层中，但冬季可下至海拔300 m。有时与其他种类结成大群。

生长繁殖

繁殖期5—7月。巢呈杯状或吊篮状，多筑在长满苔藓的枯朽侧枝枝杈上，巢主要由苔藓、细根和细草茎等编织而成，或者筑在悬垂在悬崖上的根间，难以发现。巢直径约8.9 cm，深6～7 cm。每窝产卵3～4枚，卵淡蓝色、被有红色斑点，大小约为16.5 mm×12.2 mm。

种群现状

分布较广，数量较多，较常见。

保护级别

列入《世界自然保护联盟濒危物种红色名录》（IUCN）低危（LC）。

（三十四）雀科 Passeridae

小型地栖和树栖性鸣禽。主要栖息于林缘灌丛、草原、荒漠、戈壁和高山裸岩地带，适于多种类型的生活习性，有些种类见于城市、村落等人工生境。繁殖于岩缝、屋檐和各种自然或人工的孔洞中。主要以植物种子和果实为食，也食昆虫。

1. 山麻雀 *Passer cinnamomeus*

英文学名

Russet Sparrow

别名

红雀、赭麻雀、黄雀、山只只

外形特征

雄雌异色，脸颊无黑斑，头颈和上背之间色彩均匀，头颈之间无白色颈圈。雄鸟：上体栗红色，背中央具黑色纵纹，头棕色，颏、喉黑色，其余下体灰白色或灰白色沾黄。雌鸟：头棕黄，上体褐色具宽阔的皮黄白色眉纹，颏、喉无黑色。

大小量度

体重15～30 g，体长110～140 mm，嘴峰10～13 mm，尾42～54 mm，跗跖15～19 mm。

栖境习性

生境：栖息于海拔1 500 m以下的低山丘陵和山脚平原地带的各类森林和灌丛中。食性：以鞘翅目、鳞翅目、蜻蜓目等昆虫及其幼虫为主，也食野生植物果实和种子。习性：留鸟。性喜结群，除繁殖期间单独或成对活动外，其他季节多呈小群活动，飞行力较其他麻雀强，活动范围亦较其他麻雀大。

生长繁殖

繁殖期4—8月。营巢于山坡岩壁、堤坝、桥梁洞穴或房檐下和墙壁洞穴中，也有在树枝上营巢和利用啄木鸟与燕的旧巢。每窝产卵4～6枚。卵白色或浅灰色、被有茶褐色或褐色斑点，尤以钝端较密，常在钝端形成圈状，大小为（17～21.1）mm×（13.0～14.8）mm，卵重6～8 g。

种群现状

分布广，数量多，常见优势种。

保护级别

列入《世界自然保护联盟濒危物种红色名录》（IUCN）低危（LC）、《国家保护的有重要生态、科学、社会价值的陆生野生动物名录》。

2. 家麻雀 *Passer domesticus*

英文学名

House Sparrow

别名

英格兰麻雀、欧洲麻雀

外形特征

雄鸟：头顶灰色，具棕栗色眉纹，脸颊灰白色而无黑斑，颏喉及上胸的黑色较宽而多，这与其他两种麻雀有别；上背栗红色具黑色纵纹，与皮黄色纵纹相间；其余下体灰白色。雌鸟：色较淡，具浅色眉纹，下体色较淡。

大小量度

体重16～30 g，体长130～160 mm，嘴峰10～14 mm，尾53～64 mm，跗跖17～20 mm。

栖境习性

生境：栖息于海拔300～2 500 m的人类居住环境，有季节性垂直迁移现象。食性：杂食性，主要为鞘翅目、蜻蜓目等昆虫及其幼虫，也食野生植物果实和种子。习性：候鸟或留鸟，部分有季节性的垂直迁徙或游荡。性喜结群，除繁殖期间单独或成对活动外，其他季节多呈小群。

生长繁殖

繁殖期4—8月。1年繁殖1～2窝，通常产卵5～7枚，乳白色或淡灰蓝色具黄色、褐色或灰色的斑。大小为（14.5～15.3）mm×（20～22.6）mm。雌雄轮流孵卵和育雏，孵化期11～14天，晚成雏，育雏期12～15天。

种群现状

分布广，数量不多，不常见。

保护级别

列入《世界自然保护联盟濒危物种红色名录》（IUCN）低危（LC）、《国家保护的有重要生态、科学、社会价值的陆生野生动物名录》。

3. 麻雀 *Passer montanus*

英文学名

Eurasian Tree Sparrow

别名

树麻雀、欧亚树麻雀、瓦雀、硫雀、老家贼、只只

外形特征

额、头顶至后颈栗褐色，头颈与上背之间有一圈显著的白色颈环，上背沙褐或棕褐色具黑色纵纹；脸颊白色，具显著的黑斑，这与其他麻雀有区别；颏、喉黑色，其余下体污灰白色微沾褐色。雌雄相似，雌鸟的白色颈环较细、头顶颜色也较淡些。

大小量度

体重17～24 g，体长110～150 mm，嘴峰9～12 mm，尾44～66 mm，跗跖17～20 mm。

栖境习性

生境：栖息于山地、平原、丘陵、草原、沼泽农田，城镇和乡村多有分布。食性：主要以谷粒、草籽、种子、果实等为食，繁殖期也食大量昆虫，特别是雏鸟。习性：留鸟。性喜成群，除繁殖期外，常成群活动，特别是秋冬季节，集群多达数百只，甚至上千只。性极活泼，胆大易近人，但警惕性非常高，好奇心较强。

生长繁殖

除冬季外，几乎全年可繁殖。巢较简陋，筑巢材料的种类很多，有时巢会位于岩石中，灌木丛的根部，或是建筑物如谷仓的屋檐下，大都建在屋檐下和墙洞中。每窝产卵4～6枚，卵灰白色，满布褐色斑点。雌雄轮流孵卵，孵化期11～12天，育雏期约30天。

种群现状

分布极广，数量多，常见优势种。

保护级别

列入《世界自然保护联盟濒危物种红色名录》（IUCN）低危（LC）、《国家保护的有重要生态、科学、社会价值的陆生野生动物名录》。

（三十五）燕雀科 Fringillidae

全球广布，共有20属135种；中国17属56种，2个特有种。国内外将其中24个物种驯化为高贵笼养观赏鸟。

1. 燕雀 *Fringilla montifringilla*

英文学名

Brambling

别名

虎皮燕雀、虎皮雀、花鸡、花雀

外形特征

雄鸟：羽色随着季节而变化，夏季背部、头顶和脑后多为黑色，泛有蓝色金属光泽，腹部呈白色，喉咙和胸前泛有橙黄色，尾巴上还带斑纹；冬季头顶泛深褐色，胸前颜色更深，多为橙红色或锈色，翅膀上带有红棕色羽毛。雌鸟：春夏羽色较雄鸟淡，上体褐色，具淡色羽缘，头和背部具纵纹；秋冬羽色较雄鸟较暗，不及雄鸟鲜亮。

大小量度

体重18～28 g，体长130～170 mm，嘴峰11～13.5 mm，尾53～72 mm，跗跖18～21 mm。

栖境习性

生境：栖息于阔叶林、针阔叶混交林和针叶林等各类森林中。食性：主要以草籽、果实、种子等植物性食物为食，繁殖期间则主要以昆虫为食。习性：旅鸟。除繁殖期间成对活动外，其他季节多成群活动，尤其是迁徙期间常集成大群，有时甚至集群多达数百、上千只，晚上多在树上过夜。由于啄食农作物，对农业有一定害处。但繁殖季节也吃昆虫，对森林有益。该鸟易于驯养，亦可作为观赏鸟或表演用鸟。

生长繁殖

繁殖期5—7月。通常成对分散营巢繁殖，巢多置于桦树、杉树、松树等各种树上紧靠主干的分枝处，距地高3～5 m。巢呈杯状，主要由枯草和桦树皮等材料构成。每窝产卵5～7枚。卵绿色、被有红紫色斑点，大小为（16.8～21.5）mm×（13.8～14.5）mm。

种群现状

分布较少，数量不多，不常见。

保护级别

列入《世界自然保护联盟濒危物种红色名录》（IUCN）低危（LC）、《国家保护的有重要生态、科学、社会价值的陆生野生动物名录》。

2. 暗胸朱雀 *Procarduelis nipalensis*

英文学名

Dark-breasted Rosefinch

外形特征

颈背及上体深褐而染绯红，虹膜褐色，嘴灰褐色，脚粉褐色。雄鸟：额、眉纹、脸颊及耳羽鲜亮粉色，胸深紫栗色；与棕朱雀及酒红朱雀的区别为额粉红，嘴较细，眉纹不伸至眼前，胸暗色。雌鸟：为甚单一的灰褐色，具两道浅色的翼斑；与棕朱雀的区别在无浅色眉纹，与酒红朱雀的区别在下体色单且三级飞羽无浅色羽端。

大小量度

体重16～25 g，体长130～170 mm，嘴峰10～12 mm，尾57～70 mm，跗跖19～22 mm。

栖境习性

生境：高山鸟类，栖息于亚热带常绿阔叶林、松柏林、矮灌丛和高山草地上。食性：主要以草籽、果实、种子等植物性食物为食，也食昆虫等动物性食物。习性：旅鸟。常单独或成对活动，秋冬季多集小群。性胆怯而善藏匿，频繁地在灌丛和岩石间进进出出，并不断发出一种单调的唧唧声以保持个体间的联系。叫声包括哀怨而似嗷叫的双哨音、唧唧叫及警告时的“cha～a～rrr”声。

生长繁殖

营巢于石隙、黑棘灌丛或蔷薇丛中，巢呈浅杯状，由草茎、草叶和细根构成。每窝产卵3～4枚，卵粉白色、被有红褐色斑点，平均大小为22.4 mm×15.5 mm。

种群现状

分布较少，数量不多，不常见。

保护级别

列入《世界自然保护联盟》(IUCN)低危（LC）、《国家保护的有重要生态、科学、社会价值的陆生野生动物名录》。

3. 锡嘴雀 *Coccothraustes coccothraustes*

英文学名

Hawfinch

别名

蜡嘴雀、老西子、铁嘴蜡子

外形特征

雌雄相似。体大而胖墩的偏褐色雀鸟，嘴特大而尾较短。虹膜褐色；嘴黄蜡色而尖端黑；脚粉褐色。成鸟：具狭窄的黑色眼罩；两翼闪辉蓝黑色，初级飞羽上端非同寻常地弯而尖；尾暖褐色而略凹，尾端白色狭窄，外侧尾羽具黑色次端斑；两翼的黑白色图纹上下两面均清楚。幼鸟：色较深且下体具深色的小点斑及纵纹。

大小量度

体重40～65 g，体长150～210 mm，嘴峰17～23 mm，尾47～68 mm，跗跖18～24 mm。

栖境习性

生境：栖息于低海拔的树林，秋冬季常到林缘、溪边和农田等地带的树林和灌丛中。食性：主要以植物果实、种子为食，也食昆虫，偶尔也食玉米、高粱等农作物种子。习性：旅鸟。多单独或成对活动，非繁殖期则喜成群，有时集成多达数十只甚至上百只的大群，常频繁地在树枝间跳跃或在树丛间飞来飞去，有时也到地上活动。性大胆，不甚

怕人。但繁殖期间甚隐蔽和机警，常躲藏在茂密的枝叶丛间，活动时常发出一种单调而低的“嘶～嘶嘶……”声，有时边飞边叫。

生长繁殖

繁殖期5—7月。在阔叶树枝叶茂密的侧枝上营巢。每窝产卵3～7枚，淡黄绿色或灰绿色、被紫灰色或褐色斑点，尤以钝端较密；卵圆形和长卵圆形，大小为（22～26） mm×（14～19） mm。孵卵以雌鸟为主，孵化期约14天。晚成雏，雌雄亲鸟共同育雏11～14天。

种群现状

分布较少，数量不多，不常见。

保护级别

列入《世界自然保护联盟濒危物种红色名录》（IUCN）低危（LC）、《国家保护的有重要生态、科学、社会价值的陆生野生动物名录》。

4. 普通朱雀 *Carpodacus erythrinus*

英文学名

Common Rosefinch

别名

红朱雀

外形特征

体形略小，虹膜深褐色，嘴灰黄褐色，脚黑色。雄鸟：头、胸、腰及翼斑多具鲜亮红色，无眉纹，腹粉白，脸颊及耳羽色深而有别于相似种类。雌鸟：色暗淡，无粉红，上体青灰褐色，下体灰白。幼鸟：似雌鸟，但带褐色且有纵纹。

大小量度

体重18～31 g，体长120～160 mm，嘴峰10～13 mm，尾51～67 mm，跗跖17～21 mm。

栖境习性

生境：主要栖息于中高海拔的树林中，在林缘、溪边和农田地边也有分布。食性：以果实、种子、花序、芽苞、嫩叶等植物性食物为食，繁殖期也食部分昆虫。习

性：候鸟或留鸟。常单独或成对活动，也集小群活动和觅食。性活泼，很少鸣叫，但繁殖期间雄鸟常于早晚站在灌木枝头鸣叫，鸣声悦耳。鸣声为单调重复的缓慢上升哨音“weeja～wu～weeeja”或其变调，叫声为有特色的清晰上扬哨音“ooeet”，示警叫声为“chay～eeee”。

生长繁殖

繁殖期5—7月，营巢由雌鸟单独承担。每窝产卵3～6枚。卵淡蓝绿色、被有褐色斑点，也有的被有黑色或紫黑色斑点，大小为（18.7～22.0）mm×（13.2～15.2）mm。孵卵完全由雌鸟承担，孵化期13～14天。晚成雏，雌雄亲鸟共同育雏，育雏期15～17天。

种群现状

分布较广，数量不多，不常见。

保护级别

列入《世界自然保护联盟濒危物种红色名录》（IUCN）低危（LC）、《濒危野生动植物种国际贸易公约》（CITES）附录Ⅲ、《国家保护的有重要生态、科学、社会价值的陆生野生动物名录》。

5. 酒红朱雀 *Carpodacus vinaceus*

英文学名

Vinaceous Rosefinch

外形特征

体形略小，颜色较深。虹膜褐色，嘴灰黄蜡质色，脚褐色。雄鸟：全身深绯红色，腰色较淡，眉纹及三级飞羽羽端浅粉色。雌鸟：橄榄褐色而具深色纵纹；翅黑褐色，三级飞羽羽端浅皮黄色而有别于暗胸朱雀或赤朱雀。

大小量度

体重17～25 g，体长120～150 mm，嘴峰9～12 mm，尾长54～ 63 mm，跗跖17～22 mm。

栖境习性

生境：栖息于中低海拔的树林及其林缘地带。食性：以草籽、果实和种子等植物性食物为食，也食少量昆虫。习性：留鸟或候鸟。在林下灌丛、竹丛、河谷和稀树草坡灌丛中活动和觅食，冬季也常到林缘、农田、地边、居民住宅附近的树丛与灌丛等开阔地带单独或成对活动，有时也成小群。性胆怯而机警，见人即飞。休息时多站在树上、高的灌木上、电线上或地上。

生长繁殖

繁殖期5—7月。营巢于灌木密枝上，由禾本科植物的茎和根等织成，仅雌鸟营巢。每窝产卵4~5枚，蓝绿色，缀暗褐色和黑紫色斑点和乱纹，并多集中于卵的钝端。

种群现状

分布较广，数量较多，较常见。

保护级别

列入《世界自然保护联盟濒危物种红色名录》（IUCN）低危（LC）、《国家保护的有重要生态、科学、社会价值的陆生野生动物名录》。

6. 红眉松雀 *Carpodacus subhimachalus*

英文学名

Crimson-browed Finch

外形特征

体形较大，嘴粗厚；虹膜深褐色；嘴黑褐色，下嘴基较淡；脚深褐色。雄鸟：眉、脸下颊、颏及喉猩红色；上体红褐，腰栗色，下体灰色。雌鸟：橄榄黄色，上体沾绿橄榄色，颏及喉灰绿色，下体灰色。

大小量度

体重35~50 g，体长160~210 mm，嘴峰12~14 mm，尾70~84 mm，跗跖19~24 mm。

栖境习性

生境：栖息于高山针叶林和针阔叶混交林及其森林上缘的矮树丛、灌丛、竹丛和草地。食性：主要以草籽为食，也食灌木和树木果实和种子。习性：旅鸟。常单独或成对活动，秋冬季节亦喜成群，常成小群在树枝间或灌木丛中，有时也到地上活动。不作长距离飞行。除繁殖期外很少鸣叫，活动时毫无声响，性较安静；但繁殖期间也善鸣唱，声音婉转悦耳，富有变化。

生长繁殖

繁殖期5—7月，通常到达繁殖地后不久即开始分散成对，营巢于蔷薇等有刺灌木丛中和小树枝杈上。距地0.5~1 m，较隐蔽。巢呈杯状。营巢由雌鸟单独承担，雄鸟在巢附近鸣唱和警戒。每窝产卵3~6枚，孵化期13~14天。晚成雏，育雏期15~17天。

种群现状

分布狭窄，数量极稀少，偶见。

保护级别

列入《世界自然保护联盟濒危物种红色名录》（IUCN）低危（LC）、《国家保护的有重要生态、科学、社会价值的陆生野生动物名录》。

7. 黑尾蜡嘴雀 *Eophona migratoria*

英文学名

Chinese Grosbeak

别名

蜡嘴、小桑嘴、中华蜡嘴雀

外形特征

体形较大而墩实，黄色的嘴硕大而嘴尖黑，与黑头蜡嘴相区别；虹膜褐色；脚粉褐色。雄鸟：头黑，体灰褐色；两翼黑褐色，但羽端白色；臀黄褐色；尾黑色。雌鸟：似雄鸟，但头部黑色浅而少。幼鸟：似雌鸟但褐色较重。

大小量度

体重40～60 g，体长170～210 mm，嘴峰17～21 mm，尾65～85 mm，跗跖20～26 mm。

栖境习性

生境：栖息于低山和山脚平原地带的树林中，也出现于林缘疏林、河谷、果园、农田等。食性：主要以种子、果实、草籽、嫩叶、嫩芽等植物性食物为食，也食部分昆虫。习性：候鸟或留鸟。繁殖期间单独或成对活动，非繁殖期也成群，有时集成数10只的大群。飞行迅速，性活泼而大胆，不甚怕人。平时较少鸣叫，叫声是一种单调的“tek、tek”声，繁殖期间鸣叫频繁，鸣声高亢、悠扬而婉转，很远即能听到。

生长繁殖

繁殖期5—7月。每窝产卵3～7枚。卵颜色变化大，被有斑纹，卵为椭圆形和长卵圆形，大小为（16～19）mm×（20～27）mm，重3～5 g。晚成雏，雌雄共同育雏。

种群现状

分布较广，数量较多，较常见。

保护级别

列入《世界自然保护联盟濒危物种红色名录》（IUCN）低危（LC）、《国家保护的有重要生态、科学、社会价值的陆生野生动物名录》。

8. 黑头蜡嘴雀 *Eophona personata*

英文学名

Japanese Grosbeak

别名

大蜡嘴、铜嘴、日本蜡嘴雀

外形特征

体形大而圆墩，雌雄同色。嘴比黑尾蜡嘴雀的更大，全部黄色而无黑尖；虹膜深褐色；脚粉褐色；上体橄榄褐色；翅黑色而具两点白色翼斑，翼

尖白色；下体灰白色，胁部橙红色；臀近灰色。幼鸟：褐色较重，头部黑色显著较少，翅具两点皮黄色翼斑。

大小量度

体重65～95 g，体长210～230 mm，嘴峰24～26 mm，尾81～90 mm，跗跖22～24 mm。

栖境习性

生境：栖息于溪边灌丛、草丛和次生林，也见于山区的灌丛、常绿林和针阔叶混交林。食性：以野生植物的种子、果实、嫩芽为食。习性：留鸟。性喜活动，但胆小谨慎。会不断地从一枝到另一枝，从一树到另一树飞翔。在春秋季节结群飞行，由于飞行速度快，在飞过时可听到翅膀震颤的声音。鸣叫似哨音，求偶期更高亢；飞翔时有一种短促而刺耳的叫声，音似“tak、tak”。

生长繁殖

繁殖期5—6月，巢一般筑于松树上，有时也在落叶乔木上。每窝产卵3～4枚，呈灰绿青色，具褐和黑褐色斑和细纹，大小为（24～27）mm×（18～20）mm。孵卵由雌鸟承担，孵化期13～15天，晚成雏，雌雄亲鸟共同育雏，留巢期14～15天。

种群现状

分布较少，数量不多，不常见。

保护级别

列入《世界自然保护联盟濒危物种红色名录》（IUCN）低危（LC）、《国家保护的有重要生态、科学、社会价值的陆生野生动物名录》。

9. 褐灰雀 *Pyrrhula nipalensis*

英文学名

Brown Bullfinch

外形特征

体形中等，虹膜褐色；嘴短粗有力，绿灰色而尖端黑色；脚粉褐色。雄鸟：整体呈褐灰色，下体色稍浅；头顶及头侧黑色；翅黑色，闪绿紫色光辉，具灰白色翼斑；腰臀白色；尾长而凹，黑色而闪深绿紫色光辉。雌鸟：全身皮黄灰色。

大小量度

体重19～24 g，体长160～180 mm，嘴峰10～12 mm，尾72～85 mm，跗跖15～17 mm。

栖境习性

生境：栖息于阔叶林、针阔叶混交林中和林缘以及杜鹃灌丛。食性：主要以树木、灌木的果实和种子为食，亦吃部分昆虫等动物性食物。习性：旅鸟。常单独或成对活动，非繁殖期则多成小群在林下灌丛中或树上活动，有时也到地上活动和觅食。性大胆，不甚怕人，活动时频繁地发出彼此联络的叫声，有时边飞边鸣叫，叫声柔和悦耳。

生长繁殖

繁殖期4—8月，随繁殖地的海拔高度不同繁殖期亦随之变化。营巢于山地阔叶林或针阔叶混交林中的林下灌木低枝上。每窝产卵3～5枚，颜色为淡绿色，钝端被有少许茶褐色斑点，大小为（20.2～21）mm×（15～15.1）mm。

种群现状

分布狭窄，数量极稀少，偶见。

保护级别

列入《世界自然保护联盟濒危物种红色名录》（IUCN）低危（LC）、《国家保护的有重要生态、科学、社会价值的陆生野生动物名录》。

10. 灰头灰雀 *Pyrrhula erythaca*

英文学名

Grey-headed Bullfinch

别名

赤胸灰雀

外形特征

体形略大而圆墩，嘴厚略带钩，虹膜深褐色，嘴黑褐色，脚粉褐色。雄鸟：头灰色，上背灰蓝色，胸及腹部深橘黄色，下腹白色。雌鸟：下体及上背褐色，背有黑色条带。幼鸟：似雌鸟但整个头全褐色，仅有极细小的黑色眼罩。

大小量度

体重19～25 g，体长160～190 mm，嘴峰10～15 mm，尾7～9 cm，跗跖14～19 mm。

栖境习性

生境：栖息于亚高山针叶林及混交林。食性：主要仍以昆虫和植物果实与种子为食。习性：旅鸟。性活泼，冬季结小群生活，甚不惧人。结小群栖于芦苇地，或栖息于林缘稀疏草地及灌丛地带。

生长繁殖

筑巢于稀疏的针阔混交林下的浓密箭竹丛中，海拔2 200 m以上，位于陡峭阳坡接近林线处。亲鸟在巢址周边20 m范围之内觅食，交替返巢喂食雏鸟，每次喂食间隔4～5分钟。

种群现状

分布狭窄，数量稀少，罕见。

保护级别

列入《世界自然保护联盟濒危物种红色名录》（IUCN）低危（LC）、《国家保护的有重要生态、科学、社会价值的陆生野生动物名录》。

11. 金翅雀 *Chloris sinica*

英文学名

Grey-capped Greenfinch 或 Oriental Greenfinch

别名

金翅、绿雀

外形特征

双翅的飞羽黑褐色，但基部有宽阔的黄色翼斑，所谓“金翅”指的就是这一部分的羽毛颜色；虹膜深褐色；嘴粉蜡色；脚粉褐色。雄鸟：顶冠及颈背灰色，眼先和眼周部位羽毛深褐色近黑色，背纯褐色，翼斑、外侧尾羽基部及臀黄。雌鸟：色暗。幼鸟：色淡且多纵纹。

大小量度

体重15～22 g，体长110～150 mm，嘴峰9～12 mm，尾42～55 mm，跗跖14～18 mm。

栖境习性

生境：主要栖息于低山、丘陵、山脚和平原等开阔地带的疏林中，不进入密林深处。食性：主要以植物果实、种子、草籽和谷粒等农作物为食。习性：留鸟。常单独或成对活动，秋冬季节也成群活动，有时集群。休息时多停栖在树上和电线上。多在树冠层枝叶间跳跃或飞来飞去，也到低矮的灌丛和地面活动和觅食。飞翔迅速，两翅扇动甚快。鸣声单调清晰而尖锐，并带有颤音，其声似“dzi～i～di～i”。

生长繁殖

繁殖期3—8月。营巢主要由雌鸟承担。每窝产卵4～5枚，卵椭圆形，颜色变化较大，被有斑点，大小为（17.0～190）mm×（12.4～14.5）mm，重1.6～2.2 g。由雌鸟承担孵卵，孵化期约13天。晚成雏，雌雄亲鸟共同觅食喂雏，育雏期约15天。

种群现状

分布广，数量多，多见。

保护级别

列入《世界自然保护联盟濒危物种红色名录》（IUCN）低危（LC）、《国家保护的有重要生态、科学、社会价值的陆生野生动物名录》。

12. 黄雀 *Spinus spinus*

英文学名

Eurasian Siskin

别名

黄鸟、金雀、芦花黄雀

外形特征

体形较小。嘴短而尖直，这与其他相似种有区别；虹膜深褐色；嘴粉褐色；脚黑色；翼上具醒目的黑色及黄色条纹。雄鸟：顶冠及颏黑色，头侧、胸腹腰及尾基部亮黄色。雌鸟：色暗而多纵纹，顶冠和颏无黑色。幼鸟：似雌鸟但褐色较重，翼斑多橘黄色。

大小量度

体重9～16 g，体长100～130 mm，嘴峰9～12 mm，尾37～50 mm，跗跖12～15 mm。

栖境习性

生境：山区多栖息在针阔叶混交林和针叶林中；平原多栖息在杂木林和河漫滩的丛林中。食性：以各种植物种子为主，兼食少量蚜虫。在越冬区则以植物性食物为主。习性：冬候鸟或旅鸟。多在松树平枝上营巢，或在林下小树上

筑巢。巢十分隐蔽，由蛛网、苔藓、野蚕茧、细根和纤维等缠绕而成，颇为精巧，呈深杯形；内垫以细纤维、兽毛、羽毛和花絮等。

生长繁殖

营巢于林间较高的树上，雌雄共同营巢，但以雌鸟为主。巢以蛛网、苔藓、各种野蚕茧、细草茎、草根及各种纤维缠绕编织而成，巢似深杯状。雌鸟孵卵，雄鸟替雌鸟觅食，并承担警戒任务。每窝产卵4～6枚，孵化期约14天，雌雄共同育雏。

种群现状

分布狭窄，数量稀少，罕见。

保护级别

列入《世界自然保护联盟濒危物种红色名录》（IUCN）低危（LC）、《国家保护的有重要生态、科学、社会价值的陆生野生动物名录》。

13. 红交嘴雀 *Loxia curvirostra*

英文学名

Red Crossbill

别名

歪嘴雀、交喙鸟、青交嘴

外形特征

体形中等。嘴一左一右歪斜交错，并呈钩状，嘴较松雀的钩嘴更弯曲；虹膜深褐色；嘴黑色；脚黑色。雄鸟：整体呈砖红色，夹杂棕褐斑，略带黄色基调；亚种不同，而颜色从橘黄、玫红至猩红有差异。雌鸟：似雄鸟但为暗橄榄绿，而非红色。幼鸟：似雌鸟而具纵纹。

大小量度

体重28～48 g，体长140～180 mm，嘴峰16～20 mm，尾55～70 mm，跗跖15～21 mm。

栖境习性

生境：栖息于针叶林带的各种林型中。食性：食物全部为落叶松种子，倒悬进食，用交嘴嗑开松子。习性：旅鸟或迷鸟。冬季游荡且部分鸟结群迁徙，飞行迅速而带起伏。常结群游荡，由四五只到数十只不等。

生长繁殖

繁殖期6—8月，雌雄共同营巢。每窝产卵3～5枚，壳色为污白而带浅绿，缀以紫灰色底斑及红褐色和黑色的斑点。雌鸟孵卵，雄鸟饲喂雌鸟和担任警戒，孵化期约17天。双亲以落叶松籽育雏，育雏期14～18天。

种群现状

分布狭窄，数量极稀少，偶见。

保护级别

列入国家二级重点保护野生动物、《世界自然保护联盟濒危物种红色名录》（IUCN）低危（LC）、《国家保护的有重要生态、科学、社会价值的陆生野生动物名录》。

（三十六）鹀科 Emberizidae

小型鸣禽，一般主食植物种子，上下嘴缝隙之间有一缺刻，以适宜吃草籽。除大洋洲外，全球广布，甚至可达北极地区；重庆有13种。

1. 黄胸鹀 *Emberiza aureola*

英文学名

Yellow-breasted Bunting

别名

禾花雀

外形特征

体形中等，色彩鲜亮。虹膜深栗褐色；上嘴灰色，下嘴粉褐色；脚淡褐色。雄鸟：脸及喉黑色；顶冠、颈背及上体以棕栗色为主，夹杂白斑；翼角有显著的白色横纹；黄色的领环与黄色的胸腹部间隔有栗色胸带；胸腹显著黄色，尾下覆羽白色。雌鸟及亚成鸟：顶纹浅沙色，两侧有深色的侧冠纹，几乎无下颊纹，眉纹浅淡皮黄色。

大小量度

体重18～29 g，体长130～160 mm，嘴峰9～12 mm，尾50～70 mm，跗蹠18～22 mm。

栖境习性

生境：栖息于低山丘陵和开阔平原地带的灌丛、草甸、草地和林缘地带。食性：主要以昆虫及其幼虫为食，也食部分小型无脊椎动物和草籽、种子和果实等。习性：冬候鸟或旅鸟。繁殖期间常单独或成对活动，非繁殖期则喜成群，特别是迁徙期间和冬季，集成数百至数千只的大群，甚至有时有3 500～7 000只。白天在地上、也在草茎或灌木枝上活动和觅食，晚上栖于草丛中。性胆怯，见人即飞走。

生长繁殖

繁殖期5—7月。每窝产卵3～6枚，卵绿灰色、被有灰褐色或褐色斑纹，卵圆形。雌雄共同孵卵，孵化期约13天。晚成雏，雌雄亲鸟共同育雏，育雏期13～14天。

种群现状

分布较广，数量不多，不常见。以前此物种在迁徙时铺天盖地，数量极多，因人为捕杀猎食，在短短二三十年时间内，由一个低危物种被“吃”成了极度濒危物种。

保护级别

列入国家一级重点保护野生动物、《世界自然保护联盟濒危物种红色名录》（IUCN）极危（CR）。

2. 灰头鹀 *Emberiza spodocephala*

英文学名

Black-faced Bunting

别名

青头雀、蓬鹀、黑脸鹀、青头鬼儿、青头愣

外形特征

体形较小。虹膜褐色；上嘴棕褐色，下嘴黄褐；脚淡粉白色。雄鸟：头、颈背及颏喉青灰色，冠羽短而蓬松；眼先及颏黑色；上体余部浓栗色而具明显的黑色纵纹；下胸及腹黄色或黄白；肩部具一白斑，尾色深而带白色边缘。雌鸟：头橄榄褐色，过眼纹及耳覆羽下的月牙形斑纹黄色。

大小量度

体重14～26 g，体长120～160 mm，嘴峰9～11 mm，尾54～72 mm，跗跖18～21 mm。

栖境习性

生境：栖息于山区河谷溪流两岸，平原沼泽地的疏林和灌丛中。食性：杂食性，以杂草籽、植物果实和各种谷物为食，也啄食昆虫，有益于农林。习性：旅鸟。常小群活动，也有单独活动者，性不怯疑，不畏人，容易接近，往往在与人非常接近时才飞离。叫声多为轻细的4～5个音节，受惊时发出短促的“chip”声。

生长繁殖

繁殖期5—7月，雌雄共同筑巢。每窝产卵4～6枚，呈天蓝色，表面散布褐色斑点，孵化期12～13天。雌雄共同育雏，育雏期12～13天。

种群现状

分布较少，数量不多，不常见。

保护级别

列入《世界自然保护联盟濒危物种红色名录》（IUCN）低危（LC）、《国家保护的有重要生态、科学、社会价值的陆生野生动物名录》。

3. 凤头鹀 *Emberiza lathami*

英文学名

Crested Bunting

别名

凤头雀

外形特征

体形略大，通体黑红分明，具显著的黑色细长羽冠，易识别。虹膜深褐色；嘴粉褐色，下嘴基粉红；脚紫褐色。雄鸟：通体灰黑色，两翼及尾红栗色，尾端黑色。雌鸟：通体深橄榄褐色，上背及胸满布纵纹，较雄鸟的羽冠为短，翼羽色深且羽缘栗色。

大小量度

体重22～31 g，体长134～175 mm，嘴峰11～15 mm，尾62～76 mm，跗跖18～22 mm。

栖境习性

生境：栖息于山麓的耕地和岩石斜坡上，也见于市区和乡村。食性：食物以植物性为主，如麦粒，杂草种子和植物碎片等，也食少量昆虫和蠕虫。习性：候鸟或留鸟。喜在麦田、薯地、油菜地上觅食，地面行走颇似云雀，有时也攀到树干上觅食蝉类和其他昆虫。雄鸟叫声作"churk"声，但到春季繁殖期则发出一种似哨子的优美动听的声音。雌鸟在筑巢过程中也发出一种似莺类的叫声，其他时期不能听到。

生长繁殖

繁殖期5—8月。当雄鸟站在岩石顶上或高树冠上高耸冠羽发出强烈鸣唱后不久，即进行配对。雌鸟单独负担筑巢工作。每窝产卵4～5枚，呈灰白色，具褐色斑点覆盖于红褐斑上，并多集中于卵的钝端，有时形成小环，大小为（21.5～22）mm×（16～17）mm。

种群现状

分布范围广，种群数量较丰富，较常见。

保护级别

列入《世界自然保护联盟濒危物种红色名录》（IUCN）低危（LC）、《国家保护的有重要生态、科学、社会价值的陆生野生动物名录》。

4. 黄眉鹀 *Emberiza chrysophrys*

英文学名

Yellow-browed Bunting

别名

金眉子、黄三道、五道眉儿、大眉子

外形特征

体形略小。头具棕褐色和白色相间的条纹；眉纹似白眉鹀，但眉纹前半部黄色；上体栗褐色具黑色端斑纵纹；翼斑也更白，腰棕褐色更显斑驳且尾色较重；下体白色而多栗褐色纵纹。虹膜暗褐色；上嘴褐色，下嘴灰白色；脚肉褐色。

大小量度

体重15～24 g，体长130～166 mm，嘴峰9～18 mm，尾57～70 mm；跗跖18～21 mm。

栖境习性

生境：栖息于山区混交林、平原杂木林和灌丛中，但从不结成大群。食性：杂食性，主要以杂草种子为主，也有叶芽和植物碎片，以及草籽、少量昆虫等。习性：旅鸟或候鸟。单独或小群活动，性怯疑而安静，每天多数时间隐藏于地面灌丛或草丛中。很少鸣叫，只在受惊起飞时才发出“ji”声。在春季繁殖期，鸣声婉转而优美，较缓慢而少嘁喳声，从茂密森林的树栖隐蔽处发出；联络叫声为短促的“ziit”。

生长繁殖

繁殖期6—7月，每窝产卵约4枚，卵灰白色，被有铅灰色和黑褐色斑点。越冬在中国南方。

种群现状

分布较广，数量较多，较常见。

保护级别

列入《世界自然保护联盟濒危物种红色名录》（IUCN）低危（LC）、《国家保护的有重要生态、科学、社会价值的陆生野生动物名录》。

5. 蓝鹀 *Emberiza siemsseni*

英文学名

Slaty Bunting

别名

蓝雀儿

外形特征

体形小而短圆。虹膜褐色；嘴黑色；脚蜡黄色。雄鸟：大体灰蓝色，仅腹部、臀及尾外缘色白，三级飞羽近黑。雌鸟：为暗褐色而无纵纹，具两道锈色翼斑，腰灰，头及胸棕色。

大小量度

体重14～17 g，体长116～140 mm，嘴峰8～11 mm，尾50～69 mm，跗跖17～20 mm。

栖境习性

生境：栖息于中高海拔的针叶林、次生林及灌丛。食性：食物为鞘翅目昆虫和杂草种子等。习性：旅鸟。多单独活动，有时也结成3～5只的小群，在地上、电线上或山边岩石和幼树上活动和觅食。性胆大，不甚怕人。冬季栖息于农耕地，停栖时凹形尾轻弹，倾斜上升后飞行迅速。鸣声为高调的金属音，多变化而似山雀。叫声为重复的尖声“zick”。

生长繁殖

非繁殖期常集群活动，繁殖期在地面或灌丛内筑碗状巢。

种群现状

分布狭窄，数量极稀少，偶见。

保护级别

列入国家二级重点保护野生动物、《世界自然保护联盟濒危物种红色名录》（IUCN）低危（LC）。

6. 田鹀 *Emberiza rustica*

英文学名

Rustic Bunting

别名

花九儿、花嗪儿、田雀、花眉子、白眉儿、花椒嗪

外形特征

体形略小而色彩明快；虹膜深栗褐色；嘴深灰色，嘴基粉褐色；脚粉蜡色；下体腹部白色。雄鸟：体色清爽明晰；头棕褐色具黑白色纵条纹，略具羽冠；脸颊棕栗色，具白色眉纹和白色下颊纹；颈背、胸带、两胁纵纹及腰棕色。雌鸟：下体腹部污白色，皮黄色的脸颊后方通常具1白色点斑。

大小量度

体重15～22 g，体长127～165 mm，嘴峰9～12 mm，尾52～67 mm，跗跖16～20 mm。

栖境习性

生境：栖息于平原杂木林、人工林、灌木丛和沼泽草甸中。食性：食物以植物为主，以各种野生杂草种子为食，也食越冬的昆虫和蜘蛛等。习性：旅鸟。性颇大胆，不甚畏人，冬季常到农家篱笆上和打谷场，城市里林荫道及庭院的高树上。当栖息枝上时，常常竖起头上羽毛，性耐寒。春季发出动人的歌声，常站在灌木上唱个不停，冬季则隐在植物掩遮的地上，发出“chiu，chiu”的单调声。

生长繁殖

繁殖期5—7月，巢建在前一年的枯草丛中，也在树丛中建巢。巢呈杯状，较隐蔽，由小叶草干茎或蒿干构成。每窝产卵4～6枚，椭圆形，呈灰色、灰褐色或石板青色，上具小暗斑点。雌鸟孵卵，孵化期12～13天，育雏期约14天。

种群现状

分布较广，数量不多，不常见。

保护级别

列入《世界自然保护联盟濒危物种红色名录》（IUCN）易危（VU）、《国家保护的有重要生态、科学、社会价值的陆生野生动物名录》。

7. 戈氏岩鹀 *Emberiza godlewskii*

英文学名

Godlewski’s Bunting

别名

灰眉子、灰眉雀

外形特征

体形较大。多型种，不同亚种有色彩差异。虹膜深褐色；嘴蓝灰色；脚粉褐色。雄鸟：头顶冠纹灰色，侧冠纹栗色；脸颊、颈及前胸灰色；上背棕褐色，具黑色纵纹；下胸及腹棕栗色。雌鸟：似雄鸟，但色较淡。幼鸟：头、上背及胸具黑色纵纹。

大小量度

体重26～36 g，体长150～190 mm，嘴峰13～18 mm，尾60～80 mm，跗跖18～25 mm。

栖境习性

生境：喜干燥而多岩石的丘陵山坡及近森林而多灌丛的沟壑深谷，也栖息于农耕地。食性：以植物种子及草籽为主，也食昆虫及幼虫等。习性：旅鸟。鸣声多变且似灰眉岩鹀，但由更高音的“tsitt”音节导出，叫声为细而拖长的“tzii”及生硬的“pett-pett”声。

生长繁殖

繁殖期4—7月。巢一般筑于山坡草丛地面，极少数在灌丛小树上，仅雌鸟筑巢。巢呈碗状，每年1窝，每窝产卵4～5枚。卵椭圆形，白色或乳白色，钝端有蝌蚪状黑斑连成环状，其他部位少有斑点。或乳白至浅蓝色；雌鸟孵化，期限为12～13天。雏鸟一般1～2天出齐，留巢期为11～12天。

种群现状

分布较广，数量不多，不常见。

保护级别

列入《世界自然保护联盟》（IUCN）低危（LC）。

8. 黄喉鹀 *Emberiza elegans*

英文学名

Yellow-throated Bunting

别名

黄蓬头、黄眉子、虎头凤

外形特征

体形中等，多型种，不同亚种有色彩差异。虹膜深栗褐色；嘴黑色；脚浅灰褐色。雄鸟：棕黑色的较短羽冠，蓬松斜向后；其下是显著鲜黄色的枕羽；面颊具显著的黑色条斑；上体棕栗色，具黑色纵纹；颏喉显著鲜黄色；胸部有一近圆形黑斑；腹棕白色，两胁具棕褐色纵纹。雌鸟：似雄鸟，但色较暗淡。

大小量度

体重11～24 g，体长134～156 mm，嘴峰8～12 mm，尾60～80 mm，跗跖18～21 mm。

栖境习性

生境：栖息于低山丘陵地带的次生林、阔叶林、针阔叶混交林的林缘灌丛中。食性：主要以昆虫及幼虫为食，繁殖期间

几乎全吃昆虫。习性：留鸟或候鸟。繁殖期间单独或成对活动；非繁殖期间，特别是迁徙期间多成5~10只的小群，沿林间公路和河谷等开阔地带活动。性活泼而胆小，频繁地在灌丛与草丛中跳来跳去或飞上飞下，有时亦栖息于灌木或幼树顶枝上。

生长繁殖

繁殖期5—7月。1年繁殖2窝，每窝产卵约6枚，被有不规则斑点和斑纹，钝卵圆形和长卵圆形，大小为（16~20）mm×（14~16）mm，重1.8~2.4 g。雌雄共同孵卵和育雏。

种群现状

分布广，数量多，常见。

保护级别

列入《世界自然保护联盟濒危物种红色名录》（IUCN）低危（LC）、《国家保护的有重要生态、科学、社会价值的陆生野生动物名录》。

9. 三道眉草鹀 *Emberiza cioides*

英文学名

Meadow Bunting

别名

大白眉、三道眉、犁雀儿、韩鹀、山带子、小栗鹀

外形特征

体形略大，虹膜深褐色，嘴蓝灰色，脚黄白色，整体呈棕栗色。雄鸟：具显著的白-棕-白色相间的三道眉纹；上髭纹、颏喉白色；胸腹棕栗色。雌鸟：色较淡，眉线及下颊纹皮黄，胸浓皮黄色；喉与胸对比强烈，耳羽褐色而非灰色，白色翼纹不醒目，上背纵纹较少，腹部无栗色斑块。幼鸟：色淡且多细纵纹，中央尾羽的棕色羽缘较宽，外侧尾羽羽缘白色。

大小量度

体重19～29 g，体长144～176 mm，嘴峰9～12 mm，尾70～87 mm，跗跖16～22 mm。

栖境习性

生境：喜栖息于开阔地带。食性：冬季以各种野生草籽和种子为主，夏季以昆虫为主。习性：候鸟或留鸟。性颇怯疑、畏人；冬季常见成群活动，由数十只结集在一起；繁殖时则分散成对活动，雏鸟离巢后多以家族群方式生活。雄鸟有美妙动听的歌声，特别是在繁殖时期，在草丛中有时发出3～4声的“jê-ji～ji”声。

生长繁殖

繁殖期4—7月。仅雌鸟筑巢，巢一般筑于山坡草丛地面，极少数在灌丛小树上，但也筑在小树上、溪边和荆棘丛中。巢呈碗状，每窝产卵4～5枚，椭圆形，白色或乳白色，钝端有棒状或点状斑。雌鸟孵化12～13天，雌雄共同育雏，育雏期10～12天。

种群现状

分布广，数量较多，较常见。

保护级别

列入《世界自然保护联盟濒危物种红色名录》（IUCN）低危（LC）、《国家保护的有重要生态、科学、社会价值的陆生野生动物名录》。

10. 小鹀 *Emberiza pusilla*

英文学名

Little Bunting

别名

麦寂寂、花椒子儿、高粱头、铁脸儿、虎头儿

外形特征

体形较小。虹膜褐色；上嘴黑褐色，下嘴灰褐色；脚粉褐色。喙为圆锥形，上下喙边缘不紧密切合而微向内弯，因而切合线中略有缝隙；体羽似麻雀，外侧尾羽有较多的白色。雄鸟：夏羽头部赤栗色，头冠侧纹和耳羽后缘黑色，上体余部大致沙褐色，背部具暗褐色纵纹；下体棕白，胸及两胁具黑褐色纵纹。雌鸟：羽色较淡，无黑色头冠侧纹。

大小量度

体重11～17 g，体长110～150 mm，嘴峰8～10 mm，尾52～65 mm，跗跖15～20 mm。

栖境习性

生境：栖息于有稀疏杨树、桦树、柳树和灌丛的林缘沼泽、草地和苔原地带。食性：主要以草籽、种子、果实等植物性食物为食，也食昆虫等动物性食物。习性：留鸟或候鸟。除繁殖期间成对或单独活动外，其他季节多成几只至10余只的小群分散活动在地上，频繁地在草丛间穿梭或在灌木低枝间跳跃，有时也栖于小树低枝上，见人立刻落下

藏匿于草丛或灌丛中。常发出单调而低弱的叫声，其声似“chi、chi～”。

生长繁殖

繁殖期6—7月。营巢于地上草丛或灌丛中，特别是在有低矮的杨树、桦树丛和玫瑰丛、柳树丛地区较多见。巢呈杯状，巢外径约为10 cm。每窝产卵4～7枚，白色或绿色、被有小的褐色或紫褐色斑点。孵卵由雌雄鸟共同承担，孵化期11～12天。

种群现状

分布广，数量较多，较常见。

保护级别

列入《世界自然保护联盟濒危物种红色名录》（IUCN）低危（LC）、《国家保护的有重要生态、科学、社会价值的陆生野生动物名录》。

11. 白眉鹀 *Emberiza tristrami*

英文学名

Tristram's Bunting

别名

白三道儿、小白眉、五道眉

外形特征

体形中等。虹膜深栗褐色；上嘴蓝灰色，下嘴偏粉色；脚浅褐色。雄鸟：头黑色，具显著白色眉纹和细白色下颊纹；上体以黄褐色为主，腰棕色而无纵纹；喉黑；下体以棕白色为主。雌鸟：色较暗淡，头部花纹没有雄鸟那么显著。

大小量度

体重14～20 g，体长130～160 mm，嘴峰9～12 mm，尾54～73 mm，跗跖17～22 mm。

栖境习性

生境：栖息于低山针阔叶混交林、针叶林和阔叶林、林缘次生林、溪流沿岸森林。食性：主要以昆虫及其幼虫为食。习性：旅鸟。性寂静而怯疑，善隐蔽。单个或成对活动，仅在迁徙时集结成小群，家族群时期也很短。飞行速度颇快而成直线。平常很少鸣叫，繁殖期发出强烈鸣唱，鸣叫声音似“zi～da～da～zi”，雌鸟仅发出呼唤声或惊叫声。

生长繁殖

繁殖期5—7月。1年繁殖1窝，也见繁殖2窝。营巢由雌雄鸟共同承担，通常每窝产卵4～6枚，灰色或浅蓝绿色，其上被有黑色或褐色片状、线状或点状斑纹，为椭圆形，大小为（15～18）mm×（18～21）mm，重约2 g。孵化期13～14天，育雏期11～12天。

种群现状

分布狭窄，数量稀少，罕见。

保护级别

列入《世界自然保护联盟濒危物种红色名录》（IUCN）低危（LC）、《国家保护的有重要生态、科学、社会价值的陆生野生动物名录》。

12. 栗耳鹀 *Emberiza fucata*

英文学名

Chestnut-eared Bunting

别名

赤胸鹀、高粱颏儿、赤脸雀

外形特征

雄鸟：头侧灰色具显著棕栗色斑点；颈部图纹独特，为黑色下颊纹下延至胸部与黑色纵纹形成的项纹相接，并与喉及其余部位的白色以及棕色胸带上的白色成对比；上体棕褐具黑色纵纹；下体棕黄，两胁具棕褐纵纹。雌鸟：色彩较淡，耳羽及腰多棕色，尾侧多白。虹膜深褐色；上嘴黑色具灰色边缘，下嘴蓝灰且基部粉红色；脚粉红色。

大小量度

体重16～27 g，体长130～170 mm，嘴峰10～13 mm，尾58～78 mm，跗跖18～25 mm。

栖境习性

生境：喜栖于低山区或半山区的河谷沿岸草甸，草甸夹杂稀疏的灌丛。食性：繁殖期间主要以昆虫及幼虫为食，也食谷粒、草籽和灌木果实等植物性食物。习性：旅鸟。繁殖期间多成对或单独活动，非繁殖期常成3～5只的小群或家族群活动在草丛中。在矮灌草丛顶上鸣叫，鸣声较其他的鹀快而更为嘁喳，由断续的“zwee”声音节加速而成嘁喳一片，以两声“triip-triip”收尾，叫声为爆破音“pzick”。

生长繁殖

繁殖期5—8月。营巢于林缘或林间路边有稀疏灌木的沼泽草甸中。每窝产卵4～6枚，淡灰色或灰青色，其上密被褐色或淡褐色小斑点。卵为椭圆形，大小为（18～22）mm×（14.5～17.3）mm，重2～3 g。雌鸟孵卵，孵化期11～13天，晚成雏，雌雄共同育雏9～11天。

种群现状

分布较少，数量不多，不常见。

保护级别

列入《世界自然保护联盟濒危物种红色名录》（IUCN）低危（LC）、《国家保护的有重要生态、科学、社会价值的陆生野生动物名录》。

（三十七）梅花雀科 Estrildidae

广布旧大陆，以非洲热带地区最多。种类和数量都多，全球有140余种，中国有15种，重庆有2种。

1. 斑文鸟 *Lonchura punctulata*

英文学名

Scaly-breasted Munia

别名

鳞胸文鸟、花斑衔珠鸟、小纺织鸟、鱼鳞沉香

外形特征

体形较小，雌雄相似。虹膜红褐色；嘴蓝灰色；脚灰黑色。成鸟：上体褐色，羽轴白色而成纵纹，喉红褐色，下体灰白色，胸及两胁具深褐色鳞状斑。幼鸟：下体浓皮黄色而无鳞状斑。

大小量度

体重11～17 g，体长100～130 mm，嘴峰10～13 mm，尾34～48 mm，跗跖12～16 mm。

栖境习性

生境：栖息于低山、丘陵、山脚和平原地带的农田、村落、林缘疏林及河谷地区。食性：主要以谷粒等农作物为食，繁殖期间也食部分昆虫。习性：留鸟。除繁殖期间成对活动外，多成群活动和觅食，有时也与麻雀和白腰文鸟混群。多在庭院、村边、农田和溪边树上、灌丛与竹林中，以及草丛和地上活动，群结合较紧密。飞行迅速，两翅扇动有力，常常发出“呼呼”的振翅声响，飞行时亦多成紧密的一团。

生长繁殖

繁殖期3—8月，1年繁殖2～3窝。常成对分散营巢，有时亦见成群在一起营群巢。营巢由雌雄鸟共同承担，每窝产卵4～8枚，白色、无斑，椭圆形，平均为16.5 mm × 11.4 mm，重约2.1 g。晚成雏，雌鸟独自育雏，幼鸟留巢期20～22天。

种群现状

分布较广，数量较多，常见。

保护级别

列入《世界自然保护联盟濒危物种红色名录》（IUCN）低危（LC）、《国家保护的有重要生态、科学、社会价值的陆生野生动物名录》。

2. 白腰文鸟 *Lonchura striata*

英文学名

White-rumped Munia

别名

白丽鸟、禾谷、十姊妹、十姐妹、算命鸟

外形特征

体形中等，雌雄相似。虹膜褐色；嘴灰色；脚灰色。上体深褐，背上有白色纵纹，具显著的尖形的黑色尾，腰白色；上胸具褐色鳞头波斑，腹部皮黄灰白，下体具细小的皮黄色鳞状斑及细纹。幼鸟：色较淡，腰皮黄色。

大小量度

体重9～15 g，体长100～130 mm，嘴峰10～12 mm，尾36～52 mm，跗跖12～16 mm。

栖境习性

生境：栖息于低山、丘陵和山脚平原地带，很少到中高山地区和茂密的森林中活动。食性：主要以植物种子为食，在夏季也吃一些昆虫和未熟的谷穗、草穗。习性：留鸟。性好结群，除繁殖期间多成对活动，其他季节多成群，常在矮树丛、灌丛、竹丛和草丛中，也常在庭院、田间地头和地上活动。其声似“嘘、嘘、嘘、嘘”，多4～5声一度，急速而短，受惊时鸣声更尖锐而短促。性温顺，不畏人，易于驯养。

生长繁殖

繁殖期持续时间较长。雌雄共同营巢，每窝产卵3～7枚，卵白色、光滑无斑，为椭圆形或尖卵圆形，大小为（14.4～18.0）mm×（10.5～12.2）mm，重0.7～1.5 g。雌雄亲鸟轮流孵卵和哺育。夜间雌雄亲鸟同时栖于巢中。晚成雏，19天左右幼鸟即可离巢出飞。

种群现状

分布广，数量多，常见。

保护级别

列入《世界自然保护联盟濒危物种红色名录》（IUCN）低危（LC）、《国家保护的有重要生态、科学、社会价值的陆生野生动物名录》。

（三十八）太阳鸟科 Nectariniidae

1. 蓝喉太阳鸟 *Aethopyga gouldiae*

英文学名

Gould’s Sunbird

别名

桐花凤

外形特征

体形略大。虹膜褐色；嘴黑色，细长而向下弯曲；脚黑褐色。雄鸟：身体主要由猩红、蓝色及黄色构成，色彩艳丽；头顶及喉部蓝色，闪耀金属光泽；上背及胸腹猩红色；下腹白色，两胁具鲜艳的橙黄色；尾蓝色，较长。雌鸟：上体橄榄色，下体绿黄色，颏及喉橄榄色。腰浅黄色而有别于其他种类。

大小量度

体重5～12 g，体长90～120 mm；嘴峰13～18 mm，雄尾64～88 mm、雌尾30～40 mm；跗跖12～16 mm。

栖境习性

生境：常栖息于海拔1 000～2 200 m的常绿阔叶林、沟谷林季雨林和常绿、落叶混交林中。食性：主要以花蜜为食，也食昆虫等动物性食物。习性：候鸟或留鸟。常单独或成对活动，也见3～5只或10余只成群，彼此保持一定距离，活动在盛开花朵的树丛间或树冠层寄生植物花丛中，很少到近地面的花朵间觅食，有时也见成群在种植的四季豆农作物丛中活动和觅食。

生长繁殖

繁殖期4—6月。雌鸟筑巢，营巢于常绿阔叶林中，巢呈椭圆形或梨形。每窝产卵2～3枚，卵白色、多被有淡红褐色斑点，大小为（13.5～15.3）mm×（10.5～11.5）mm。

种群现状

分布较广，数量不多，不常见。

保护级别

列入《世界自然保护联盟濒危物种红色名录》（IUCN）低危（LC）、《国家保护的有重要生态、科学、社会价值的陆生野生动物名录》。

2. 叉尾太阳鸟 *Aethopyga christinae*

英文学名

Fork-tailed Sunbird 或 Hainan Sunbird

别名

燕尾太阳鸟

外形特征

体形纤细。虹膜褐色；嘴黑色；脚黑色。雄鸟：顶冠及颈背金属绿色，头侧黑色而具闪辉绿色的髭纹，绛红色的喉斑；上体橄榄褐色，腰黄色；尾上覆羽及中央尾羽闪辉金属绿色，中央两尾羽尖细而延长成尾垂状，外侧尾羽黑色而端白；下体余部污橄榄白色。雌鸟：甚小，上体橄榄色，下体浅绿黄。

大小量度

体重4～8 g，体长80～120 mm，嘴峰10～14 mm，尾25～52 mm，跗跖11～16 mm。

栖境习性

生境：多见于中山、低山丘陵地带，栖息于山沟、山溪旁和山坡的茂密阔叶林边缘。食性：以花蜜为主食，兼捕食飞虫和树丛中昆虫和蜘蛛等，也食种子等食物。习性：候鸟或留鸟。性情活泼，行动敏捷，不畏人。鸣声细而尖。常多单独或成对活动，有时结群，不易成群。如同金属般的体色一样，其叫声连续急促，非常类似打击乐器里面的钵所发出的“chiff-chiff-chiff”的高颤音，进食时也发出成串的唧唧声，显得喧闹吵嚷。

生长繁殖

繁殖期3—5月，雌鸟营巢，巢呈长梨状，每窝产卵2～4枚，绿色或灰色，具红褐色、紫色或微黑色暗斑。雌鸟单独孵卵和育雏，孵化期13～17天。

种群现状

分布较广，数量不多，不常见。

保护级别

列入《世界自然保护联盟濒危物种红色名录》（IUCN）低危（LC）、《国家保护的有重要生态、科学、社会价值的陆生野生动物名录》。

3. 火尾太阳鸟 *Aethopyga ignicauda*

英文学名

Fire-tailed Sunbird

外形特征

体形较大。虹膜暗褐色，嘴黑色，脚黑褐色。雄鸟：前额、头顶辉蓝色，延伸至整个颏喉；耳后头顶两侧、枕、后颈、颈侧、背、肩和尾上覆羽，中央一对尾羽，外侧尾羽外翈均为火红色；两翅褐色，飞羽羽缘橄榄黄色；腰亮红色；眼先、颊、耳羽黑色，胸鲜黄色，腹和尾下覆羽淡黄沾绿色。雌鸟：上体灰绿或橄榄黄绿色，腰和尾上覆羽缀有黄色。

大小量度

体重6～10 g，体长96～120 mm，嘴峰14～21 mm，雄尾102～125 mm、雌尾38～45 mm，跗跖13～18 mm。

栖境习性

生境：栖息于中、高山常绿阔叶林和杜鹃灌丛中，低山和山脚平原地带。食性：喜用细长的嘴在各种花朵中吮吸花蜜和啄食花蕊、花叶。习性：旅鸟。罕见的垂直迁移的候鸟，常结集成小群活动。叫声为轻声颤音“shweet”，鸣声为单调的“dzidzi～dzidzidzidzi”声。

生长繁殖

繁殖期4—6月，巢呈梨形。每窝产卵2～3枚，卵白色、被有粉褐色斑点，也有呈乳粉色或灰粉色而被有紫红色斑点的，大小为（14.3～18.8）mm×（11.0～12.5）mm。

种群现状

分布较少，数量少，不常见。

保护级别

列入《世界自然保护联盟濒危物种红色名录》（IUCN）低危（LC）、《国家保护的有重要生态、科学、社会价值的陆生野生动物名录》。

（三十九）旋壁雀科 Tichodromidae

由鸸科分出独立为一科。

红翅旋壁雀 *Tichodroma muraria*

英文学名

Wallcreeper

别名

爬树鸟、石花儿、爬岩树

外形特征

体形中等，姿态优雅。虹膜深褐色；嘴黑色；脚棕黑色；尾短；嘴直而尖长；翼具醒目的绯红色斑纹；飞羽黑色，外侧尾羽羽端白色显著，初级飞羽两排白色点斑飞行时呈带状。雄鸟：繁殖期，脸及喉黑色；非繁殖期，喉偏白，头顶及脸颊灰褐。雌鸟：较雄鸟色淡。

大小量度

体重15～23 g，体长120～180 mm，嘴峰20～30 mm，尾53～67 mm，跗跖21～26 mm。

栖境习性

生境：栖息于悬崖和陡坡壁上，或栖息于亚热带常绿阔叶林和针阔混交林带中的山坡壁上。食性：主要以鞘翅目等昆虫及幼虫为食，也食少量蜘蛛和其他无脊椎动物。习性：旅鸟。在岩崖峭壁上攀爬，两翼轻展显露红色翼斑。冬季下至较低海拔，甚至于建筑物上取食，被称为“悬崖上的蝴蝶鸟”。叫声为尖细的管笛音及哨音，一连串多变而重复的高哨音“ti-tiu-tree”，声速加快，不似鸸科的叫声沙哑。

生长繁殖

红翅旋壁雀通常在高海拔的岩石裂缝中筑巢，巢常隐蔽在岩石的小洞穴或岩壁上的凸出部分。通常每窝产卵2～5枚，孵化期约为14天，雏鸟在孵出后大约需要另外四周的时间才能长大成熟并离巢。墙壁鸳的繁殖季节依地区而异，但通常在春末到夏初。

种群现状

这种鸟类的种群数量虽然较为稳定，但它们依然面临一些潜在威胁，如栖息地的变化和人类活动的干扰。红翅旋壁雀对栖息地的选择非常特定，主要依赖未受干扰的岩石地形，因此任何对这些栖息地的破坏都可能对它们产生影响。

保护级别

列入《世界自然保护联盟濒危物种红色名录》（IUCN）低危（LC）。

（四十）鹪鹩科 Troglodytidae

鹪鹩科为鸟纲雀形目中的一个科，全世界共有17属80种，鹪鹩多是小型、短胖、十分活跃的鸟类，鹪鹩颜色为褐色或灰色，翅膀和尾巴有黑色条斑。它们的翅膀短而圆，尾巴短而翘。大部分身长为10～15 cm。喜欢居住在潮湿的地方，在森林下部活动，几乎主要以昆虫和蜘蛛为生。在已知的368种物种和亚物种中，绝大部分是新大陆的原生物种，主要栖息于在热带地区。只有1种（7亚种）生活在中国，即其模式种鹪鹩，其在美洲被称为冬鹪鹩。

鹪鹩 *Troglodytes troglodytes*

英文学名

Eurasian Wren 或 Northern Wren

别名

冬鹪鹩、山蝈蝈儿、巧妇

外形特征

体形较小。通体褐或棕褐色，具黑褐色细横斑；眉纹白色；飞羽黑褐色，外侧的5枚初级飞羽外翈具10～11条棕黄白色横斑，极为明显；尾较短而狭，栖止时尾常常高高举起；鸣管结构及鸣肌复杂，善于鸣啭，叫声多变悦耳，鸣唱时呈仰首翘尾之姿，鸣声清脆响亮。离趾型足，趾三前一后，后趾与中趾等长。

大小量度

体重7～13 g，体长80～110 mm，嘴峰9～13 mm，尾30～42 mm，跗跖14～20 mm。

栖境习性

生境：栖息于森林、灌木丛、小城镇和郊区的花园、农场的小片林区。食性：取食蜘蛛、毒蛾、螟蛾、天牛、小蠹、象甲、蜻象等昆虫。习性：旅鸟。一般独自或成双或以家庭集小群进行活动。在灌木丛中迅速移动，常从低枝逐渐跃向高枝，尾巴翘得很高。歌声嘹亮，尤其是雄鸟。领地意识非常强烈，性极活泼而又怯懦，很善于隐蔽。

生长繁殖

繁殖期4—9月，一夫一妻制，每年繁殖两次。雄鸟要承担主要的建巢责任，巢建在树洞、岩洞、建筑物、岸边洞隙里。巢呈深碗状或圆屋顶状。每窝产卵4～6枚，孵化期12天。育雏期15～17天。

种群现状

分布较少，数量稀少，罕见。

保护级别

列入《濒危野生动物植物种国际贸易公约》（CITES）附录Ⅲ、《世界自然保护联盟濒危物种红色名录》（IUCN）低危（LC）。

附　录
Appendices

国家重点保护野生动物名录（鸟纲）

鸟纲AVES		备注		
鸡形目 GALLIFORMES				
雉科Phasianidae				
环颈山鹧鸪	*Arborophila torqueola*		二级	
四川山鹧鸪	*Arborophila rufipectus*	一级		
红喉山鹧鸪	*Arborophila rufogularis*		二级	
白眉山鹧鸪	*Arborophila gingica*		二级	
白颊山鹧鸪	*Arborophila atrogularis*		二级	
褐胸山鹧鸪	*Arborophila brunneopectus*		二级	
红胸山鹧鸪	*Arborophila mandellii*		二级	
台湾山鹧鸪	*Arborophila crudigularis*		二级	
海南山鹧鸪	*Arborophila ardens*	一级		
绿脚树鹧鸪	*Tropicoperdix chloropus*		二级	
花尾榛鸡	*Tetrastes bonasia*		二级	
斑尾榛鸡	*Tetrastes sewerzowi*	一级		
镰翅鸡	*Falcipennis falcipennis*		二级	
松鸡	*Tetrao urogallus*		二级	
黑嘴松鸡	*Tetrao urogalloides*	一级		原名“细嘴松鸡”
黑琴鸡	*Lyrurus tetrix*	一级		
岩雷鸟	*Lagopus muta*		二级	
柳雷鸟	*Lagopus lagopus*		二级	
红喉雉鹑	*Tetraophasis obscurus*	一级		原名“雉鹑”
黄喉雉鹑	*Tetraophasis szechenyii*	一级		
暗腹雪鸡	*Tetraogallus himalayensis*		二级	
藏雪鸡	*Tetraogallus tibetanus*		二级	
阿尔泰雪鸡	*Tetraogallus altaicus*		二级	

续表

鸟纲AVES		备注		
大石鸡	*Alectoris magna*		二级	
血雉	*Ithaginis cruentus*		二级	
黑头角雉	*Tragopan melanocephalus*	一级		
红胸角雉	*Tragopan satyra*	一级		
灰腹角雉	*Tragopan blythii*	一级		
红腹角雉	*Tragopan temminckii*		二级	
黄腹角雉	*Tragopan caboti*	一级		
勺鸡	*Pucrasia macrolopha*		二级	
棕尾虹雉	*Lophophorus impejanus*	一级		
白尾梢虹雉	*Lophophorus sclateri*	一级		
绿尾虹雉	*Lophophorus lhuysii*	一级		
红原鸡	*Gallus gallus*		二级	原名“原鸡”
黑鹇	*Lophura leucomelanos*		二级	
白鹇	*Lophura nycthemera*		二级	
蓝腹鹇	*Lophura swinhoii*	一级		原名“蓝鹇”
白马鸡	*Crossoptilon crossoptilon*		二级	
藏马鸡	*Crossoptilon harmani*		二级	
褐马鸡	*Crossoptilon mantchuricum*	一级		
蓝马鸡	*Crossoptilon auritum*		二级	
白颈长尾雉	*Syrmaticus ellioti*	一级		
黑颈长尾雉	*Syrmaticus humiae*	一级		
黑长尾雉	*Syrmaticus mikado*	一级		
白冠长尾雉	*Syrmaticus reevesii*	一级		
红腹锦鸡	*Chrysolophus pictus*		二级	
白腹锦鸡	*Chrysolophus amherstiae*		二级	
灰孔雀雉	*Polyplectron bicalcaratum*	一级		
海南孔雀雉	*Polyplectron katsumatae*	一级		
绿孔雀	*Pavo muticus*	一级		
雁形目ANSERIFORMES				
鸭科Anatidae				
栗树鸭	*Dendrocygna javanica*		二级	
鸿雁	*Anser cygnoid*		二级	
白额雁	*Anser albifrons*		二级	
小白额雁	*Anser erythropus*		二级	
红胸黑雁	*Branta ruficollis*		二级	
疣鼻天鹅	*Cygnus olor*		二级	

续表

鸟纲AVES		备注		
小天鹅	*Cygnus columbianus*		二级	
大天鹅	*Cygnus cygnus*		二级	
鸳鸯	*Aix galericulata*		二级	
棉凫	*Nettapus coromandelianus*		二级	
花脸鸭	*Sibirionetta formosa*		二级	
云石斑鸭	*Marmaronetta angustirostris*		二级	
青头潜鸭	*Aythya baeri*	一级		
斑头秋沙鸭	*Mergellus albellus*		二级	
中华秋沙鸭	*Mergus squamatus*	一级		
白头硬尾鸭	*Oxyura leucocephala*	一级		
白翅栖鸭	*Asarcornis scutulata*		二级	
䴙䴘目PODICIPEDIFORMES				
䴙䴘科Podicipedidae				
赤颈䴙䴘	*Podiceps grisegena*		二级	
角䴙䴘	*Podiceps auritus*		二级	
黑颈䴙䴘	*Podiceps nigricollis*		二级	
鸽形目COLUMBIFORMES				
鸠鸽科Columbidae				
中亚鸽	*Columba eversmanni*		二级	
斑尾林鸽	*Columba palumbus*		二级	
紫林鸽	*Columba punicea*		二级	
斑尾鹃鸠	*Macropygia unchall*		二级	
菲律宾鹃鸠	*Macropygia tenuirostris*		二级	
小鹃鸠	*Macropygia ruficeps*	一级		原名“棕头鹃鸠”
橙胸绿鸠	*Treron bicinctus*		二级	
灰头绿鸠	*Treron pompadora*		二级	
厚嘴绿鸠	*Treron curvirostra*		二级	
黄脚绿鸠	*Treron phoenicopterus*		二级	
针尾绿鸠	*Treron apicauda*		二级	
楔尾绿鸠	*Treron sphenurus*		二级	
红翅绿鸠	*Treron sieboldii*		二级	
红顶绿鸠	*Treron formosae*		二级	
黑颏果鸠	*Ptilinopus leclancheri*		二级	
绿皇鸠	*Ducula aenea*		二级	
山皇鸠	*Ducula badia*		二级	

续表

鸟纲AVES		备注		
沙鸡目PTEROCLIFORMES				
沙鸡科 Pteroclidae				
黑腹沙鸡	*Pterocles orientalis*		二级	
夜鹰目 CAPRIMULGIFORMES				
蛙口夜鹰科 Podargidae				
黑顶蛙口夜鹰	*Batrachostomus hodgsoni*		二级	
凤头雨燕科 Hemiprocnidae				
凤头雨燕	*Hemiprocne coronata*		二级	
雨燕科 Apodidae				
爪哇金丝燕	*Aerodramus fuciphagus*		二级	
灰喉针尾雨燕	*Hirundapus cochinchinensis*		二级	
鹃形目CUCULIFORMES				
杜鹃科 Cuculidae				
褐翅鸦鹃	*Centropus sinensis*		二级	
小鸦鹃	*Centropus bengalensis*		二级	
鸨形目# OTIDIFORMES				
鸨科 Otididae				
大鸨	*Otis tarda*	一级		
波斑鸨	*Chlamydotis macqueenii*	一级		
小鸨	*Tetrax tetrax*	一级		
鹤形目GRUIFORMES				
秧鸡科Rallidae				
花田鸡	*Coturnicops exquisitus*		二级	
长脚秧鸡	*Crex crex*		二级	
棕背田鸡	*Zapornia bicolor*		二级	
姬田鸡	*Zapornia parva*		二级	
斑胁田鸡	*Zapornia paykullii*		二级	
紫水鸡	*Porphyrio porphyrio*		二级	
鹤科# Gruidae				
白鹤	*Grus leucogeranus*	一级		
沙丘鹤	*Grus canadensis*		二级	
白枕鹤	*Grus vipio*	一级		
赤颈鹤	*Grus antigone*	一级		
蓑羽鹤	*Grus virgo*		二级	
丹顶鹤	*Grus japonensis*	一级		
灰鹤	*Grus grus*		二级	

续表

鸟纲AVES				备注
白头鹤	*Grus monacha*	一级		
黑颈鹤	*Grus nigricollis*	一级		
鸻形目 CHARADRIIFORMES				
石鸻科Burhinidae				
大石鸻	*Esacus recurvirostris*		二级	
鹮嘴鹬科 Ibidorhynchidae				
鹮嘴鹬	*Ibidorhyncha struthersii*		二级	
鸻科 Charadriidae				
黄颊麦鸡	*Vanellus gregarius*		二级	
水雉科 Jacanidae				
水雉	*Hydrophasianus chirurgus*		二级	
铜翅水雉	*Metopidius indicus*		二级	
鹬科 Scolopacidae				
林沙锥	*Gallinago nemoricola*		二级	
半蹼鹬	*Limnodromus semipalmatus*		二级	
小杓鹬	*Numenius minutus*		二级	
白腰杓鹬	*Numenius arquata*		二级	
大杓鹬	*Numenius madagascariensis*		二级	
小青脚鹬	*Tringa guttifer*	一级		
翻石鹬	*Arenaria interpres*		二级	
大滨鹬	*Calidris tenuirostris*		二级	
勺嘴鹬	*Calidris pygmaea*	一级		
阔嘴鹬	*Calidris falcinellus*		二级	
燕鸻科 Glareolidae				
灰燕鸻	*Glareola lactea*		二级	
鸥科 Laridae				
黑嘴鸥	*Saundersilarus saundersi*	一级		
小鸥	*Hydrocoloeus minutus*		二级	
遗鸥	*Ichthyaetus relictus*	一级		
大凤头燕鸥	*Thalasseus bergii*		二级	
中华凤头燕鸥	*Thalasseus bernsteini*	一级		原名“黑嘴端凤头燕鸥”
河燕鸥	*Sterna aurantia*	一级		原名“黄嘴河燕鸥”
黑腹燕鸥	*Sterna acuticauda*		二级	
黑浮鸥	*Chlidonias niger*		二级	
海雀科 Alcidae				
冠海雀	*Synthliboramphus wumizusume*		二级	

续表

鸟纲AVES		备注		
鹱形目PROCELLARIIFORMES				
信天翁科 Diomedeidae				
黑脚信天翁	*Phoebastria nigripes*	一级		
短尾信天翁	*Phoebastria albatrus*	一级		
鹳形目CICONIIFORMES				
鹳科 Ciconiidae				
彩鹳	*Mycteria leucocephala*	一级		
黑鹳	*Ciconia nigra*	一级		
白鹳	*Ciconia ciconia*	一级		
东方白鹳	*Ciconia boyciana*	一级		
秃鹳	*Leptoptilos javanicus*		二级	
鲣鸟目SULIFORMES				
军舰鸟科Fregatidae				
白腹军舰鸟	*Fregata andrewsi*	一级		
黑腹军舰鸟	*Fregata minor*		二级	
白斑军舰鸟	*Fregata ariel*		二级	
鲣鸟科#Sulidae				
蓝脸鲣鸟	*Sula dactylatra*		二级	
红脚鲣鸟	*Sula sula*		二级	
褐鲣鸟	*Sula leucogaster*		二级	
鸬鹚科Phalacrocoracidae				
黑颈鸬鹚	*Microcarbo niger*		二级	
海鸬鹚	*Phalacrocorax pelagicus*		二级	
鹈形目PELECANIFORMES				
鹮科Threskiornithidae				
黑头白鹮	*Threskiornis melanocephalus*	一级		原名“白鹮”
白肩黑鹮	*Pseudibis davisoni*	一级		原名“黑鹮”
朱鹮	*Nipponia nippon*	一级		
彩鹮	*Plegadis falcinellus*	一级		
白琵鹭	*Platalea leucorodia*		二级	
黑脸琵鹭	*Platalea minor*	一级		
鹭科Ardeidae				
小苇鳽	*Ixobrychus minutus*		二级	
海南鳽	*Gorsachius magnificus*	一级		原名“海南虎斑鳽”
栗头鳽	*Gorsachius goisagi*		二级	
黑冠鳽	*Gorsachius melanolophus*		二级	

续表

鸟纲AVES		备注		
白腹鹭	*Ardea insignis*	一级		
岩鹭	*Egretta sacra*		二级	
黄嘴白鹭	*Egretta eulophotes*	一级		
鹈鹕科#Pelecanidae				
白鹈鹕	*Pelecanus onocrotalus*	一级		
斑嘴鹈鹕	*Pelecanus philippensis*	一级		
卷羽鹈鹕	*Pelecanus crispus*	一级		
鹰形目#ACCIPITRIFORMES				
鹗科Pandionidae				
鹗	*Pandion haliaetus*		二级	
鹰科Accipitridae				
黑翅鸢	*Elanus caeruleus*		二级	
胡兀鹫	*Gypaetus barbatus*	一级		
白兀鹫	*Neophron percnopterus*		二级	
鹃头蜂鹰	*Pernis apivorus*		二级	
凤头蜂鹰	*Pernis ptilorhynchus*		二级	
褐冠鹃隼	*Aviceda jerdoni*		二级	
黑冠鹃隼	*Aviceda leuphotes*		二级	
兀鹫	*Gyps fulvus*		二级	
长嘴兀鹫	*Gyps indicus*		二级	
白背兀鹫	*Gyps bengalensis*	一级		原名“拟兀鹫”
高山兀鹫	*Gyps himalayensis*		二级	
黑兀鹫	*Sarcogyps calvus*	一级		
秃鹫	*Aegypius monachus*	一级		
蛇雕	*Spilornis cheela*		二级	
短趾雕	*Circaetus gallicus*		二级	
凤头鹰雕	*Nisaetus cirrhatus*		二级	
鹰雕	*Nisaetus nipalensis*		二级	
棕腹隼雕	*Lophotriorchis kienerii*		二级	
林雕	*Ictinaetus malaiensis*		二级	
乌雕	*Clanga clanga*	一级		
靴隼雕	*Hieraaetus pennatus*		二级	

续表

鸟纲AVES		备注		
草原雕	*Aquila nipalensis*	一级		
白肩雕	*Aquila heliaca*	一级		
金雕	*Aquila chrysaetos*	一级		
白腹隼雕	*Aquila fasciata*		二级	
凤头鹰	*Accipiter trivirgatus*		二级	
褐耳鹰	*Accipiter badius*		二级	
赤腹鹰	*Accipiter soloensis*		二级	
日本松雀鹰	*Accipiter gularis*		二级	
松雀鹰	*Accipiter virgatus*		二级	
雀鹰	*Accipiter nisus*		二级	
苍鹰	*Accipiter gentilis*		二级	
白头鹞	*Circus aeruginosus*		二级	
白腹鹞	*Circus spilonotus*		二级	
白尾鹞	*Circus cyaneus*		二级	
草原鹞	*Circus macrourus*		二级	
鹊鹞	*Circus melanoleucos*		二级	
乌灰鹞	*Circus pygargus*		二级	
黑鸢	*Milvus migrans*		二级	
栗鸢	*Haliastur indus*		二级	
白腹海雕	*Haliaeetus leucogaster*	一级		
玉带海雕	*Haliaeetus leucoryphus*	一级		
白尾海雕	*Haliaeetus albicilla*	一级		
虎头海雕	*Haliaeetus pelagicus*	一级		
渔雕	*Icthyophaga humilis*		二级	
白眼鵟鹰	*Butastur teesa*		二级	
棕翅鵟鹰	*Butastur liventer*		二级	
灰脸鵟鹰	*Butastur indicus*		二级	
毛脚鵟	*Buteo lagopus*		二级	
大鵟	*Buteo hemilasius*		二级	
普通鵟	*Buteo japonicus*		二级	
喜山鵟	*Buteo refectus*		二级	
欧亚鵟	*Buteo buteo*		二级	

续表

鸟纲AVES		备注		
棕尾鵟	*Buteo rufinus*		二级	
鸮形目#STRIGIFORMES				
鸱鸮科Strigidae				
黄嘴角鸮	*Otus spilocephalus*		二级	
领角鸮	*Otus lettia*		二级	
北领角鸮	*Otus semitorques*		二级	
纵纹角鸮	*Otus brucei*		二级	
西红角鸮	*Otus scops*		二级	
红角鸮	*Otus sunia*		二级	
优雅角鸮	*Otus elegans*		二级	
雪鸮	*Bubo scandiacus*		二级	
雕鸮	*Bubo bubo*		二级	
林雕鸮	*Bubo nipalensis*		二级	
毛腿雕鸮	*Bubo blakistoni*	一级		
褐渔鸮	*Ketupa zeylonensis*		二级	
黄腿渔鸮	*Ketupa flavipes*		二级	
褐林鸮	*Strix leptogrammica*		二级	
灰林鸮	*Strix aluco*		二级	
长尾林鸮	*Strix uralensis*		二级	
四川林鸮	*Strix davidi*	一级		
乌林鸮	*Strix nebulosa*		二级	
猛鸮	*Surnia ulula*		二级	
花头鸺鹠	*Glaucidium passerinum*		二级	
领鸺鹠	*Glaucidium brodiei*		二级	
斑头鸺鹠	*Glaucidium cuculoides*		二级	
纵纹腹小鸮	*Athene noctua*		二级	
横斑腹小鸮	*Athene brama*		二级	
鬼鸮	*Aegolius funereus*		二级	
鹰鸮	*Ninox scutulata*		二级	
日本鹰鸮	*Ninox japonica*		二级	
长耳鸮	*Asio otus*		二级	
短耳鸮	*Asio flammeus*		二级	

续表

鸟纲AVES		备注		
草鸮科Tytonidae				
仓鸮	*Tyto alba*		二级	
草鸮	*Tyto longimembris*		二级	
栗鸮	*Phodilus badius*		二级	
咬鹃目# TROGONIFORMES				
咬鹃科 Trogonidae				
橙胸咬鹃	*Harpactes oreskios*		二级	
红头咬鹃	*Harpactes erythrocephalus*		二级	
红腹咬鹃	*Harpactes wardi*		二级	
犀鸟目BUCEROTIFORMES				
犀鸟科#Bucerotidae				
白喉犀鸟	*Anorrhinus austeni*	一级		
冠斑犀鸟	*Anthracoceros albirostris*	一级		
双角犀鸟	*Buceros bicornis*	一级		
棕颈犀鸟	*Aceros nipalensis*	一级		
花冠皱盔犀鸟	*Rhyticeros undulatus*	一级		
佛法僧目CORACIIFORMES				
蜂虎科Meropidae				
赤须蜂虎	*Nyctyornis amictus*		二级	
蓝须蜂虎	*Nyctyornis athertoni*		二级	
绿喉蜂虎	*Merops orientalis*		二级	
蓝颊蜂虎	*Merops persicus*		二级	
栗喉蜂虎	*Merops philippinus*		二级	
彩虹蜂虎	*Merops ornatus*		二级	
蓝喉蜂虎	*Merops viridis*		二级	
栗头蜂虎	*Merops leschenaulti*		二级	原名“黑胸蜂虎”
翠鸟科Alcedinidae				
鹳嘴翡翠	*Pelargopsis capensis*		二级	原名“鹳嘴翠鸟”
白胸翡翠	*Halcyon smyrnensis*		二级	

续表

鸟纲AVES		备注		
蓝耳翠鸟	*Alcedo meninting*		二级	
斑头大翠鸟	*Alcedo hercules*		二级	
啄木鸟目PICIFORMES				
啄木鸟科Picidae				
白翅啄木鸟	*Dendrocopos leucopterus*		二级	
三趾啄木鸟	*Picoides tridactylus*		二级	
白腹黑啄木鸟	*Dryocopus javensis*		二级	
黑啄木鸟	*Dryocopus martius*		二级	
大黄冠啄木鸟	*Chrysophlegma flavinucha*		二级	
黄冠啄木鸟	*Picus chlorolophus*		二级	
红颈绿啄木鸟	*Picus rabieri*		二级	
大灰啄木鸟	*Mulleripicus pulverulentus*		二级	
隼形目#FALCONIFORMES				
隼科Falconidae				
红腿小隼	*Microhierax caerulescens*		二级	
白腿小隼	*Microhierax melanoleucos*		二级	
黄爪隼	*Falco naumanni*		二级	
红隼	*Falco tinnunculus*		二级	
西红脚隼	*Falco vespertinus*		二级	
红脚隼	*Falco amurensis*		二级	
灰背隼	*Falco columbarius*		二级	
燕隼	*Falco subbuteo*		二级	
猛隼	*Falco severus*		二级	
猎隼	*Falco cherrug*	一级		
矛隼	*Falco rusticolus*	一级		
游隼	*Falco peregrinus*		二级	
鹦鹉目#PSITTACIFORMES				
鹦鹉科Psittacidae				
短尾鹦鹉	*Loriculus vernalis*		二级	

续表

鸟纲AVES		备注		
蓝腰鹦鹉	*Psittinus cyanurus*		二级	
亚历山大鹦鹉	*Psittacula eupatria*		二级	
红领绿鹦鹉	*Psittacula krameri*		二级	
青头鹦鹉	*Psittacula himalayana*		二级	
灰头鹦鹉	*Psittacula finschii*		二级	
花头鹦鹉	*Psittacula roseata*		二级	
大紫胸鹦鹉	*Psittacula derbiana*		二级	
绯胸鹦鹉	*Psittacula alexandri*		二级	
雀形目PASSERIFORMES				
八色鸫科#Pittidae				
双辫八色鸫	*Pitta phayrei*		二级	
蓝枕八色鸫	*Pitta nipalensis*		二级	
蓝背八色鸫	*Pitta soror*		二级	
栗头八色鸫	*Pitta oatesi*		二级	
蓝八色鸫	*Pitta cyanea*		二级	
绿胸八色鸫	*Pitta sordida*		二级	
仙八色鸫	*Pitta nympha*		二级	
蓝翅八色鸫	*Pitta moluccensis*		二级	
阔嘴鸟科#Eurylaimidae				
长尾阔嘴鸟	*Psarisomus dalhousiae*		二级	
银胸丝冠鸟	*Serilophus lunatus*		二级	
黄鹂科Oriolidae				
鹊鹂	*Oriolus mellianus*		二级	
卷尾科Dicruridae				
小盘尾	*Dicrurus remifer*		二级	
大盘尾	*Dicrurus paradiseus*		二级	
鸦科Corvidae				
黑头噪鸦	*Perisoreus internigrans*	一级		
蓝绿鹊	*Cissa chinensis*		二级	

续表

鸟纲AVES		备注		
黄胸绿鹊	*Cissa hypoleuca*		二级	
黑尾地鸦	*Podoces hendersoni*		二级	
白尾地鸦	*Podoces biddulphi*		二级	
山雀科Paridae				
白眉山雀	*Poecile superciliosus*		二级	
红腹山雀	*Poecile davidi*		二级	
百灵科 Alaudidae				
歌百灵	*Mirafra javanica*		二级	
蒙古百灵	*Melanocorypha mongolica*		二级	
云雀	*Alauda arvensis*		二级	
苇莺科 Acrocephalidae				
细纹苇莺	*Acrocephalus sorghophilus*		二级	
鹎科 Pycnonotidae				
台湾鹎	*Pycnonotus taivanus*		二级	
莺鹛科 Sylviidae				
金胸雀鹛	*Lioparus chrysotis*		二级	
宝兴鹛雀	*Moupinia poecilotis*		二级	
中华雀鹛	*Fulvetta striaticollis*		二级	
三趾鸦雀	*Cholornis paradoxus*		二级	
白眶鸦雀	*Sinosuthora conspicillata*		二级	
暗色鸦雀	*Sinosuthora zappeyi*		二级	
灰冠鸦雀	*Sinosuthora przewalskii*	一级		
短尾鸦雀	*Neosuthora davidiana*		二级	
震旦鸦雀	*Paradoxornis heudei*		二级	
绣眼鸟科 Zosteropidae				
红胁绣眼鸟	*Zosterops erythropleurus*		二级	
林鹛科 Timaliidae				
淡喉鹩鹛	*Spelaeornis kinneari*		二级	
弄岗穗鹛	*Stachyris nonggangensis*		二级	

续表

鸟纲AVES		备注		
幽鹛科Pellorneidae				
金额雀鹛	*Schoeniparus variegaticeps*	一级		
噪鹛科 Leiothrichidae				
大草鹛	*Babax waddelli*		二级	
棕草鹛	*Babax koslowi*		二级	
画眉	*Garrulax canorus*		二级	
海南画眉	*Garrulax owstoni*		二级	
台湾画眉	*Garrulax taewanus*		二级	
褐胸噪鹛	*Garrulax maesi*		二级	
黑额山噪鹛	*Garrulax sukatschewi*	一级		
斑背噪鹛	*Garrulax lunulatus*		二级	
白点噪鹛	*Garrulax bieti*	一级		
大噪鹛	*Garrulax maximus*		二级	
眼纹噪鹛	*Garrulax ocellatus*		二级	
黑喉噪鹛	*Garrulax chinensis*		二级	
蓝冠噪鹛	*Garrulax courtoisi*	一级		
棕噪鹛	*Garrulax berthemyi*		二级	
橙翅噪鹛	*Trochalopteron elliotii*		二级	
红翅噪鹛	*Trochalopteron formosum*		二级	
红尾噪鹛	*Trochalopteron milnei*		二级	
黑冠薮鹛	*Liocichla bugunorum*	一级		
灰胸薮鹛	*Liocichla omeiensis*	一级		
银耳相思鸟	*Leiothrix argentauris*		二级	
红嘴相思鸟	*Leiothrix lutea*		二级	
旋木雀科 Certhiidae				
四川旋木雀	*Certhia tianquanensis*		二级	
䴓科Sittidae				
滇䴓	*Sitta yunnanensis*		二级	
巨䴓	*Sitta magna*		二级	

续表

鸟纲AVES				备注
丽䴓	*Sitta formosa*		二级	
椋鸟科Sturnidae				
鹩哥	*Gracula religiosa*		二级	
鸫科Turdidae				
褐头鸫	*Turdus feae*		二级	
紫宽嘴鸫	*Cochoa purpurea*		二级	
绿宽嘴鸫	*Cochoa viridis*		二级	
鹟科Muscicapidae				
棕头歌鸲	*Larvivora ruficeps*	一级		
红喉歌鸲	*Calliope calliope*		二级	
黑喉歌鸲	*Calliope obscura*		二级	
金胸歌鸲	*Calliope pectardens*		二级	
蓝喉歌鸲	*Luscinia svecica*		二级	
新疆歌鸲	*Luscinia megarhynchos*		二级	
棕腹林鸲	*Tarsiger hyperythrus*		二级	
贺兰山红尾鸲	*Phoenicurus alaschanicus*		二级	
白喉石䳭	*Saxicola insignis*		二级	
白喉林鹟	*Cyornis brunneatus*		二级	
棕腹大仙鹟	*Niltava davidi*		二级	
大仙鹟	*Niltava grandis*		二级	
岩鹨科Prunellidae				
贺兰山岩鹨	*Prunella koslowi*		二级	
朱鹀科Urocynchramidae				
朱鹀	*Urocynchramus pylzowi*		二级	
燕雀科Fringillidae				
褐头朱雀	*Carpodacus sillemi*		二级	
藏雀	*Carpodacus roborowskii*		二级	
北朱雀	*Carpodacus roseus*		二级	
红交嘴雀	*Loxia curvirostra*		二级	
鹀科Emberizidae				
蓝鹀	*Emberiza siemsseni*		二级	

续表

鸟纲AVES		备注		
栗斑腹鹀	*Emberiza jankowskii*	一级		
黄胸鹀	*Emberiza aureola*	一级		
藏鹀	*Emberiza koslowi*		二级	

注：#代表该分类单元所有种均列入名录。

索 引
Index

学名索引

A

B

C

D

F

G

H

I

J

K

L

R

S

T

中名索引

A

B

C

重庆金佛山国家级自然保护区鸟类资源及图录集

Bird Resources and Illustrated Catalogue in Chongqing Jinfo Mountain National Nature Reserve

References 参考文献

[1] 苏化龙，肖文发，马强，等．2008年雪灾之后三峡库区红腹锦鸡种群动态[J]．林业科学，2008，44（11）：75-81.

[2] 刘丛君，蒲盛才．金佛山动植物资源及保护[J]．重庆工商大学学报（自然科学版），2009，26（2）：132-136，140.

[3] 邵长芬，李得发，张晓东．蒲花河流域鸟类资源调查[J]．安徽农业科学，2016，44（29）：10-13.

[4] 苏化龙，肖文发，聂必红．三峡库区巫山县五里坡自然保护区鸟类区系分析[J]．西南师范大学学报（自然科学版），2009，34（1）：98-104.

[5] 李丽纯，冉江洪，曾宗永．三峡重庆库区不同鸟类群落的物种组成及多样性研究[J]．四川动物，2006，25（1）：17-20.

[6] 蒋国福，王志坚，魏刚，等．石柱土家族自治县的鸟类资源[J]．西南大学学报（自然科学版），2006，28（6）：975-980.

[7] 余志伟，邓其祥，陈鸿熙，等．四川金佛山的鸟类调查[J]．南充师院学报（自然科学版），1980（2）：89-105.

[8] 余志伟，邓其祥，胡锦矗，等．四川省大巴山、米仓山鸟类调查报告[J]．四川动物，1986（4）：11-18.

[9] 蒲天明．铜梁张家沟流域水土保持林鸟兽资源调查[J]．重庆师范学院学报（自然科学版），1994（4）：90-95.

[10] 曹长雷，韩宗先，方平，等．重庆市鸟类资源的最新统计[J]．大众科技，2009（8）：144-146.

[11] 赵海鹏，张耀光．西南大学校园鸟类区系与资源初报[J]．西南大学学报（自然科学版），2007，29（4）：131-136.

[12] 伍玉明，庄琰，徐延恭．长江流域鸟类的初步分析[J]．动物学杂志，2004，39（4）：81-84.

[13] 曹长雷，曹玉，蒋兵．长江师范学院校园鸟类调查及保护对策[J]．安徽农业科学，2011，39（13）：7809-7810，7899.

[14] 彭筱葳，曾波．重庆安澜鹭类自然保护区和三峡库区鸟类资源比较研究[J]．西南师范大学学报（自然科学版），2004，29（6）：1032-1036.

[15] 刘文萍，陈晓暖，邓合黎．重庆大巴山自然保护区鸟类资源调查[J]．四川动物，2003，22（2）：107-114.

[16] 张维宾，李瑞禾，张瑜龙．重庆奉节天坑地缝自然保护区动植物资源调查[J]．安徽农业科学，2009，37（3）：1255-1256.

[17] 侯江，刘克志．重庆合川市陆生野生脊椎动物资源调查报告[J]．安徽农业科学，2008，36（32）：14126-14132.

[18] 吴雪，杜杰，李晓娟，等．重庆江北机场鸟类群落结构及鸟击防范[J]．生态学杂志，2015，

34（7）：2015-2024.
[19] 李丽纯，冉江洪，曾宗永，等. 重庆库区不同海拔段繁殖鸟类群落的物种多样性[J]. 应用与环境生物学报，2006，12（4）：537-542.
[20] 重庆观鸟会. 重庆鸟类名录2.0版，2016.（未出版）
[21] 冉江洪，刘少英，林强，等. 重庆三峡库区鸟类生物多样性研究[J]. 应用与环境生物学报，2001，7（1）：45-50.
[22] 戴怡龄. 重庆石板垭村鹭类种群结构及栖息地初步调查[J]. 重庆师范学院学报（自然科学版），2002，19（1）：57-61.
[23] 洪兆春，邹延万. 重庆市北碚区观鸟生态旅游[J]. 重庆三峡学院学报，2009，25（3）：95-97.
[24] 曹长雷.重庆市涪陵区春季城市园林鸟类及其群落结构研究[J]. 生态科学，2013（1）：68-72.
[25] 黄强，张虹. 重庆市鸟类简况[J]. 四川动物，1998，17（3）：26-28.
[26] 黄强，张罗虹. 重庆市鸟类新记录——斑头雁[J]. 四川动物，2007，26（3）：594，封2.
[27] 匡高翔，黄强，陈媛. 重庆市鸟类新纪录——黑腹滨鹬[J]. 四川动物，2011（1）：65.
[28] 胥执清. 重庆市鸟类新纪录3种——灰喉山椒鸟、蓝大翅鸲和棕胸蓝姬鹟[J]. 四川动物，2009（5）：737.
[29] 罗键，王宇，黄竹，等. 重庆市鸟类一新记录——黑领椋鸟[J]. 四川动物，2006，25（4）：862-863.
[30] 胥执清. 重庆市鸟类一新纪录———橙头地鸫Zoothera citrina（Latham）[J]. 四川动物，2009（4）：601.
[31] 胥执清，邓合黎，姚甸. 重庆市鸟类一新纪录——胡兀鹫[J]. 四川动物，2010，29（1）：40.
[32] 吴少斌，韩宗先，李宏群，等. 重庆市彭水县鸟类资源研究[J]. 安徽农业科学，2010，38（18）：9545-9548.
[33] 李健，蒋国福，刘文萍. 重庆市綦江地区鸟类资源调查[J]. 野生动物，2007，28（6）：15-18.
[34] 杨帆. 重庆文理学院星湖校区鸟类调查初报[J]. 渝西学院学报（自然科学版），2005，4（4）：42-44.
[35] 李成容. 重庆武隆仙女山机场鸟类群落与鸟击防范策略研究[D]. 南充：西华师范大学，2022.